石油和化工行业"十四五"规划教材

中国石油和化学工业优秀教材一等奖

电化学基础教程

◆ 高　鹏　朱永明　于元春　编

◆ 屠振密　胡会利　审

第三版

化学工业出版社

·北京·

内容简介

《电化学基础教程》（第三版）系统介绍了电化学的基本原理、方法及应用，注重物理化学与电化学的知识体系衔接，重视基本概念的阐述，内容新颖、难易适中。全书分为四个部分，第一部分介绍电化学体系的组成以及导体和电解质的性质（第1～3章）；第二部分介绍电化学热力学原理以及电极/溶液界面双电层的结构和性质（第4、5章）；第三部分介绍电极过程动力学基本原理及各种研究和测量方法（第6～9章）；第四部分介绍化学电源、电镀、电解、腐蚀防护、电合成、电催化等领域一些实际电极过程的基本原理（第10章）。本书配套有15个教学视频、10个图文扩展阅读素材和部分习题解答，可通过扫描书中二维码阅读。

本书主要供高等院校能源化学工程、储能科学与技术、新能源材料与器件、化学工程与工艺、应用化学、物理化学及相关专业作为电化学原理或电化学基础课程的教材使用，也可供化学电源、表面处理、工业电解、腐蚀防护、电分析化学、材料电化学等领域的教学、科研、技术人员参考。

图书在版编目（CIP）数据

电化学基础教程 / 高鹏，朱永明，于元春编．—3版．—北京：化学工业出版社，2024.7
石油和化工行业"十四五"规划教材
ISBN 978-7-122-45696-0

Ⅰ.①电… Ⅱ.①高… ②朱… ③于… Ⅲ.①电化学-高等学校-教材 Ⅳ.①O646

中国国家版本馆 CIP 数据核字（2024）第 102477 号

责任编辑：杜进祥 马泽林　　　　文字编辑：向　东
责任校对：王　静　　　　　　　　装帧设计：韩　飞

出版发行：化学工业出版社
　　　　　（北京市东城区青年湖南街 13 号　邮政编码 100011）
印　　装：河北鑫兆源印刷有限公司
787mm×1092mm　1/16　印张 17¾　字数 446 千字
2024 年 9 月北京第 3 版第 1 次印刷

购书咨询：010-64518888　　　　售后服务：010-64518899
网　　址：http://www.cip.com.cn
凡购买本书，如有缺损质量问题，本社销售中心负责调换。

定　　价：49.00 元　　　　　　　版权所有　违者必究

本书第二版问世后，获得了广泛好评，出版至今已经被全国几十所高校选为教材，并在 2020 年被评为中国石油和化学工业优秀教材一等奖。同行的认可，对我们既是鼓励也是鞭策，我们一直在思考如何进一步提高本书的质量，以期能为广大读者提供更多的帮助。同时，第二版出版也已经有五年多了，这五年来，电化学学科的发展方兴未艾，尤其是在储能科学与节能减排领域发展迅速，本书内容有必要继续补充和更新。因此，我们再次进行修订，推出了第三版。

党的二十大报告指出，"培养造就大批德才兼备的高素质人才，是国家和民族长远发展大计"。根据新时代人才培养的要求，结合电化学原理课程的特点，第三版在编写过程中强化立德树人的理念，将家国情怀、科技创新和产业报国等思政元素融入课本中，通过扩展阅读介绍了为国家做出突出贡献的电化学科学家和企业家的事迹、新能源汽车领域的领先技术和港珠澳大桥的先进防腐技术，等等。让学生感受国家的巨大进步，培养学生的社会责任感和使命感。

为了充分体现学科领域的新变化和新要求，在第三版中，我们根据固态电池的发展增加了固态电解质的最新内容；针对"碳达峰"和"碳中和"这一问题，增加了"CO_2 的电化学还原过程"小节；针对新能源锂离子电池，增加"嵌入型电极过程"小节以及对于典型放电曲线的极化过程分析；另外还增加了几个典型的无机和有机电合成过程，以增强学生对电化学原理知识在实际应用中的把握能力。考虑到学生阅读英文文献的需要，在书末增加了电化学名词术语中英文对照表。

为了使学生对课程内容有全面的把握，我们采用了思维导图的方式，对课程内容体系进行了逻辑化构建，第 1 章对全部教学内容构建思维导图总图，后面每一章构建思维导图分图，以培养学生通观全局的视野。另外，又补充了 5 个演示实验视频，加上原来的 10 个视频，基本上做到了书中涉及的每一种电化学测量方法都有对应的实验视频，有助于加深学生对所学内容的直观理解。这些视频通过手机扫描二维码即可观看，方便快捷，既易于开展教学，也便于学生自学。

第三版教材入选了石油和化工行业"十四五"规划教材，使我们深感责任重大，尽力做到精益求精。本次修订，第 1～5 章由朱永明修订，第 6～10 章由高鹏修订，演示实验由于元春设计并讲解，全书由高鹏统稿，屠振密教授、胡会利老师审稿。由于能力所限，疏漏与不足之处在所难免，敬请广大读者朋友们批评指正。

高鹏　朱永明　于元春
哈尔滨工业大学（威海）
2024 年 1 月

第二版前言

本书第一版问世后，受到了广大读者的欢迎，五年多来已经多次重印，很多高校都选用本书作为"电化学原理"和"电化学基础"课程的教材，使我们深受鼓舞，也倍感责任重大。为了进一步提高教材质量，跟上电化学学科发展与"互联网＋"教学的步伐，我们结合近年来的教学和科研实践，特别是使用本教材的兄弟院校反馈的信息，对本书加以全面的修订，推出了第二版。

在这一版中，我们进行了以下修改。首先，对全书内容进行了全面的查漏补缺，订正了疏漏和不足之处，调整了部分章节结构，使读者更易理解与学习；其次，新增了固态电解质、循环伏安法、电化学阻抗谱、实际电化学装置设计等章节，使全书内容更完整、更实用；最后，新增了二维码图文与视频素材，使教学内容立体化呈现，读者学起来更生动。

纸质教材与移动学习相结合的二维码素材可以说是本版的一大特色，我们将演示实验视频、辅助图文素材通过扫描二维码的方式呈现到读者手机端。俗话说，百闻不如一见，实验配合理论，可以使读者更直观地了解各种测试手段，更有利于教学内容的理解与应用。因此，本书设计了 Tafel 曲线测量、稳态浓度极化曲线测量、电势阶跃法、循环伏安法、电化学阻抗谱、电解水、电镀、钝化曲线的测量等演示实验，分布在各相关章节。

本次修订由高鹏、朱永明和于元春共同完成，其中第 1～5 章由朱永明修订，第 6～10 章由高鹏修订，二维码演示实验视频由于元春设计并讲解，二维码图文素材由高鹏编写，全书由高鹏统稿。屠振密教授和胡会利老师再次审阅了书稿，提出了许多宝贵意见，在此致以诚挚的谢意。

本书在修订过程中得到了电化学教研室曹立新、滕祥国、刘海萍、毕四富等同事的支持与帮助，得到了总校电化学教研室张翠芬、李宁、张景双、赵力等师长们的关心与鼓励，在此一并表示感谢。

希望通过本次修订，使本书成为一本内容新颖、详略得当、实用性强、易教易学的电化学教材。由于能力所限，疏漏与不足之处在所难免，敬请广大读者朋友们批评指正，可通过电子邮箱 gaofei5075@sina.com 与作者联系。

高鹏　朱永明

哈尔滨工业大学（威海）

2018 年 10 月

电化学是一门古老的学科，但近年来发展非常迅速，不但在其传统的研究领域如化学电源、电镀、电解、腐蚀防护及电分析化学等领域快速发展，而且不断地与其他学科如生物、环境、能源、冶金、材料等形成交叉学科，掌握一定的电化学知识已经成为许多领域研究者的基本技能。本书的出发点就是全面系统地介绍电化学的基本原理、方法及应用，既能作为电化学专业学生的教科书，也能作为电化学相关领域研究者的参考书。

哈尔滨工业大学是国内最早创建电化学专业的高校之一，在电化学原理课程的教学方面有较深厚的基础。威海校区的电化学专业建立也已有十几年的历史，我们在这门课十几轮的讲授过程中，潜心研究教学方法，对于学生的认知规律和常见的疑点、难点比较了解。近年来，国外不断有内容新颖的电化学教材出版，而国内教材则更新较慢，我们认为有必要编写一本内容新颖、严谨易学的电化学原理教材，这就是本书编写的初衷。

本书在大量参考国内外最新教材、专著的基础上，根据实际教学经验，采取更有利于学生掌握的章节编排结构，由浅入深系统地阐述了电化学的基本原理，力求做到论述严谨、条理清晰、内容新颖。为了便于学习，本书对涉及的物理化学及电学基础知识均予以阐述，从最基本的化学和物理原理出发引出电化学的相关概念，使学生对基本概念有明确的认识。争取达到既适于教学，又利于学生自学的目的。

全书分为四个部分，第一部分介绍电化学体系的组成以及导体和电解质溶液的性质（第1~3章）；第二部分介绍电化学热力学原理以及电极/溶液界面双电层的结构、性质和研究方法（第4、5章）；第三部分介绍电极过程动力学基本原理及研究方法（第6~9章）；第四部分介绍化学电源、电镀、电解、腐蚀防护等领域一些实际电极过程的基本原理（第10章）。

本书第1~3章、第6~10章由高鹏编写，第4、5章由朱永明编写，全书由高鹏统稿。屠振密教授和胡会利老师逐字逐句地审阅了全部书稿，提出了许多宝贵意见，使本书增色不少。笔者对他们严谨细致的工作态度深表敬佩并致以诚挚的谢意。

本书在编写过程中得到了李宁教授、张景双教授、张翠芬教授、曹立新教授的支持与帮助，电化学专业的郭俊、王洺浩、梅艳霞等同学进行了部分电脑录入工作，化学工业出版社的编辑为本书的出版做了大量工作，在此一并表示感谢。

本书参考了 A. J. Bard、郭鹤桐、查全性、C. H. Hamann 等许多学者的著作，全部参考文献在书后列出，在此表示诚挚的感谢。

编写教材是一项责任重大的工作，在三年的编写过程中，笔者力争做到精益求精，但由于能力所限，疏漏和不足之处在所难免，敬请广大读者批评指正。

高鹏　朱永明

于哈尔滨工业大学（威海）

2013 年 3 月

目 录

本书配套数字化资源

参考视频

参考图文

扩展阅读

第1章 绪 论

1.1 电化学简介

电化学是物理化学学科的一个分支。顾名思义，电化学就是从电学现象与化学现象的联系去寻找化学变化规律的学科。经典电化学的主要理论支柱是电化学热力学、界面双电层和电极过程动力学。电化学热力学适用于平衡电化学体系，电极过程动力学适用于非平衡电化学体系，双电层则为二者变化的桥梁。现代电化学又将统计力学和量子力学引入电化学的理论体系，开辟了在微观水平研究电化学的新领域。

因为电化学最早的研究对象是电池、电解、电镀过程，所以最初把电化学看作是研究电能与化学能相互转换的科学。但是随着研究的深入，出现了电渗析、电泳涂漆、化学镀、电化学腐蚀等新的研究对象，于是将电化学的定义扩展为研究电子导体与离子导体形成的带电界面性质及其上所发生变化的科学。近年来，随着电化学理论的发展及其与各学科领域的交叉，出现了量子电化学、光电化学、固体电化学、纳米电化学等许多新的研究领域，研究方法和理论模型开始深入到分子水平，建立和发展了在分子水平上检测电化学界面的现场谱学电化学技术。可以说电化学已经发展为控制离子导体、电子导体、半导体、量子半导体、介电体的本体及界面间荷电粒子存在和移动的科学。

电化学广泛应用于化工、冶金、机械、电子、航空、航天、轻工、仪表、医学、材料、能源、环保等各工程技术领域之中，目前主要的实际应用大致分为以下几方面。

(1) 化学电源。化学电源是把化学能转换成电能的装置，也就是通常所说的电池，例如锌锰电池、铅酸蓄电池、镉镍蓄电池、氢镍蓄电池、金属锂电池、锂离子电池、钠离子电池、燃料电池、空气电池、液流电池，以及介于传统静电电容和电池之间的新型的储能器件电化学超级电容器等。随着电器、信息、运输、通信、电力、军事等领域的发展，电池的需求量不断增长，电池工业发展迅速。尤其是随着新能源汽车的普及与发展，新能源动力电池有着巨大的发展前景。2019 年，J. Goodenough、S. Whittingham 和吉野彰三位科学家因为在锂离子电池研发领域的贡献而共同获得了诺贝尔化学奖，这也体现出化学电源对人类社会的巨大贡献。

(2) 表面处理及精饰。表面处理工艺包括各种电镀、化学镀、电铸、阳极氧化、电泳涂漆等，目的是在基体材料表面上形成一层具有特定功能的表层。表面处理能为基体提供各种耐蚀性、装饰性或功能性涂镀层，种类繁多、应用广泛。如在钢铁表面镀锌、镀镉、镀锡或镀锌合金可提高耐蚀性，枪炮管内的硬铬镀层具有耐磨性，轴瓦上的铅锡合金镀层具有减摩性，转子发动机内腔的铬镀层是抗高温氧化镀层，机械零件上的铜镀层能防止基体钢铁进行热处理时渗碳。在电子信息产业微型化过程中，芯片制作、微机电系统等的发展，都离不开电镀工艺。电化学表面处理技术已发展成为制备各种现代功能新材料及表面超微加工、改性、修饰的重要方法。

（3）电解冶金。电解冶金就是通过电解法使金属离子在阴极还原析出，按其过程的目的及特点，可分为电解提取和电解精炼。电解提取时采用不溶性阳极，使电解液中的金属离子在阴极还原，制得纯金属。电解精炼则采用以其他方法炼制的粗金属作为阳极进行电解，通过选择性的阳极溶解及阴极沉积，达到分离杂质和提纯金属的目的。

（4）电合成。电合成是指以电解方法合成化学物质，包括制取无机单质或化合物的无机电合成以及制取有机化合物的有机电合成。如规模巨大的氯碱工业（电解食盐水制取氯气和氢氧化钠）、尼龙原料己二腈的电合成（用丙烯腈为原料在铅阴极上电还原制造己二腈），以及高锰酸钾、二氧化锰、氯酸钠、次氯酸钠、双氧水、碘仿、四乙基铅、香草醛、L-半胱氨酸等的电合成。

（5）电解加工。电解加工是在高电流密度下，于流动的电解液中，以被加工的金属工件作为阳极，利用阳极溶解原理进行金属加工方法。电解加工以其加工速度快、表面质量好，凡金属都能加工而且不怕材料硬、韧等优点，特别适用于形状复杂的零件和硬质合金材料的加工，广泛用于航空工业、军事工业，以及发电设备业加工各种叶片、叶轮、模具和其他零件。随着科技发展，目前已经开发出计算机控制的数控仿型电解加工，以及电解加工与其他加工（电火花、机械、化学、激光、超声等）联用的电解复合加工等许多新型工艺技术。

（6）金属腐蚀与防护。金属表面由于外界介质的化学或电化学作用而造成的变质及损坏现象或过程称为腐蚀。全世界每年由于金属腐蚀遭受的损失非常严重。金属腐蚀包括电化学腐蚀、化学腐蚀及微生物腐蚀，其中电化学腐蚀最为普遍，造成的危害也最严重。因此，研究腐蚀的原因以及采取相应的防腐措施就成为电化学研究的重要内容之一。如采用缓蚀剂、防腐涂层、电化学阴极保护与阳极钝化等方法进行金属的电化学保护，以及腐蚀监控传感技术等。

（7）电化学分离技术。采用电化学法分离不同离子的技术，一般会配合离子交换膜使用。如应用于工业生产或废水处理中的电渗析法、电凝聚法、电气浮法、电氧化法、电还原法、电吸附法等分离技术。电化学已经成为解决环境污染问题的一个重要方法，电化学方法治理废水一般无需添加化学药品，设备体积小，污泥量少，后处理极为简单，用电还原法处理重金属废水还可回收金属。

（8）电分析化学。电分析化学是利用物质的电化学性质进行表征和测量的分析方法。它是使待测对象组成一个电化学池，通过测量电位、电流、电量或电导等物理量，实现对待测物质的组成及含量的分析。早期有库仑滴定法、电导滴定法、高频滴定法等。1922 年极谱法问世，标志着电化学分析方法的发展进入了新的阶段，极谱学创始人海洛夫斯基因此获得了诺贝尔化学奖。后来出现的各种溶出伏安法、微电极伏安法等分析方法不但易于实现连续自动记录分析结果，而且还有利于对痕量物质的检测，在工业、农业、环境保护、医药卫生等方面应用广泛。

除以上经典应用领域外，随着科技的发展，电化学与其他学科的联系越来越紧密，还在不断地涌现出新的交叉学科，应用范围也在不断扩大。

1.2 电化学的历史

电化学的历史可以从人们研究电的历史追溯。从公元前 6 世纪起直到 17 世纪为止，人类只知道琥珀等物体经过摩擦后能吸引小物体，也就是说只知道电的吸引现象。1733 年，法国科学家杜菲（du Fay）在经过大量的实验后，终于确定了电有两种这一重大发现，他分别称之为玻璃电（即正电）和松脂电（即负电），并总结出静电作用的基本特性：同性相斥，异性相吸。

在 1785～1791 年间，法国科学家库仑（C. A. Coulomb）共发表了七篇关于电和磁的论文，其中头两篇就是建立著名的库仑定律的论文。在库仑定律问世半个世纪之后，1840 年，德国著名数学家高斯（C. F. Gauss）提出了著名的高斯定理，把库仑定律提到了新的高度，成为后来麦克斯韦方程组的基础之一。

1780 年，意大利解剖学家伽伐尼（A. L. Galvani）发现铁制解剖刀能使铜盘里的蛙腿肌肉抽缩，经过研究，于 1791 年发表关于此现象的论文，提出了所谓的"动物电"来解释此现象。虽然他的解释是错误的，但却就此揭开了电化学研究的序幕。

1792 年，意大利物理学家伏打（A. Volta）注意到了伽伐尼的论文，于是开始研究伽伐尼的青蛙实验。伏打发现，是金属的接触作用所产生的电流刺激了青蛙的神经，从而引起肌肉的收缩。他还总结出两种不同的金属接触时会产生电动势，并排出了一些金属的电动势序。经过研究，他发明了伏打电堆，并于 1800 年 3 月宣布了这项发明。他把许多对圆形的铜片和锌片相间地叠起来，每一对铜锌片之间放上一块用盐水浸湿的麻布片。这时只要用两条金属线分别与顶面上的锌片和底面上的铜片焊接起来，则两金属端点就会产生几伏的电压，铜片和锌片越多，电压就越高，如果把铜片换成银片，则效果更好。这是人类历史上第一次产生可人为控制的持续电流，开辟了电学研究的新领域，也意味着电化学这门学科的正式诞生。为了纪念伏打对电学的重要贡献，1881 年在巴黎召开的第一届国际电学会议决定，用伏特（Volt）作为电动势的单位。

在伏打发明电堆当年，英国的尼科尔森（W. Nicholson）和卡里斯尔（A. Carlisle）即利用它进行了电解水的尝试，意大利的布鲁纳特利（Brugnatelli）也进行了电镀银的研究，电化学研究开始迅速发展。

1801 年，英国化学家戴维（H. Davy）开始利用电池进行电解研究工作，经过长期实验积累，在 1807～1808 两年时间内，戴维通过电解分离出金属钾、钠、钙、锶、钡、镁等多种金属元素，他也成为历史上发现元素最多的人。

1833 年，英国化学家法拉第（M. Faraday）提出了法拉第定律，奠定了电化学研究的理论基础。1845 年左右，法拉第又提出了有关电化学的一系列术语，如电解、电极、阴离子、阳离子、阴极、阳极等，这些术语一直沿用至今。

扩展阅读
戴维的故事

随后，电化学理论又从电极研究和电解液研究两方面获得了进一步发展。19 世纪下半叶，经过亥姆霍兹（Helmholtz）和吉布斯（J. W. Gibbs）的工作，赋予电池的"起电力"（现称"电动势"）以明确的热力学含义。1879 年，亥姆霍兹提出了双电层平板电容器模型，开启了"电极/溶液"界面的理论研究。

1887 年，瑞典化学家阿伦尼乌斯（S. A. Arrhenius）提出了电离学说，揭示了电解质溶液的本质，他也因此获得了 1903 年的诺贝尔化学奖。

1889 年，德国化学家能斯特（W. H. Nernst）建立了电极电势的理论，从热力学导出了电极电势与参与电极反应物质浓度的关系式，即著名的能斯特方程。

1905 年，瑞士化学家塔菲尔（J. Tafel）提出了著名的塔菲尔公式，这是电极反应速率与过电势之间的经验公式，为电化学动力学领域作出了杰出贡献。

1907 年，路易斯（Lewis）提出了活度概念。1923 年，德拜（P. Debye）和休克尔（E. Hückel）提出了强电解质溶液理论，大大促进了电解质溶液理论的发展。

1922 年，捷克化学家海洛夫斯基（Heyrovsky）创造了用滴汞电极分析电化学动力学的极谱分析法，系统地进行了大量的"电极/溶液"界面分析实验，并于 1959 年获诺贝尔化学奖。

1923 年，巴特勒（Butler）提出了可逆电极电势理论。1924 年，巴特勒又提出了反映电极反应速率与电极电势之间关系的动力学公式。1930 年，经德国化学家伏尔摩（M. Volmer）改进，建立了电极动力学最基本的公式——Butler-Volmer 公式，该公式取得了极大的成功，成为研究电极动力学最基础的理论。

1933 年，苏联化学家弗鲁姆金（Frumkin）研究了双电层结构对电化学反应速率的影响。至此，电极过程动力学这门学科开始建立起来。弗鲁姆金、博克里斯（Bockris）等人的研究工作使大家广泛地认识到，从动力学角度来研究电流通过电极时所引起的变化是非常重要的，并逐步发展形成了以研究有关电极反应速度及各种因素对它的影响为主要对象的电极过程动力学。目前它已成为电化学研究的主体。

1950 年以后，电化学实验测试技术也逐步完善起来，而且随着微电子和计算机技术的迅速发展而突飞猛进。电化学测量技术系统地发展了现在称为传统电化学研究方法的稳态和暂态测试技术，尤其是暂态测试技术，为研究电界面结构和快速的界面电荷传递反应打下了基础。1970 年以后兴起的电化学原位表面光谱技术、波谱技术，以及以扫描隧道显微镜（STM）为代表的扫描微探针技术，促进了在分子和原子水平认识电化学反应本质，为电化学在理论和应用上取得突破奠定了实验基础。

从 20 世纪 60 年代开始，进入了用量子力学和量子化学方法从微观尺度认识和研究电化学现象的新时期，形成了量子电化学这一新学科。在电极反应中电子跃迁的距离小于 1nm，显然用量子理论来处理电子转移过程可以进一步接触到反应的实质。近年来，随着纳米尺寸电极的使用，在实验上真正观察到了电化学信号的量子化特征，这也给量子电化学的进一步发展带来了机遇。

"电极/溶液"界面的电子转移是电极过程的中心步骤，而 Butler-Volmer 公式属于建立在实验基础上的宏观唯象方程。要真正认识一个反应过程，就需要一个微观的理论去描述分子结构和环境是如何影响电荷传递过程的。随着量子力学和统计热力学的发展，关于电荷传递的微观理论也逐渐完善起来。在此领域 Marcus 等人做出了主要的贡献，电子迁移的 Marcus 理论在电化学研究中已有广泛的应用，并已被证明通过最少量的计算，便有能力进行关于结构对动力学影响的有用的预测。Marcus 因此获得 1992 年诺贝尔化学奖。

目前，电化学研究开展得越来越深入，越来越广泛。随着电化学理论和实验技术的不断发展，电化学已经成为各个学科研究导体和半导体表面电荷转移、能量转化、信号传递的理论基础之一，电化学的实验技术也成为研究表面物理、化学、生物学问题的重要手段。在此过程中，电化学也不断地与其他学科形成交叉学科，使电化学的研究领域不断拓宽。

1.3　电化学研究领域的发展

电化学发展非常迅速，不断与其他科学前沿领域相结合，形成了众多新的分支，如：熔盐电化学、有机电化学、生物电化学、环境电化学、光电化学、界面电化学、超声电化学、催化电化学、高温电化学、低温电化学、凝固相和固相电化学、气相电化学、谱学电化学、化学修饰电极电化学、量子电化学等。这些分支都有各自的研究领域，但又都建立在电化学基础理论之上。下面简要介绍几个新的研究领域。

（1）光电化学。20 世纪 70 年代以来，人们开始研究光照下半导体电极的电化学行为，并逐渐发展出一门新学科——光电化学。光电化学研究的核心是如何高效率地将太阳能转换为电能或化学能。如采用染料敏化纳米晶 TiO_2 光阳极已经取得了 10％的光电转换效率，而新兴的钙钛矿太阳能电池的光电转化效率更是达到了 20％以上。光电化学在光伏电池、光电合成、光解水制氢、光电传感器、光电显色材料、信息存贮材料及医用杀菌消毒等方面展示出广阔的应用前景。

（2）生物电化学。生物电化学是在分子水平上研究生物体系荷电粒子运动过程所产生的电化学现象的科学。生命现象的许多过程都与电化学现象有关，如生物体内的细胞膜起着电化学电极的作用，植物的光合作用和动物对食物的消化作用实质上都是按照电化学机理进行的。已经开展的研究包括生物界面电势差、生物分子电化学、生物电催化、光合作用、活组织电化学、电化学生物传感器等。应用电化学方法研究生物体系的电子传递及相关过程，是揭示生命本质的较好途径。

（3）纳米电化学。随着纳米科学和技术的不断发展，人们目前已能够借助电化学扫描探针和电化学扫描隧道显微技术实现在微区内现场监控与电化学过程有关的表面现象，如金属腐蚀、电化学沉积、分子离子吸附及组装等过程。此外，已经能够通过分子设计制备出简单的分子机械，并通过控制电势实现对分子机械的操控；还可利用特殊分子的电化学性质，设计分子开关、分子二极管等器件，实现分子器件的电化学操控。另外，纳米材料传感器体积小、速度快、精度高、可靠性好，由于纳米材料的量子尺寸效应和表面效应，把传感器的性能提高到了新的水平。

（4）化学修饰电极与电化学传感器。化学修饰电极是通过物理的、化学的手段，在电极表面接上一层化学基团，建立某种微结构，以赋予电极特定的功能，从而有选择地进行所期望的反应，在分子水平上实现了电极功能设计。如金属卟啉类、酞菁类化学修饰电极，C_{60}、碳纳米管修饰电极等。修饰后的电极可以实现对特定分子、离子的高选择性检测。目前利用化学修饰电极，人们已经制备出多种电化学传感器，可以对大多数的无机离子、部分有机分子和生物活性分子进行识别。例如以葡萄糖氧化酶修饰电极为基础的葡萄糖传感器已经开始试用于糖尿病的检测和治疗监控中。

（5）超声电化学。超声电化学利用超声能量来控制电化学反应，是声学与电化学相互交叉而发展起来的一门新兴前沿学科。它将超声辐照与电化学方法相结合，兼有两者的优点。它可以通过控制电流密度、反应温度、超声频率及功率等各种参数达到控制纳米材料的尺寸和形状的目的。在最近的几十年里，已经发展成了包括超声电解电镀、超声高分子膜电沉积、超声电有机合成、超声电化学氧化、超声电化学共聚合及最近比较热门的超声电化学发光和超声伏安法等多种技术的一种较完善的学科。

（6）有机电化学。有机电化学是有机化学与电化学之间的一门边缘科学。主要包括有机化合物的电合成、有机高分子材料的电聚合、有机导电聚合物（具有电子导电性的有机聚合物，如聚噻吩、聚吡咯、聚苯胺等）、有机电池（电池正负极均为有机聚合物的电池）等。化工生产是主要环境污染源之一，而有机化合物的电合成是把电子作为"试剂"来合成有机化合物的方法，反应洁净、产品纯度高，是"绿色化学"和"绿色合成"的一种，在很大程度上从工艺本身消除污染，保护了环境。

（7）谱学电化学。谱学电化学是人们将光谱技术引入电化学领域的产物，它不仅具有电化学的传统优势，而且还结合了光谱实验技术的灵敏度高、检测速度快、对体系扰动小、可现场实时检测等优点。比如利用红外光谱和拉曼光谱电化学技术，可以研究电极表面分子的吸附状态随电极电势的变化情况，可以在分子水平系统地研究电化学反应的进行过程。电化学表面等离子体共振谱可以提供精确的表面厚度和介电常数信息。电化学椭圆偏振光谱也能够现场观察不同电化学条件下电极表面膜层的形成和发展过程。

总之，电化学应用领域广阔，发展空间巨大。可以期望，随着科学技术的蓬勃发展，还会有许多新领域用到电化学技术，电化学科学将会有更大的发展，为人类带来更多的便利。

1.4 本书结构与学习方法

本书以讲授电化学原理为主。电化学原理是电化学的基础理论课程，是学习电化学测量、现代电化学以及各种电化学工艺课程的基础。本书主要介绍了经典电化学的基本原理、方法与应用。全书除绪论外共分四个部分：第 2、3 章介绍了电化学体系的组成以及导体、电解质的基本知识；第 4、5 章介绍了电化学热力学原理以及电极/溶液界面双电层的结构、性质和研究方法；第 6～9 章介绍了电极过程动力学基本原理、研究方法以及一些基本的电化学测量方法；第 10 章介绍了电池、电镀、电解、腐蚀防护等领域一些实际电极过程涉及的电化学理论知识。本书的整体思维导图如图 1-1 所示。

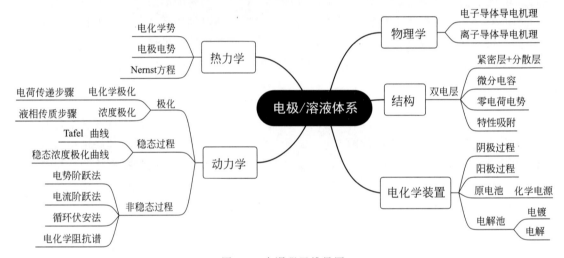

图 1-1 本课程思维导图

初学者往往感到电化学的理论太抽象，难以捉摸。下面所建议的方法可供读者学习时参考。

首先，在学习本课程时，应注意将电化学原理与物理化学基本原理联系起来，比如电化学反应动力学公式就是在化学反应动力学的基础上推导出来的。

其次，类比化学反应的动态平衡原理，一定要建立电极表面的交换反应概念，即一个氧化/还原电对处于平衡电势时，同时在正、逆两个方向进行且速度相等，这样才能明白极化时平衡的移动方向。

再次，对电极/溶液界面结构要建立清晰的图像，要对内紧密层、外紧密层、分散层、扩散层、边界层等概念有明确的认识。

最后，在分析各种极化时，头脑中要有反应物和产物粒子如何在电极表面液层中运动的清晰图像，比如完全浓度极化时反应物粒子源源不断地往电极表面传递，但一到电极表面就立刻参与反应了，所以表面浓度为零。

总的来说，就是要在头脑中建立物理图像，要联系实际进行思考，并努力学会运用所学理论解释实际问题。

扩展阅读
中国电化学
人物概览

 复习题

1. 根据电化学研究领域的拓展，简述电化学定义的发展。

2. 解释伽伐尼实验中蛙腿肌肉抽缩现象。

3. 简述伏打电堆的工作原理。

4. 简述常见的一次电池和二次电池的种类。

5. 简述电解水原理与氢氧燃料电池原理的区别与联系。

6. 简述电镀与电解的区别与联系。

7. 查阅资料，了解电化学在节能减排领域中的应用。

8. 查阅资料，了解2019年诺贝尔化学奖的三位获奖者的具体贡献。

9. 查阅资料，了解中国锂离子电池工业的发展。

10. 查阅资料，对电化学在某一领域的应用进展写一篇小论文。

第2章 导体和电化学体系

电化学是研究电的作用和化学作用相互关系的化学分支。此领域大部分工作涉及通过电流导致的化学变化以及通过化学反应来产生电能方面的研究。电化学体系由电子导体和离子导体组成，它的运转离不开电的传导，而电子导体与离子导体的导电机理完全不同，为了实现电子导电与离子导电的转换，两类导体的交界处就会发生有电子得失的电化学反应。本章先对电学基础知识进行简单回顾，接着介绍两类导体的基本导电机理，然后是电化学体系的组成，最后是电化学研究中最重要的定律——法拉第定律。

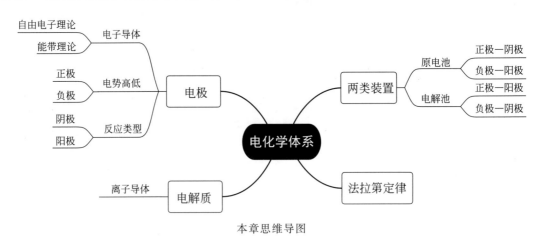

本章思维导图

2.1 电学基础知识

2.1.1 电场与电势

（1）电荷与库仑定律。电是一种笼统的说法，实际上通常所说的"电"指的是电荷，它来源于原子内部。物体含有等量的两种电荷：正电荷和负电荷。由于电荷的这种平衡，物体是呈电中性的。如果两种类型的电荷不平衡，则有净电荷，我们就说物体带电，以表明其电荷的失衡或有净电荷。

就像质量一样，电荷也是粒子的基本性质。原子中电子带负电荷，质子带正电荷，大小都为 e。元电荷 e 是自然界的重要常量之一（$e = 1.60 \times 10^{-19}$ C）。虽然夸克和反夸克具有 $\pm e/3$ 或 $\pm 2e/3$ 的电荷，但很明显它们不能被单独探测到，所以不把它们的电荷取为元电荷。

如果想让一个物体带电，可以通过摩擦、感应、加热、光照等方式使电子在物体间转移。粒子失去电子带正电，得到电子带负电。电子或荷电粒子的定向移动形成电流。当然，如果质子能从原子核里跑出来，物体也会带电，不过实际中很少有这样的情况发生。

实验证明，当一种电荷出现时，必然有等量的异号电荷出现；当一种电荷消失时，也必然有等量的异号电荷同时消失。例如用丝绸摩擦玻璃棒时，正电荷出现在棒上，等的负电荷必然出现在丝绸上。在一个与外界没有电荷交换的系统内，不论发生什么样的过程，系统内一切正、负电荷的总和是保持不变的，这就是电荷守恒定律。

设两个相距 r 的点电荷具有电量 q_1 和 q_2，则它们之间吸引或排斥的静电力大小为：

$$F(N) = \frac{q_1 q_2}{4\pi \varepsilon r^2}$$

式中，$\varepsilon = \varepsilon_0 \varepsilon_r$，表示电荷所在介质的介电常数；$\varepsilon_0$ 为真空介电常数；ε_r 为该介质的相对介电常数。上式以法国物理学家库仑名字命名，叫作库仑定律。

（2）电场。将带电体置于空间，其周围空间将发生电性改变（称为场的畸变），其他带电体会因此而感受到力的作用，这种发生电性改变的空间叫作电场。

电场已被证明是一种客观实在，它也具有能量、质量和动量，它以光速运动（或传播）。现代量子场论明确指出，物质存在的两种基本形式中，场比微粒更为基本。

电场的基本性质是对场中的其他电荷施有作用力，于是电荷之间通过电场相互作用。具有电量 q 的点电荷产生的场强为：

$$E(N/C) = \frac{q}{4\pi \varepsilon r^2}$$

均匀带电球壳内部场强为零，如果带电粒子放在均匀带电球壳的内部，则它不受来自球壳的静电力作用。均匀带电球壳吸引或排斥球壳外的带电粒子，就好像全部的球壳电荷都集中在其中心一样，即其外部场强与电荷都集中球心产生的场强相同。

（3）电势能、电势、电势差。与物体在重力场中具有重力势能一样，电荷在电场中也具有相应的电势能。当电荷的位置变动时，电场做功，电势能随之改变。我们用电场力的功作为电势能变化的量度。电势能的减少量等于电场力所做的功。电势能是一个相对量，要决定电荷在电场中某一点的电势能，必须先选择一个参考点，并设该点的电势能为零。一般这个参考点可任意选择。

在电场中，逆向施加与电场力平衡的外力把 +1C 的试探电荷从零电势参考点（一般选无穷远处为零电势参考点）沿任意路径移到场点 A，此过程中外力做的功定义为 A 点的电势 V_A。或者说，A 点的电势 V_A 为把单位正电荷从场点 A 沿任意路径移到无穷远处电场力做的功。当外力做功为 1J 时，$V_A = 1V$，即 $1V = 1J/C$。

试验电荷在任何静电场中移动时，电场力做的功仅与这个电荷的电量以及起点和终点位置有关，与路径无关。在电场力推动下，正电荷从电势高处向低处移动，负电荷从电势低处向高处移动。因为电场力做功电势能减少，所以，对于电子来说，电势升高，电势能降低；电势降低，电势能升高。

任意两点 A 和 B 的电势之差称为电势差，通常也称为电压。即 A、B 两点间的电势差等于把单位正电荷从 A 点移到 B 点电场力所做的功。应当指出，电势只有相对意义，而电势差却有绝对意义。改变所选择的零电势参考点的位置，电场中各点的电势数值将随之改变，但两点之间的电势差却与零电势参考点的选择无关。

2.1.2 导体及其在电场中的性质

能导电的物体称为导体。电化学体系离不开导体。因此，在讨论电化学体系以前，应当先了解导体的性质。

有些导体靠电子传送电流，可称为电子导体或第一类导体。金属、碳材料（如石墨、乙炔黑、石墨烯等）、半导体、高分子导电聚合物（如聚噻吩、聚吡咯、聚苯胺等）等都属于这类导体。另一类导体靠离子移动实现导电，称为离子导体或第二类导体，例如电解质溶液、熔融电解质、室温离子液体、无机固体电解质、聚合物电解质等。电化学的电极体系就是由一个电子导体（电极）和一个离子导体（电解质）相接触而构成的。

导体和电介质（也称绝缘体）在电性质方面的差异是巨大的，导体有载流子——自由电子或离子，而绝缘体没有。一般金属良导体的电导率要比玻璃、塑料等电介质大 10^{20} 倍。

导体中存在可在电场作用下移动的电荷。当这些电荷受电场力作用时，会产生有规则的定向运动，形成电流。当这些电荷不做宏观的定向运动，即导体无电流时，我们说导体处于宏观的静电平衡状态。导体处于静电平衡就要求导体内的电荷不受电场力作用而移动，即导体内各处的电场强度必须为零。

从导体内部各处的场强为零这一必要条件出发，可以推论、概括出静电平衡时导体的电场和电荷分布情况：①导体是等势体，导体的表面是等势面；②导体表面任一点的场强方向都垂直于该点表面；③导体内部不带电，如果导体带电或出现感应电荷，这些电荷只能分布在导体表面；④导体表面任意处的面电荷密度均与该处的场强成正比。

两个互不连接的导体构成的闭合或近似闭合的导体空腔称为电容器，这两个导体称为电容器的两极板。例如平行板电容器、同轴柱形电容器等。电容器的电容是使电容器两极板之间具有单位电势差所需的电量。电容描绘电容器储存电能的能力，取决于电容器的形状、大小、相对位置等几何性质，与是否带电、带电状态如何无关，与外围其他带电体亦无关。电容器的电容还与其中填充的电介质的电容率有关。

2.2 两类导体的导电机理

2.2.1 电子导体的导电机理

电子导体导电机理的早期解释是自由电子理论，即认为电子在金属导体中运动时不受任何外力作用，相互之间也无作用，因此金属导体中电子的势能可以看作是常数。但实际上电子是在以导体空间点阵为周期的势场中运动，电子的势能是周期函数，因此，不能简单地看作是自由电子，于是出现了能带理论。导体的周期势场和变化都比电子平均动能小得多，按量子力学，可当作微扰来处理，因此导体中的电子可看作准自由电子，其运动规律和自由电子相似，这种理论就是准自由电子理论。下面简要介绍能带理论。

在用能带理论来解释导体、半导体和绝缘体的区别之前，我们先来了解一些相关概念。

（1）能级。在孤立原子中，核外电子的单电子波函数称为原子轨道，每个电子对应一个原子轨道，轨道能量是量子化的，称为能级。

（2）能带。将整个导体看作一个巨大的分子，其所含的所有原子的能量相近的原子轨道线性组合成 n 个分子轨道，由于 n 很大（约 10^{23}），所以分子轨道的能级几乎是连续的，可以看做多个能带，每个能带有一定的能量范围，能带间有间隔，也可能有重叠。和分子中一样，按能量升高的次序，电子依次填入各个分子轨道，每个轨道中最多可以容纳两个自旋相反的电子。图 2-1 画出了金属锂、钠和镁的能带示意图。

（3）满带、导带、空带、禁带。如果能带中填满电子，这些能带称为满带。如果能带是半充满的，即部分填有电子而未填满，则称为导带。没有电子填充的能带称为空带。两个能带之间存在没有电子可处的能量状态，这一区域称为禁带。

能带发生部分重叠的情况称为叠带。满带与空带重叠，会使满带变成导带。例如图 2-1

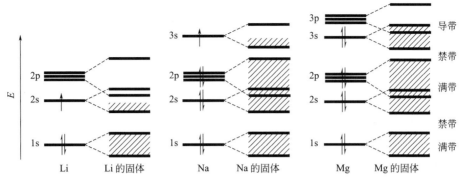

图 2-1　金属锂、钠和镁的能带示意图

中镁的 3s 组合成满带，3p 组合成空带，两个能带重叠形成了一个导带。

电子在能带中分布的上述特点能很好地解释金属的导电现象。金属在外电场作用下，导带中的电子有可能接受电场能量改变其能量分布状态，形成净电流而导电。满带中填满电子，电子能量分布没有改变的可能，因此无法导电；而空带中没有电子，当然也不能导电。因此，导体的能带结构的特征是存在导带。绝缘体的特征是只有最高的满带和最低的空带，且它们间的禁带较宽（一般 $E_g \geqslant 5eV$，如金刚石 $E_g \approx 6eV$），故满带电子难以被激发到空带。而半导体的特征也是只有满带和空带，但最高满带和最低空带之间的禁带较窄（一般 $E_g < 3eV$，如硅 $E_g \approx 1.1eV$）。在较强的外场作用下（包括受热激发和光激发），部分满带电子可跃入空带，使原来的满带和空带都成为导带而导电。这种情况下起导电作用的是被激发的电子和激发后剩下的"空穴"，它们成为负的（n 型）和正的（p 型）载流子。这种不含杂质的半导体称为本征半导体，通常由于载流子数目有限，导电性能不好。图 2-2 是导体、绝缘体和半导体的能带结构一般特征。

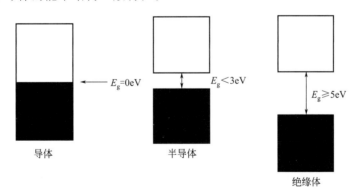

图 2-2　导体、半导体和绝缘体的能带结构的示意图

在半导体中掺入富电子或缺电子的杂质，会引起 n 型和 p 型载流子数目的改变，从而形成"n 型半导体"或"p 型半导体"。有时杂质原子的能级正处在禁带的中间，这样的掺杂相当于在禁带中产生了附加的能级，从而改变了禁带宽度，并由此改进了半导体导电性能。因此只要有少量杂质掺入，就会明显地提高半导体的电导率。

例如，若在本征半导体硅（4 个价电子）中掺入元素砷（5 个价电子）取代晶格中硅原子的位置，则可形成 n 型半导体，载流子多数为电子。杂质中多余的电子形成一个杂质能级，处于禁带中靠近空带的底部，为半导体提供导电的电子，称为施主能级。若在本征半导体硅中掺入硼（3 个价电子），则可形成 p 型半导体，载流子多数为空穴。杂质元素中由于电子缺位而形成空穴，空穴所在能级处于禁带中的满带顶部附近，满带中电子很容易被激发进入禁带空穴，从而在满带中留下空穴。所以该杂质能级称为受主能级。由以上分析可见，半导体也是电子导体。

掺杂半导体的导电性能要比本征半导体强得多。例如 10 万个硅原子中掺入 1 个杂质原子就能使硅的电导率增加 1000 倍左右。本征半导体只有在温度较高时才表现出半导体性能，而掺杂半导体在常温下就能具有较好的半导体特性。常见半导体材料有硅、锗、GaAs、GaP、InP、氮化镓及其相关氮化物材料、有机半导体材料（如酞菁、四苯基卟啉等）。

金属导体电导率的数量级为 $10^6 \sim 10^8\,\text{S/m}$，绝缘体的电导率为 $10^{-20} \sim 10^{-8}\,\text{S/m}$，而半导体一般在 $10^{-7} \sim 10^5\,\text{S/m}$ 的范围内。温度升高，金属导体中离子振动增强，电子移动的阻力增大，故电导率减小；而半导体中载流子的浓度是影响电导的主要因素，随着温度的提高，载流子浓度近似地按指数规律增大，电导率也显著增加。

2.2.2　离子导体的导电机理

离子导体靠离子移动实现导电，包括电解质溶液、熔融电解质、室温离子液体、无机固体电解质、聚合物电解质等。

化合物离解成离子形式存在的溶解态系统称为电解质溶液，其中以电解质水溶液最为常见，它是电化学体系中应用最广泛的电解质。电解质水溶液是最常见的离子导体，溶液中带正电的离子和带负电的离子总是同时存在，它们在电场作用下分别沿着相反方向移动而导电。正离子和负离子移动方向虽相反，但它们导电的方向却是一致的。

离子晶体及一些氧化物高温熔化后就成为熔融电解质，也属于离子导体。它是由构成熔融液的阴离子和阳离子在熔体中的移动而导电。离子液体相当于室温下的熔融盐，所以它的导电机理与熔融电解质相同。

固体电解质是指在电场作用下由于离子移动而具有导电性的固态物质。聚合物电解质主要是由聚合物和盐构成的一类新型离子导体。各种不同类型的固体电解质和聚合物电解质导电机理不尽相同。上述各类电解质的导电机理将在下一章中详述。

2.3　电化学体系

2.3.1　两类电化学装置

电化学体系的最小单位，至少由一个电子导体（电极）和一个离子导体（电解质）相接触而构成。考虑在单个电极/电解质界面上发生的事情是很自然的，但这种孤立的界面在实验上是无法处理的。实际上，必须研究多个界面集合体的性质，这样的体系最普遍的定义是两个电极被至少一个电解质相所隔开。

最基本的电化学装置有两类。一类是在两电极与外电路中的负载接通后，能够自发地将电流送到外电路中而做功，称为原电池，如图 2-3 所示；另一类是在两电极与外电路中的直流电源接通后，消耗外电源能量而强迫电流在体系中通过，称为电解池，如图 2-4 所示。原电池中的反应是自发进行的，而电解池则是靠外加电源强制发生的。原电池将化学能转变为电能，电解池则将电能转变为化学能。

电化学装置中所发生的总化学反应，是由两个独立的半反应构成的，它们描述两个电极上的电化学变化。每一个半反应与相应电极上的界面电势差相对应。界面电势差的大小影响着两相载体的相对能量，因此，它控制着电荷转移的方向和速率。所以，电极电势的测量和控制是实验电化学中最重要的方面之一。

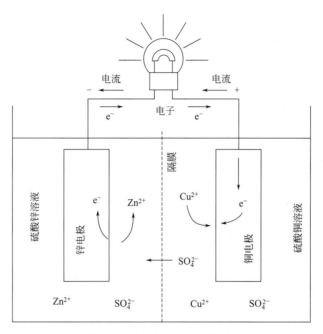

图 2-3　原电池（丹尼尔电池）

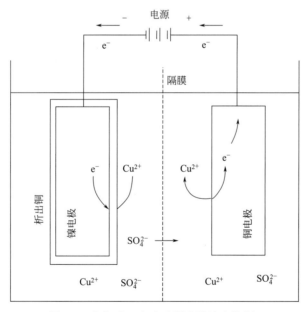

图 2-4　电解池（在硫酸铜水溶液中镀铜）

电化学装置的两个电极之间存在着电势差，电势较高的称为正极，电势较低的称为负极。两个电极上还发生着不同类型的反应，失去电子，发生氧化反应的电极称为阳极；得到电子，发生还原反应的电极称为阴极。

在原电池中，负极失去电子，经过外电路流向正极，正极得到电子；所以负极是阳极，正极是阴极。在电解池中，与外电源负极相连的电极是负极，得到电子；与外电源正极相连的电极为正极，失去电子；所以负极是阴极，正极是阳极。在电化学中必须特别注意原电池与电解池中的这种差别。

图 2-3 所示原电池中，电极反应如下。

负极（阳极）：$\qquad$ $Zn - 2e^- \rightleftharpoons Zn^{2+}$

正极（阴极）：$\qquad$ $Cu^{2+} + 2e^- \rightleftharpoons Cu$

图 2-4 所示电解池中，电极反应如下。

负极（阴极）：$\qquad$ $Cu^{2+} + 2e^- \rightleftharpoons Cu$

正极（阳极）：$\qquad$ $Cu - 2e^- \rightleftharpoons Cu^{2+}$

2.3.2 从电子导电到离子导电的转换

如图 2-3 和图 2-4 所示，将两个电极插入电解质水溶液中，在溶液的外面用铜导线将两个电极与外部体系（负载或电源）连接起来，就构成了原电池或电解池体系。体系中流动着电流 I，电流在电极和铜线上以电子形式传输，在电解液中以离子形式传输。为使电化学系统运行，必须形成连接电子流和离子流的闭合回路。电子导体（电极）只能完成电子导电任务，而离子导体（电解质）只能完成离子导电任务，电子导电和离子导电是两种性质不同的导电形式，既然它们形成闭合回路，那么电极/电解质界面必然是电子和离子交换的地点，故会在电极/电解质界面上发生有电子得失的电化学反应以维持电流的通过。可以说，电化学反应是在两类导体界面上电子和离子交替变成电荷载体的情况下进行的。

下面以图 2-4 所示电解池为例进行说明。当电流流过电解池时，带负电的 SO_4^{2-} 向正极移动，而带正电的 Cu^{2+} 向负极移动，这种离子的运动相当于溶液中电荷的传输，从而使电流流过电解质溶液，到达离子导体和电子导体界面的离子可通过获得或释放电子而发生转化。与直流电源负极连接的金属镍接受了由外电路供给的电子，因为电解液无法传导电子，故电子聚集在镍表面，这样到达负极的 Cu^{2+} 就可以从电极得到两个电子从而形成金属铜沉积在电极表面：$Cu^{2+} + 2e^- \rightleftharpoons Cu$，因此在电极/溶液界面就形成了电流的导通。与此同时，为了维持外线路的电子传导，与直流电源正极连接的金属铜必须存在着一个产生电子的过程，即发生铜失去电子的氧化反应：$Cu - 2e^- \rightleftharpoons Cu^{2+}$，反应生成的 Cu^{2+} 进入溶液。另外，由于 SO_4^{2-} 不在电极上反应，故 SO_4^{2-} 的迁移会在溶液中形成较大的浓度梯度。

对于原电池，如果没有电化学反应发生，则不会产生电流。对于电解池，如果电极与外部直流电源接通后，电极与溶液界面间不发生电化学反应，则电荷将在两极上积累，相当于电容器的充电过程。随着两极间电荷积累得越来越多，所形成的与外电源相反的电势差越来越大。最后达到与外电源电势差的大小相等时，电流就中断了。所以说，在没有电化学反应发生时，直流电流不可能持续地通过两类导体组成的系统。

为了深入了解两类导体界面间发生的与电子转移等各种变化有关的问题，电化学研究对象应包括：电子导体、离子导体、两类导体形成的带电界面及其上所发生的变化。

因为电化学中的电极总是与电解质联系在一起的，而且电极的特性也与其界面上所进行的反应分不开。因此，电极有时指与电解质相接触的电子导体，有时也指其与电解质界面组成的整个系统。如常遇到的"铂电极""石墨电极""铜电极"等提法就是前者的例子；而"氢电极"则是后者的例子，它表示在某种金属（如铂）表面上进行的氢与氢离子互相转化的电极反应，指的是特定的电极系统。

2.4 法拉第定律

电极反应属于特殊的氧化还原反应，氧化反应和还原反应是空间分开进行的，而且是等物质的量进行的，即服从法拉第定律。

（1）法拉第定律。法拉第在总结大量实验的基础上，于 1834 年提出两条基本规则：①电解时在电极上发生反应的物质的量与通过的电量成正比；②当以相同的电量分别通过几个串联的电解槽时，在各电极上反应物质的量与 $1/z$ 成正比，式中，z 为各电极反应进行时电荷数的变化。

例如 Ni^{2+} 在阴极上还原反应为 $Ni^{2+}+2e^-\Longleftrightarrow Ni$，此时 $z=2$，若在电极上通过 1mol 电子的电量，则 Ni^{2+} 反应 0.5mol，析出的 Ni 也是 0.5mol。而对于 Ag^+ 还原为 Ag 的反应，$Ag^++e^-\Longleftrightarrow Ag$，此时 $z=1$，若同样通过 1mol 电子的电量，则 Ag^+ 反应 1mol，析出的 Ag 也是 1mol。

法拉第定律是电化学最早的、定量的基本定律，揭示了通入的电量与析出物质之间的定量关系。该定律是一个很准确的定律，不论在什么压力和温度下，不论在水溶液、非水溶液还是熔盐中进行，都严格服从法拉第定律。

每摩尔电子的电量称为法拉第常数，用 F 表示，$F=N_Ae=6.022\times10^{23}mol^{-1}\times1.6022\times10^{-19}C=96484.5C/mol\approx96500C/mol$。$1F=1mol\times96500C/mol=96500C$。

在工业上常用的电量单位是安培·小时，简称安·时，即 1A 电流经过 1h 所流过的电量。$1A\cdot h=1A\times3600s=3600C$。

（2）电流效率。法拉第定律是个很严格的定律，但在生产实践中由于副反应的存在，主反应会出现形式上不满足法拉第定律的现象。但如果把电极上所发生的所有反应加在一起，则仍然符合法拉第定律。所以，对于所需要的产物来说，存在着效率问题，因而提出了电流效率的概念，用它来表示用于主反应的电量在总电量中所占的比例。通常可将电流效率定义如下：

扩展阅读
法拉第的故事

$$电流效率=\frac{当一定电量通过时，在电极实际获得的产物质量}{同一电量通过时，根据法拉第定律应获得的产物质量}\times100\%$$

提高电极的电流效率能节约大量电能和提高劳动生产率，有很大的实际意义。

（3）电量计。在法拉第定律的基础上，可以根据电解过程中电极上析出产物的量来计量电路中所通过的电量，这种测量电量的仪器称为电量计或库仑计。显然，在电量计中所选用的电化学反应的电流效率应为 100%，或者是十分接近 100%。

通常使用所谓的银库仑计来测定电量。如图 2-5 所示的银库仑计由一个含 30%$AgNO_3$ 溶液的铂坩埚和浸在溶液中的一根银棒组成，铂坩埚与电解池的负极相接，而银棒则与电解池的正极连接，当电解池通过电量后，银在铂坩埚阴极内壁析出，形成银沉积层；同时，银从银棒阳极溶解成银离子。为避免银阳极溶解过程中可能产生的金属颗粒掉进铂坩埚而导致测量误差，实验中常在银阳极附近加一个收集网袋。通过仔细称量铂坩埚电解前后的质量变化，可以精确测定电解过程中通过电解池的电量。

在酸或碱的溶液中电解水，将于阴极上析出氢气和阳极上析出氧气。两极上所形成的氢和氧的体积与通过电极的电量成比例，故测量出电解时析出的气体体积，就可以计算出通过电解池的电量。这种电量计

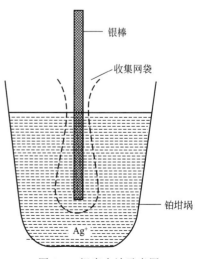

银棒

收集网袋

铂坩埚

Ag^+

图 2-5 银库仑计示意图

称为气体电量计。

此外，人们还开发了一些新的方法，如恒电势库仑法、恒电流库仑法、电重量分析法等，这里就不一一介绍了。

2.5 实际电化学装置的设计

2.5.1 实际电化学装置的组成

实际电化学装置的基本组成仍然是电极、电解液（电解质）以及外壳（电解槽），很多情况下还需要加隔膜或离子膜。

化学电源中常用的负极材料有金属 Zn、Pb、Cd、Li、Mg 等，但并非都是金属片，而大多情况下用金属粉，或者先用金属氧化物粉末做成电极，然后通过充电化成的方式转变成海绵状金属（如 Pb 和 Cd）。正极材料一般采用半导体材料，如 MnO_2、Ag_2O、PbO_2、$Ni(OH)_2$、$LiCoO_2$ 等。另外碳材料（如锂离子电池负极材料）、高分子导电聚合物（如聚噻吩、聚吡咯、聚苯胺等）也可作为电池电极材料。

电镀和电解工业中，为了降低电能消耗，一般采用金属、合金、石墨等良导体作为电极，表 2-1 给出了一些常见金属和碳材料的电导率。另外，电镀和电解工业中，有时需要在金属电极表面涂镀金属氧化物催化剂层，如氯碱工业中使用的形稳阳极（DSA）以金属 Ti 为基底，表面涂一层 TiO_2 和 RuO_2 混合涂层；有时需要用金属氧化物作为电极，如电解法制取金属的 FFC 剑桥法，以制取 Ti 为例，该法将 TiO_2 粉末制成固态 TiO_2 阴极，在 $CaCl_2$ 熔盐中进行电解，可将 TiO_2 还原成金属钛。

表 2-1　一些常见金属和碳材料的电导率（20℃）

电极材料	电导率 κ/(S/m)	电极材料	电导率 κ/(S/m)
Ag	6.3×10^7	Fe	1.1×10^7
Cu	6.0×10^7	Pt	1.0×10^7
Au	4.5×10^7	Pb	4.5×10^6
Al	3.5×10^7	Ti	1.8×10^6
Mg	2.2×10^7	Hg	1.0×10^6
Zn	1.8×10^7	石墨	$(0.2\sim2)\times10^5$
Ni	1.6×10^7	玻碳	$(1\sim4)\times10^4$

酸和碱因为成本低廉、电导率高、稳定性好，所以是化学电源中广泛应用的电解液，比如碱性锌锰电池、镉镍电池、氢镍电池、碱性燃料电池都是用 KOH 溶液作为电解液，铅酸蓄电池使用 H_2SO_4 溶液作为电解液。但是在金属锂电池和锂离子电池中，因为锂与水会剧烈反应，所以电解液不能采用水溶液，需要用有机电解液。有机电解液是由有机溶剂加上无机盐溶质组成的，锂离子电池电解液常用的溶剂有 EC（碳酸乙烯酯）、EMC（乙基甲基碳酸酯）、DEC（二乙基碳酸酯）、DMC（二甲基碳酸酯）等，无机盐溶质一般是 $LiPF_6$、$LiBF_4$ 等锂盐。

电镀工业中所用的电解液也有水溶液和有机溶液，根据所沉积金属性质的不同进行选用，而且一般都有特定的镀液配方，不同镀液配方的施镀效果也不同。比如电镀锌的镀液就有碱性氰化物镀液、碱性锌酸盐镀液、中性氯化钾镀液、酸性硫酸盐镀液等多种。

隔膜在实际电化学装置中经常是必要的结构单元，隔膜将电化学装置分隔为阳极区和阴极区，以保证阴极和阳极上的反应物和产物互不接触和干扰。特别是在化学电源中，隔膜是防止内部短路、实现紧装配的重要保证。电化学工业上使用的隔膜一般可分为微孔隔膜和离子交换膜两种，离子交换膜又分为阳离子交换膜和阴离子交换膜。微孔隔膜可以浸润电解液实现离子导电，对离子传输没有选择性。离子交换膜（或叫离子渗透膜）对离子的透过有很强的选择性，可以选择性地透过阳离子或者阴离子，比如适用于氯碱工业的全氟化高聚物离子交换膜，只允许 Na^+ 透过，Cl^- 和 OH^- 则无法通过。

2.5.2 实际电化学装置设计示例

锂离子电池是一种高能化学电源，由正极、负极、隔膜、电解液、外壳等组成，圆柱形锂离子电池结构如图 2-6。锂离子电池正极采用 $LiCoO_2$、$LiFePO_4$、$LiCo_{1/3}Ni_{1/3}Mn_{1/3}O_2$ 等粉末材料，将这些活性物质粉末涂覆在铝箔集流体上制成正极片；负极采用碳材料粉末，将其涂覆在铜箔集流体上制成负极片；隔膜由 PP、PE 等有机材料制成；正极片和负极片之间夹入隔膜，卷成螺旋状，插在圆筒形的外壳中，将正负极的极耳分别焊在电池壳的上下两端；电解液为含锂盐的有机溶剂（如 $LiPF_6$/EC＋DMC＋EMC）。此外，电池内部还设有防止热失控的器件和防止内部压力过大的排气阀。

对于动力锂离子电池，一般采用层叠式结构，将正极片、隔膜、负极片依次层叠组成电芯，叠放层数可依据所需容量设计，隔膜既可以单片叠放，也可以 Z 字形折叠，中间层的正负极片双面涂布，上下两层单面涂布，将所有正极片的极耳焊在一片镍带上，端子周围设有绝缘层，单体电池一般用铝塑膜封装作为外壳。锂离子动力电池系统是新能源汽车的技术核心，也是各国竞相占领的技术制高点，宁德时代和比亚迪作为中国乃至世界动力电池企业的龙头，分别提出了自己的创新动力电池技术——麒麟电池和刀片电池，

扩展阅读
新能源汽车动力
电池先进技术

巩固了中国作为全球最大新能源汽车生产、销售和出口国的地位，强化了中国汽车产业在新一轮全球科技革命浪潮中的先发优势。

镀铬是一种常见的电镀种类，图 2-7 是一种采用热水浴加热的镀铬槽结构示意图，它主

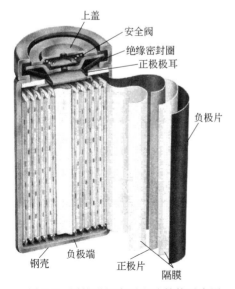

图 2-6　圆柱形锂离子电池结构示意图

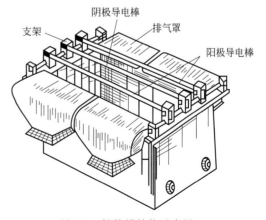

图 2-7　镀铬槽结构示意图

要由铅衬里内槽、导电棒、蒸汽管及排气罩等部分组成。其阳极采用不溶性铅或铅合金（铅-锑、铅-锡等）阳极，悬挂在电解槽两侧的导电棒上；阴极为被镀物件，一般采用挂件形式，悬挂在电解槽中间的导电棒上电镀；镀液主要成分是铬酸，电镀过程中要添加铬酐来补充铬离子的消耗；镀液温度为 $40\sim60℃$；阴极电流密度为 $0.1\sim0.8A/cm^2$；由于镀铬槽溶液工作时有大量的铬酸气体逸出，所以一般都安装有较强的排气装置来避免空气污染。

　　铝电解槽是电解铝生产的主要设备，图 2-8 给出了其结构示意图。其阳极为坚实的固体碳，通过钢爪和铝合金导杆与阳极母线梁连接到外电源正极；阴极是镶嵌钢棒的炭块组，通过钢棒与外电源负极连接；电解质是熔融的 Na_3AlF_6-Al_2O_3（$3\%\sim10\%$，质量分数）；槽壳为长方形钢体，外壁和槽壳底部用型钢加固并内衬砌体（耐火砖、炭块等），上部有阳极提升装置和排烟集气装置。电解温度为 $950\sim970℃$，此时铝呈液态，因此铝液沉于槽底而成为阴极。碳阳极在阴极之上，与阴极相距约 $4\sim5cm$。电解时阳极电流密度约为 $1A/cm^2$，阴极电流密度为 $0.5A/cm^2$ 左右。

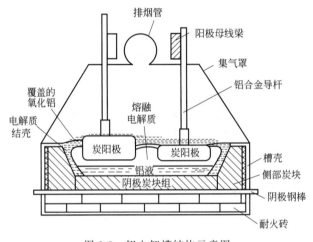

扩展阅读
电化学工业的发展

图 2-8　铝电解槽结构示意图

复习题

1. 简述电势和电势差的物理意义。
2. 电化学体系中电子导体和离子导体是如何形成电流回路的？
3. 用能带理论解释半导体的导电机理。
4. 离子导体有哪些种类？各自的导电机理是什么？
5. 简述电极、电极反应的概念，并说明电极反应的特点。
6. 电化学体系中电子导体和离子导体如何完成导电转换？
7. 电化学装置中的阴极就是负极，阳极就是正极，这种说法对吗？为什么？

8. 说明法拉第定律的内容。

9. 化学电源有哪些种类？列举三种化学电源的正、负极反应。

10. 设计电量计的依据是什么？电量计中所选用的电化学反应要具备什么条件？

11. 查找资料，了解新能源汽车动力电池的组成及设计。

12. 查找资料，了解电镀技术在芯片制造领域的应用。

第3章 液态电解质与固态电解质

电解质是电化学体系中实现离子导电的基本结构单元，包括电解质溶液、熔融电解质、室温离子液体、无机固体电解质、聚合物电解质等。其中以电解质溶液最为常见，它在电化学中应用最广泛，所以本章 3.1～3.5 节主要讨论它，然后在 3.6～3.8 节介绍其他电解质。

化合物离解成离子形式存在的溶解态系统称为电解质溶液。电解质溶液包括溶质和溶剂，如果溶剂为水，则称为电解质水溶液。电解质水溶液的特性主要是由水以及电解质所离解的离子反映出来的。因此，有必要从两方面来讨论它们的性质，一是离子与水分子间的相互作用；二是离子与离子间的相互作用。

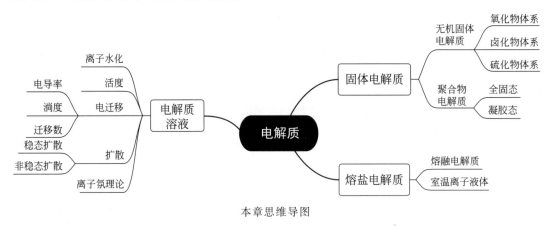

本章思维导图

3.1 电解质溶液与离子水化

3.1.1 溶液中电解质的分类

溶液中的电解质有两类。一类是离子键化合物，其自身就是由离子组成的离子晶体，可称为真实电解质。借助于溶剂与离子间的相互作用，离子晶体可以在溶剂作用下被瓦解为自由移动的离子，形成电解质溶液。另一类是共价键化合物，它们本身并不是离子，只是在一定条件下，通过溶质与溶剂间的化学作用，才能使之解离成为离子，可称为潜在电解质。例如 HCl 是共价键化合物，在它与水相互作用后，方可形成离子。

同一物质在不同溶剂中，可以表现出完全不同的性质。例如，虽然 HCl 在水中是电解质，但在苯中则为非电解质；葡萄糖在水中系非电解质，而在液态 HF 中却是电解质。因此，在谈到电解质时，决不能脱离开溶剂。

根据溶质解离度的大小，又可将电解质分为强电解质和弱电解质两类。一般认为解离度大于 30% 为强电解质，解离度小于 3% 为弱电解质。这种分类法，只是为了讨论问题方便，定义并不太确切，不能反映电解质的本质。

根据电解质在溶液中所处的状态，还可将它们分为非缔合式电解质和缔合式电解质两类。前者系指溶液中的溶质全部以单个的可以自由移动的离子形式存在，而后者是指溶液中的溶质除了单个可自由移动的离子外，还存在以化学键结合的未解离的分子，或者是由两个或两个以上的离子靠静电作用而形成的缔合体。如 KCl 稀溶液为非缔合式，而 KCl 浓溶液则存在 K^+-Cl^- 缔合离子对。

3.1.2　水的结构与水化焓

根据杂化轨道理论，水分子中氧原子的 6 个 2s 和 2p 电子能够形成 4 个 sp^3 杂化轨道。其中两个轨道与氢的 1s 电子形成 O—H 键，另外两个轨道每个轨道有一对孤对电子。可见 O 的 4 个杂化轨道并非完全一样，孤对电子的存在使轨道出现了不等性杂化。实验测得水分子具有非线形的结构，H—O—H 键夹角为 104.45°。因此，水分子是极性分子，具有很大的偶极矩，其偶极矩为 $6.17 \times 10^{-30} C \cdot m$，如图 3-1 所示。在更精确的模型中，可以把以偶极子形式存在的水分子进一步看作电荷相等的四极子，两个氢原子是两个正电荷区，而氧原子上两对孤电子对则是两个负电荷区。

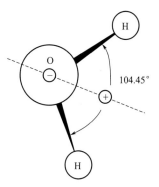

图 3-1　水分子结构示意图

水分子的偶极矩很大，由于氢原子半径很小，而且没有内层电子，所以容许另一个带有孤对电子的原子充分地接近它，产生强烈的吸引作用。在强烈的静电作用下所形成的这种键就是氢键，可用原子间的虚线表示，O—H---O。氢键的键能很小，对水来说，仅为 18.8kJ/mol，而 O—H 键的键能达 464kJ/mol。由于水分子中有两个氢原子，而且在氧原子上有两对孤对电子，故 1 个水分子最多可以和另外 4 个水分子形成 4 个氢键。因此，氢键是具有饱和性和方向性的，由氢键形成的水的晶体（冰）也是正四面体结构，如图 3-2。

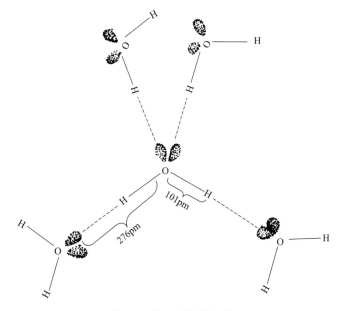

图 3-2　冰中氢键的结构

电解质溶解于水后，它所解离出的正、负离子将与水分子发生一定的相互作用。可用能量的变化从宏观上来反映离子与水分子间的相互作用。

在一定温度下，1mol 自由的气态离子由真空中转移到大量水中形成无限稀溶液过程的焓变，称为离子的水化焓。任一电解质在水溶液中总是正、负离子同时存在，根据晶格能和溶解焓，只能求出电解质的正负离子水化焓之和 ΔH_{MX}。

晶格能 U_0 是自由的气态离子在绝对零度下形成 1mol 晶体时的焓变。温度升高，晶体的焓变变化不大，仍可近似地用 U_0 表示。可以设想先将 1mol 晶体在恒温下升华为自由的气态离子，其焓变为 $-U_0$；然后再将气态离子于恒温下溶解于水中，形成无限稀溶液，其焓变为 ΔH_{MX}。因为状态函数与途径无关，所以上述过程焓变之和（$-U_0+\Delta H_{MX}$）应当等于 1mol 晶体直接溶解于水中形成无限稀溶液的溶解焓 ΔH_B，故 $\Delta H_{MX}=U_0+\Delta H_B$。表 3-1 给出了部分晶体的相关数据。

溶液中存在着正、负两种离子，ΔH_{MX} 应为正离子水化焓 ΔH_{M^+} 和负离子水化焓 ΔH_{X^-} 之和，即 $\Delta H_{MX}=\Delta H_{M^+}+\Delta H_{X^-}$。只要能设法得到一种离子的水化焓，其他离子的水化焓可由此式求出。

向水中引入某一种离子时，不可避免地要带入另一种电荷符号相反的离子。因此，由实验中直接测量离子水化焓是不可能的，只能根据离子与水相互作用的某些模型，设法从理论上计算。由于各种模型所考虑的因素常常不够全面，故计算结果的局限性比较大。

表 3-1 在 25℃ 下碱金属卤化物的晶格能、溶解焓和水化焓　　　单位：kJ/mol

盐	U_0	ΔH_B	ΔH_{MX}	盐	U_0	ΔH_B	ΔH_{MX}
LiF	-1025	4.6	-1020	NaBr	-716	0.8	-715
LiCl	-845	-36	-881	NaI	-696	-5.9	-702
LiBr	-799	-46	-845	KF	-812	-17	-829
LiI	-745	-61.9	-807	KCl	-707	18.4	-689
NaF	-908	2.5	-905	KBr	-682	21.3	-661
NaCl	-774	5.4	-769	KI	-644	21.3	-623

3.1.3　离子的水化膜

在固态离子晶体中，电荷通常被束缚在晶体的晶格位点上。如 NaCl 中，晶格位点不是由中性原子所填充，而是由带正电荷的 Na^+ 和带负电荷的 Cl^- 所占据（见图 3-3），正、负电荷间的静电作用力维持该类离子晶体稳定存在。

如将 NaCl 晶体置于水中，它将溶解于水中，形成自由运动的 Na^+ 和 Cl^-，即盐离解成了自由离子。事实上，溶剂水分子在晶体溶解过程中起了决定性的作用，因水分子具有偶极性，它能够通过溶剂化过程结合到离子周围，产生水化作用。如图 3-3 所示，晶体在水溶液中离解成的正、负离子均被一层水分子偶极层（水化层）包围，离子从水化过程获得的能量将促使溶解平衡向溶解方向移动。

离子进入水中后，一定数量的偶极分子（水分子）在离子周围取向，紧靠离子的一部分水分子能与离子一起移动，相应地增大了离子的体积，稍远的水分子也受到离子电场的影响。通常将这种由于离子在水中出现而引起结构上的总变化称为离子水化。常把离子水化的结果形象化地用水化膜表示，也就是说，可以认为在溶液中离子周围存在着一层水化膜。

离子水化的基本模型如图 3-4 所示。该模型中存在一层内水化层，其中的水分子定向完全取决于中心离子产生的电场，水分子的数量取决于中心离子的大小和它的化学性质，例如一价碱金属离子的内水化层的水分子数约为 3，Be^{2+} 为 4，Mg^{2+}、Al^{3+} 及第四周期的过渡金属离子为 6。

内水化层的外面还有第二水化层，与内水化层水分子通过氢键作用结合，其结构比较疏

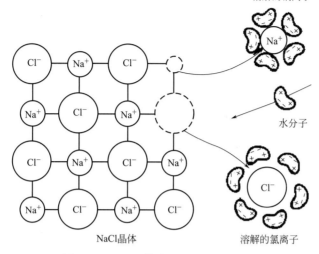

图 3-3   NaCl 晶体水化过程的二维描述

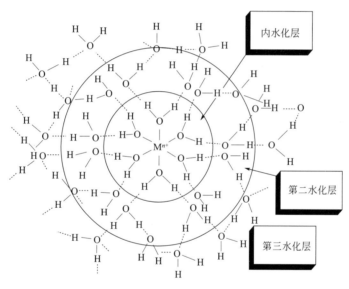

图 3-4   水溶液中金属阳离子的水化膜示意图

松，水分子的定向取决于氢键作用力的大小，近年来 X 射线衍射和散射以及红外光谱的研究证实了第二水化层的存在。第二水化层的厚度取决于阳离子的性质。多价阳离子第二水化层很厚，如 Cr^{3+} 内水化层有 6 个水分子，第二水化层有 13 个水分子。而像 K^+、Cs^+、Tl^+ 等半径较大的单价阳离子，其第二水化层很薄且不稳定。

在第二水化层外还可能存在由更自由的水分子组成的第三水化层，是从水化膜到体相水的一个过渡层。这个区域已经没有足以使水分子定向的力，因此它们处于无序状态。一般而言，内水化层和第二水化层之间的分界线清楚，而且两区之间的水分子交换极为缓慢。然而，第二水化层和第三水化层的界限却很模糊。

阳离子水合能力较强，价位高、尺寸小的离子容易被水合。对于同价态阳离子，随离子半径增加，取向水分子与离子电荷中心间距离增大，相互作用减弱，因而水化数明显变小。如碱金属离子半径大小次序为 $Li^+ < Na^+ < K^+$，而其水合离子半径大小次序为 $K^+ < Na^+ < Li^+$。实验测得 K^+ 的水合水分子数为 5.4，Na^+ 为 8.4，Li^+ 为 14。

一般而言，阴离子的水合能力比阳离子的要小得多，但是中子衍射数据表明，卤素离子的周围也存在第一水化层，对于 Cl^- 而言，其第一水化层包含 4～6 个水分子，确切的数目主要取决于浓度和相应阳离子的性质。对于含有 O、N 等元素的阴离子，如 SO_4^{2-} 等，水合程度几乎可以忽略不计。

当考虑水化离子在电场作用下的迁移时，中心离子将带着部分水化层分子随其一起迁移，因此处于电场中的中心离子的水化层应是一动态结构，而如图 3-4 中所示的完整的内水化层结构主要在高价态离子如 Cr^{3+} 体系中才观察到。

至今，光谱、散射和衍射技术都被用来研究金属离子的水合结构，但是由于利用这些技术测量时的时间尺度不同，所以它们给出的金属离子的水合结构并不完全相同。

3.1.4 固/液界面的水化膜

上一节对离子水化膜的讨论可以推广到固体表面。因为固体表面就是亿万个表面原子或分子的集合体。位于固体表面附近的水分子受固体表面的作用，会改变其自身的缔合方式，在结构上发生相应的变化，形成不同结构化的界面水膜。

极性表面与水分子的强烈作用使水分子间的氢键缔合断裂，并导致水分子在表面定向排列，形成若干个分子层厚的水化壳层。最靠近表面的是水分子的定向密集的有序排列层，在有序排列层与体相水之间有一个过渡层，在过渡层中的是无序的自由水分子。极性表面的水化膜的厚度较大，通常情况下有 10～40 个水分子厚度。例如，在相对湿度为 98% 时，观察到在标准的石英样品表面水的吸附密度为 $1.7 \times 10^{-4} \, mol/m^2$，相当于 26 个水分子层厚。

由于表面与水分子间及水分子与水分子间的强烈缔合作用，水化膜可以看作是具有一定厚度及结构的一个弹性实体。界面水层具有与正常的体相水不同的物理性质，例如黏度增大，电导率降低，密度、热容量及介电常数等均发生变化。

3.2 电解质溶液的活度

3.2.1 活度的概念

在指定温度和压力下，在全部浓度范围内都符合拉乌尔定律（溶液中溶剂的蒸气压等于纯溶剂的蒸气压乘以它在溶液中的摩尔分数）的溶液称为理想溶液。恒温恒压下，在指定组成的体系中加入微量组分所引起的吉布斯自由能改变称为该组分的化学势。化学势是强度性质的物理量，它也是体系的状态函数。根据热力学，可将一定温度和压力下，理想溶液中某组分 i 的化学势 μ_i 表示为：

$$\mu_i = \mu_{x,i}^{\ominus} + RT \ln x_i \tag{3-1}$$

式中，$\mu_{x,i}^{\ominus}$ 为组分 i 在标准态下的化学势（若 i 为溶剂，$\mu_{x,i}^{\ominus}$ 为与溶液同温及 $p^{\ominus}$ 下，纯液体 i 的化学势；若 i 为溶质，$\mu_{x,i}^{\ominus}$ 为同温及 $p^{\ominus}$ 下，溶质摩尔分数 $x_i = 1$，但溶质所处的环境却与极稀溶液相同时的化学势，这个标准态是假想状态，可用作图法获得）；R 为气体常数；T 为热力学温度；x_i 为组分 i 的摩尔分数。

因为实际溶液不同于理想溶液，路易斯（Lewis）提出一种方法，笼统地用一个新函数活度 $a_{x,i}$ 来代替 x_i，维持式(3-1)的形式不变，然后设法通过实验求出 $a_{x,i}$ 与 x_i 的关系。即以下式给出活度的定义：

$$\mu_i = \mu_{x,i}^{\ominus} + RT \ln a_{x,i} \tag{3-2}$$

这里活度 $a_{x,i}$ 与式(3-1)中 x_i 的地位相当，可认为活度就是有效浓度。通常用 $a_{x,i} = f_i x_i$ 表示 $a_{x,i}$ 与 x_i 的关系。f_i 即实际溶液与理想溶液性质上的偏差，称为活度系数。

在讨论电解质溶液中某组分化学势时，对于溶剂的浓度一般采用摩尔分数 x_i 表示。但对于溶质的浓度，除了用摩尔分数外，更多的是使用质量摩尔浓度 m_i（每千克溶剂所含溶质的物质的量）和摩尔浓度 c_i（每升溶液所含溶质的物质的量）。由于浓度表示方法的不同，对于理想溶液，相应的化学势可分别表示为：

$$\mu_i = \mu_{m,i}^{\ominus} + RT\ln(m_i/m^{\ominus}) \tag{3-3}$$

$$\mu_i = \mu_{c,i}^{\ominus} + RT\ln(c_i/c^{\ominus}) \tag{3-4}$$

式中，$m^{\ominus}$ 表示标准质量摩尔浓度，mol/kg；$c^{\ominus}$ 表示标准摩尔浓度，mol/L。而对于实际溶液，相应的化学势可用活度分别表示为：

$$\mu_i = \mu_{m,i}^{\ominus} + RT\ln a_{m,i} \tag{3-5}$$

$$\mu_i = \mu_{c,i}^{\ominus} + RT\ln a_{c,i} \tag{3-6}$$

相应的活度系数 $\gamma_i = a_{m,i}/(m_i/m^{\ominus})$，$y_i = a_{c,i}/(c_i/c^{\ominus})$。或将活度表示为 $a_{m,i} = \gamma_i(m_i/m^{\ominus})$，$a_{c,i} = y_i(c_i/c^{\ominus})$。可见活度是个比值，是无量纲量。在稀溶液中 $\gamma_i = y_i$。

对于电解质溶液，活度和活度系数的概念特别重要。因为对于非电解质溶液，当溶液浓度变稀时，随着分子间距离的增加，分子间相互作用减弱，所以非电解质的稀溶液接近理想溶液；但电解质溶液却不然，即使浓度相当稀，离子间距离很大，离子间的静电作用仍不可忽视，故必须引入活度来校正浓度。

3.2.2　离子的平均活度

电解质在溶液中可全部或部分地解离成为离子，电解质不再是一个整体，其浓度与活度的简单关系不再适用；所以在讨论电解质溶液时，就要涉及离子的活度和化学势。可将正、负离子的活度 a_+ 和 a_- 及其化学势 μ_+ 和 μ_- 的关系表示为：

$$\mu_+ = \mu_+^{\ominus} + RT\ln a_+ \tag{3-7}$$

$$\mu_- = \mu_-^{\ominus} + RT\ln a_- \tag{3-8}$$

在测量溶液中某离子的活度系数时，总是需要维持其他离子的浓度均不变。任何溶液都是电中性的，人们不可能只改变其中某一种离子的浓度而维持另一种离子的浓度不变。所以说，由实验测量单种离子的活度系数是不可能的。因此，人们提出了平均活度的概念。

假设在强电解质溶液中，溶质 $M_{\nu_+} A_{\nu_-}$ 在溶剂中按下式全部离解为离子：

$$M_{\nu_+} A_{\nu_-} = \nu_+ M^{z+} + \nu_- A^{z-}$$

式中，ν_+ 和 ν_- 表示分子式中所含正、负离子数目；z_+ 和 z_- 表示正、负离子所带的电荷数。如 K_2SO_4 中 $\nu_+ = 2$，$\nu_- = 1$，$z_+ = 1$，$z_- = -2$。

若溶液很稀，则可以把电解质稀溶液看作是由正离子 M^{z+} 和负离子 A^{z-} 溶于溶剂中所形成的溶液，电解质作为一个整体，其化学势为：

$$\mu = \nu_+ \mu_+ + \nu_- \mu_- \tag{3-9}$$

将式（3-7）和式（3-8）代入上式后，得：

$$\mu = \mu^{\ominus} + RT\ln(a_+^{\nu_+} a_-^{\nu_-}) \tag{3-10}$$

式中，$\mu^{\ominus} = \nu_+ \mu_+^{\ominus} + \nu_- \mu_-^{\ominus}$。因为对于电解质有 $\mu = \mu^{\ominus} + RT\ln a$，故 $a = a_+^{\nu_+} a_-^{\nu_-}$。此式表示出电解质活度与离子活度的关系。

由于单离子活度无法测定，故引入离子平均活度 $a_{\pm}$、平均活度系数 $\gamma_{\pm}$ 和平均质量摩尔浓度 $m_{\pm}$ 的概念，作出如下规定。令 $\nu = \nu_+ + \nu_-$，定义 $a_{\pm}^{\nu} = a_+^{\nu_+} a_-^{\nu_-}$，将式（3-10）中的 $a_+^{\nu_+} a_-^{\nu_-}$ 用 $a_{\pm}^{\nu}$ 代替，则

$$a = a_+^{\nu_+} a_-^{\nu_-} = a_\pm^{\nu}$$

并定义：$\gamma_\pm^\nu = \gamma_+^{\nu_+} \gamma_-^{\nu_-}$，$m_\pm^\nu = m_+^{\nu_+} m_-^{\nu_-}$，则

$$a_\pm = \gamma_\pm (m_\pm / m^\ominus)$$

提出离子平均活度这个概念是因单个离子的活度至今还没有任何严格的实验方法可以测定，而离子平均活度系数可通过冰点降低、电池电动势、溶解度等热力学方法测定，因而离子平均活度也就可以求得。例如 K_2SO_4 溶液的离子平均活度为：

$$a_\pm = \gamma_\pm \left[(m_{K^+}^2 \, m_{SO_4^{2-}})^{1/3} / m^\ominus \right]$$

在实际工作中，对于 z-z 型电解质，在浓度不太高的情况下，可近似认为 $\gamma_+ \approx \gamma_- \approx \gamma_\pm$，即 $a_+ \approx a_- \approx a_\pm$，但在高浓度下就会出现一定误差。对于非 z-z 型电解质，则不存在上述关系。

3.2.3 离子强度定律

随着溶液浓度的不同，电解质的活度系数也不同。对于不同的电解质来说，这种关系常常是各种各样的，而且很难用一个简单的关系来表示它们。但是，对于很稀的溶液，人们从大量的电解质平均活度系数的实验测量数据中发现，电解质平均活度系数与电解质浓度间的关系，存在着一定的规律。

路易斯（Lewis）根据大量实验结果提出了离子强度的概念，即在稀溶液范围内影响离子平均活度系数的是离子的浓度和离子电荷（或离子价）而不是离子的本性，并定义离子强度：

$$I = \frac{1}{2} \sum m_i z_i^2 \quad (\text{mol/kg}) \tag{3-11}$$

式中，m_i 是各种离子的质量摩尔浓度（若是弱电解质，其真实浓度由其浓度与解离度相乘得到）；z_i 是它们相应的价数。离子强度概念在一定程度上反映了各离子电荷所形成的电场强度的强弱。自强电解质理论发表后，它在理论上的意义更加明确。

根据强电解质在稀溶液中的实验结果，离子平均活度系数与离子强度符合如下公式：

$$\lg \gamma_\pm = -A \, |z_+ z_-| \sqrt{I} \tag{3-12}$$

上式称为离子强度定律。在指定溶剂和温度下 A 为常数，对于 $25\,^\circ\!C$ 的水溶液，$A = 0.509 \text{kg}^{1/2}/\text{mol}^{1/2}$。可见，在相同离子强度稀溶液中，价型相同的各种电解质的离子平均活度系数相等。

如果离子的平均直径约为 0.2nm，对于 1-1 型电解质，离子强度定律的有效使用范围为质量摩尔浓度低于 0.01mol/kg；而对于高价态电解质，则低于 0.001mol/kg。遗憾的是，实际工作中碰到的溶液浓度几乎都比这个定律适用的浓度高，因而又提出了如下修正公式：

$$\lg \gamma_\pm = -\frac{A \, |z_+ z_-| \sqrt{I}}{1 + \mathring{a} B \sqrt{I}} \tag{3-13}$$

在指定溶剂和温度下 A、B 均为常数；$\mathring{a}$ 是离子体积参数，约等于溶剂化离子的有效半径，单位为 Å。对于 $25\,^\circ\!C$ 的水溶液；$A = 0.5115$，$\mathring{a}B \approx 1$。对于 1-1 型电解质，上式的有效使用范围为质量摩尔浓度低于 0.1mol/kg；而对于高价态电解质，则低于 0.01mol/kg。对于更高的浓度还有一些修正公式，可参考相关著作。表 3-2 给出了一些实际测得的活度系数与式(3-13) 计算值的比较。

表 3-2　不同浓度电解质溶液活度系数计算值与实测值比较（25℃）

m /(mol/kg)	1-1 型电解质				1-2 型电解质				2-2 型电解质			
	I	$\gamma_{\pm}$			I	$\gamma_{\pm}$			I	$\gamma_{\pm}$		
		计算值	HCl	KNO$_3$		计算值	H$_2$SO$_4$	Na$_2$SO$_4$		计算值	CdSO$_4$	CuSO$_4$
0.001	0.001	0.964	0.966	0.965	0.003	0.880	0.837	0.877	0.004	0.743	0.754	0.74
0.002	0.002	0.949	0.952	0.951	0.006	0.834	0.767	0.847	0.008	0.657	0.671	—
0.005	0.005	0.926	0.929	0.926	0.015	0.776	0.646	0.778	0.020	0.562	0.540	0.53
0.010	0.010	0.900	0.904	0.898	0.030	0.710	0.543	0.714	0.040	0.460	0.432	0.41
0.020	0.020	0.866	0.876	0.862	0.060	0.634	0.444	0.641	0.080	0.359	0.336	0.315
0.050	0.050	0.809	0.830	0.799	0.150	0.623	—	0.536	0.200	0.238	0.277	0.209
0.100	0.100	0.756	0.796	0.738	0.300	0.439	0.379	0.453	0.400	0.165	0.166	0.149

离子强度定律的最重要结论是活度系数仅与离子强度有关。有两种电解质同时存在的溶液体系，如果其中一种电解质浓度远大于其他电解质的浓度，那么不管另一种离子的浓度是多少，只要第一种离子的浓度保持不变，则整个溶液的活度系数保持不变。所以，应使用过量的支持电解质，以保持溶液体系的离子强度恒定。

3.3　电解质溶液的电迁移

在外电场作用下溶液中的荷电离子将从杂乱无章的随机运动转变为沿一定方向的运动。离子在电场力推动下进行的运动，称为电迁移。电解质溶液导通电流的能力主要基于溶液中离子在电场作用下于两电极间发生的定向电迁移作用。离子发生电迁移时，单位时间单位面积上通过的离子物质的量，称为电迁流量。

3.3.1　电解质溶液的电导率

（1）电导率。不同的导体具有不同的导电能力。在金属导体中银的导电能力最好，铜次之。一般说来，电解质溶液的导电能力要比金属小得多。为了比较不同物质的导电能力的大小，需要引入电导率的概念。实验结果表明，导体的电阻 R 与其长度 l 成正比，而与其横截面积 A 成反比：

$$R = \rho \frac{l}{A} \tag{3-14}$$

式中，ρ 是比例常数，称为电阻率。

电阻率的倒数称为电导率，用符号 κ 表示，即

$$\kappa = \frac{1}{R} \times \frac{l}{A} \tag{3-15}$$

κ 的单位是 S/m 或 S/cm。由于电阻的倒数称为电导，故 κ 是指长为 1m、截面积为 1m^2 的导体的电导，或是 1m^3 导体的电导。如 Cu 的 κ 为 6.452×10^7 S/m，1000℃下 NaCl 熔融液为 417S/m，18℃下饱和 NaCl 水溶液为 21.4S/m，18℃下 1.0mol/L 的 NaCl 水溶液为 7.44S/m。

电解质离解度、离子电荷数、溶剂的离解度与黏度、溶液的浓度、温度等因素均对电解质溶液的电导率有很大的影响。影响溶液导电能力的因素可分为两类：一类是量的因素，指溶液中含有的导电离子的数量及离子电荷数的多少；另一类则是质的因素，即离子运动速度的快慢。

对同一种电解质水溶液在不同温度时的电导率与电解质浓度的关系如图 3-5 所示。在溶

液浓度很低时，随着浓度增加单位体积中离子数目增多，量的因素是主要的，故电导率增大。若溶液浓度过大，则离子间相互作用力相当突出，对离子运动速度的影响很大，遂使质的因素占了主导地位，电导率又将随浓度的增大而减小。因此电解质溶液电导率与浓度关系中会出现极大值。升高温度，溶液的黏度下降，因而离子迁移速度加大，故电导率往往随温度的升高而增大。

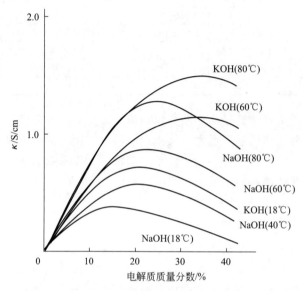

图 3-5　电解质水溶液电导率与温度和浓度的关系

（2）摩尔电导率。金属导体只靠电子导电，而且导体中电子浓度极高，所以比较电导率就能看出它们在导电能力上的差别。电解质溶液则不然，它们靠离子导电，各种离子的电荷数可能不同，单位体积中离子的数量（浓度）也可能不同。因此不能用电导率来比较电解质的导电能力，需要引入摩尔电导率的概念。

在两个距离为单位长度的平行板电极间的溶液中含有 1mol 电解质时，溶液所具有的电导就是摩尔电导率 Λ_m。由于浓度 c 不同，含 1mol 电解质溶液的体积也不同，所以摩尔电导率显然是电导率乘以含 1mol 电解质溶液的体积 V_m，即：

$$\Lambda_m = \kappa V_m = \kappa / c \tag{3-16}$$

式中，Λ_m 的单位为 $S \cdot m^2 / mol$；c 的单位为 mol/m^3。

（3）当量电导率。摩尔电导率虽然规定了电解质的量和两平行电极间的距离，但电解质溶液的电导还与离子所带的电荷数和离子的运动速度有关。因此，当我们比较不同电解质的导电能力时都把带有 1mol 单位电荷的物质作为基本单元，这样负载的电流量才相同。所以指定物质的基本单元是十分重要的。例如，对于 HCl、H_2SO_4、$La(NO_3)_3$、$Al_2(SO_4)_3$，它们的基本单元分别是 HCl、$1/2H_2SO_4$、$1/3La(NO_3)_3$、$1/6Al_2(SO_4)_3$。在两个距离为单位长度的平行板电极间放置含有 1mol 单位电荷的溶液，此时溶液所具有的电导称为当量电导率 Λ。如对于 H_2SO_4，$\Lambda = 0.5\Lambda_m$。

设溶液中某电解质离解为正、负两种离子，其浓度（mol/m^3）分别为 c_+ 和 c_-，离子价数分别为 z_+ 和 z_-。定义 c_N 为该电解质的当量电荷浓度，当完全电离时有 $c_N = z_+ c_+ = |z_-| c_-$。如 $c = 1mol/L$ 的 HCl 溶液，$c_N = c = 1mol/L$；而 $c = 1mol/L$ 的 H_2SO_4 溶液，$c_N = 2c = 2mol/L$。显然当量电导率可以表示为：

$$\Lambda = \kappa / c_N \tag{3-17}$$

式中，Λ 的单位为 $S \cdot m^2 / mol$；c_N 的单位为 mol/m^3。

（4）极限当量电导率与极限摩尔电导率。由于电解质溶液在不同浓度时，离子间的相互作用不同，因而离子的运动速度也不同，这就导致了对溶液导电能力的影响。只有当溶液无限稀释，离子间的距离增大到离子间相互作用可以忽略时，这时各个离子的速度才是个定值。

实验结果表明，随溶液浓度降低，当量电导率逐渐增大并趋近于一个极限值。对于弱电解质（如 CH_3COOH），由于浓度减小，电离度增大，参与导电的离子数增多，故 Λ 增大。对于全部解离的强电解质（如 KCl、HCl 等），由于浓度减小，离子间相互作用减弱，离子移动所受阻力减小，所以 Λ 增大。我们把无限稀溶液的当量电导率称为极限当量电导率 Λ_0。可以认为这时电解质完全解离，且离子间相互作用力消失。所以用极限当量电导率来比较电解质的导电能力才是最合理的。

对于强电解质，在非常稀（$c_N < 0.002 mol/L$）的溶液中，其当量电导率与当量电荷浓度的关系可用柯劳许（Kohlrausch）经验公式表示：

$$\Lambda = \Lambda_0 - A \sqrt{c_N} \tag{3-18}$$

式中，A 是常数，单位是 $S \cdot m^2 / mol$；$\sqrt{c_N}$ 严格来讲应写为 $\sqrt{c_N / c^\ominus}$；$c^\ominus$ 表示标准摩尔浓度，mol/L，这样根号中单位才能消去，但习惯上多写为式(3-18) 所示形式。

摩尔电导率和当量电导率存在正比关系，所以摩尔电导率也随溶液浓度降低而逐渐增大并趋近于一个极限值，我们把无限稀溶液的摩尔电导率称为极限摩尔电导率。

3.3.2　离子的淌度

溶液中正离子和负离子在电场力作用下沿着相反的方向进行电迁移，因为它们的电荷符号相反，故导电电流方向相同。离子电迁移和溶液的导电能力有什么关系呢？下面来考察一下电解液中一段截面积为 $1m^2$ 的液柱，如图 3-6 所示。

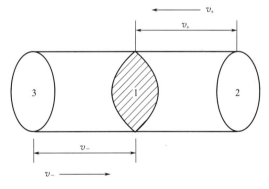

设正离子与负离子在电场作用下的迁移速度（m/s）分别为 v_+ 和 v_-，两种离子的浓度（mol/m^3）分别为 c_+ 和 c_-。由图 3-6 可看出，如果液面 2 与 1 的距离（m）为

图 3-6　单位截面上离子的电迁移

v_+，那么位于液面 1、2 间的正离子在电场作用下 1s 内将全部通过液面 1。

离子在单位时间内通过单位截面积的物质的量称为该离子的电迁流量，用 q 来表示，单位是 $mol/(m^2 \cdot s)$。可见液面 1、2 间正离子总量就是单位时间内通过单位截面积（液面 1）的正离子数量，即为正离子的电迁流量 q_+，可得 $q_+ = c_+ v_+$。同理，负离子的电迁流量 $q_- = c_- v_-$。

因为离子是带电荷的，故也可用电量代替离子的数量来表示电迁流量。已知每摩尔电荷数为 1 的离子所带的电量为 $1F$。若 i 离子的电荷数为 z_i，则每摩尔该离子所带的电量为 $z_i F$（$z_i \times 96500 C/mol$）。因此，$z_i F q$ 即表示 i 离子在单位时间内通过单位截面积的电量 $[C/(m^2 \cdot s)]$，因为电流强度是指单位时间内通过的电量，故 $z_i F q$ 也就是单位面积上通过的电流（A/m^2），即电流密度（用 j 表示）：

$$j_i = I_i/A = z_i Fq \tag{3-19}$$

式中，j_i 和 I_i 分别为 i 离子迁移产生的电流密度和电流强度；A 为液面面积。

由此，将电迁流量 q_+ 和 q_- 转换为电流密度，用 j_+ 和 j_- 表示，则 $j_+ = z_+ Fq_+ = z_+ Fc_+ v_+$，$j_- = |z_-| Fq_- = |z_-| Fc_- v_-$。总电流密度 j 是正、负两种离子所迁移的电流密度之和，则：

$$j = j_+ + j_- = z_+ Fc_+ v_+ + |z_-| Fc_- v_- \tag{3-20}$$

已知当电解质完全电离时，其当量电荷浓度 $c_N = z_+ c_+ = |z_-| c_-$，代入上式可得：

$$j = c_N F(v_+ + v_-) \tag{3-21}$$

研究表明，电解质溶液也符合欧姆定律：

$$I = \frac{U}{R} = \kappa \frac{A}{l} U = \kappa A E_f \tag{3-22}$$

移项得：

$$j = \kappa E_f \tag{3-23}$$

式中，E_f 为溶液中的电场强度。将上式代入式（3-21）后，可得：

$$\frac{\kappa}{c_N} = F\left(\frac{v_+}{E_f} + \frac{v_-}{E_f}\right) \tag{3-24}$$

令 $u_+ = v_+/E_f$，$u_- = v_-/E_f$，可见 u_+ 和 u_- 分别表示单位电场强度（1V/m）下正、负离子的迁移速度，称为离子常用淌度，简称离子淌度，单位是 $m^2/(V \cdot s)$。在电解质完全解离的情况下，将式（3-17）代入上式，得：

$$\Lambda = F(u_+ + u_-) = \lambda_+ + \lambda_- \tag{3-25}$$

式中，λ_+ 和 λ_- 分别代表正、负离子的当量电导率。由上式可以看出，即使溶液不是无限稀释的，或者不是理想的溶液，其当量电导率仍然可以表示为单独正离子和负离子的当量电导率之和。但需要注意的是：因离子间相互作用不能忽略，正、负离子的淌度 u_+ 和 u_- 互相关联，同时也与溶液的总浓度相关，因此，λ_+ 和 λ_- 的值也与离子的种类相关。例如，阳离子的电导率与电解质浓度和阴离子种类呈一定函数关系，同时也会受到溶液中其他共存离子的浓度和种类的影响。

溶液无限稀时，两种离子的当量电导率分别趋向于某一定值，即：

$$\Lambda_0 = F(u_{+,0} + u_{-,0}) = \lambda_{+,0} + \lambda_{-,0} \tag{3-26}$$

式中，$u_{+,0}$ 和 $u_{-,0}$ 是无限稀溶液中正、负离子的淌度；$\lambda_{+,0}$ 和 $\lambda_{-,0}$ 是无限稀溶液中正、负离子的极限当量电导率。表 3-3 列出某些离子的极限当量电导率。当溶液无限稀时，离子间的距离很大，可以完全忽略离子间的相互作用，离子的运动都是独立的，这时溶液的极限当量电导率就等于正、负离子的极限当量电导率之和，即无限稀溶液中的电导率是各个离子独立移动的结果，这一规律称为离子独立移动定律。

表 3-3　25℃下水溶液中某些离子的极限当量电导率 λ_0

单位：$10^{-4} S \cdot m^2/mol$

阴离子	λ_0	阳离子	λ_0
OH^-	197.6	H^+	349.7
Br^-	78.4	Li^+	38.68
Cl^-	76.3	Na^+	50.1
F^-	55.4	K^+	73.5
I^-	76.9	Ag^+	61.9

阴离子	λ_0	阳离子	λ_0
NO_3^-	71.4	Cs^+	76.8
$H_2PO_4^-$	36	NH_4^+	73.7
CN^-	78	$1/2Ba^{2+}$	63.7
CH_3COO^-	40.9	$1/2Zn^{2+}$	53.5
$1/2HPO_4^{2-}$	57	$1/2Mg^{2+}$	53.06
$1/2SO_4^{2-}$	79.8	$1/2Fe^{2+}$	53.5
$1/2\ CO_3^{2-}$	69.3	$1/3Fe^{3+}$	68
$1/3[Fe(CN)_6]^{3-}$	101	$1/3Al^{3+}$	63

由表 3-3 可见，H^+ 和 OH^- 具有异常高的极限当量电导率，而其他离子的极限当量电导率却相对较小，所以无机酸和简单的无机碱具有很高的离子导电性。另外，可通过上表数据由方程（3-26）的加和性来计算实验无法测量的弱电解质的极限当量电导率。

依据水合分子模型可以解释同价态阳离子（如同价态碱金属阳离子 Li^+、Na^+、K^+）间极限当量电导率的差异。从原子物理可知，裸碱金属离子的半径大小次序为 $Li^+ < Na^+ < K^+$。但阳离子吸引水分子的作用力随水分子与阳离子电荷中心距离的减少而迅速增加，因此碱金属离子的水合离子半径大小次序为 $Li^+ > Na^+ > K^+$。由于水化膜会随离子一起移动，所以 Li^+ 极限当量电导率远小于 K^+，见表 3-3。

应当指出，讨论离子在某种推动力作用下的运动速度，才能反映出不同离子的特性，更有普遍意义。常用淌度是指离子在单位场强下的运动速度，因此，定义离子在单位电场力作用下的运动速度为离子的绝对淌度，用 $\bar{u}$（―）来表示，单位是 m/(N·s)。例如正离子的绝对淌度可表示为：

$$\bar{u}_+ = \frac{v_+}{F_e} \tag{3-27}$$

式中，F_e 表示电场力。场强 E_f 为单位电量的电荷所受到的电场力，故对电量为 z_+e 的离子来说，所受电场力 $F_e = z_+eE_f$，代入式(3-27)中，得：

$$\bar{u}_+ = \frac{v_+}{z_+eE_f} = \frac{u_+}{z_+e} \tag{3-28}$$

同理：

$$\bar{u}_- = \frac{v_-}{|z_-|eE_f} = \frac{u_-}{|z_-|e} \tag{3-29}$$

这两个公式表达出绝对淌度与常用淌度的关系。

3.3.3 离子迁移数

电解质溶液中的正、负离子共同承担着电流的传导。溶液中各种离子的浓度不同、淌度不同，在导电时它们所承担的导电份额也会有很大的差异。为了表示溶液中某种离子所传送的电流份额的大小，提出了迁移数的概念。

若溶液中只含正、负两种离子，则通过电解质溶液的总电流密度应当是两种离子迁移的电流密度之和，即 $j = j_+ + j_-$。可定义阳离子迁移数 t_+ 和阴离子迁移数 t_- 分别为阳离子和阴离子输送的电流密度与总电流密度之比：

$$t_+ = \frac{j_+}{j_+ + j_-}, t_- = \frac{j_-}{j_+ + j_-} \tag{3-30}$$

显然：$t_+ + t_- = 1$。因电量与电流成正比，也可将迁移数定义为溶液中某种离子所迁移的电量在各种离子迁移的总电量中所占的分数。将式（3-20）以及淌度定义式 $u_+ = v_+/E_f$、$u_- = v_-/E_f$ 代入上式，可得：

$$t_+ = \frac{|z_+||u_+ c_+|}{|z_+||u_+ c_+| + |z_-||u_- c_-|}, t_- = \frac{|z_-||u_- c_-|}{|z_+||u_+ c_+| + |z_-||u_- c_-|} \tag{3-31}$$

如果两种以上的离子存在于电解质溶液中，则依照上式的写法，可用下列通式来表示溶液中某种离子的迁移数：

$$t_i = \frac{|z_i||u_i c_i|}{\sum |z_i||u_i c_i|} \tag{3-32}$$

这时溶液中所有离子迁移数之和也应等于1。

由于离子淌度随浓度而改变，迁移数也与浓度有关。表 3-4 中列出不同浓度下各种盐类的正离子迁移数的数值，其相应的负离子迁移数可从 1 减去正离子迁移数而获得。

表 3-4　25℃ 时水溶液中正离子的迁移数

浓度/(mol/L)	HCl	LiCl	NaCl	KCl	KNO₃
0.01	0.8251	0.3289	0.3918	0.4902	0.5084
0.02	0.8266	0.3261	0.3902	0.4901	0.5087
0.05	0.8292	0.3211	0.3876	0.4889	0.5093
0.1	0.8314	0.3168	0.3854	0.4898	0.5103
0.2	0.8337	0.3112	0.3821	0.4894	0.5120

影响离子迁移数的因素有温度、浓度、支持电解质等。在电化学研究中经常需要加入大量支持电解质以降低电活性粒子的电迁移传质速度，用以消除电迁移效应。从上表可见，HCl 溶液中 H^+ 的迁移数远远大于 Cl^- 的迁移数。但若向 HCl 溶液中大量加入 KCl，则会大大降低 H^+ 的迁移数。这时 $t_{H^+} + t_{Cl^-} + t_{K^+} = 1$，假定 HCl 浓度为 $10^{-3}\,mol/L$，KCl 为 $1\,mol/L$，而且已知此溶液中 $u_{K^+} \approx 6 \times 10^{-8}\,m^2/(V \cdot s)$、$u_{H^+} \approx 30 \times 10^{-8}\,m^2/(V \cdot s)$、$u_{Cl^-} \approx 6.1 \times 10^{-8}\,m^2/(V \cdot s)$，根据式（3-32），可得：

$$\frac{t_{K^+}}{t_{H^+}} = \frac{u_{K^+} c_{K^+}/\sum u_i c_i}{u_{H^+} c_{H^+}/\sum u_i c_i} = \frac{u_{K^+} c_{K^+}}{u_{H^+} c_{H^+}} = 200$$

同理 $t_{Cl^-}/t_{H^+} \approx 200$。尽管 H^+ 的淌度比 K^+ 和 Cl^- 大得多，但它在这个混合溶液中所迁移的电流仅为 K^+ 和 Cl^- 的 1/200。所以说，在支持电解质的含量非常大时，甚至可使某种离子的迁移数减小到趋于零。这是电化学研究中有重要意义的一项措施。

因为离子都是水化的，所以离子在电场作用下运动时，总是携带着一定量的水分子。在实验中都是根据浓度变化来测定离子迁移数，所测数值包含水化膜迁移的影响在内。有时将这种迁移数称为表观迁移数，以区别于将水迁移的影响扣除后求出的真实迁移数。一般除特殊注明者外，电化学中提到的迁移数都是表观迁移数。

3.3.4　水溶液中质子的导电机制

H^+、OH^- 与金属离子的水合方式相似，它们的水合离子半径也与水合金属离子半径相近，因此，H^+、OH^- 与金属离子的极限当量电导率以及迁移率应该相近。然而，表 3-3 显示，H^+、OH^- 具有异常大的极限当量电导率，所以必须寻找合适的机理来解释这种异常现象。

对水溶液中水化质子的详细结构的描述将有利于理解 H^+ 的导电机制。水溶液中单个自由质子（H^+）不可能独立存在，因为质子只有原子核没有电子，具有极小的离子半径，它所带的电荷将在其周围产生一个巨大的电场，足以极化处在其周围的任何分子，因而质子会立刻和水分子中的氧原子结合形成水合质子（H_3O^+）。在水合质子的结构中，三个氢原子是等价的，其结构与 NH_3 分子相似（已得到核磁共振实验证实，见图 3-7），因而水合质子的正电荷不是处于其中的一个氢原子上，而是均匀分布在三个氢原子上。

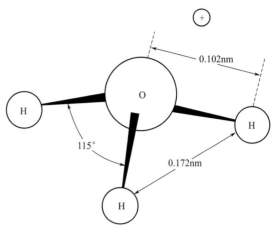

图 3-7　水合质子（H_3O^+）的结构

假设质子从一侧接近水分子，在形成 H_3O^+ 后，如果相反方向的另一侧氢原子作为质子从水分子上脱离，则可视为质子在约为水分子直径的距离上发生了传递。事实上，这种质子传递方式起源于键电子的重排，在该过程中键合电子可由分子的一侧移动到另一侧。如图 3-8 所示，如果与 H_3O^+ 邻近的水分子可以作为质子受体，则 H_3O^+ 中的一个质子将会传递。在质子传递前，作为质子受体的水分子必须以合适的方向接近 H_3O^+，一旦达到一个有利取向，质子将通过隧道效应方式快速传递。这种隧穿过程和粒子的质量以及隧穿距离密切相关。H_3O^+ 和水分子的相对取向是非常关键的，它决定了质子能够发生传递的频率。质子传递后形成新的 H_3O^+，新的 H_3O^+ 上的质子又重复上述过程。这样，像接力赛一样，质子被传递速度大大加快。

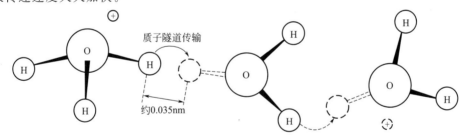

图 3-8　水溶液中质子通过水分子传递的机理示意图

如果施加一电场，质子传递将会优先在电场方向上进行，并产生电流。在这个过程中，水分子的重排是速率控制步骤。由于水分子间的氢键作用，溶液中的水分子是局部有序的，在受体水分子和 H_3O^+ 间进行质子传递前受体水分子必须从这个局部有序体中分离出来。尽管水分子间的氢键较弱，但水分子重排需要打断较多的氢键，因此，其累积效应仍然很明显，不利于质子的隧穿传递。但 H_3O^+ 所产生的静电场将有利于水分子的重排。迁移率的温度效应实验证实了上述机理。实验发现，质子的离子迁移率在 150℃ 达到最大值（测量在高压下进行），这是因为升高温度减弱了水分子的局部有序性，有利于质子传递；但过高的温度下，水分子剧烈的热运动又降低了质子的隧穿概率。

质子的上述传递机理同样能解释为什么水合氢氧根离子也具有相当大的离子迁移率。在碱性溶液中，质子可以从水分子上隧穿到 OH^- 上，同时会剩下一个 OH^-，显然 OH^- 的迁移方向与 H^+ 正好相反。

质子的水化层由处于中心的水合质子 H_3O^+ 及与其缔合的水分子构成。质谱研究表明，质子在水溶液中和四个水分子缔合形成 $H_9O_4^+$。由上述分析可见，质子在水溶液中的传递机理并不涉及水合离子的移动，故其迁移速率大大快于其他水合离子。

3.4　电解质溶液的扩散

电极反应发生时，消耗反应物并形成产物，于是电极表面和溶液深处出现浓度差别，会发生扩散现象。本体溶液中粒子浓度几乎相等，故扩散主要发生在电极表面附近液层中。本体溶液中电流传导主要依靠电迁移，而电极表面附近带电粒子的扩散也会传导部分电流。下面对于扩散现象和描述它的数学模型进行探讨。

3.4.1　Fick 第一定律

假定在一个容器中装有 A 和 B 两种液体，将这两种液体用一块可移动隔板隔开，体系保持恒定的温度和压力。每一种液体都是两种物质 i 和 j 的混合物，但是初始摩尔浓度不同。即：$c_{i,A} \neq c_{i,B}$，$c_{j,A} \neq c_{j,B}$。当隔板被移去以后，两种液体相互接触，由于分子 i 和 j 的热运动，A 和 B 的浓度差逐渐减小，一直持续到分子 i 和 j 的浓度及化学势在整个体系中达到一个恒定的常数。这种使浓度差自发地减小的现象就是扩散。扩散与压力差造成的宏观的液体流动不同。在宏观流动中，流动的分子除了有随机的热运动速率，还有一个朝着流动方向的速率。在扩散现象中，分子只有随机的热运动速率。

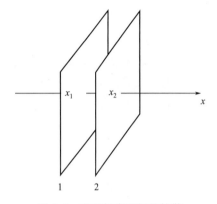

图 3-9　两平行液面间的扩散

下面来考虑沿 x 方向的一维扩散过程。假定溶液中离子浓度只沿着 x 轴变化，在 y 轴和 z 轴方向上无浓度变化，即存在着一系列与 yz 面平行的等浓度面，则离子将由浓度高的平面向浓度低的平面转移，也就是说，离子将沿着 x 轴扩散。首先来讨论扩散流量与时间无关的扩散过程，可称为稳态扩散。

简单起见，假设溶液是理想溶液。对于如图 3-9 所示的位于 x_1 和 x_2 处的液面 1 和 2，某扩散粒子在两个液面的化学势分别为：

$$\mu_1 = \mu^\ominus + RT\ln c_1 \tag{3-33}$$
$$\mu_2 = \mu^\ominus + RT\ln c_2 \tag{3-34}$$

可见若某粒子在两个液面上的浓度 c 不同，则它们的化学势也不同。我们知道，化学势是判断物质转移方向和限度的标志，因此粒子将自发地从化学势高的溶液向化学势低的溶液转移，所以说扩散本质上是由于化学势梯度引起的。若 x_1 处溶液粒子浓度 c_1 较高，而 x_2 处浓度 c_2 较低，则粒子将自 x_1 扩散到 x_2。

由式(3-33) 和式(3-34) 可得在 1 和 2 两液面间该粒子的化学势之差为：

$$\Delta\mu = \mu_2 - \mu_1 = RT\ln(c_2/c_1) \tag{3-35}$$

根据热力学定律计算，在恒温恒压及恒定组成的情况下，将 n（mol）粒子自 x_1 转移到 x_2 时所做的功为 $-nRT\ln(c_2/c_1)$，故转移 1mol 粒子所做的功为：

$$W(\text{J/mol}) = -RT\ln(c_2/c_1) = -\Delta\mu \tag{3-36}$$

扩散也和其他类型的物质传递一样，需要一个推动力，设此推动力大小为 F（N/mol）。则在此推动力下将 1mol 粒子自 x_1 转移到 x_2 时所做的功为：

$$W(\text{J/mol}) = F\Delta x = F(x_2 - x_1) \tag{3-37}$$

由上两式可得：

$$F\Delta x = -\Delta\mu \tag{3-38}$$

对于微小变化过程，应当用微分形式表示上述关系，即：

$$F\mathrm{d}x = -\mathrm{d}\mu \tag{3-39}$$

或：

$$F(\text{N/mol}) = -\mathrm{d}\mu/\mathrm{d}x \tag{3-40}$$

式中，$\mathrm{d}\mu/\mathrm{d}x$ 为化学势梯度，在形式上它相当于对 1mol 粒子的推动力。如果是推动 c（mol）粒子，则其推动力应为

$$F_\mathrm{d}(\text{N}) = -c\frac{\mathrm{d}\mu}{\mathrm{d}x} \tag{3-41}$$

扩散流量 q_d 是粒子在单位时间内扩散通过单位面积液面的物质的量。显然 q_d 是推动力 F_d 的函数，可以用一个幂级数多项式表示这种普遍化关系。设：

$$q_\mathrm{d} = A + BF_\mathrm{d} + CF_\mathrm{d}^2 + \cdots \tag{3-42}$$

式中，A、B、C 等均为常数。如果化学势梯度不太大，则 $F_\mathrm{d} \ll 1\text{N}$，于是可以只保留前两项，得出近似公式：

$$q_\mathrm{d} = A + BF_\mathrm{d} \tag{3-43}$$

因为在 $F_\mathrm{d} = 0$ 时不发生扩散，即扩散流量也为零，故 $A = 0$，遂可得出：

$$q_\mathrm{d} = BF_\mathrm{d} \tag{3-44}$$

这个公式表示扩散推动力很小时，系统平衡虽被破坏，但离开平衡状态不太远，则稳态下的扩散流量与推动力成正比。

理想溶液中 $\mu = \mu^\ominus + RT\ln c$，故：

$$\mathrm{d}\mu = RT\mathrm{d}\ln c = \frac{RT}{c}\mathrm{d}c \tag{3-45}$$

由式(3-41)、式(3-44) 和式(3-45)，得：

$$q_\mathrm{d} = -Bc\frac{\mathrm{d}\mu}{\mathrm{d}x} = -BRT\frac{\mathrm{d}c}{\mathrm{d}x} \tag{3-46}$$

温度一定时，式中，BRT 为常数，故令 $D = BRT$，代入上式中，则：

$$q_\mathrm{d} = -D\frac{\mathrm{d}c}{\mathrm{d}x} \tag{3-47}$$

可见扩散流量正比于浓度梯度，此式与 Fick 提出的经验公式完全一致，称为 Fick 第一定律。式中，D 称为扩散系数，m^2/s；$\mathrm{d}c/\mathrm{d}x$ 为粒子在 x 面上的浓度梯度；负号表示扩散的方向与浓度梯度的方向相反。在水溶液体系中，D 的范围常在 $10^{-6} \sim 10^{-5}\ \text{cm}^2/\text{s}$。

在上述推导中，我们假设扩散流量 q_d 与时间无关，如果 q_d 随时间而变化的话，则 Fick 第一定律应表示为：

$$q_\mathrm{d}(x,t) = -D\frac{\partial c(x,t)}{\partial x} \tag{3-48}$$

以上推导是从宏观上分析扩散。若从微观的角度看，如前所述，实质上扩散是由溶液中粒子的随机热运动而引起的。溶液中每一个粒子随时都在作不规则的随机热运动，它们力图均匀地充满整个溶液。所以说，上面提到的将化学势梯度看作是扩散的推动力，只不过是一种假象的力，表示它在宏观上的作用与一个推动力相当。

3.4.2　Fick 第二定律

Fick 第一定律描述了扩散流量与时间和位置的函数关系，而 Fick 第二定律则描述了浓

度随时间和位置的函数关系。

对于位于 x 和 $x+\mathrm{d}x$ 处的两个液面 1 和 2（如图 3-10 所示），由 Fick 第一定律可知，液面 1 的扩散流量为：

$$q_1(x,t)=-D\left[\frac{\partial c(x,t)}{\partial x}\right]_{x=x} \tag{3-49}$$

为推导方便，将上式简记为：$\quad q_1=-D(\partial c/\partial x)_x \tag{3-50}$

同理，液面 2 的扩散流量为：$\quad q_2=-D(\partial c/\partial x)_{x+\mathrm{d}x} \tag{3-51}$

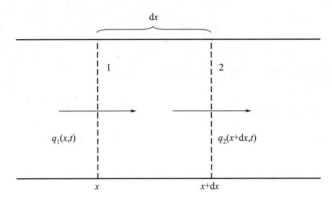

图 3-10　两平行液面间输入和输出的流量

显然 $x+\mathrm{d}x$ 处的浓度梯度等于 x 处的浓度梯度加上 $\mathrm{d}x$ 距离内浓度梯度的变化量，即：

$$\left(\frac{\partial c}{\partial x}\right)_{x+\mathrm{d}x}=\left(\frac{\partial c}{\partial x}\right)_x+\mathrm{d}\left(\frac{\partial c}{\partial x}\right)=\left(\frac{\partial c}{\partial x}\right)_x+\frac{\mathrm{d}}{\mathrm{d}x}\left(\frac{\partial c}{\partial x}\right)\mathrm{d}x=\left(\frac{\partial c}{\partial x}\right)_x+\frac{\partial^2 c}{\partial x^2}\mathrm{d}x \tag{3-52}$$

故：

$$q_2=-D\left(\frac{\partial c}{\partial x}\right)_x-D\ \frac{\partial^2 c}{\partial x^2}\mathrm{d}x \tag{3-53}$$

注意到 q_1 相当于两液面间输入的粒子流量，q_2 相当于两液面间输出的粒子流量，则两液面扩散流量之差 (q_1-q_2) 表示厚度为 $\mathrm{d}x$ 的液体在单位时间、单位面积上粒子的物质的量的变化。若以 (q_1-q_2) 除以 $\mathrm{d}x$，则变成单位时间、单位体积液体中粒子的物质的量的变化，即单位时间内粒子浓度的变化。即：

$$\frac{\partial c}{\partial t}=\frac{q_1-q_2}{\mathrm{d}x} \tag{3-54}$$

将式(3-50)、式(3-53) 和式(3-54) 联立，可得：

$$\frac{\partial c}{\partial t}=D\ \frac{\partial^2 c}{\partial x^2} \tag{3-55}$$

完整的表达式为：

$$\frac{\partial c(x,t)}{\partial t}=D\ \frac{\partial^2 c(x,t)}{\partial x^2} \tag{3-56}$$

上式即为 Fick 第二定律。

在随后的章节中（见第 9 章），将会在各种边界条件下求解 Fick 第二定律，该公式的解为粒子的浓度分布函数 $c(x,t)$。

3.4.3　扩散系数

在 Fick 定律的推导中引入了反映离子扩散能力的参数——扩散系数 D，由 Fick 第一定律可见，D 的数值等于单位浓度梯度作用下离子的扩散传质流量。

离子淌度反映出离子在电势梯度作用下的运动特征，扩散系数反映出离子在化学势梯度作用下的运动特征，二者显然有一定的关系。对于同一种离子，扩散系数与淌度之间可推导出以下关系：

$$D_i = \frac{RT}{|z_i|F}u_i \tag{3-57}$$

式中，D_i 是 i 离子的扩散系数；u_i 是 i 离子的常用淌度；z_i 是 i 离子所带的电荷数。该式称为 Einstein-Smoluchowski 公式。

无限稀释水溶液中 i 离子的扩散系数 $D_{i,0}$ 可根据无限稀释时 i 离子的极限当量电导率按式(3-57)求出，将 $u_{i,0}=\lambda_{i,0}/F$ 代入，可得

$$D_{i,0} = \frac{RT}{|z_i|F}u_{i,0} = \frac{RT}{|z_i|F^2}\lambda_{i,0} \tag{3-58}$$

式中，$u_{i,0}$ 是无限稀溶液中 i 离子的淌度；$\lambda_{i,0}$ 是无限稀溶液中 i 离子的极限当量电导率。

无限稀水溶液中离子的扩散系数见表 3-5。从表中数据可见，H^+ 与 OH^- 的扩散系数比其他离子大得多，其原因是它们在水溶液中迁移时涉及特殊的跃迁历程。

表 3-5　无限稀释水溶液中离子的扩散系数（25℃）

离子	$D/(cm^2/s)$	离子	$D/(cm^2/s)$
H^+	9.34×10^{-5}	OH^-	5.23×10^{-5}
Li^+	1.04×10^{-5}	Cl^-	2.03×10^{-5}
Na^+	1.35×10^{-5}	NO_3^-	1.92×10^{-5}
K^+	1.98×10^{-5}	CH_3COO^-	1.09×10^{-5}
Pb^{2+}	0.98×10^{-5}	BrO_3^-	1.44×10^{-5}
Cd^{2+}	0.72×10^{-5}	SO_4^{2-}	1.08×10^{-5}
Zn^{2+}	0.72×10^{-5}	CrO_4^{2-}	1.07×10^{-5}
Cu^{2+}	0.72×10^{-5}	$Fe(CN)_6^{3-}$	0.76×10^{-5}
Ni^{2+}	0.69×10^{-5}	$Fe(CN)_6^{4-}$	0.64×10^{-5}

较浓溶液中 D_i 的具体数据并不多见。一般说来，在较浓溶液中的扩散系数要比无限稀释时小一些，但离子扩散系数随浓度变化不大。例如，在 0.1mol/L 的 KCl 溶液中，离子的扩散系数与无限稀释时的扩散系数只相差百分之几。实验结果表明，即使在浓度为 1～4mol/L 的浓溶液中，离子的扩散系数也与无限稀释时相差不大，一般不超过 10%～20%。在更浓的溶液中则扩散系数一般较快下降，但极少可靠数据。

一般说来，在相同温度下，溶液的黏度越大，扩散系数就越小。例如 O_2 在 KOH 溶液中的扩散系数随碱浓度的增加而迅速下降，在 40% 的 KOH 中只有约 $1.0 \times 10^{-6}cm^2/s$，是稀水溶液中的 1/18（若干气体在稀溶液中的扩散系数见表 3-6），而 40%KOH 的黏度比纯水高 4 倍左右。

表 3-6　气体分子在稀的水溶液中的扩散系数（20℃）

分子	$D/(cm^2/s)$	分子	$D/(cm^2/s)$
O_2	1.8×10^{-5}	Cl_2	1.2×10^{-5}
H_2	4.2×10^{-5}	NH_3	1.8×10^{-5}
CO_2	1.5×10^{-5}		

温度升高，扩散系数增大，常温下每升高 $1℃$，D 值约增加 2%。这一数值表示液相中的扩散机理与气相中的不同。液相中扩散速度并非由全部粒子的平均运动速度（与 $T^{1/2}$ 成正比）所决定，而是涉及某种活化过程，其活化能为 $10\sim15kJ/mol$。近代液体理论认为，液相中的粒子只能向"空穴"扩散，而形成空穴时需要一定的活化能，其数值相当于溶剂蒸发能的某一分数。

3.5 电解质溶液的离子氛理论

对于电解质溶液来说，离子与离子间的相互作用是比较复杂的。相对而言，非缔合式电解质稀溶液处理起来比较简单。由于是稀溶液，离子间距离较远，碰撞、成键、缔合等各种近程作用可以略去不计。因此，只有远程力——离子间的库仑力在起作用。在这个基础上德拜（Debye）和休克尔（Hückel）在1923年提出了能解释稀溶液性质的离子氛理论。随后，昂萨格（Onsager）又进一步发展了该理论。本节将简要介绍该理论的基本思想。

3.5.1 离子氛的概念

溶液中离子是带电的，它们之间存在着库仑力，在库仑力作用下，离子倾向于按一定规则排列。但是离子在溶液中的热运动则趋向于破坏这种结构，使离子均匀地分散在整个溶液中。离子在稀溶液中所处的状态，正是这种库仑作用和热运动相互制衡的结果。

假设选择一个正离子作为中心离子，由于这个中心离子排斥正离子、吸引负离子，所以统计平均来看，距中心离子越近，正离子出现的概率越小，负离子出现的概率越大。中心离子周围的大部分正、负电荷相互抵消，但总的效果是负电荷超过正电荷，所超过的电量与中心离子大小相等、符号相反。中心离子就好像是被一层符号相反的电荷包围着。我们将中心离子周围的这层电荷所构成的球体称为离子氛。把离子氛与中心离子作为一个整体来看，它是电中性的。如图 3-11 所示，溶液中的每一个离子都将在其周围建立带相反电荷的离子氛。

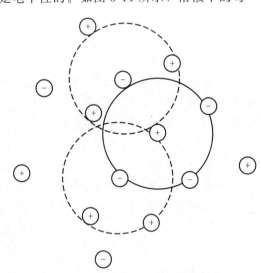

为了正确地理解离子氛，还需要在概念上明确几点。首先，离子氛由大量正、负离子形成，且每个离子都是由多个离子氛所共有的。其次，中心离子既可以是正离子，也可以是负离子。每个离子既可作为中心离子，又是其他离子氛的一部分。再次，溶液中离子不断地运动，离子氛只是统计平均的结果。

离子氛概念的提出，对于研究离子间库仑相互作用有重大的意义。中心离子电荷与离子氛电荷大小相等、符号相反。将中心离子与离子氛合在一起考虑，它是电中性的，与溶液中其他部分之间不再存在库仑力，故可以单独研究。从而将研究大量离子与离子间的相互作用简化为研究中心离子与离子氛间的相互作用，使问题大大简化。

图 3-11 溶液中离子氛示意图

离子氛的形成是库仑力和热运动相对抗的结果，它的厚度与离子所带电荷、离子浓度、温度、溶剂相对介电常数等因素有关。离子的电荷多、浓度高，则库仑力强，离子间互吸作用变大，于是离子氛厚度减小。溶剂的相对介电常数增大，则库仑力减小，离子间互吸作用减弱，故离子氛厚度变大。温度升高，离子的热运动增强，离子氛厚度应当增大；但温度升高将引起相对介电常数的减小，使得库仑力增强，离子氛厚度又应减小；所以，温度对离子氛厚度的影响比较复杂。

距离中心离子一定距离时，在中心离子周围的离子氛的电荷密度会达到极大值，此值通常可近似作为离子氛的半径。表 3-7 列出了 25℃时水溶液中一些离子氛的半径值。

表 3-7 25℃时水溶液中不同类型和浓度电解质的离子氛半径 单位：10^{-10} m

质量摩尔浓度/(mol/kg)	电解质类型		
	1-1	1-2 或 2-1	2-2
10^{-4}	304	176	152
10^{-3}	96	55.5	48.1
10^{-2}	30.4	17.6	15.2
10^{-1}	9.6	5.5	4.8

3.5.2 松弛效应与电泳效应

适用于稀溶液的离子氛理论，已经把离子间相互作用归结为中心离子与离子氛间的相互作用。在电场作用下，中心离子和离子氛将向相反方向运动，运动时中心离子会受到如下四种力的作用：①电场对中心离子的作用力，这是离子电迁移的推动力；②中心离子运动时周围介质对其的摩擦力；③松弛力；④电泳力。

（1）松弛效应。当中心离子静止不动时，离子氛是球形对称的。但是中心离子在电场作用下迁移时，它离开了中心位置，破坏了离子氛的对称性，使离子氛电荷重心滞后，在中心离子运动方向前面的相反电荷浓度变小、后面的变大，因此离子氛中的电荷就要重新分布，以恢复原来的对称性。离子氛的重新分布是通过离子的布朗运动进行的，是一个慢过程。离子氛恢复对称性所需的时间称为松弛时间。松弛时间与溶液中离子的电迁移率成正比，而与离子氛厚度成反比。在室温下，松弛时间为 $10^{-8} \sim 10^{-7}$ s。在电场中，中心离子将不断前进，由于松弛时间的存在，离子氛的对称性不可能完全恢复。这种不对称性对中心离子产生了一个与其运动方向相反的力，称为松弛力。松弛力所产生的效应称为松弛效应。显然松弛效应会导致离子电导率下降。

（2）电泳效应。由于中心离子和离子氛将向着相反方向运动，因此中心离子不是在一个静止的介质中运动，其运动必然受到逆流的相反离子运动的影响。在水溶液中，离子是水化的，因此离子氛的运动也带动水分子运动，故中心离子相当于是在逆流的水中运动，而中心离子在运动时所受到的摩擦力就大于其在静止介质中运动时的摩擦力，此额外摩擦力被称为电泳力，电泳力产生的效应即是电泳效应。在运动时，中心离子和逆流运动的水分子相碰撞，因而损失部分动能，显然，电泳效应的存在也将导致离子电导率的下降。

从以上讨论可以看出，中心离子受到的四种力中，前两种力与浓度无关，而松弛力和电泳力与浓度有关，当浓度趋于零时它们也趋于零。因此极限当量电导率仅与前两种力有关，而松弛效应与电泳效应正是电解质溶液的当量电导率小于极限当量电导率的主要原因。

3.5.3 昂萨格极限公式

昂萨格在德拜-休克尔离子氛理论的基础上，研究了松弛效应与电泳效应对电解质溶液电导率的影响，推导出如下公式，称为昂萨格（Onsager）极限公式：

$$\Lambda = \Lambda_0 - (B_1 \Lambda_0 + B_2)\sqrt{c_N} \tag{3-59}$$

式中，B_1 和 B_2 分别代表松弛效应和电泳效应对电导率降低值的影响，在一定温度下对一定电解质来说，B_1 和 B_2 为常数，与浓度无关。此式与 3.3.1 节中提及的柯劳许经验公式形式上完全相同。此公式推导过程比较复杂，在此不再阐述，读者可参考相关专著。需要注意的是，公式推导过程中假设电解质是非缔合式电解质，即电解质在溶液中全部以可以自由移动的离子存在。另外，还要求离子浓度必须足够低，对于对称型电解质，其浓度必须低于 0.01mol/L，而对于不对称型电解质，其浓度必须更低。

水溶液中，B_1 和 B_2 可直接计算。如果 Λ 的单位为 $S\cdot m^2/mol$，c_N 的单位为 mol/L，对于 1-1 型电解质，当水溶液的温度为 298K 时，$B_1=0.229\times10^{-3}$，$B_2=6.027\times10^{-3}$ $S\cdot m^2/mol$；当温度为 291K 时，$B_1=0.229\times10^{-3}$，$B_2=5.15\times10^{-3}$ $S\cdot m^2/mol$。

昂萨格极限公式也可用于非水溶剂，如甲醇溶液，但溶剂的相对介电常数值不能小于30。非水溶剂中电解质的当量电导率随电解质浓度的变化比水溶剂中更明显，与水溶液相比，非水溶剂中电解质的当量电导率随电解质浓度的增加而减小得更快。

昂萨格极限公式是在假定电解质完全离解的前提下导出的。如果电解质在溶液中不完全离解，则必须考虑溶液中离子对的形成，因为只有自由离子才对电导有贡献，而离子对则没有贡献。对于不能完全解离的弱电解质，昂萨格极限公式可变为：

$$\Lambda=\alpha\left[\Lambda_0-(B_1\Lambda_0+B_2)\sqrt{\alpha c_N}\right] \tag{3-60}$$

式中，α 为解离度，$\alpha=$离解的电解质的量/溶解的电解质总量。

3.5.4 交流电场和强电场对电解质电导的影响

在盎萨格极限公式中，由离子间库仑力引起的当量电导率的降低，包括松弛效应和电泳效应两部分。在此基础上，德拜（Debye）和法肯哈根（Falkenhagen）认为，如果电解质电导在具有足够高频率（f）的交流电场下测量，不对称的离子氛不会形成（离子氛松弛时间的倒数 $<f$），则电解质的电导率将会增加。在交流电频率高于 $10^7\sim10^8$ Hz 时，实验上确实观察到了这一结果，这种效应称为德拜-法肯哈根效应。这一实验结果证明了离子氛理论模型的正确性。在此基础上，可以估计中心离子的离子氛的松弛时间为 $10^{-8}\sim10^{-7}$ s。在这种情况下，电泳效应对电导的影响依然存在。

第二个证明离子氛模型正确性的实验证据是离子在极强电场（每米几万至几十万伏）下的运动速度明显加快。此时，中心离子穿越其离子氛直径所需的时间小于离子氛的松弛时间。在这种情况下，离子氛来不及形成，阻碍离子运动的电泳力和松弛力大大减弱，甚至完全消失，因而当量电导率有可能增大到接近 Λ_0。实验中观察到了这一现象，当电场强度高于 10^7 V/m 的临界电场强度时，离子迁移率的确增加；且正如离子氛模型所预示，临界电场强度值随电解质浓度升高而降低。这种在高电场强度下电解质当量电导率增大的现象称为维恩（Wien）效应。

3.6 无机固体电解质

固体电解质是指在电场作用下由于离子移动而具有导电性的固态物质。目前，固体电解质可分为无机固体电解质、有机固体电解质，以及两者的混合或复合电解质。不同固体电解质的导电能力往往相差悬殊，例如常温下 KAg_4I_5 电导率为 24S/m，而 AgBr 为 4×10^{-7}S/m。固体电解质在电化学很多领域都有应用，如在 350℃ 下工作的钠/硫电池使用 β-Al_2O_3（即 $Na_2O\cdot11Al_2O_3$）作为固体电解质传导钠离子，1000℃ 下工作的固体氧化物燃料电池采用

掺杂 $8\% \sim 10\%$（摩尔分数）Y_2O_3 的 ZrO_2 固体电解质传导 O^{2-}。

3.6.1 无机固体电解质离子导电机理

对于离子晶体来说，完整的晶格是不能支持离子传导的，然而在 0K 以上没有完整无缺的晶格，实际晶体中存在着各种类型的晶体缺陷，离子晶体的导电性就是由其中的点缺陷引起的。

在一定温度下，晶体中的原子在其平衡位置附近进行热振动。由于热振动能量的涨落，在某一瞬间，原子有可能获得足够的能量克服周围原子对它的束缚，挤入附近原子间的空隙中成为间隙离子，而原子的原来位置就形成空位，如图 3-12 所示。此外，晶体表面原子也有可能集聚足够大的动能而由原来的位置转移到另一新位置，使表面上形成空位，然后再扩散到晶体内部成为间隙离子。

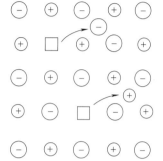

图 3-12　正、负离子空位和正、负间隙离子示意图

在外电场的作用下，正负离子的点缺陷将沿着一定的方向移动而导电，可以有三种不同的方式运动：①从晶格空位到晶格空位，例如邻近的离子在电场作用下移入空位后，在离子的原来位置上就出现了新的空位；②由晶格间隙到晶格间隙；③在晶格间隙上的离子运动到晶格位置，并迫使原晶格上的原子移动到邻近的晶格间隙。

一些固体电解质在升温时电导率有显著提升，它们从非传导态进入传导态后，虽同属离子传导，但导电机理与经典的缺陷扩散理论却大不相同。这时候，晶体会发生结构上的变化，虽然保持了固态特征，但通常会发生传导离子亚晶格的无序化，或者叫亚晶格熔融。例如对于 AgI 晶体，从正常态向导电态过渡的过程中，发生了结构的相变，这种相变发生在 146℃ 附近，在高于 147℃ 时，AgI 中的 Ag^+ 亚晶格实际上已经熔化，变成了无序态，而 I^- 的晶格仍然是固态。在这种情形下，晶格位和晶格间隙位的区别已经消失，Ag^+ 的运动更类似于液体。相变前后，离子电导率从 $10^{-2}S/m$ 激增到 $10^{2}S/m$，增幅达 4 个数量级。

此外，在一类非常特别的化合物中，经常观察到很高的离子淌度。这些材料具有层状晶格结构，在层间的区域里，离子和分子能相对自由地运动。其中最有代表性的是一类以 Na-β-Al_2O_3 为主的钠离子固体电解质材料，其结构式为 $Na_2O \cdot xAl_2O_3$（$5<x<11$），其成分尚未完全确定。该材料的理想配比是 $Na_2O \cdot 11Al_2O_3$，其结构如图 3-13 所示。该材料即使在室温时含钠的那一层也是十分无序的，这一特点正是其导电的原因。当温度大于 200℃ 时，其电导率增至 $0.1S/cm$，与硫酸水溶液的电导率相当。

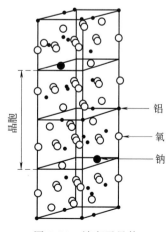

图 3-13　钠离子导体 $Na_2O \cdot 11Al_2O_3$ 的结构

由于固体电解质中的离子可以在外电场作用下作快速移动，故固体电解质也称快离子导体。许多快离子导体通过与第二相的混合，电导率可以提高若干个数量级。通常第二相都是绝缘材料，例如 Al_2O_3 和 SiO_2 等，它们与主体材料不能固溶。两相均为快离子导体的复合体系也有报道，例如

AgBr 和 AgI、CaF_2 和 BaF_2 等。

3.6.2　固态锂电池中的无机固体电解质

在锂离子电池中，由于有机电解液存在安全隐患，所以近年来人们开始研究无机固体电解质。锂无机固体电解质又称锂快离子导体，包括晶态电解质（又称陶瓷电解质）和非晶态电解质（又称玻璃电解质），主要传导离子是 Li^+。目前研究重点集中在氧化物、卤化物和硫化物等体系。

锂陶瓷固体电解质从结构上分类，主要包括 NASICON 型、LISICON 型、钙钛矿型、LiPON 型、Garnet 型等。术语 NASICON 被首先给予固溶体 $Na_3Zr_2Si_2PO_{12}$，意思是 Na super ionic conductor（钠超离子导体），$LiZr_2(PO_4)_3$、$LiTi_2(PO_4)_3$ 等锂离子导体也同样具有 NASICON 结构。术语 LISICON 被首先给予固溶体 $Li_{14}Zn(GeO_4)_4$，是 lithium super ionic conductor（锂超离子导体）的缩写。钙钛矿型化合物一般通式为 ABO_3，如 $Li_{0.25}La_{0.57}TiO_3$、$Li_{0.33}La_{0.56}TiO_3$ 等。NASICON 和 LISICON 的导电机理是间隙中的 Li^+ 在晶格的三维网络结构中迁移扩散，钙钛矿型的导电机理是 Li^+ 通过空位机制进行扩散传输。美国橡树岭国家实验室在高纯氮气气氛中，采用射频磁控溅射装置溅射高纯 Li_3PO_4 靶制备得到锂磷氧氮（LiPON）电解质薄膜。该材料具有优秀的综合性能，室温离子电导率为 $2.3×10^{-6}$ S/cm，电化学窗口为 5.5V（vs. Li/Li^+），热稳定性较好，并且与 $LiCoO_2$、$LiMn_2O_4$ 等正极以及金属锂、锂合金等负极相容性良好。LiPON 薄膜离子电导率的大小取决于薄膜材料中非晶态结构和 N 的含量，N 含量的增加可以提高离子电导率。Garnet 型（又名石榴石型）固态电解质典型的分子式为 $Li_7La_3Zr_2O_{12}$。在该晶体结构中，ZrO_6 八面体与 LaO_8 十二面体相连形成三维骨架结构，而 Li 原子和 Li 空位在等能量的四面体间隙和扭曲的八面体间隙中随机分布，构成三维网络。这两套结构交织在一起，共同构成了石榴石型复合氧化物的晶体结构。

玻璃态氧化物锂无机固体电解质是由网络形成氧化物（SiO_2、B_2O_3、P_2O_5 等）和网络改性氧化物（如 LiO_2 等）组成的，在低温下为动力学稳定体系，网络形成物形成强烈的相互连接的巨分子链，并且为长程无序，网络改性物与网络形成物发生化学反应打破巨分子链中的氧桥，降低巨分子链的平均长度，在其结构中只有 Li^+ 能够移动，决定着玻璃态锂无机固体电解质的导电性。这类材料容易制成微电池中的薄膜电解质，对金属锂和空气稳定，但是离子电导率比较低，可以通过掺杂来改善性能。

卤化物型无机固体电解质具有较高的离子电导率，相对温和的合成和加工条件。其化学通式为 Li_3MX_6（M＝三价稀土元素；X＝F、Cl、Br 和 I），可形成丰富的结构。一般来说，具有单斜结构的卤化物的电导率最高，可达 $7.3×10^{-3}$ S/cm。电化学稳定性主要取决于卤化物离子的选择，大致根据 $F^- ＞ Cl^- ＞ Br^- ＞ I^-$ 影响氧化稳定性。

相对于卤化物和氧化物无机固态电解质，硫化物无机固态电解质具有更高的离子电导率。这主要归因于硫原子较低的电负性，从而形成更大的离子通道，允许离子更快扩散。此外，硫化物固态电解质也能形成长程无序的结构，促进离子的传输。例如 $Li_{9.54}Si_{1.74}P_{1.44}S_{11.7}Cl_{0.3}$，在室温下 Li^+ 电导率可达 $2.5×10^{-2}$ S/cm。

对于无机固态电解质，人们非常关注提高离子电导率，并取得了一些成果。然而，在锂金属电极的化学和电化学界面稳定性方面，需进一步加深研究。无机固体电解质的未来发展将探索制备无晶界的致密电解质球，进一步提高锂电导率，促进其对锂金属的界面稳定性，防止枝晶的形成。

3.7　聚合物电解质

聚合物电解质主要是由聚合物和盐构成的一类新型离子导体，具有质量轻、易成薄膜、黏弹性好等优点。常见的有在锂离子电池中使用的聚合物电解质（传导 Li^+），以及在质子交换膜燃料电池中使用的全氟磺酸聚合物膜（传导 H^+），全氟磺酸聚合物膜还可用于氯碱工业作为离子交换膜使用（传导 Na^+）。

3.7.1　固态锂电池中的聚合物电解质

锂离子电池中使用的聚合物电解质可分为全固态聚合物电解质（solid polymer electrolyte，SPE）和凝胶态聚合物电解质（gel polymer electrolyte，GPE）两种。

全固态聚合物电解质是将锂盐溶解在聚合物〔如 PEO（聚氧乙烯，又称聚环氧乙烷）、PPO（聚氧丙烯）等〕中得到，如 $PEO-LiClO_4$、$PEO-LiCF_3SO_3$ 等。在 PEO-锂盐体系聚合物膜中，Li^+ 与聚合物骨架的 O 原子发生较强配位作用，Li^+ 导电主要在 PEO 非晶态区域内进行。Li^+ 定向迁移伴随着两个过程：一是有助于离子迁移的聚合物链段的局部蠕动；另一是离子运动伴随着离子配位位置在聚合物链内和链间的变换。聚合物链段的弛豫有助于促进聚合物与阳离子之间配位键的破坏和形成，为阳离子的迁移提供自由体积，增强阳离子的迁移能力，即 Li^+ 在 PEO 中的迁移可以看作是该离子通过 PEO 链段的运动在配位位置上通过反复连续"解配位-配位"的机理而发生的，如图 3-14 所示。自从 PEO 被提出作为不同离子的溶剂化基体以来，硅氧烷（—Si—O—Si—）、氰基（—CN）和羰基（—C=O）其他基体聚合物也相继出现。然而，如何提高电导率仍然是聚合物电解质面临的挑战之一。聚合物电解质面临的另一个挑战是其较低的离子输运选择性。多数聚合物电解质的锂离子迁移数低于 0.5，表明其离子电导率主要由阴离子提供。此外，聚合物固体电解质还需具备一定机械强度和良好的界面接触性，以抑制锂枝晶的生长和降低金属锂与聚合物电解质之间的界面阻抗。

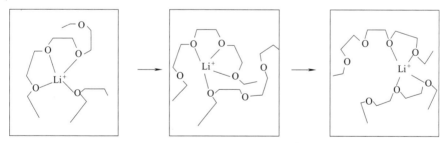

图 3-14　PEO-锂盐体系聚合物膜中 Li^+ 迁移机理

凝胶态聚合物电解质是在 SPE 中加入增塑剂（如 EC、DMC、DEC 等），形成固定有液体电解质的胶冻状聚合物电解质，它具有液体电解质电池体系中的隔膜与离子导电载体的功能。在 GPE 中，液态电解质被固定在聚合物网络微孔中，因此主要由液相实现离子传导，其电导率比 SPE 有很大提高。

SPE 在实际电池系统中面临离子电导率低、固体界面接触性能差和高电压下热力学不稳定等挑战。为应对这些挑战，研究人员提出使用混合电解质的策略，结合不同电解质的优势以实现协同效应。混合电解质也被称为复合电解质，是在 SPE 中填充无机物或无机固态电解质。高能电池应用中的固态电解质需要在环境温度下具有高离子电导率、高离子迁移数、高氧化稳定性、良好的机械强度、良好的化学和热稳定性、与电极材料良好的界面兼容性、低挥发性和低毒性等特性要求。

3.7.2 全氟磺酸聚合物膜

全氟磺酸聚合物膜以杜邦公司推出的 Nafion 膜为代表,其结构式见图 3-15。Nafion 膜由聚四氟乙烯骨架主链、侧向垂直于主链的全氟乙烯基醚链和侧链顶端的磺酸基(—SO_3^-)组成。它是单电荷阳离子(如 H^+、Na^+)导体并能同时充当隔膜和电解质。

图 3-15　杜邦的 Nafion 全氟磺酸聚合物膜结构式

在全氟磺酸膜中,电解质膜本身经常是高度水合的,它实际上是由细通道连起来的胶束组成,这些胶束的内表面包含磺酸基,H^+ 在各磺酸基间迁移。普遍接受的 Nafion 膜内部结构是"反胶束离子簇网络模型"(图 3-16),模型中疏水的氟碳主链形成一定晶相的疏水区,磺酸根和吸收的水形成水合离子簇。直径大小约为 4nm 的离子簇几乎规则地分布在氟碳主链形成的疏水相内,离子簇间距一般为 5nm 左右,各离子簇之间通过某种方式的通道相连接,H^+ 迁移的基元步骤是从一个固定的磺酸根位跳跃到另一个固定的磺酸根位。对该结构的研究表明,H^+ 能够很容易地通过细通道从一个胶束迁移到另一个胶束,但是由于通道内磺酸基离子的排斥作用,阴离子是不能穿越这些通道的。

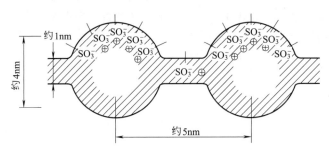

图 3-16　Nafion 膜中 H^+ 或 Na^+ 在各磺酸基间迁移机理

虽然 Nafion 膜具有很多优点,但是其化学稳定性还不是非常好,如在低湿度或者高温下会出现一些严重的问题,另外,Nafion 膜不但能透水,也能渗透甲醇、乙醇等。因此,对全氟磺酸膜体系进行改性和修饰,以及开发其他磺酸聚合物交换膜的研究还在不断开展。

3.8 熔盐电解质

3.8.1 熔融电解质

离子晶体以及一些氧化物高温熔化后就成为熔融电解质,也属于离子导体。它是由构成熔融液的阴离子和阳离子在熔体中的移动而导电。例如加热 NaCl 晶体使之熔化为液态,由于其中含有可以自由移动的 Na^+ 和 Cl^-,故具有离子导电性。多数碱金属卤化物盐一经熔化,电导率会比固相状态增大 3~4 个数量级。由于熔融电解质大多为熔融状态的盐类,所以也叫熔盐。

熔融电解质可按解离度大小分为强电解质和弱电解质。强电解质是离子晶体的熔融盐,如碱金属和碱土金属的卤化物、氢氧化物、硝酸盐、碳酸盐、硫酸盐等，其在熔融时完全解离。而弱电解质是分子晶体或半离子晶体的熔融物，如 $AlCl_3$，其在熔融态下同时含有离子和未离解的分子。强电解质熔盐的电导率受温度影响不是很大，而对于弱电解质熔融物，因为其解离度的影响，温度对电导率的影响往往很大。

很多熔盐具有较高的电导率。例如 NaCl 固体的电导率很小，只有 10^{-3} S/cm，而当它在 805℃成为液态时（NaCl 的熔点是 801℃），其电导率却达到 3.54S/cm，850℃下为 3.75S/cm，1000℃下为 4.17S/cm。由此也可见强电解质熔盐的电导率受温度影响不是很大。

当离子化合物熔化时，它们的体积总是不同程度地有所增加，一般增加 5%～30%，例如 KCl 增加 17.3%，NaCl 增加 25%，KNO_3 增加 3.3%，$CaCl_2$ 增加 0.9%。

在足够高的温度下，熔盐体系可以以任何比例混合，在较低的温度下只具有一定限度的互溶性。一些无限混溶的熔盐混合物是由两种类型的熔盐组成的，一种是主要以共价键形成的多价金属（像 Al、Bi、Sb 等）的卤化物熔盐；另一种是熔体中离子键的比例较高的熔盐，例如 $CaCl_2$ 和 KCl。

熔盐具有一系列水溶液不具备的性质，在工业上应用很广泛。如使用冰晶石-氧化铝（Na_3AlF_6-Al_2O_3）熔盐电解法制取金属铝一直是工业炼铝的基本方法，熔盐电解工业中还通过熔融电解质制取锂、钠、钾、铝、镁、钙等轻金属及镧系金属。在电池工业中，熔融碳酸盐燃料电池使用熔融碳酸盐（如 62% Li_2CO_3＋38% K_2CO_3，质量分数）作为电解质，工作温度为 600～700℃。再如在 400℃以上运行的高温锂-硫化铁电池，电解质可采用熔融的 LiCl-KCl 或 LiCl-LiBr-KBr 等体系。

近年来，人们又开发了一些新的熔盐过程。例如重要的磁合金 Fe-Nd 合金可利用铁阴极在 LiF-NdF_3 熔融电解质中电解获得；再如利用硅阳极在 LiCl-KCl-LiH 熔融盐中可电解生产成本低廉而纯度极高的硅烷（SiH_4），用于太阳能电池。

最近人们开始关注氧化物的作用。这种氧化物或者作为电活性物质，或者作为杂质，或者作为添加剂用于过渡金属的电沉积过程中。例如，在钼的电沉积过程中，无论采用 K_2MoO_4 还是 KF-K_2MoO_4 混合物都无法得到金属钼沉积物。但是如果向熔体中加入少量的氧化硼或氧化硅时，就可以获得质地光滑且附着力好的钼沉积物。同样，在铌、钽的电沉积过程中，氧的存在将有助于纯金属的电沉积。这些氧或者来自于水分，或者有目的地加入。氧的引入在熔体中形成了氧卤复杂化合物。这些化合物的低结构对称性降低了金属电沉积的能量状态，使得纯金属在阴极更容易沉积。

3.8.2 室温离子液体

室温离子液体，简言之就是由正、负离子组成的室温下呈液态的盐，整体显电中性。熔盐一般特指在高温下呈液体状态的无机盐，而离子液体在室温下就呈液态，所以又叫室温熔盐。离子液体相当于室温下的熔融盐，所以它的导电机理与熔融电解质相同。

离子液体主要是由特定的有机阳离子（如烷基咪唑类、烷基吡啶类、季铵盐类和季𬭩盐类阳离子，见图 3-17）和无机阴离子（如 Cl^-、BF_4^-、PF_6^-、$AlCl_4^-$、$Al_2Cl_7^-$ 等）构成，电导率高，电化学稳定性好，被誉为绿色溶剂。而且可以选择性地将某种有机阳离子和某种阴离子结合在一起，设计合成需要的离子液体，因而又被称为设计者溶剂。其熔点一般在室温或

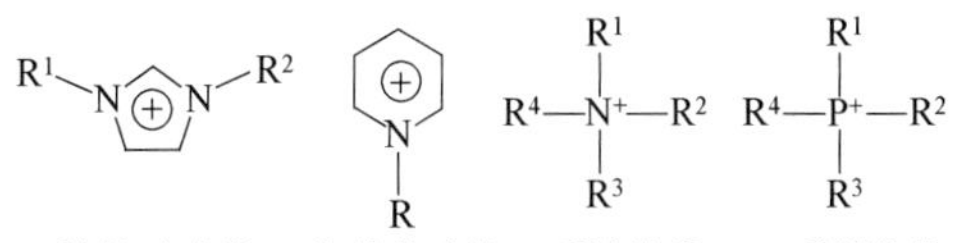

图 3-17 常见的组成室温离子液体的阳离子
（图中 R 通常是甲基、乙基、丙基、丁基等烷基）

烷基咪唑类　烷基吡啶类　季铵盐类　季𬭩盐类

室温附近，可通过调节组成改变。

为什么高温熔盐和室温离子液体同样都是阴阳离子组成的物质，而熔点却相差很大呢？这需要从分子水平上解释。对于任何一种盐，其熔点决定于阴阳离子之间的静电势，由于普通离子晶体阴阳离子半径较小，且离子大小相差不大，故阴阳离子之间的静电势很高，可以形成牢固的离子键，因而展现出很高的熔点。而室温离子液体中巨大的阳离子与相对简单的阴离子具有高度不对称性，造成空间位阻，使阴阳离子微观上难以紧密堆积，从而阻碍其结晶，阴阳离子无法有序且有效地相互吸引，明显降低了阴阳离子之间的静电势，故熔点很低。

在离子液体中，有机阳离子的大小和形状对决定其熔点大小起着决定性的作用，一般来说，阳离子体积越大，所对应离子液体的熔点就越低。在阳离子相同的情况下，阴离子的体积对熔点影响显著，一般随阴离子体积增大熔点升高，但这种规律在阴离子体积特别大时并不适用。

离子液体的离子导电性是其电化学应用的基础，故电导率是其重要的电化学性质之一。室温下离子液体的离子电导率一般在 $10^{-3} \sim 10^{-2}\,\mathrm{S/cm}$，其大小与离子液体的黏度、分子量、密度以及离子大小有关。其中黏度的影响最明显，黏度越大，离子导电性越差。而常温下大多数离子液体的黏度都较常规有机分子溶剂的黏度大得多，许多室温离子液体的黏度可以达到水黏度的几十倍甚至上百倍。

离子液体与水溶液相比，电化学窗口宽，不挥发，不易燃，又具有较宽的液态温度范围，故它在电化学中应用日益广泛，目前已经应用于电池、电沉积、电抛光、电合成、双电层电容器、传感器、抗静电剂等领域。

离子液体因其独有的特质，在水溶液中能沉积得到的金属，大多也能在离子液体中得到，而且还能够沉积一些在水溶液中不能沉积的金属，例如碱金属、铝、稀土金属等。此外，在离子液体中也可以进行合金沉积，近年来陆续制备了 Al-Co、Al-Ni，Al-Cu、Al-Mn、Al-Cr 等合金，并且可以通过控制沉积电压的大小和离子液体的不同来调节合金的组成。如在 [EMIm]AlCl$_4$（1-乙基-3-甲基咪唑四氯铝酸盐）离子液体中可沉积出 Al-Mn 合金纳米级晶体，Al-Mn 合金是汽车工业中非常重要的轻质材料。

在离子液体中加入适当的锂盐，可用作锂离子电池的电解质。如将锂盐加入 [DMFP] BF$_4$（1,2-二甲基-4-氟吡啶四氟硼酸盐）离子液体中作为锂离子电池的电解液，可在很宽的温度范围内和锂稳定共存，热稳定温度达 300℃，分解电势大于 5V（vs. Li$^+$/Li），嵌脱锂可逆性也很高。离子液体具有蒸气压低、无可燃性、热容量大等优点，如果能取代有机电解液则有望彻底解决锂离子电池的安全性问题。但目前离子液体用作锂离子电池电解质的突出问题是与电极材料的相容性差，电极材料在离子液体中难以表现出理想的嵌脱锂性能和循环性能。

复习题

1. 电解质有哪几种分类方法？
2. 为什么 4℃ 时水的密度最大？
3. 什么叫离子水化？如何正确理解离子水化膜的概念？

4. 电解质的活度与平均活度有何不同?

5. 为什么要提出当量电导率的概念? 能否根据式(3-17) 得出 Λ 与 c_N 成反比的结论?

6. 解释电导率-浓度关系曲线出现极大值的原因。

7. 扩散与电迁移方向相同吗? 为什么?

8. 根据表 3-3 的数据, 估算 298K 下无限稀溶液中 Na^+ 的扩散系数。

9. 液相传质有哪几种方式? 分别由什么原因引起?

10. 为什么 H^+ 和 OH^- 具有异常大的极限当量电导率?

11. 稳态扩散与非稳态扩散有何不同?

12. 什么是离子氛? 为什么用离子氛理论可以研究稀溶液中离子间静电力作用问题?

13. 什么是松弛效应与电泳效应?

14. 哪些实验可以验证离子氛理论模型的正确性?

15. 计算 0.1 mol/kg 的 KCl 和 0.01mol/kg 的 $BaCl_2$ 的混合溶液的离子强度。

16. 计算表 3-2 中所列电解质溶液活度系数的计算值。

17. 计算 0.001mol/kg、0.01mol/kg 以及 0.1mol/kg 的 Na_2SO_4 溶液的平均活度。

18. 近似计算 0.1mol/kg 的 HCl 溶液的 pH 值, 已知该溶液中 HCl 的平均活度系数为 0.796。

19. 根据表 3-3 中的数据计算 25℃ 下水溶液中 H^+、Cl^-、SO_4^{2-}、Zn^{2+} 的扩散系数。

20. 查找资料, 了解固态电解质在全固态电池中的应用。

21. 查找资料, 了解熔融电解质在燃料电池中的应用。

22. 查找资料, 了解离子液体在化学电源和电沉积中的应用。

第4章 电化学热力学

在一个电化学体系中，电势差与该体系的自由能变化有关，本章将从宏观上以热力学方法来处理它们之间的关系。对于原电池而言，通过热力学研究能知道该电池反应对外电路所能提供的最大能量。

一般来说，任何两个导体相的接触界面都会建立起一定的界面电势差。原电池中包含着一系列界面电势差，显然，原电池电动势应当是其内部各相界面间电势差的总和。但是单个界面电势差是无法测量的，所以本章要讨论界面电势差是如何建立的，从而深入理解电极电势的内涵。

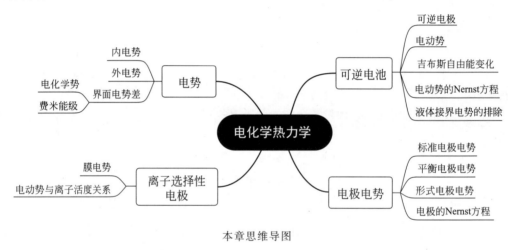

本章思维导图

4.1 相间电势与可逆电池

原电池是由两个电子导体与离子导体相接触而形成的能自发地将电流输送到外电路中的电化学装置。原电池中包含着两个电极，在没有电流通过的情况下，两极间的电势差就是原电池的电动势，用 E 表示。原电池电动势的大小是由电池中进行的反应或其他条件（温度、浓度等）决定的，与电池的尺寸和构造无关。电极的电势差与相间电势有关，故先来介绍内电势及外电势的概念。

4.1.1 内电势与外电势

导体中存在可在电场作用下移动的电荷。当没有电流通过导电相时，就没有电荷的净运动，因此相内所有点的电场强度均须为零。否则，电荷必定要在电场的作用下运动来抵消此电场。这样，相内任意两点之间的电势差必然为零，即整个相是一个等电势体。用 ϕ 来表示它的电势，被称为该相的内电势，又称伽伐尼电势。

先来讨论导体中任意过剩电荷的位置问题。在此需要用到高斯定理，它是描述静电场性质的基本定理，其表述如下：在真空中，任一闭合曲面 S 所包围的空间内的净电荷为：

$$q = \varepsilon_0 \oint\limits_{(S)} \vec{E} d\vec{S} \tag{4-1}$$

式中，ε_0 为真空介电常数；E 为场强。这个闭合曲面 S 习惯上叫作高斯（Gauss）面。

现在考虑位于均匀导体（即实心导体或均相导体）内的一个 Gauss 面。如果没有电流通过，则 Gauss 面内所有的点的场强均为零，因此根据式(4-1)，在 Gauss 面内的净电荷为零。如图 4-1 所示。这个结论适用于任何 Gauss 面，甚至于紧靠相边界内侧的 Gauss 面；这样，必然得出过剩电荷实际上分布在导电相表面层的结论。当然，这个表面层有一定的厚度，称为空间荷电区。在电解质溶液和半导体中，其厚度可从几埃到几千埃（1Å＝0.1nm，下同）不等；在金属中其厚度则可忽略不计。

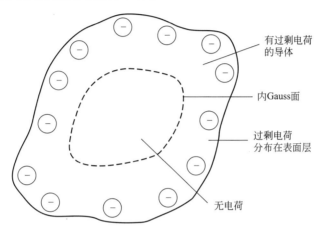

图 4-1 含有一个高斯闭合面的三维导电相的截面图

由此可得出以下结论：①导电相内电势恒定；②如果导电相的过剩电荷发生变化，则它的电荷将要发生运动，结果是过剩电荷全部分布在整个相表面上；③在没有电流通过的条件下，表面的电荷分布状态使相内的电场强度等于零；④导电相内电势的变化可以通过改变相表面或相周围的电荷分布来达到。

当金属 M 与电解液 S 接触时，两相间会出现电荷的转移，从而各自带有剩余电荷，设两相界面的单位面积上所带的剩余电荷分别为 σ_M 和 σ_S，若将两相拆开，则其所带电荷消失。现在设想将两相拆开以后，使金属 M 仍带上 σ_M 的电荷，而且 M 为一个良导体构成的金属球，其所带电荷完全均匀地分布在球面上。假设将试验电荷 q 自无穷远处向带电物相表面移动时，将受到两种作用力：一种是镜像力；另一种是库仑力。设带电球体的半径为 r_0（数量级为 10^{-1} cm），试验电荷与带电球体之间的距离为 l，则库仑力为 $k\sigma_M q/(r_0+l)^2$。若 l 为 $10^{-5} \sim 10^{-4}$ cm，则 $l \ll r_0$，$r_0+l \approx r_0$，库仑力为 $k\sigma_M q/r_0^2$。当 $l < 10^{-5}$ cm 时，则出现了另一种作用力——镜像力。镜像力是这样产生的，当试验电荷趋近于带电球体的表面时，它在球体的内表面诱导出一个大小相等、符号相反的电荷。镜像力就是镜像电荷与试验电荷之间的库仑力，其数值等于 $kq^2/(2l)^2$。试验电荷距带电球体表面越近，镜像力越明显。

综上所述，将试验电荷自无穷远处移至距带电球体表面 $10^{-5} \sim 10^{-4}$ cm 时，镜像力可以忽略，只存在库仑力。这时，试验电荷自无穷远处移至带电球体表面电场力所做的功，相当于带电球体所带电荷产生的电势，叫作外电势，又称伏打电势，以 ψ 表示，其数值为

$$\psi = \int_{r_0}^{\infty} \frac{\sigma_M q}{r^2} dr = \frac{\sigma_M q}{r_0} \tag{4-2}$$

式中，r_0 为带电球体半径。

如果试验电荷越过球面而进入带电球体的内部（假设可以忽略试验电荷与组成球体粒子间的化学作用）时，由于带电球体的表面具有一定的电势差（称作表面电势差，以符号 χ 表示），试验电荷穿过球体表面也要做电功。因此带电球体内电势将与外电势不同。可见内电势 ϕ 的表达式为

$$\phi = \psi + \chi \tag{4-3}$$

表面电势差是由于液相中极性分子在带电物相表面定向形成偶极层引起的，或者是由于金属表面层中电子密度不同出现的偶极层造成的。若试验电荷与带电球体粒子间的化学作用不能忽略时，带电粒子向带电球体内部转移所涉及的能量变化除了与带电球体的电场力作用外，还与带电球体的化学组成有关。外电势 ψ 可以测量，但表面电势差 χ 是不可测的，故内电势 ϕ 也不能测量。

4.1.2 界面电势差

从严格的热力学意义上讲，任何导电相的内电势是不能精确测量的，即使能够测量也意义不大，因为内电势与外加场强有关。相对而言，电极和电解液之间的内电势差更有意义，因为该差值是决定电化学平衡态的主要因素。当金属 M 与溶液 S 相互接触时，两相之间的内电势差 $\phi_M - \phi_S$ 称为界面电势差 $\Delta\phi$。界面电势差直接影响界面两侧的荷电物质的相对能量，通过控制 $\Delta\phi$ 就能控制反应的方向。但是，单个界面的 $\Delta\phi$ 是不可测量的，因为在引入少于两个界面的情况下是无法与测量仪器连接的。

原电池电动势是断路时组成电池的各相界面电势差的代数和，也是两终端相的内电势之差。在进行电动势测量时，如果与电势计连接的两个终端相是由相同的物质组成，即它们的物理性质及化学成分完全相同时，则它们的表面电势差相等，由于两个表面是反向串联的，故表面电势差相互抵消，所以直接测量出的两终端相的外电势差，就等于它们的内电势差。由于外电势差是可测的，故电动势就成为可测的了。

电动势的测量需要将两电极与电势计相连接，根据以上结论，此时必须正确断路。所谓正确断路是指将电池的两电极用同一种金属与测量仪表相连接，然后进行电动势的测量。以 Zn 电极与镀有一层 AgCl 的 Ag 电极插入 $ZnCl_2$ 溶液中构成的电池为例。该电池反应为

$$Zn + 2AgCl \Longrightarrow ZnCl_2 + 2Ag \tag{4-4}$$

可用下式表示该原电池

$$Zn \mid ZnCl_2(a) \mid AgCl(s) \mid Ag \tag{4-5}$$

将其两个电极分别接上铜导线进行测量即为正确断路，可用下式表示

$$Cu \mid Zn \mid ZnCl_2(a) \mid AgCl(s) \mid Ag \mid Cu \tag{4-6}$$

原电池的表示式中，负极总是写在左边，正极写在右边。式中竖线表示电池中两相间界面。

单个界面的界面电势差 $\Delta\phi$ 虽然不可测量，但仍然可以研究它的变化情况，即内电势差的改变量是可测的。比如式(4-6)中 Zn 和 $ZnCl_2$ 之间的界面。如果保持电池中所有其他接界的界面电势不变，那么任何电动势的变化都必须归结为 $Zn \mid ZnCl_2$ 的界面 $\Delta\phi$ 的变化。保持其他接界的界面电势差恒定并不是一件难事，金属/金属接界在没有特殊的情况下，其界面电势差在恒温时恒定，至于银电极/电解质溶液界面，若参与半反应的物种活度一定，其

界面电势差也保持恒定。于是此时电池电势差的变化就是 Zn | ZnCl$_2$ 的界面 $\Delta\phi$ 的变化。当领悟了这个概念，则有关半反应的基本原理和如何选择参比电极就会变得更加明确。

4.1.3　电化学势与费米能级

将 1mol 带电粒子 i（每一粒子所带的电量为 $z_i e$）转移至带电物相内部时，这一过程所涉及的能量变化可以分为两个部分：一部分是带电粒子所需之电功，这是电的部分；另一部分是带电粒子与带电物相粒子间的化学作用而引起的偏摩尔吉布斯自由能的变化（即化学势），可将它作为化学部分，可以用下式表达：

$$\overline{\mu}_i = N_A z_i e\phi + \mu_i = z_i F\phi + \mu_i \tag{4-7}$$

式中，μ_i 为 i 的化学势；ϕ 为带电物相的内电势；$\overline{\mu}_i$ 为 i 的电化学势，J/mol。由式（4-7）可知，电化学势不仅与温度、压力及化学组成有关，还与带电物相所带电荷的数量及分布情况有关。对于不带电荷的物质，其电化学势与化学势相同。应当指出，将电化学势区分为化学部分和电部分，只是为了便于理解，因为将电荷与物质截然分开是没有物理意义的。

对于带电组分来说，它们在两相中的分配达到平衡的条件，应是它们的电化学势相等。所以带电粒子 B 在相互接触的金属 M 相与溶液 S 相间转移达到平衡时，有 $\overline{\mu}_B^M = \overline{\mu}_B^S$。

在某一相（设为 α 相）中电子的电化学势 $\overline{\mu}_e^\alpha$ 称为 Fermi 能级，它对应于一个电子能级 E_F^α。Fermi 能级是指在 α 相中有效电子（即可转移的电子）的平均能量，与电子在此相中的化学势 μ_e^α 以及 α 相的内电势有关。

一种金属或半导体的 Fermi 能级取决于该物质的功函数。对于一个溶液相，它是溶液中溶解的氧化还原物种电化学势的函数。例如，对于一个含有 Fe^{3+} 和 Fe^{2+} 的溶液

$$\overline{\mu}_e^S = \overline{\mu}_{Fe^{2+}}^S - \overline{\mu}_{Fe^{3+}}^S \tag{4-8}$$

对于一个与溶液（S）相接触的惰性金属（M），电子平衡的条件是两相的 Fermi 能级相等，即 $E_F^S = E_F^M$，这个条件就等价于在两相中的自由电子的电化学势相等，或者说有效电子的平均能量在两相中是一样的。当初始不带电荷的金属与初始不带电荷的溶液相接触时，Fermi 能级通常是不相同的。等势点是通过两相之间的电子转移来达到的，电子从 Fermi 能级较高的相流向 Fermi 能级较低的相。这种电子流动会使两相都出现剩余电荷，从而引起界面电势差的变化。

4.1.4　可逆电池

可逆性是热力学概念，热力学只能严格地适用于平衡体系。原电池分为可逆电池和不可逆电池两种，热力学中所涉及的原电池均为可逆电池。可逆电池应具备以下两个条件。

（1）化学可逆性。原电池的两个电极必须是可逆电极。可逆电极是指电极反应是可逆的。电池充电时两电极上发生的反应，应该是放电时两电极反应的逆反应。

并非所有电池都具有化学可逆性，例如对于电池 $Zn/H_2SO_4/Pt$，锌电极相对铂电极是负极，电池放电时，发生如下反应：

$$Zn - 2e^- \longrightarrow Zn^{2+}（锌电极上）$$
$$2H^+ + 2e^- \longrightarrow H_2（铂电极上）$$
$$Zn + 2H^+ \longrightarrow H_2 + Zn^{2+}（净反应）$$

当对该电池充电时，就有反向电流通过，所观测到的反应是：

$$2H^+ + 2e^- \longrightarrow H_2（锌电极上）$$

$$2H_2O - 4e^- \longrightarrow O_2 + 4H^+ \text{（铂电极上）}$$
$$2H_2O \longrightarrow 2H_2 + O_2 \text{（净反应）}$$

当电流反向后，不仅有不同的电极反应发生，而且有不同的净反应过程，这种电池是化学上不可逆的。

（2）热力学可逆性。电池在接近平衡条件下工作，电极上通过的电流无限小，即电极反应进行得无限缓慢。无论电极上通过正向电流还是反向电流，电极反应均在平衡电势下进行，放电时所需消耗的能量，恰好等于充电时所需的能量，电池的能量转换是可逆的。电池中所进行的其他过程也必须可逆，即当反向电流通过电池时，电极反应以外的其他部分的变化也应当趋向于恢复到原来的状态。

例如电池 $Pt, H_2 | HCl(a) | AgCl(s) | Ag$，该电池在放电与充电时两极上进行的反应分别为

负极 $$\frac{1}{2}H_2 - e^- \Longleftrightarrow H^+$$

正极 $$AgCl + e^- \Longleftrightarrow Ag + Cl^-$$

可以看出，电极反应是可逆的，即充电时的电极反应恰好是放电反应的逆过程，而且充电、放电过程均是在无限接近平衡状态下进行的。该电池又是单液电池，即不存在其他不可逆过程，因此，完全具备了上述可逆电池的条件。

可逆电池的电能来源于化学反应。在恒温、恒压条件下，一个自发的化学反应在原电池中可逆地进行，电池放电时将做出最大非体积功（即电功）。由热力学基本原理，封闭系统在恒温、恒压下，可逆过程中所做的最大非体积功 W'_r，等于系统摩尔吉布斯自由能的变化 $\Delta_r G_m$，即

$$\Delta_r G_m = W'_r \tag{4-9}$$

对于可逆电池，上式中的 W'_r 就是它的最大电功，而最大电功 $W'_r = -zFE$，故

$$\Delta_r G_m = -zFE \tag{4-10}$$

从上式可以看出，在宏观上原电池电动势的大小取决于电池反应摩尔吉布斯自由能的变化。如前所述，从结构上看，电池电动势的大小又取决于一系列相界面电势差的大小，说明相界面电势差的分布状况与化学反应的本性有着密切的关系。

电池电动势与参加反应的反应物及产物的活度有关。根据化学反应的等温方程：

$$\Delta_r G_m = \Delta_r G_m^\ominus + RT \ln(\Pi_B a_B^{\nu_B}) \tag{4-11}$$

将上式与（4-10）式联立，可得 $-zFE = -zFE^\ominus + RT\ln(\Pi_B a_B^{\nu_B})$，化简得：

$$E = E^\ominus - \frac{RT}{zF}\ln(\Pi_B a_B^{\nu_B}) \tag{4-12}$$

式中，E 为电池的电动势；$E^\ominus$ 为电池的标准电动势；a_B 为参加电池反应的反应物及产物的活度；ν_B 表示物质 B 的计量系数，反应物的 ν_B 为负值，产物则为正值。

式（4-12）描述了可逆电池电动势与电池反应中的反应物及产物活度间的关系，称为电池电动势的 Nernst 方程。式中 $E^\ominus = -\Delta_r G_m^\ominus/(zF)$，而 $\Delta_r G_m^\ominus = -RT\ln K^\ominus$，$K^\ominus$ 为两电池反应的标准平衡常数。

在恒压下可逆电池进行化学反应时，当温度改变 dT，摩尔吉布斯自由能的变化 $\Delta_r G_m$ 可以用吉布斯-亥姆霍兹方程来描述，即

$$\Delta_r G_m = \Delta_r H_m + T\left[\frac{\partial(\Delta_r G_m)}{\partial T}\right]_p \tag{4-13}$$

将式(4-10)代入上式，则

$$-\Delta_r H_m = zFE - zFT\left(\frac{\partial E}{\partial T}\right)_p \tag{4-14}$$

式中，$\Delta_r H_m$ 为电池反应的摩尔焓变；$(\partial E/\partial T)_p$ 是恒压下电动势对温度的偏导数，可称为电动势的温度系数，即恒压下电动势随温度的变化率。实验中测出电动势与温度的关系曲线并不难，电动势与温度曲线某一点的斜率则为电动势在该温度下的温度系数。

4.2　电极电势

从形式上看，原电池系由两个反向串联的"电极/电解质"系统（又称半电池）所组成，因此，整个电池的性质应为两个反向串联的半电池性质的加和。如果我们能测出每一种半电池的"绝对电极电势"，即相对于真空中自由电子的电势，就可以推算出各种电池的电动势。然而，不仅测量或计算电极和电解质两相之间的电势差涉及一系列困难，而且在处理电化学问题时也没有必要这样做。可以用一个具有标准半电池反应的标准参比电极作为基准，采用相对数值的方法，来求得单个电极的界面电势差，测得的电极电势称作"相对电极电势"。

4.2.1　氢标电极电势与 Nernst 方程

目前国际上采用标准氢电极（SHE）作为基准来测量其他电极体系的相对电极电势，通常称为氢标电极电势。标准氢电极也称为常规氢电极（NHE），由压强为 101.325kPa 的 H_2 饱和的镀铂黑的铂电极浸入 H^+ 活度是 1（浓度约为 1.19mol/L）的溶液中所组成，如图 4-2 所示。规定标准氢电极的平衡电势在任何温度下均等于零，即：

$$Pt, H_2(p=101.325\ kPa)|H^+[a(H^+)=1] \qquad \varphi^\ominus(H^+|H_2)=0.0000V$$

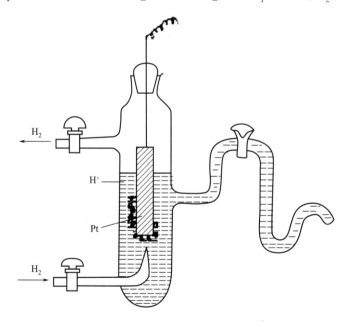

图 4-2　标准氢电极示意图

若以某待测电极为正极，标准氢电极为负极组成无液接电势的下列电池：

$$Pt, H_2(p=101.325\ kPa)|H^+[a(H^+)=1]\ \|\ M^{z+}[a(M^{z+})]|M$$

则该电池的电动势就是待测电极的氢标电极电势，简称电极电势，以 φ 表示。显然氢标电极电势是一个相对电极电势。

式(4-12)给出了原电池电动势与活度的关系,电极电势 φ 是一个特殊电池的电动势,因此,也可以用同样的方法表示 φ 与体系中各种物质活度的关系。

例如,对于下列电池

$$\text{Pt},\text{H}_2(p=101.325\ \text{kPa})\,|\,\text{H}^+[a(\text{H}^+)=1]\,\|\,\text{Cu}^{2+}[a(\text{Cu}^{2+})]\,|\,\text{Cu}$$

电池反应为

$$\text{H}_2+\text{Cu}^{2+}=\!=\!=2\text{H}^++\text{Cu}$$

由式(4-12)知此电池的电动势:

$$E=E^\ominus-\frac{RT}{2F}\ln\frac{a^2(\text{H}^+)a(\text{Cu})}{[p(\text{H}_2)/p^\ominus]a(\text{Cu}^{2+})}=E^\ominus+\frac{RT}{2F}\ln a(\text{Cu}^{2+}) \tag{4-15}$$

根据氢标电极电势的定义,电动势 E 即为铜电极的电极电势,因为电动势是热力学平衡态下的数值,故 E 称为铜电极的平衡电极电势,以 φ_e 表示。当 $a(\text{Cu}^{2+})=1$ 时,$E=E^\ominus$,$E^\ominus$ 叫作铜电极的标准电极电势,通常以 $\varphi^\ominus$ 表示,因此式(4-15)可以写成

$$\varphi_e=\varphi^\ominus+\frac{RT}{2F}\ln a(\text{Cu}^{2+}) \tag{4-16}$$

对于一般的电极反应

$$\text{O}(\text{氧化态})+z e^-=\!=\!=\text{R}(\text{还原态}) \tag{4-17}$$

则

$$\varphi_e=\varphi^\ominus+\frac{RT}{zF}\ln\frac{a_\text{O}}{a_\text{R}} \tag{4-18}$$

式(4-18)叫作平衡电势方程式,又称 Nernst 方程式,它给出了 O/R 电对的平衡电极电势计算公式,是一个很重要的公式。

平衡电势 φ_e 是氧化态物质和还原态物质处于平衡状态下的氢标电极电势。标准电势是氧化态物质和还原态物质处于标准状态下(即参加电极反应物质的活度都等于1,气体压强为 101.325 kPa)的氢标电极电势。附录给出了 298.15K 时,水溶液中一些电极的标准电极电势。

在实际测量中,电动势的数值都是正值。但是,按照电极电势的定义,标准氢电极永远做负极,因此,氢标电极电势可以是正值,也可以是负值。例如 $\text{Cu}\,|\,\text{Cu}^{2+}[a(\text{Cu}^{2+})]$ 与标准氢电极构成的电池,$\varphi_e(\text{Cu}^{2+}/\text{Cu})>0$;而对于 $\text{Zn}\,|\,\text{Zn}^{2+}[a(\text{Zn}^{2+})]$ 与标准氢电极构成的电池,$\varphi_e(\text{Zn}^{2+}/\text{Zn})<0$。

需要注意的是,对于同一个电极反应,$\text{O}+z e^-=\!=\!=\text{R}$ 和 $\text{R}-z e^-=\!=\!=\text{O}$ 的标准电势是一样的,不要误以为是相反数关系。不管把反应写成氧化反应还是还原反应的形式,计算平衡电势的公式是不变的。

通常,在计算电极电势时采用活度是很不方便的,因为活度系数一般是未知的。避免这个问题的方法是采用形式电势 $\varphi^{\ominus'}$。形式电势是在物质 O 和 R 的浓度比为 1 且介质中各种组分的浓度均为定值时,测得的氢标电极电势,即形式电势是用浓度来表示电极电势的。例如,对于式(4-17)所示的反应它的 Nernst 关系很简单:

$$\varphi_e=\varphi^{\ominus'}+\frac{RT}{zF}\ln\frac{c_\text{O}}{c_\text{R}} \tag{4-19}$$

因为

$$\varphi_e=\varphi^\ominus+\frac{RT}{zF}\ln\frac{a_\text{O}}{a_\text{R}}=\varphi^\ominus+\frac{RT}{zF}\ln\frac{y_\text{O}c_\text{O}}{y_\text{R}c_\text{R}} \tag{4-20}$$

故
$$\varphi^{\ominus'} = \varphi^{\ominus} + \frac{RT}{zF}\ln\frac{y_O}{y_R} \qquad (4\text{-}21)$$

式中，y_O、y_R 分别是物质 O 和 R 的活度系数。上式为标准电势与形式电势之间的关系。

可以看出，在一些特殊条件下，平衡电势的值就是标准电势或形式电势：当初始活度 $a_O/a_R = 1$ 时，平衡电势就是 $\varphi^{\ominus}$；当初始浓度 $c_O/c_R = 1$ 时，平衡电势就是 $\varphi^{\ominus'}$。

扩展阅读
能斯特简介

4.2.2 氢标电极电势在计算中的应用

（1）根据原电池两个电极的平衡电极电势求电动势。例如，电池 $Cu \mid CuCl_2(a) \mid AgCl(s) \mid Ag$ 的电动势可以通过实验测出，也可以利用 $Cu \mid Cu^{2+}$ 电极的电极电势以及 $Ag \mid AgCl, Cl^-$ 电极的电极电势计算得到。上述电池的电池反应为

$$Cu + 2AgCl = Cu^{2+} + 2Ag + 2Cl^- \qquad (0)$$

根据此电池分别设计以下两个电池：

$$Cu \mid CuCl_2(a) \parallel H^+[a(H^+)=1] \mid H_2(p=101.325\ kPa), Pt$$

$$Pt, H_2(p=101.325\ kPa) \mid H^+[a(H^+)=1] \parallel Cl^-[a(Cl^-)=1] \mid AgCl(s) \mid Ag$$

它们分别对应以下两个反应：

$$Cu + 2H^+ = Cu^{2+} + H_2 \qquad (1)$$

$$2AgCl + H_2 = 2Ag + 2Cl^- + 2H^+ \qquad (2)$$

设上述三个电池反应的摩尔吉布斯自由能分别为 $\Delta_r G_m(0)$、$\Delta_r G_m(1)$、$\Delta_r G_m(2)$。

因为反应式 (0)=(1)+(2)，根据状态函数性质，有

$$\Delta_r G_m(0) = \Delta_r G_m(1) + \Delta_r G_m(2)$$

即
$$-2FE(0) = -2FE(1) - 2FE(2)$$

故
$$E(0) = E(1) + E(2)$$

对于反应（1）的电池 $E(1) = -\varphi_e(1)$，对于反应（2）的电池 $E(2) = \varphi_e(2)$，所以

$$E = \varphi_e(2) - \varphi_e(1)$$

电池的电动势可以根据上式求出，式中，$\varphi_e(1)$ 为电池负极的平衡电极电势，而 $\varphi_e(2)$ 为电池正极的平衡电极电势，因此可以写成以下通式

$$E = \varphi_{e,+} - \varphi_{e,-} \qquad (4\text{-}22)$$

即电池的电动势等于正极的平衡电极电势与负极的平衡电极电势之差。

（2）计算某电极反应的标准电极电势。例如，欲求电极反应

$$Sn^{4+} + 4e^- = Sn \qquad (0)$$

的标准电极电势，可以通过以下两个标准电极电势（在 298.15K 时）已知的反应求出：

$$Sn^{4+} + 2e^- = Sn^{2+} \qquad \varphi^{\ominus} = 0.151V \qquad (1)$$

$$Sn^{2+} + 2e^- = Sn \qquad \varphi^{\ominus} = -0.1375V \qquad (2)$$

设以上三个电极反应的标准摩尔吉布斯自由能分别为 $\Delta_r G_m^{\ominus}(0)$、$\Delta_r G_m^{\ominus}(1)$、$\Delta_r G_m^{\ominus}(2)$。

因为反应式 (0)=(1) + (2)，根据状态函数性质，有

$$\Delta_r G_m^{\ominus}(0) = \Delta_r G_m^{\ominus}(1) + \Delta_r G_m^{\ominus}(2)$$

故
$$-4F\varphi^{\ominus}(0) = -2F\varphi^{\ominus}(1) - 2F\varphi^{\ominus}(2)$$

于是得到电极反应 $Sn^{4+} + 4e^- = Sn$ 在 298.15K 时的标准电极电势

$$\varphi^{\ominus}(0)=\frac{\varphi^{\ominus}(1)+\varphi^{\ominus}(2)}{2}=0.00675\text{V}$$

4.2.3 可逆电极

电极反应可逆的电极称作可逆电极，下面分成几类介绍。

（1）金属电极。金属浸在含有该金属离子的溶液中所构成的电极叫作金属电极，例如

$$\text{Cu}\,|\,\text{CuSO}_4(a)$$

其电极反应为

$$\text{Cu}^{2+}+2\text{e}^-\Longrightarrow\text{Cu}$$

电极电势为

$$\varphi_e(\text{Cu}^{2+}/\text{Cu})=\varphi^{\ominus}(\text{Cu}^{2+}/\text{Cu})+\frac{RT}{2F}\ln a(\text{Cu}^{2+})$$

（2）金属-难溶盐电极。这是由一种金属、一种该金属的难溶盐以及一种与此难溶盐具有相同阴离子的可溶性化合物的溶液所组成，例如甘汞电极、银-氯化银电极及硫酸亚汞电极。以甘汞电极为例，

$$\text{Hg}\,|\,\text{Hg}_2\text{Cl}_2(s),\text{KCl}(a)$$

其电极反应为

$$\text{Hg}_2\text{Cl}_2(s)+2\text{e}^-\Longrightarrow 2\text{Hg}+2\text{Cl}^-$$

电极电势为

$$\varphi_e(\text{Hg}_2\text{Cl}_2/\text{Hg})=\varphi^{\ominus}(\text{Hg}_2\text{Cl}_2/\text{Hg})+\frac{RT}{F}\ln\frac{1}{a(\text{Cl}^-)}$$

在这类电极中还包括金属-难溶氧化物电极，即由一种金属、一种该金属的难溶氧化物以及一种碱溶液所构成的电极，例如氧化汞电极和锑电极。这些电极都可以用作参比电极。表 4-1 给出了常用的几种参比电极的电极电势。

表 4-1　298.15K 下几种常见参比电极的电极电势

电极名称	电极组成	$\varphi(\text{vs. SHE})/\text{V}$
0.1mol/L 甘汞电极	$\text{Hg}\,|\,\text{Hg}_2\text{Cl}_2(s),\text{KCl}(0.1\text{mol/L 溶液})$	0.3337
标准甘汞电极（NCE）	$\text{Hg}\,|\,\text{Hg}_2\text{Cl}_2(s),\text{KCl}(1.0\text{mol/L 溶液})$	0.2801
饱和甘汞电极（SCE）	$\text{Hg}\,|\,\text{Hg}_2\text{Cl}_2(s),\text{KCl}(饱和溶液)$	0.2444
银-氯化银电极	$\text{Ag}\,|\,\text{AgCl}(s),\text{KCl}(0.1\text{mol/L 溶液})$	0.2880
氧化汞电极	$\text{Hg}\,|\,\text{HgO}(s),\text{NaOH}(0.1\text{mol/L 溶液})$	0.164
硫酸亚汞电极	$\text{Hg}\,|\,\text{Hg}_2\text{SO}_4(s),\text{SO}_4^{2-}(a=1)$	0.6158
硫酸铅电极	$\text{Pb}(\text{Hg})\,|\,\text{PbSO}_4(s),\text{SO}_4^{2-}(a=1)$	−0.3507

标准氢电极不仅制作麻烦，使用也不方便。常用的参比电极不仅弥补了标准氢电极的不足，而且还可以根据测量体系的不同选择参比电极的种类及浓度，因此在实际测量中经常采用表 4-1 列出的某一种电极作为测量电极电势的"参比"对象。当应用这些参比电极时，则得到不同标度的电极电势，必须在测量结果中注明是相对哪种参比电极的电极电势，或者根据需要将它们换算成氢标电极电势。

（3）气体电极。气体电极是由一种惰性金属（例如 Pt）吸附了某种气体，浸在含有相应离子的溶液中构成的，例如氢电极、氧电极以及卤素电极等。以氢电极为例，

$$\text{Pt},\text{H}_2(p)\,|\,\text{H}^+(a)$$

其电极反应为

$$2\text{H}^++2\text{e}^-\Longrightarrow\text{H}_2$$

电极电势为

$$\varphi_e(2\text{H}^+/\text{H}_2)=\varphi^{\ominus}(2\text{H}^+/\text{H}_2)+\frac{RT}{F}\ln a(\text{H}^+)$$

（4）氧化还原电极。将惰性电极浸入含有某种氧化态和还原态物质的溶液中所构成的电

极叫作氧化-还原电极，例如 Pt 浸入 Fe^{3+} 和 Fe^{2+} 溶液中构成的电极

$$Pt \mid Fe^{3+}[a(Fe^{3+})], Fe^{2+}[a(Fe^{2+})]$$

其电极反应为

$$Fe^{3+} + e^- \Longrightarrow Fe^{2+}$$

电极电势为

$$\varphi_e(Fe^{3+}/Fe^{2+}) = \varphi^\ominus(Fe^{3+}/Fe^{2+}) + \frac{RT}{F}\ln\frac{a(Fe^{3+})}{a(Fe^{2+})}$$

4.3 液体接界电势

当两种不同的电解质溶液，或组分相同但浓度不同的两种电解质溶液相接触时，离子会从浓度高的一边向浓度低的一边扩散，阴、阳离子由于淌度不同，即运动速率不同，在界面两侧就会有过剩电荷积累，产生电势差，称为液体接界电势（liquid junction potential），简称液接电势，用 φ_j 来表示。

可以用两个简单的例子来说明液接电势产生的原因。例如有两个浓度不同的 $AgNO_3$ 溶液（浓度 $c_1 < c_2$）相接触。由于两溶液的界面间存在浓度梯度，Ag^+ 和 NO_3^- 将由浓度大的区域向浓度小的区域扩散（见图 4-3）。

两种离子的性质不同，它们在同一条件下的运动速度也自然不同。通常情况下 Ag^+ 的扩散速度要低于 NO_3^-。在一定时间间隔内通过界面的 NO_3^- 要比 Ag^+ 多，因而破坏了两溶液的电中性。图 4-3 中两溶液界面左方 NO_3^- 过剩，而界面右方则为 Ag^+ 过剩，静电作用将二者吸引在界面附近，于是形成左负右正的双电层。界面双方带电后，静电作用对 NO_3^- 通过界面产生了一定的阻碍作用，NO_3^- 通过界面的速度将降低。相反的，电势差会使得 Ag^+ 通过界面的速度增大。最后达到稳态，Ag^+ 与 NO_3^- 以相同的速度通过界面，在界面间存在的与这个稳态相对应的稳定电势差就是液接电势。稳态并不是平衡状态，因为扩散一直以一定的速度进行着，是个不可逆过程。

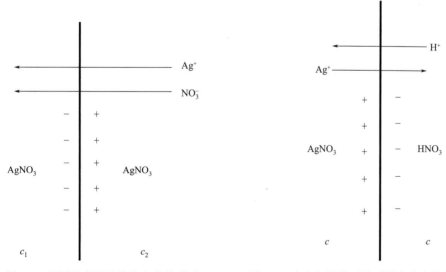

图 4-3　不同浓度溶液液接电势的形成　　图 4-4　浓度相同的两种不同溶液液接电势的形成

又如浓度相同的 $AgNO_3$ 与 HNO_3 溶液（浓度均为 c）相接触时，如图 4-4 所示，由于溶液界面两侧 NO_3^- 浓度相同，故它不会发生扩散。这时 H^+ 将向 $AgNO_3$ 溶液中扩散，而 Ag^+ 则会扩散到 HNO_3 溶液中。因为 H^+ 的扩散速度比 Ag^+ 大得多，故在一定的时间间隔

内，界面左方正离子数目增多，出现了过剩的正电荷，而界面右方的正离子数目减少，有过剩的负电荷存在，于是形成了电势差。它将使 H^+ 的运动速度降低，但却促使 Ag^+ 的运动速度提高。在达到稳定状态时，H^+ 和 Ag^+ 的扩散速度相等。在界面间也相应地建立起一定的液接电势。

如果两个相接触的溶液中所含电解质不一样，而且浓度也各不相同，则它们在溶液界面间建立起液接电势的原则，仍然与上面两个例子一样。不过问题要变得更为复杂。

由于液接电势无法准确测定，故它的存在会影响电池电动势的测定，使电动势的数值丧失了热力学意义。因此，在实际工作中，必须设法将液接电势减小到可以忽略的程度。最常用的方法就是在两个溶液间连接上一个所谓"盐桥"的中间溶液。

常见的盐桥是一种充满凝胶状盐溶液的玻璃管，管的两端分别与两种溶液相连接，凝胶状电解液可以抑制两边溶液的流动。通常盐桥做成 U 形状，充满凝胶状盐溶液后，把它置于两溶液间，使两溶液导通。所用的凝胶物质有琼脂、硅胶等，一般常用琼脂。

在选择盐桥溶液时，应使盐桥溶液内阴、阳离子的扩散速度尽量相近，且溶液浓度要大。这样在液接面上主要是盐桥溶液向对方扩散，在盐桥两端产生的两个液接电势的方向相反，相互抵消后总的液接电势大大减小，甚至可忽略不计。在多数情况下，盐桥中采用浓的 KCl 溶液。例如下列连接有盐桥的电池可表示为

$$Hg\,|\,Hg_2Cl_2(s)\,|\,HCl(0.1\ mol/L)\,|\,KCl\ 浓溶液\,|\,NaCl(0.1mol/L)\,|\,Hg_2Cl_2(s)\,|\,Hg$$

如果上述电池中无盐桥，其液接电势为 28.2mV。随着盐桥中 KCl 浓度的增加，差值逐渐下降。当 KCl 浓度为 3.5mol/L 时，差值可降至 1.1mV（见表 4-2）。若电池的液接电势已被盐桥消除，为了简单，可将上述电池表达式中两电极溶液之间以"‖"取代盐桥溶液。

表 4-2　盐桥中 KCl 溶液的浓度对液接电势的影响

$c/(mol/L)$	φ_j/mV	$c/(mol/L)$	φ_j/mV	$c/(mol/L)$	φ_j/mV
0.1	27	1.0	8.4	3.5	1.1
0.2	19.95	1.75	5.15	4.2（饱和溶液）	<1
0.5	12.55	2.5	3.4		

当盐桥中很浓的 KCl 溶液与某一相当稀的溶液相接触时，接界处电势差的产生主要依靠 KCl 的扩散。由于 K^+ 与 Cl^- 的淌度很接近（由表 3-3 可知 25℃ 下无限稀溶液中 K^+ 与 Cl^- 的极限当量电导率分别为 $0.00735S \cdot m^2/mol$ 和 $0.00763S \cdot m^2/mol$），二者的离子迁移数相当接近，故液体界处形成的电势差非常小。同时盐桥与两个溶液界面间形成的液接电势的方向相反，于是总的电势差抵消后将会更小。显然，盐桥中 KCl 溶液的浓度与电池两极溶液的浓度间差值越大，则液接电势降低得越多。

如果电池中的电解质（例如银盐）能与盐桥中 KCl 溶液起反应，则也可采用 KNO_3 或 NH_4NO_3 等浓溶液来作盐桥，这是因为在这些电解质中两种离子的淌度相差不多（25℃ 下无限稀溶液中 NH_4^+ 与 NO_3^- 的极限当量电导率分别为 $0.00737S \cdot m^2/mol$ 和 $0.00714S \cdot m^2/mol$）。在有机电解质溶液中的盐桥可采用苦味酸四乙基铵或高氯酸季铵盐溶液。如果 KCl、NH_4NO_3 在该有机溶剂中能溶解，则也可采用 KCl、NH_4NO_3 溶液。

4.4　离子选择性电极

目前，传感器正在医药、环境监测及工业过程控制等方面起着重要的作用。继热、重

力、光学传感器之后，现在电化学传感器也发挥了重要作用，尤其是在检测分析物的浓度方面。

离子选择性电极又叫膜电极，是一类重要的电化学传感器，它的活性膜具有对特定离子选择性响应的功能，用它做指示电极，可以测定溶液中某种特定离子的活度。其中活性膜可由固体膜、液体膜、高分子膜及生物膜等构成。

4.4.1 膜电势

如果两溶液中的离子由半透膜隔开，只有某种特定离子可以通过此膜，那么将建立电化学渗析平衡并产生跨膜电势。离子选择性电极测量的基础就是膜电势与敏感离子活度间的函数关系。

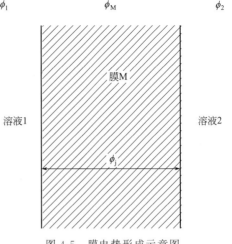

图 4-5　膜电势形成示意图

如图 4-5 所示，一个一定厚度的敏感膜 M 将溶液 1（待测溶液）和溶液 2（已知浓度的内参比溶液）隔开。假设 i 离子为唯一的敏感离子，并且是膜内唯一的电荷传递者。当 i 离子转移达平衡时，它在膜相中产生了一定的浓度梯度，因此有扩散电势 ϕ_j 产生。所以，平衡时整个膜上的电势差，即膜电势 E_M 为：

$$E_M = (\phi_2 - \phi_M) + (\phi_M - \phi_1) + \phi_j = \phi_2 - \phi_1 + \phi_j \tag{4-23}$$

式中，ϕ_M、ϕ_1、ϕ_2 分别为达平衡时膜 M、溶液 1、溶液 2 的内电势。

体系中 i 离子转移达平衡时，i 离子在溶液 1、膜 M 和溶液 2 中的电化学势均相等，则：

$$\mu_{i,1} + z_i F\phi_1 = \mu_{i,2} + z_i F\phi_2 \tag{4-24}$$

即：

$$\mu_{i,1}^{\ominus} + RT\ln a_{i,1} + z_i F\phi_1 = \mu_{i,2}^{\ominus} + RT\ln a_{i,2} + z_i F\phi_2 \tag{4-25}$$

于是：

$$\phi_2 - \phi_1 = \frac{\mu_{i,1}^{\ominus} - \mu_{i,2}^{\ominus}}{z_i F} + \frac{RT}{z_i F}\ln\frac{a_{i,1}}{a_{i,2}} \tag{4-26}$$

式中，$\mu_{i,1}$、$a_{i,1}$、$\mu_{i,2}$、$a_{i,2}$ 分别为达平衡时溶液 1 和溶液 2 中 i 离子的化学势与活度。因为溶液 1 和溶液 2 均为水溶液，故标准化学势 $\mu_{i,1}^{\ominus} = \mu_{i,2}^{\ominus}$，于是将式（4-26）代入式（4-23），得：

$$E_M = \frac{RT}{z_i F}\ln\frac{a_{i,1}}{a_{i,2}} + \phi_j \tag{4-27}$$

若溶液 2 的组成恒定，则 $a_{i,2}$ 为常数，对于给定的电极，膜相内的 ϕ_j 也可看成常数，因此，上式可简化为：

$$E_M = 常数 + \frac{RT}{z_i F}\ln a_{i,1} \tag{4-28}$$

由上式可以得出，膜电势 E_M 的大小只与溶液 1 中 i 离子的活度有关，离子选择性电极就是根据这一原理制成的。膜电势是一个非平衡电势，因为它包含了不可逆的扩散电势。

虽然膜电势与待测溶液（溶液 1）中 i 离子活度的对数呈线性关系，但是膜电势是无法直接测量的。因此，在制作离子选择性电极时，要在活性膜内的溶液 2（可称为内参比溶液）中放置内参比电极。测量时借助另一支外参比电极（如甘汞电极）放入待测溶液，组成如下电池：

外参比电极‖待测溶液 1｜活性膜｜内参比溶液 2｜内参比电极

该电池的电动势 $E = \varphi_{内参} - \varphi_{外参} + E_M$，因为内、外参比电极的电极电势恒定，故：

$$E = 常数 + \frac{RT}{z_i F} \ln a_{i,1} \qquad (4\text{-}29)$$

测量该电池的电动势，即可得到待测离子 i 的活度。将标准溶液代替待测溶液，测该电池的电动势即可得到式(4-29)中的常数项。

4.4.2 玻璃电极

最早和最常用的一个离子选择性电极就是用于测量 pH 的玻璃电极。玻璃电极是氢离子选择性电极，选用玻璃电极和外参比电极组成一个电池，测量其电动势，并用已知 pH 的标准缓冲液标定，就可以计算出溶液的 pH。

玻璃电极是用特制的玻璃（例如组成为 72％SiO$_2$，22％Na$_2$O，6％CaO）吹制成薄的圆球，里面放内参比溶液（0.1mol/L HCl＋0.1mol/L KCl）和一个银-氯化银电极，外面放待测溶液，如图 4-6 所示。在测量时把玻璃电极和外参比电极如饱和甘汞电极组成下列电池：

$$Hg \mid Hg_2Cl_2 \mid KCl(饱和) \parallel 待测溶液 \mid 玻璃膜 \mid HCl(a_{H^+} = 1), KCl \mid AgCl \mid Ag$$

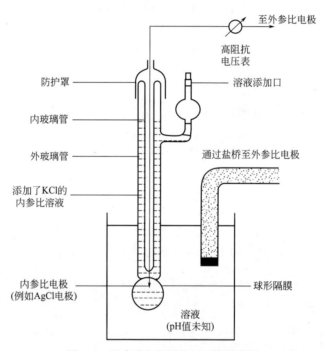

图 4-6 用玻璃电极测量 pH 值示意图

实验结果表明，玻璃电极的电极电势与溶液中的氢离子活度有关，25℃时其电极电势与 pH 的关系可表示为：

$$\varphi_{玻璃} = \varphi^{\ominus}_{玻璃} - 0.0591 pH \qquad (4\text{-}30)$$

上述电池的电动势 $E = \varphi_{甘汞} - \varphi_{玻璃}$，故：

$$pH = \frac{E - \varphi_{甘汞} + \varphi^{\ominus}_{玻璃}}{0.0591} \qquad (4\text{-}31)$$

式中的 E 值可以测量，25℃时饱和甘汞电极电势为 0.2415V。对指定的玻璃电极而言，$\varphi^{\ominus}_{玻璃}$ 是一常数。若先用一个已知 pH 的缓冲溶液测定其 E 值，然后用上式可以算出 $\varphi^{\ominus}_{玻璃}$。但是实际应用时是将一已知 pH 的溶液，在 pH 计上调整到该 pH 的数值，然后再测未知溶液，所得的读数就是待测溶液的 pH，而不必计算 $\varphi^{\ominus}_{玻璃}$ 值。

实际上，玻璃膜和 H^+ 的作用是相当复杂的。玻璃膜与两侧溶液形成厚度为 5～100nm 的水合层，中间的干玻璃层是膜的主体，厚度约为 $50\mu m$，它通过内部存在的阳离子如 Na^+ 进行电荷转移，H^+ 对该区域的导电并不做出贡献。显然，玻璃膜并不是一个 H^+ 可透过膜。不过其膜电势与 H^+ 活度的关系仍可由类似于上节方法进行推导。推导结果表明，膜电势与测试溶液中的 Na^+ 和 H^+ 的活度有关，Na^+ 的影响取决于电势选择性系数 $K_{i,j}$。$K_{i,j}$ 是离子选择性电极的电势响应能否区别溶液中待测离子 i 与干扰离子 j 的标志。$K_{i,j}$ 数值越小，共存离子 j 的干扰越小。在 K_{H^+,Na^+} 很小的情况下，玻璃膜本质上将仅对 H^+ 具有选择性响应，且其膜电势仍然满足式(4-28)。

参考图文
pH 复合电极

4.4.3　其他类型的离子选择性电极

（1）玻璃膜电极。玻璃电极作为测量 pH 的电极可看作是 H^+ 选择性电极的一个例子。如果将玻璃膜的基本组成进行适当的改变，则能使玻璃电极对 Na^+、K^+、NH_4^+、Ag^+、Tl^+、Li^+、Rb^+、Cs^+ 等各种一价阳离子具有特殊的选择性。相关的响应与相应的电势选择性系数有关，玻璃组分对此有较大的影响。

例如钠离子选择电极除了所用的玻璃材料（SiO_2-Na_2O-Al_2O_3）及内参比溶液（钠离子活度一定的溶液）这两点不同外，其构造与 pH 电极基本相同。该电极受到 H^+ 的干扰很大（$K_{i,j}=1000$），因此待测溶液中 H^+ 的活度必须比 Na^+ 的活度至少低 4 个数量级。Ag^+ 的干扰也很严重（$K_{i,j}=500$），其他离子则干扰很小。显然，对所获得数据的分析必须非常仔细，不过在合适的防范前提下，可以检测的活度范围可宽至 10^{-8}～1 mol/L。

（2）固体膜电极。Ag_2S、CuS、CdS、PbS、LaF_3、$AgCl$、$AgBr$、AgI 和 $AgSCN$ 等不溶性物质都可作为离子交换膜，用以检测相应的阳离子或阴离子，如上述材料可检测 Ag^+、Cu^{2+}、Cd^{2+}、Pb^{2+}、S^{2-}、F^-、Cl^-、Br^-、I^-、SCN^- 及 CN^-。它们一般以单晶或粉末压缩圆盘的形式作为传感器使用（见图 4-7）。膜的厚度通常是 1mm 左右，除了单晶和压缩粉末的形式外，还可以将不溶金属盐嵌入如硅橡胶或聚乙烯之类的惰性模板。

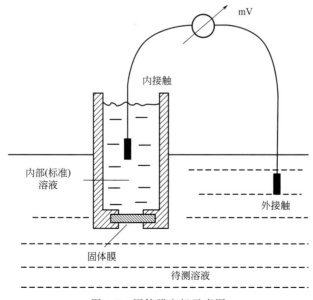

图 4-7　固体膜电极示意图

这些材料都是离子导体，主要是通过点缺陷在晶格中的迁移来实现离子导电。尽管它们在室温下电导率非常低，但是其离子导电性以及响应速度可以通过向晶格内掺入变价的离子而提高。例如，氟离子选择电极的 LaF_3 可掺杂 Eu^{2+} 或 Ca^{2+}。该类传感器的测量范围在 $10^{-6} \sim 1mol/L$ 之间，但是会经常遇到干扰。

（3）液体膜电极。除了固体膜，也能用含有离子交换特性的疏水的液体膜作为敏感元件，其载体物质是可以流动的。这种电极将对所研究离子具有选择性的螯合剂溶解于有机溶剂中作为电荷载体，为保持其对外部溶液的稳定性，通常固定在聚合物膜或陶瓷膜中。如钙离子选择性电极可由二癸基磷酸钙作为二辛基苯磷酸盐的螯合剂，通过将这些物质载入多孔的 PVC 聚合物或硅橡胶基质使其稳定。另外，也可以使用非离子螯合剂，例如大环离子载体缬氨霉素，通常将它固定在苯酯中，它对钾离子有很强的选择性，可以用来制作钾离子选择电极，而且受 H^+ 干扰很小。

除了单膜电极外，还可以采用复合膜以提高选择性，如在膜的外侧放置酶来催化某一特殊化学反应以产生某种离子，而该离子又能被内部的离子选择膜检测。例如用尿素酶作为催化剂选择性地检测尿素，尿素在尿素酶的催化作用下与水反应生成 NH_4^+，产生的氨能用氨选择膜电极检测。此外，还有气敏电极、酶电极、离子选择性场效应管等传感器，在此不再一一介绍。

复习题

1. 什么是实物相的内电势与外电势？什么是界面电势差？
2. 在原电池电动势测量中如何进行正确断路？
3. 化学势与电化学势有何实质性的差别？
4. 为什么要提出相对电极电势的概念？
5. 什么是氢标电极电势？简述标准电势、形式电势及平衡电势的区别与联系。
6. 已知 $Ag^+ + e^- \rightleftharpoons Ag$ 的标准电势是 0.7996V，则 $Ag - e^- \rightleftharpoons Ag^+$ 的标准电势是多少？
7. 可逆电池中的电极是否一定是可逆电极？由可逆电极组成的原电池是否一定是可逆电池？为什么？
8. 常用的可逆电极有哪几种？举例说明。
9. 什么样的电极才可以做参比电极？常用的参比电极有哪些？
10. 如果在酸性溶液中测定电极电位，参比电极可选择汞-氧化汞电极吗？可以选择饱和甘汞电极和硫酸亚汞电极吗？为什么？
11. 液接电势是如何产生的？怎样才能消除或尽量降低液接电势？
12. 玻璃电极及其他离子选择电极是遵循什么原理设计的？
13. 写出电池 $Zn | ZnCl_2$ (0.1mol/kg, $\gamma_\pm = 0.5$) $| AgCl(s) | Ag$ 的电极反应和电池反应，并计算该电池在 25℃ 时的电动势（标准电极电势可查书后附表）。

14. 已知下列反应在 25℃下的标准电极电势

$O_2 + 4H^+ + 4e^- \longrightarrow 2H_2O$ 标准电极电势 = 1.229V   (1)

$H_2O_2 + 2H^+ + 2e^- \longrightarrow 2H_2O$ 标准电极电势 = 1.776V   (2)

求反应 $O_2 + 2H^+ + 2e^- \longrightarrow H_2O_2$ 的标准电极电势。   (3)

15. 求电池 Pt,H_2(91.193 kPa) $|$ H^+($a = 0.01$) $\|$ Cu^{2+}($a = 0.1$) $|$ Cu 在 25℃ 时的电动势,并计算此电池反应的吉布斯自由能变化。

16. 查找资料,了解离子选择性电极在电化学传感器中的应用。

第5章 双电层

电极与溶液相接触时，在界面附近会出现一个性质跟电极和溶液自身均不相同的三维空间，通常称为界面区。电极反应发生在电极与溶液界面之间，界面的性质显然会影响电极反应的速度。这种影响，一方面表现在电极的催化作用上（由电极材料的性质和它的表面状态体现出来的），另一方面则表现为界面区存在电场所引起的特殊效应。

界面电场对电极反应速率有强烈影响，它的基本性质对界面反应的动力学性质有很大的影响，它是动力学研究的基础。所以本章要对界面的微观结构建立明确的图像，并讨论"电极/溶液"界面的电性质，即电极和溶液两相间的电势差和界面层中的电势分布情况。本章所讨论的界面，都是假定界面的曲率半径远远大于界面区的厚度，因而可以认为界面区与界面平行。

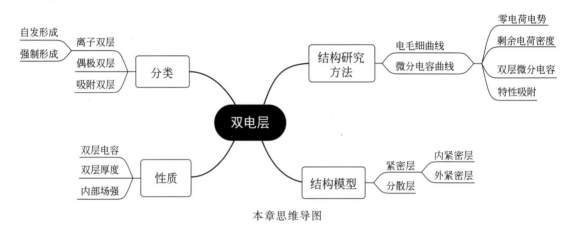

本章思维导图

5.1 双电层简介

5.1.1 双电层的形成

两种不同物体接触时，由于物理化学性质的差别，在相界面间粒子所受的作用力总是与各相内部粒子不同，因此界面间将出现游离电荷（电子和离子）或取向偶极子（如极性分子）的重新排布，形成大小相等、符号相反的两层界面荷电层——双电层。任何两相界面区都会形成各种不同形式的双电层，也都存在着一定大小的电势差。

在电极与溶液接触形成新的界面时，来自体相中的游离电荷或偶极子，必然要在界面上重新排布，形成双电层，在界面区相应地存在着电势差。根据两相界面区双电层在结构上的特点，可将它们分为三类：离子双层、偶极双层和吸附双层。

由于带电粒子因电化学势不同而在两相间转移，或通过外电源向界面两侧充电，会使两相中出现大小相等、符号相反的游离电荷（称为剩余电荷）分布在界面两侧，形成离子双层。其特点是每一相中有一层电荷，但符号相反。例如若金属表面带正电，则溶液中将以负离子与之形成离子双层（见图 5-1）。

　　任何一种金属与溶液的界面上都存在着偶极双层。由于金属表面的自由电子有向表面以外"膨胀"的趋势（可导致其动能的降低），但金属中金属离子的吸引作用又将使它们的势能升高，故电子不可能逸出表面过远（0.1～0.2nm）。于是在紧靠金属表面形成正端在金属相内、负端在金属相外的偶极双层。溶液表面的极性溶剂分子（例如水）在表面上有取向作用，故会在界面中定向排列形成偶极双层（见图 5-2）。

　　此外，溶液中某种离子可能被吸附于电极表面上，形成一层电荷。这层电荷又靠库仑力吸引溶液中同等数量的带相反电荷的离子而形成吸附双层。如图 5-3 表示金属表面吸附负离子后，负离子又静电吸引等电量正离子形成吸附双层。界面上第一层电荷的出现靠的是库仑力以外的其他化学与物理作用，而第二层电荷则是由第一层电荷的库仑力引起的。

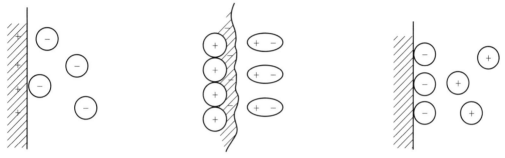

图 5-1　离子双层　　图 5-2　金属表面的偶极双层及偶极水分子取向层　　图 5-3　吸附双层

　　金属/溶液界面电势差系由上述的三种类型双电层产生的电势差的部分或全部组成，但其中对于电极反应速率有重大影响的，则主要是离子双层电势差。

5.1.2　离子双层的形成条件

　　离子双层可能在电极与溶液接触后自发形成，也可以在外电源作用下被强制形成。无论是在哪种情况下形成，性质上没有什么差别。

　　如果电极是一种金属，可认为由金属离子和自由电子组成。一般情况下，金属相中金属离子的电化学势与溶液相中同种离子的电化学势并不相等。因此，在金属与溶液接触时，会发生金属离子在两相间的转移，转移达到平衡的条件是它们的电化学势相等。

　　例如，某温度下，Zn^{2+} 在金属锌中的电化学势比它在某一浓度的 $ZnSO_4$ 溶液中高。当两相接触时，金属锌上的 Zn^{2+} 将自发地转入溶液中，发生锌的溶解。此时电子留在金属上成为剩余电荷，故金属表面带负电，而溶液中 Zn^{2+} 是剩余电荷，带正电。剩余电荷将在库仑力作用下分布在界面两侧，因而在两相界面区出现了电势差。这个电势差对 Zn^{2+} 的继续进入溶液有阻滞作用，相反，却能促使溶液中 Zn^{2+} 进入金属晶格。随着金属上 Zn^{2+} 溶解数量的增多，电势差变大，Zn^{2+} 溶解速度逐渐变小，溶液中 Zn^{2+} 返回金属的速度不断增大。最后建立起两个过程速度相等的状态，即达到了动态平衡，Zn^{2+} 在两相间的电化学势相等。这时在两相界面区形成了锌带负电而溶液带正电的离子双层，这就是自发形成的离子双层。自发形成离子双层的过程非常迅速，一般可在 $10^{-6}s$ 的瞬间完成。

　　如果金属上正离子（例如 Cu^{2+}）的电化学势低于溶液（如 $CuSO_4$），则溶液中的 Cu^{2+} 会自发地沉积在金属上，使金属表面带正电。同时溶液中过剩的 SO_4^{2-} 被金属表面的正电荷吸引在表面附近，形成金属表面带正电、溶液带负电的离子双层。

有些情况下，金属与溶液接触时并不能自发形成离子双层。例如将纯汞放入 KCl 溶液中，由于汞相当稳定，不易被氧化，同时 K^+ 也很难被还原，因而它常常不能自发形成离子双层。但可以在外电源作用下强制形成离子双层。

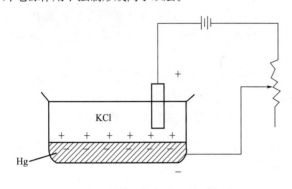

图 5-4　强制形成离子双层示意图

若将汞电极与外电源负极接通，外电源向电极上供应电子，在其电极电势达到 K^+ 还原电势之前，电极上无电化学反应发生。这时电子只能停留在汞上，使汞带负电。这一层负电荷吸引溶液中相同数量的正电荷（例如 K^+），遂形成汞表面带负电、溶液带正电的双电层（见图 5-4）。反之，若将汞接在外电源的正极上，外电源自电极上取走电子。在不可能发生任何氧化反应来补充它的情况下，本来是电中性的汞表面上将出现剩余正电荷。它吸引溶液中的负离子（例如 Cl^-）使溶液一侧感应带负电，构成了汞表面带正电、溶液带负电的双电层。这种靠外电源作用而强制形成的双电层，它的形成过程犹如给电容器充电。

一般情况下，形成离子双层时，电极表面上只有少量剩余电荷，即剩余电荷的表面覆盖度很小。双电层中剩余电荷不多，所产生的电势差也不太大，但它对电极反应的影响却很大。

假定离子双层的电势差 $\Delta\varphi$ 为 1V。近似将双电层看成一个平板电容器，如果界面区两层电荷的距离为原子半径的数量级 10^{-10} m，则双电层间的电场强度就高达 10^{10} V/m。如此巨大的电场强度，既能使一些在其他条件下本来不能进行的化学反应得以顺利进行（例如可将熔融 NaCl 电解为 Na 与 Cl_2），又可使电极反应的速度发生极大的变化（例如界面区电势差改变 0.1～0.2V，反应速度即可改变 10 倍左右）。所以说，电极反应的速度与双电层电势差有着密切的关系，这是电极反应不同于一般异相催化反应的特殊性所在。

当电场强度超过 10^6 V/m 时，几乎所有的电介质（绝缘体）都会引起火花放电而遭到破坏。由于人们寻找不到能承受这么大电场强度的介质，所以很难得到这么大的电场强度。电化学的双电层中两层电荷的距离很小，其间只有一两个水分子层，其他离子与分子差不多均处于双电层之外，而不是在它们的中间，因而不会引起电介质破坏的问题。

5.1.3　理想极化电极与理想不极化电极

给电极通电时，电流会参与电极上的两种过程。一种是电子转移引起的氧化或还原反应，由于这些反应遵守法拉第定律，所以称为法拉第过程。另一种是电极/溶液界面上双电层荷电状态的改变，此过程称为非法拉第过程。虽然在研究一个电极反应时，通常主要关心的是法拉第过程（研究电极/溶液界面本身性质时除外），但在应用电化学数据获得有关电荷转移及相关反应的信息时，必须考虑非法拉第过程的影响。

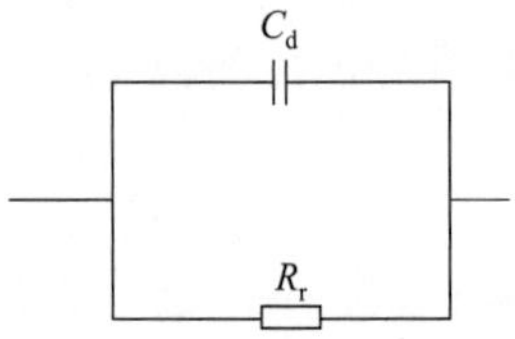

图 5-5　电极的等效电路

可以将一般电极的等效电路，表示成并联的反应电阻与双层电容（图 5-5）。电极上有电流通过时，一部分电流用来为双电层充电（其电容为 C_d），另一部分电流则用来进行电化学反应，使电流得以在电路中通过（相应的电阻为 R_r）。因此，电极与溶液的界面可被近似地看成是一个漏电的电容器。

在一定电极电势范围内，可以借助外电源任意改变双电层的带电状况（因而改变界面区的电势差），而不致引起任何电化学反应的电极，称为理想极化电极。这种电极的特性和普通的平行板电容器类似，它对于研究双电层结构有很重要的意义。

例如，汞电极与除氧的 KCl 溶液界面在 $-1.6 \sim 0.1V$ 的电势范围内（相对于 SHE）接近于理想极化电极。对 KCl 溶液中的汞电极来说，因为电极电势处在水的稳定区，所以既不会引起溶液中 K^+ 还原和金属汞氧化，又不会发生 H^+ 或 H_2O 还原及 OH^- 或 H_2O 的氧化。但如果给电极表面上充的负电荷过多，使之超过发生 K^+ 还原反应（$K^+ + e^- \Longrightarrow K$）的电极电势；或者给电极表面充入过多的正电荷，超过了汞能够氧化（$2Hg - 2e^- \Longrightarrow Hg_2^{2+}$）的电极电势，当然也有可能达到 H^+（或 H_2O）及 OH^-（或 H_2O）能以明显速度进行还原和氧化的电势，则电极将丧失理想极化电极的性质。所以说，任何一个理想极化电极都只能工作在一定电势范围内。

显然理想极化电极电化学反应阻力很大，$R_r \rightarrow \infty$，电极反应速率趋于零，所以全部电流都用来为双电层充电，可以控制电极电势在一定范围内任意改变。

相反，若电化学反应阻力很小，$R_r \rightarrow 0$，则电流将全部漏过界面，双电层电势差维持不变，这就是理想不极化电极。理想不极化电极的电化学反应速率非常大，外线路传输的电子一到电极上就反应了，所以电极表面双层结构没有任何变化，于是电极电势也不会变化。绝对的不极化电极是不存在的，只是当电极上通过电流不大时，可近似地认为某些电极是不极化电极，例如甘汞电极（$Hg | Hg_2Cl_2 | Cl^-$ 电极）。

5.2　双电层结构的研究方法

研究界面结构的基本方法是通过实验测量一些可测的界面参数（如界面张力、界面剩余电荷密度、各种粒子的界面吸附量、界面电容等），然后根据一定的界面结构模型来推算这些参数。如果实验值与理论值较好地吻合，就可认为所假设的界面结构模型在一定程度上反映了界面的真实结构。由于界面参数大多与界面上的电势分布有关，故在实验测量时必须研究这些参数随电极电势的变化。

5.2.1　电毛细曲线

电极与溶液界面间存在着界面张力，它有力图缩小两相界面面积的倾向。这种倾向越大，界面张力也越大。对电极体系来说，界面张力不仅与界面层的物质组成有关，而且与电极电势有关。实验结果表明，电极电势的变化也会改变界面张力的大小，我们把这种现象称为电毛细现象。界面张力与电极电势的关系曲线叫作电毛细曲线。

电极电势的变化对应于电极表面剩余电荷数量的变化。电极表面出现剩余电荷时，无论是正电荷还是负电荷，同性电荷的排斥作用呈现出使界面面积增大的倾向，故界面张力将减小。表面剩余电荷密度（单位电极表面上的剩余电荷量）越大，界面张力就越小。显然，界面上剩余电荷密度为零时的界面张力最大。因此，可以通过电毛细曲线来研究电极表面的带电状况，并进一步探讨双电层的结构。

在没有电极反应发生的情况下，对一个电极与溶液的界面进行热力学分析，可使问题大大地简化。这就是说，以理想极化电极作为研究电极与溶液界面问题的对象，是比较方便的。而且理想极化电极的电极电势能够在一定电势范围内连续变化，显然更有利于测量电毛细曲线。

液态金属电极的界面张力可以利用图 5-6 的装置（称为毛细管静电计）直接观测。例如将装有汞的毛细管浸入 Na_2SO_4 溶液中，毛细管尖端附近有一弯月面。这个弯月面的位置与界面张力有关。为了使弯月面固定在某一定位置，在界面张力变化时，需要用汞柱高度来调节它。测量时在每一个电势下调节汞柱高度，使毛细管内汞弯月面的位置保持一定。界面张力与汞柱高度成正比，根据汞柱高度和毛细管直径可计算出界面张力。图 5-7 中曲线 I 是实验测出的电毛细曲线，即电极电势 φ 与界面张力 γ 的关系曲线。其图形近似于抛物线。这种测量通常都是在溶液成分恒定的条件下进行的。

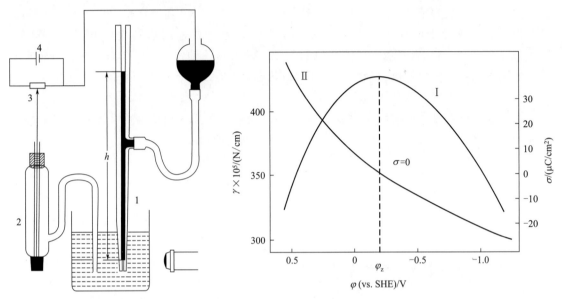

图 5-6　毛细管静电计示意图
1—毛细管；2—参比电极；
3—可变电阻；4—蓄电池组

图 5-7　汞电极的电毛细曲线（Ⅰ）与表面剩余
电荷密度变化曲线（Ⅱ）

通过用热力学方法来处理理想极化的界面，在恒温恒压下可推导出描述电极电势 φ、界面张力 γ 及电极剩余电荷密度 σ（电极上单位表面积所带电量）三者间关系的李普曼（Lippmann）公式

$$\left(\frac{\partial \gamma}{\partial \varphi}\right)_{\mu} = -\sigma \tag{5-1}$$

式中括号外标出的 μ 表示溶液组分化学势保持恒定。这是因为在溶液浓度增大时，同一 φ 下的 γ 值会有所下降，电毛细曲线的位置会发生相应的变化。这里 σ 单位为 C/m^2，φ 为 V，γ 为 N/m。该式显示从电毛细曲线的斜率可以计算 σ。图 5-7 中曲线 Ⅱ 给出了表面剩余电荷密度 σ 随电极电势的变化关系曲线。

由式(5-1)可看出，如果电极表面剩余电荷为正，即 $\sigma > 0$，则 $d\gamma/d\varphi < 0$，随着电势向负的方向移动（即 $d\varphi < 0$），界面张力将增大（$d\gamma > 0$），这相应于图 5-7 中曲线 I 的左半部分；如果电极表面剩余电荷为负，即 $\sigma < 0$，则 $d\gamma/d\varphi > 0$，随着电势向负的方向移动（即 $d\varphi < 0$），界面张力也减小（$d\gamma < 0$），与图 5-7 中曲线 I 的右半部分相对应。

前面已提到，电极表面的剩余电荷增加（无论正负），均将使界面张力降低，那么只有在电极表面剩余电荷为零时，界面张力才最大。因此，图 5-7 曲线 I 的极大点表达出电极表面剩余电荷为零（$\sigma = 0$）的状态，称为零电荷点。这时 $d\gamma/d\varphi = 0$。与 γ 最大值相对应的电极电势，称为零电荷电势（point of zero charge，PZC），以 φ_z 表示。从电毛细曲线可得出如下结论。自图 5-7 中曲线 Ⅰ 左侧开始，电极表面剩余电荷是正的。随着电势向负的方向移动，电极表面所带的正电荷逐渐减少，界面张力则不断增大。待到电势为 φ_z 时，界面张力最大，电极表面剩余电荷为零。若电势跃过此点继续负移，则电极表面将转变为荷负电，而且其负电荷会不断地增多。也就是说，φ_z 将整个曲线分为两半，左侧曲线（$\varphi > \varphi_z$）对应电极表面带正电的情况，而右侧曲线（$\varphi < \varphi_z$）电极表面荷负电。

5.2.2 微分电容曲线

对于理想极化电极来说，电极与溶液界面区中的剩余电荷可以随意改变，因而界面区电势差也可以任意改变。这就是说，它相当于一个能贮存电荷的系统，具有电容的特性。因此，可将双电层看作是一个电容器来处理。

若将离子双层比拟成一个平行板电容器，则电极与溶液界面间的两层剩余电荷相当于电容器的两个板。根据物理学，其电容为

$$C = \frac{\sigma}{\Delta\varphi} = \frac{\varepsilon_0 \varepsilon_r}{l} \tag{5-2}$$

式中，ε_0 为真空介电常数；ε_r 为介质的相对介电常数；l 为电容器两板间距离。

但是，双电层与一般平行板电容器不同，它的电容值不是恒定的，常常随电势而变化。因为电容是电势的函数，故在给双电层电容下定义时，只能用导数的形式来定义，称为微分电容，常用 C_d 表示。即

$$C_d = \left(\frac{\partial\sigma}{\partial\varphi}\right)_{\mu, T, p} \tag{5-3}$$

式中，温度、压力和溶液中各组分的化学势均维持恒定。在电化学中都是使用电荷密度（单位为 C/m^2）来表示电量，故电容单位为 F/m^2。可见双电层界面电容表征界面在一定电势扰动下相应的电荷贮存能力。

在电化学中测量双层微分电容的方法很多。例如对于汞电极通常可用交流电桥法测量双电层的微分电容（见图 5-8）。用理想极化电极（例如 KCl 溶液中的汞电极）作为待测电极。辅助电极面积要比待测电极大数千倍，则电桥平衡时测得的交流阻抗仅由待测电极决定。实验中必须采取严格措施，以防止表面活性物质吸附在电极上干扰测量结果。

改变图 5-8 中可变电阻 13，使待测电极 8 极化到不同的电势。调节电桥中可变标准电阻 4 与可变标准电容 3，通过示波器 6 找到电桥的平衡点，测量出双电层的电容。实验中测出不同电极电势下的微分电容后，可绘成图 5-9 所示的微分电容曲线。

在不同浓度氯化钾溶液中测得汞电极的微分电容曲线示于图 5-9 中。可以看到，微分电容是随电极电势和溶液浓度而变化的。在同一电势下，随着溶液浓度的增加，微分电容值也增大。如果把双电层看成平板电容器，则电容增大，意味着双电层有效厚度减小，即两个剩余电荷层之间的有效距离减小。

在稀溶液中，微分电容曲线将出现最小值（图 5-9 中曲线 1～3）。溶液越稀，最小值越明显。随着浓度的增加，最小值逐渐消失（图 5-9 中曲线 4、5）。实验表明，出现微分电容最小值的电势就是同一电极体系的电毛细曲线最高点所对应的电势，即零电荷电势。这样零电荷电势就把微分电容曲线分成了两部分，左半部（$\varphi > \varphi_z$）电极表面剩余电荷密度 σ 为正值，右半部（$\varphi < \varphi_z$）电极表面剩余电荷密度 σ 为负值。

在 φ_z 附近的电势范围内，C_d 随 φ 的变化比较明显，而剩余电荷密度增大时，C_d 也趋于稳定值，进而出现 C_d 不随电势变化的"平台"区。在曲线的左半部，平台区对应的 C_d

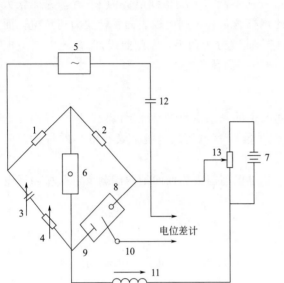

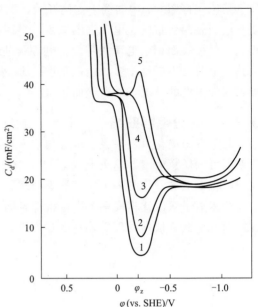

图 5-8　交流电桥法测双电层微分电容

1，2—标准电阻；3—可变标准电容；4—可变标准电阻；

5—交流信号发生器；6—示波器；7—直流电源；

8—待测电极；9—辅助电极；10—参比电极；

11—扼流圈；12—隔直电容；13—可变电阻

图 5-9　Hg 在 KCl 溶液中的微分电容曲线

KCl 浓度（mol/L）：1—0.0001；2—0.001；

3—0.01；4—0.1；5—1.0

值为 $32\sim40\mu F/cm^2$；右半部平台区对应的 C_d 值为 $16\sim20\mu F/cm^2$。这表明，溶液一侧由阴离子组成的双电层有效厚度比由阳离子组成的双电层有效厚度要小。

从图 5-9 中可以看出，当 φ 远离 φ_z 时，C_d 又开始大幅上升。溶液浓度很高时，φ_z 附近会出现"驼峰"现象（图 5-9 中曲线 5）。这些现象都与电极表面的水化层性质变化有关，如水偶极子取向变化、介电常数变化、水分子相互作用变化等。

确定 φ_z 后对式(5-3) 积分，可求出在某一电极电势 φ 下的电极表面剩余电荷密度

$$\sigma=\int_0^\sigma d\sigma=\int_{\varphi_z}^\varphi C_d d\varphi \tag{5-4}$$

当 $\varphi>\varphi_z$ 时，由式(5-4) 可看出 $\sigma>0$，表示电极表面带正电；当 $\varphi<\varphi_z$ 时，可得出 $\sigma<0$，表示电极表面带负电。如果溶液浓度较大，微分电容曲线上的最小值消失，则要根据电毛细曲线等其他方法测出 φ_z，代入式(5-4) 中求 σ。

以 $(\varphi-\varphi_z)$ 去除式(5-4) 中求出的 σ，可得出从零电荷电势 φ_z 到某一电势 φ 的平均电容值，称为积分电容 C_i

$$C_i=\frac{\sigma}{\varphi-\varphi_z} \tag{5-5}$$

若将式(5-4) 代入式(5-5)，则

$$C_i=\frac{1}{\varphi-\varphi_z}\int_{\varphi_z}^\varphi C_d d\varphi \tag{5-6}$$

它表示出微分电容与积分电容的关系。尽管两者均能反映出双电层结构的一些信息，但微分电容能从实验中直接测量，更易于直观处理。

将式(5-1) 代入式(5-3) 中可得出 C_d 与 γ 的关系如下：

$$C_d = -\left(\frac{\partial^2 \gamma}{\partial \varphi^2}\right)_\mu \qquad (5-7)$$

通过电毛细曲线和微分电容曲线均可求出电极表面剩余电荷密度 σ，但前者是对电势的微分 [式(5-1)]，而后者是对电势的积分 [式(5-4)]。对于反映 σ 值的变化量来说，显然使用微分电容曲线求 σ 能得出更精确的结果。另外，电毛细曲线的直接测量只能用于液态金属电极（如汞、镓等），微分电容的测量则可不受此限制。因此微分电容在双电层性质的研究工作中，比界面张力具有更重要的意义。

5.2.3 零电荷电势

电毛细曲线的最大点和微分电容曲线的最小点都对应于电极表面剩余电荷为零的状态，相应的电势就是零电荷电势。零电荷电势是相对于参比电极而测量的，例如相对于标准氢电极可测出氢标零电荷电势。

测量零电荷电势的方法很多。例如直接测量液态金属与溶液界面间的界面张力，可求出与电毛细曲线的最大值对应的 φ_z。固体金属虽不能直接测量界面张力，但可通过测量不同电极电势下的润湿接触角、摆杆硬度等与界面张力有关的参量，根据其最大值来确定 φ_z。目前，最精确的测量方法是根据稀溶液的微分电容曲线最小值确定 φ_z。溶液越稀，微分电容最小值越明显。此外，还可根据比表面很大的金属电极在不同电势下形成双电层时离子吸附量的变化求 φ_z。当然，利用电动现象及金属中电子向溶液中的光辐射等方法也能测定 φ_z。表 5-1 中列出某些金属在室温下推荐使用的 φ_z 值。

表 5-1　25℃下的零电荷电势（φ_z）值

类型	金属	溶液	φ_z (vs. SHE)/V
液态金属	Hg	NaF	-0.193
	Ga[①]	$HClO_4$ 和 $HCl(c \to \infty)$	-0.64 ± 0.01
	Ga+In(16.7%)	0.001mol/L $HClO_4$	-0.68 ± 0.01
	Tl-Hg 齐(41.5%)	0.5mol/L Na_2SO_4	-0.65 ± 0.01
	In-Hg 齐(64.6%)	0.5mol/L Na_2SO_4	-0.64 ± 0.01
不吸附氢的固态金属	Bi(多晶)	0.002mol/L KF	-0.39
	Bi(111)	0.01mol/L KF	-0.42
	Cd	0.001mol/L NaF	-0.75
	Cu	0.01~0.001mol/L NaF	0.09
	In	0.003mol/L NaF	-0.65
	Pb	0.001mol/L NaF	-0.56
	Sb	0.002mol/L $KClO_4$	-0.15
	Sn	0.001mol/L K_2SO_4	-0.38
	Tl	0.001mol/L NaF	-0.71
	Ag(111)	0.001mol/L KF	-0.46
	Ag(100)	0.005mol/L NaF	-0.61
	Ag(110)	0.005mol/L NaF	-0.77
	Au(110)	0.005mol/L NaF	0.19

续表

类型	金属	溶液	φ_z (vs. SHE)/V
	Pt	0.3mol/L HF+0.12mol/L KF (pH=2.4)	0.185
	Pt	0.5mol/L Na$_2$SO$_4$+0.005mol/L H$_2$SO$_4$	0.16
	Pd	0.05mol/L Na$_2$SO$_4$+0.001mol/L H$_2$SO$_4$(pH=3)	0.10
铂系金属	Rh	0.3mol/L HF+0.12mol/L KF (pH=2.4)	−0.005
	Rh	0.5mol/L Na$_2$SO$_4$+0.005mol/L H$_2$SO$_4$	−0.04
	Ir	0.3mol/L HF+0.12mol/L KF (pH=2.4)	−0.01
	Ir	0.5mol/L Na$_2$SO$_4$+0.005mol/L H$_2$SO$_4$	−0.06

① 温度为30℃。

如果金属电极的 φ_z 比其平衡电势正得多，则在用外电源使电极自平衡电势向正的方向极化时，由于有金属溶解反应发生，很难将它极化到 φ_z。也就是说，这种金属的 φ_z 不容易准确地测出。例如曾经有人估计过锌的 φ_z 在 −0.6V 左右，比锌电极的平衡电势正得多，就属于这种情况。另外有一些能吸附氢的金属（例如铂系元素）在电极极化时，由于吸附氢原子被氧化而消耗电量，使电极丧失理想极化电极的性质。通常可用测量形成双电层时溶液组成或气相（如果是气体电极）组成的变化求出 φ_z。这类金属的 φ_z 值与 pH 有关。例如曾测出 Pt 在 pH=3 的酸性溶液中的 φ_z 约为 0.18V。

实验证明，φ_z 的数值受多种因素影响：如不同材料的电极或同种材料不同晶面在同样溶液中会有不同的 φ_z 值；电极表面状态不同，会测得不同的 φ_z 值；溶液的组成（包括溶剂本性、溶液中表面活性物质的存在、酸碱度等）以及温度、氢和氧的吸附等因素也都对 φ_z 的数值有影响。

需要指出，剩余电荷的存在是形成相间电势的重要原因，但不是唯一原因。因而，当电极表面剩余电荷为零时，尽管没有离子双电层存在，但任何一相表面层中带电粒子或偶极子的非均匀分布仍会引起相间电势。例如，溶液中偶极分子的定向排列、金属表面原子的极化等都可能形成偶极双层，从而形成一定的相间电势。所以，零电荷电势仅仅表示电极表面剩余电荷为零时的电极电势，而不表示电极/溶液相间电势或绝对电势的零点。

由于零电荷电势是一个可以测量的参数，因而在电化学中有重要的用途。有了 φ_z 这个参量，就可以了解到电极表面剩余电荷的符号和多少。金属的许多性质，例如离子双层中电荷的分布状况、各种粒子在金属上的吸附、溶液对金属的润湿性、气泡在金属上的附着力、以及金属的力学性能、电动现象、金属溶液间的光辐射电流等，都与这个因素有关。在研究电化学动力学时，有时也需要考虑 φ_z 附近剩余电荷密度变化很大的影响。

5.2.4 离子表面剩余量

电极/溶液界面存在着离子双层时，金属一侧的剩余电荷来源于电子的过剩或不足，溶液一侧的剩余电荷则由正、负离子在界面层的浓度变化所造成，即各种离子在界面层中的浓度不同于溶液内部的主体浓度。我们把界面层溶液一侧垂直于电极表面的单位截面积液柱中，有离子双层存在时 i 离子的物质的量与无离子双层存在时 i 离子的物质的量之差定义为 i 离子的表面剩余量，用 Γ_i 表示。显然，溶液一侧的剩余电荷密度等于界面层溶液一侧所有离子表面剩余量的电量之和。

利用电毛细曲线可以计算离子表面剩余量。图 5-10 所示是在 0.1mol/L 的各种电解质溶液中，汞电极上正、负离子表面剩余密度随电极电势的变化曲线。图中每一条曲线上都用小竖线标出了该溶液中汞电极的零电荷电势的位置。

从图5-10中可看出，当电极表面带负电时（对应于曲线右半部分），正离子（K^+）表面剩余量随电极电势变负而增大；负离子（F^-、Cl^-、Br^-等）表面剩余量则随电势变负而出现很小的负值，表明界面层中负离子与无离子双层存在时有所减少。这些变化符合静电力作用规律。

对于KF，在φ_z处正、负离子表面剩余量均为零。当电极表面带正电时（对应于曲线左半部分），负离子（F^-）表面剩余量随电极电势变正而增大；正离子（K^+）表面剩余量则随电势变正而出现很小的负值，这些变化符合静电力作用规律。

对于除KF外的其他电解质，在φ_z处，虽然总的剩余电荷密度为0，但正、负离子表面剩余量均不为零，这是离子在电极表面的特性吸附造成的，此时双电层是吸附双层。显然正、负离子的表面剩余电量应该相互抵消以维持总剩余电荷密度为0，从图5-10中数据也可以看出这一特点。

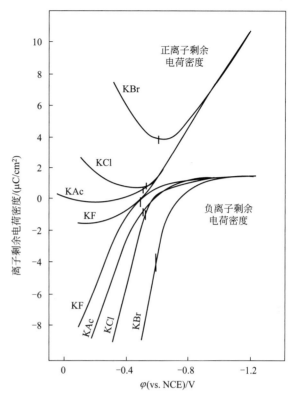

图5-10 溶液一侧界面层中正、负离子剩余电荷密度随电极电势的变化

当电极表面带正电时（对应于曲线左半部分），随着电极电势变正，负离子的表面剩余量急剧增大，而正离子表面剩余量也随之增加，Cl^-、Br^-尤为明显，这与KF是明显不同的。可见这些溶液界面层中除了静电作用外，还存在着其他的相互作用，这些作用比静电力更强，这就是离子的特性吸附作用。从图5-10中可以看出，Cl^-、Br^-的正离子表面剩余量随电势变正增加很快，可见其特性吸附尤其强烈。关于特性吸附将在下一节中详细分析。

5.3 双电层结构模型的发展

上节中实验测出的有关电极与溶液界面间的参量应当是界面区双电层结构的某些反映。不过单凭这些测定结果，尚无法确定离子在双电层中的具体分布状况。还需要构建双电层中电荷分布的结构模型，然后再由模型推算出相关的参量。若这些参量与实验测定的结果一致，自然也就验证了所提模型的正确性。下面讨论已经提出的关于界面结构的几种模型。

5.3.1 Helmholtz模型与Gouy-Chapman模型

由图5-9的微分电容曲线可看出，在不太大的电势区间内有水平线段出现，电容与电势无关。这时双电层的性质与平行板电容器很相近。但是在相当宽的电势范围内电容随电势急剧地变化，这相当于式(5-2)中的l值发生变化。电容变小就说明双电层的两层电荷的等效距离增大了。

因为金属电极是一种良导体，所以在平衡时，其内部不存在电场，即任何金属相的过剩电荷都严格存在于表面。早在19世纪末，亥姆霍兹（Helmholtz）曾认为双电层结构类似于平行

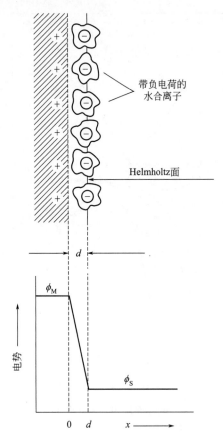

带负电荷的
水合离子

Helmholtz面

图 5-11　Helmholtz 模型示意图及
界面电势分布

板电容器，即电极表面上与溶液中的两层剩余电荷均整齐地排列在界面的两侧。如图 5-11 所示，其中两电荷层之间的距离 d 可认为是水化离子的半径。通常将溶液中停留在距电极表面一个水化离子半径位置的那部分剩余电荷称为紧密层，也叫 Helmholtz 层。

Helmholtz 模型所描述的结构相当于平板电容器，其贮存电荷密度 σ 和两板之间的电压降 V 之间存在如下关系

$$\sigma = \frac{\varepsilon_0 \varepsilon_r}{d} V \tag{5-8}$$

式中，ε_0 为真空介电常数；ε_r 为介质的相对介电常数；d 为两板之间的距离。故微分电容为

$$C_d = \frac{\sigma}{V} = \frac{\varepsilon_0 \varepsilon_r}{d} \tag{5-9}$$

该式表明电容 C_d 是一个常数。采用这种模型，并假设溶液中负离子能比正离子更接近电极表面（即具有较小的 d 值），可以解释微分电容曲线在零电荷电势两侧各有一平段。但是，这种模型完全无法解释为什么在稀溶液中会出现极小值，也没有触及微分电容曲线的精细结构。

由于 Helmholtz 模型的不足，1910 年和 1913 年，Gouy 和 Chapman 先后作出改进，提出了一个分散双电层模型。这个模型认为，溶液一侧参加双电层的离子为点电荷，这些离子不仅受固体表面离子的静电吸引力，从而使其整齐地排列在表面附近，而且还要受热运动的影响，使其离开表面，无规则地分散在介质中，即溶液中的电荷具有分散的结构。这便形成如图 5-12 所示的分散双电层结构。

为了对该模型作定量处理，提出了如下四点假设。①假设电极表面是一个无限大的平面，电极上电荷是均匀分布的。②分散层中，正、负离子都可视为按 Boltzmann 分布的点电荷。③介质是通过介电常数影响双电层的，且它的介电常数各处相同。④假设分散双电层中只有一种对称的电解质，即正、负离子的电荷数均为 z。

该模型最重要的贡献是使双电层模型能够定量地描述。按照此模型，可以较满意地解释稀溶液中零电荷电势附近出现的电容极小值。但由于它们完全忽略了溶剂化离子的尺寸及紧密层的存在，当溶液浓度较高或表面剩余电荷密度值较大时，按分散层模型计算得出的电容值远大于实验测得的数值。Gouy-Chapman 模型至少有两点是不符合实际情况的：一是离子并非点电荷，它们有一定的大小；二是邻近表面的离子由于受固体表面的静电作用和范德华力作用，其分布不同于溶液的体相，而是被紧密地吸附在固体表面上。

5.3.2　Gouy-Chapman-Stern 模型

1924 年，斯特恩（Stern）吸取了 Helmholtz 模型和 Gouy-Chapman 模型的合理部分，将上述两种模型结合起来，建立了 GCS（Gouy-Chapman-Stern）模型。该模型认为，双电

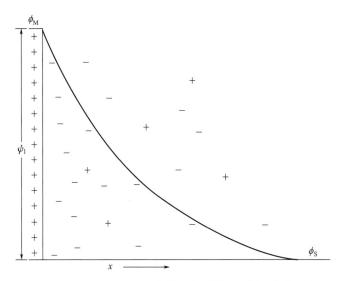

图 5-12　Gouy-Chapman 分散双电层模型及界面电势分布

层中溶液一侧的离子既不是全部紧靠电极表面排列，也不是全部分散到较远的地方。可以将离子双层分为两部分：溶液中的一部分电荷形成紧密层；另一部分电荷分布得离电极表面稍远一些，形成分散层（见图 5-13）。如果以 ϕ_a 表示双层电势差 $\phi_M - \phi_S$，则相应地可以将电极与溶液间的电势差也分为两部分：紧密层电势差（$\phi_a - \psi_1$）与分散层电势差 ψ_1。这里的 ϕ_a 和 ψ_1 都是相对于本体溶液内部的电势 ϕ_S（规定为零）而计算的。

在这种模型中可以将双电层电容看作是由紧密层电容 C_H 与分散层电容 C_G 串联组成的（见图 5-14）。

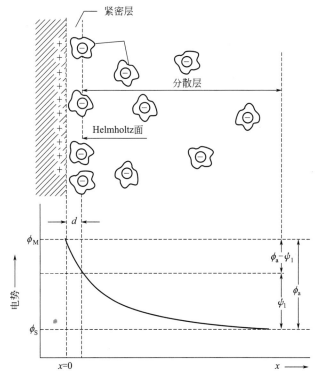

图 5-13　GCS 双电层模型及界面电势分布

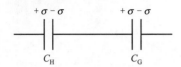

图 5-14 双电层串联的紧密层
电容与分散层电容

$$\frac{1}{C_d} = \frac{d\phi_a}{d\sigma} = \frac{d(\phi_a - \psi_1)}{d\sigma} + \frac{d\psi_1}{d\sigma} = \frac{1}{C_H} + \frac{1}{C_G} \qquad (5\text{-}10)$$

双电层中溶液一侧的离子除了受到电极表面的库仑力以外，还受到热运动的作用。库仑力力图使离子整齐地排列在电极表面附近，而热运动则力图使离子均匀地分布在溶液中（这是一种使离子离开电极表面的作用力）。这两种作用力相抗衡的结果，出现了离子双层紧密结构和分散结构共存的局面。

如果电极表面剩余电荷较多（电极与溶液间电势差较大），库仑力占优势，则离子双层的结构比较紧密，在整个电势差中紧密层电势占的比重较大。反之，表面剩余电荷较少时，热运动作用占主导地位，则双层具有比较分散的结构。电极表面不带电，达到了极度的分散，离子双层消失，这相应于微分电容曲线的最小值和电毛细曲线的最大值。

如果电解质溶液的总浓度很大，则溶液相中的剩余电荷倾向于紧密地分布在界面上。反之，溶液的浓度较小时，会使离子的热运动增强，因而离子双层也会变得比较分散。

基于 GCS 模型，为了定量地表达各种因素对双电层结构的影响，可以根据溶液中离子与电极表面间库仑力作用和离子热运动的关系推导出相应的关系式。为了简单，假定双电层的厚度远远小于电极表面的曲率半径，并认为与电极平行的每一液层自身都是等电势面。因此，电极表面附近液层中的电势只是距电极表面距离 x 的函数。

如果认为双电层中所有的离子均处于热运动影响之下（不存在任何将离子固定在电极表面层中的其他作用力，例如吸附力），并且它们在电场中的分布也服从于玻尔兹曼定律，则在距电极 x 处的液层中（该平面上各点电势相同，均为 ϕ_x），单位体积的 i 离子物质的量

$$c_{i(x)} = c_i \exp\left(-\frac{z_i F \phi_x}{RT}\right) \qquad (5\text{-}11)$$

式中，c_i 表示在双电层区域以外的溶液中（$\phi_x = 0$）单位体积中 i 离子的物质的量，以 mol/m^3 表示；z_i 表示 i 离子的电荷数。因此，该液层中体积电荷 ρ（C/m^3）应为各种离子体积电荷之和，即

$$\rho = \sum z_i F c_{i(x)} = \sum z_i F c_i \exp\left(-\frac{z_i F \phi_x}{RT}\right) \qquad (5\text{-}12)$$

在假设离子电荷属于连续分布的（微观上离子在溶液中以粒子形式存在，严格说来电荷并不连续）前提下，可将静电学的泊松公式用于双电层中。由于这里认为电势 ϕ_x 只是距离 x 的函数，故

$$\frac{d^2\phi_x}{dx^2} = -\frac{\rho}{\varepsilon_0 \varepsilon_r} \qquad (5\text{-}13)$$

将式（5-12）代入式（5-13）中后，可得

$$\frac{d^2\phi_x}{dx^2} = -\frac{1}{\varepsilon_0 \varepsilon_r} \sum z_i F c_i \exp\left(-\frac{z_i F \phi_x}{RT}\right) \qquad (5\text{-}14)$$

根据 $\frac{1}{2} \times \frac{d}{d\phi_x}\left(\frac{d\phi_x}{dx}\right)^2 = \frac{d^2\phi_x}{dx^2}$，可将式（5-14）改写为

$$d\left(\frac{d\phi_x}{dx}\right)^2 = -\frac{2}{\varepsilon_0 \varepsilon_r} \sum z_i F c_i \exp\left(-\frac{z_i F \phi_x}{RT}\right) d\phi_x$$

将上式积分，并根据 $x \to \infty$ 时，$\phi_x = 0$ 和 $d\phi_x/dx = 0$ 定出积分常数，遂可得出

$$\left(\frac{\mathrm{d}\phi_x}{\mathrm{d}x}\right)^2 = \frac{2RT}{\varepsilon_0\varepsilon_r}\sum c_i\left[\exp\left(-\frac{z_iF\phi_x}{RT}\right)-1\right] \tag{5-15}$$

为了简单，假定电解质是 z-z 型的，即 $z_+ = -z_- = z$。因为溶液中只有两种离子，可将两种离子浓度统一用 c 表示，则式(5-15)变成

$$\left(\frac{\mathrm{d}\phi_x}{\mathrm{d}x}\right)^2 = \frac{2RTc}{\varepsilon_0\varepsilon_r}\left[\exp\left(\frac{zF\phi_x}{RT}\right)+\exp\left(-\frac{zF\phi_x}{RT}\right)-2\right]$$

$$= \frac{2RTc}{\varepsilon_0\varepsilon_r}\left[\exp\left(\frac{zF\phi_x}{2RT}\right)-\exp\left(-\frac{zF\phi_x}{2RT}\right)\right]^2 \tag{5-16}$$

因为电极表面带正电时，$\phi_x > 0$，双电层中溶液一侧的电势 ϕ_x 随距离的增大而减小，即 $\mathrm{d}\phi_x/\mathrm{d}x < 0$，所以根据物理意义，式(5-16)开方后应取负根，即

$$\frac{\mathrm{d}\phi_x}{\mathrm{d}x} = -\sqrt{\frac{2RTc}{\varepsilon_0\varepsilon_r}}\left[\exp\left(\frac{zF\phi_x}{2RT}\right)-\exp\left(-\frac{zF\phi_x}{2RT}\right)\right] \tag{5-17}$$

上式表示出在距电极表面 x 处溶液中电场强度与电势的关系。如果把式(5-17)转化为电极表面剩余电荷密度与溶液中各液层电势的关系，则可更明确地反映出双电层结构的特征。根据物理学的高斯（Gauss）定理，可将电极表面面积电荷与表面附近电势梯度关系表示为

$$\sigma = -\varepsilon_0\varepsilon_r\left(\frac{\mathrm{d}\phi_x}{\mathrm{d}x}\right)_{x=0}$$

因为离子具有一定体积，双电层中溶液一侧的电荷靠近电极表面的最小距离应当是1个离子半径，即图5-13中的距离 d。当 $x = d$ 时，$\phi_x = \psi_1$。由于在距离 d 的范围内不存在任何电荷，ϕ_x 与 x 的关系仍为线性的，故

$$\left(\frac{\mathrm{d}\phi_x}{\mathrm{d}x}\right)_{x=0} = \left(\frac{\mathrm{d}\phi_x}{\mathrm{d}x}\right)_{x=d}$$

可得

$$\sigma = -\varepsilon_0\varepsilon_r\left(\frac{\mathrm{d}\phi_x}{\mathrm{d}x}\right)_{x=d} \tag{5-18}$$

将式(5-17)代入式(5-18)中，则成

$$\sigma = \sqrt{2\varepsilon_0\varepsilon_r cRT}\left[\exp\left(\frac{zF\psi_1}{2RT}\right)-\exp\left(-\frac{zF\psi_1}{2RT}\right)\right] \tag{5-19}$$

式中，ψ_1 是在 $x = d$ 处相对于溶液深处（$\phi_x = 0$）的电势。式(5-19)表达出 σ 与 ψ_1 的关系。

假设 d 不随电势差而改变，紧密层电容 C_H 也将不随电势差而变化，即 C_H 为恒定值，把 $C_H = \sigma/(\phi_a - \psi_1)$ 代入式(5-19)中，得

$$\sigma = C_H(\phi_a - \psi_1) = \sqrt{2\varepsilon_0\varepsilon_r cRT}\left[\exp\left(\frac{zF\psi_1}{2RT}\right)-\exp\left(-\frac{zF\psi_1}{2RT}\right)\right] \tag{5-20}$$

进而可得 $\quad C_G = \dfrac{\mathrm{d}\sigma}{\mathrm{d}\psi_1} = zF\sqrt{\dfrac{\varepsilon_0\varepsilon_r c}{2RT}}\left[\exp\left(\dfrac{zF\psi_1}{2RT}\right)+\exp\left(-\dfrac{zF\psi_1}{2RT}\right)\right] \tag{5-21}$

$$\phi_a = \psi_1 + \frac{\sigma}{C_H} = \psi_1 + \frac{1}{C_H}\sqrt{2\varepsilon_0\varepsilon_r cRT}\left[\exp\left(\frac{zF\psi_1}{2RT}\right)-\exp\left(-\frac{zF\psi_1}{2RT}\right)\right] \tag{5-22}$$

式(5-22)称为 Stern 公式。从以上三式出发，分别讨论以下两种情况。

（1）电极表面剩余电荷密度很小和溶液浓度又很低时，双层中离子与电极间库仑力作用的能量远远小于离子热运动的能量，即 $zF|\psi_1| \ll RT$。

将指数函数按泰勒级数展开，有以下形式：

$$e^x = 1 + x + \frac{x^2}{2!} + \frac{x^3}{3!} + \cdots$$

显然，若 $|x| \ll 1$，则 $e^x \approx 1 + x$。将式(5-20)中的指数项以级数形式展开，并且只保留前两项，略去其余各项，可简化为

$$\sigma = C_H(\phi_a - \psi_1) = \sqrt{\frac{2\varepsilon_0\varepsilon_r c}{RT}} zF\psi_1 \tag{5-23}$$

或

$$\phi_a = \psi_1\left(1 + \frac{zF}{C_H}\sqrt{\frac{2\varepsilon_0\varepsilon_r c}{RT}}\right) \tag{5-24}$$

如果 c 很小，则式(5-24)右方括号中的第二项比 1 小得多，可略去不计，近似地得出 $\phi_a \approx \psi_1$。即整个双电层都是分散层。

对于 $e^x + e^{-x} = 2 + \frac{2x^2}{2!} + \frac{4x^4}{4!} + \cdots$，当 $x = 0$ 时，$e^x + e^{-x}$ 有极小值 2。

所以由式(5-21)可知，当 $\psi_1 = 0$ 时，分散层电容 C_G 有极小值，而此时整个双电层都是分散层，即 $\phi_a = 0$，也就是说此时处于零电荷电势，这就解释了稀溶液微分电容曲线有极小值且对应 φ_z 的现象。C_G 的极小值也就等于整个双电层的电容 C_d 的极小值：

$$C_d \approx C_G = zF\sqrt{\frac{2\varepsilon_0\varepsilon_r c}{RT}} \tag{5-25}$$

这个电容极小值要比紧密层电容小得多。一般说来，紧密层电容为 $0.18 \sim 0.4\text{F/m}^2$，而在 10^{-4}mol/L 的 1-1 型电解质溶液中分散层电容极小值约为 0.03F/m^2。

将式(5-25)与式(5-2)对比后，得出

$$l = \frac{1}{zF}\sqrt{\frac{RT\varepsilon_0\varepsilon_r}{2c}} \tag{5-26}$$

如果把分散层看作是平行板电容器，则上式中 l 相当于两板间距离。实际上分散层中电荷并非固定在某个液面上，而是分布在一定厚度的液层中，可将 l 称为分散层的当量厚度。它与离子氛厚度的作用有相似之处。由式(5-26)可看出，l 与 $\sqrt{c}$ 和 z 成反比，与 $\sqrt{T}$ 成正比。这表明凡是能使离子热运动增强的因素，均将使双电层扩张，其当量厚度增大。对 1-1 型电解质计算可知在稀溶液（$<0.001\text{mol/L}$）中分散层可达 10nm 以上，而在较浓溶液（$>0.1\text{mol/L}$）中只有几埃。

(2) 电极表面剩余电荷密度较大和溶液浓度又不太小（仍然属于较稀的溶液）时，双层中离子与电极的库仑力作用的能量，远远大于离子热运动的能量，即 $zF|\psi_1| \gg RT$。

① 如果 $\psi_1 > 0$，则式(5-20)中右方括号中第一项比第二项大得多，可将第二项略去。同时考虑到 $\phi_a - \psi_1 \approx \phi_a$，式(5-20)可简化成

$$\phi_a \approx \frac{1}{C_H}\sqrt{2\varepsilon_0\varepsilon_r cRT} \exp\left(\frac{zF\psi_1}{2RT}\right)$$

取对数得：

$$\psi_1 \approx -\frac{2RT}{zF}\ln\frac{1}{C_H}\sqrt{2\varepsilon_0\varepsilon_r RT} + \frac{2RT}{zF}\ln\phi_a - \frac{RT}{zF}\ln c \tag{5-27}$$

② 如果 $\psi_1 < 0$，则式(5-20)中第一项可略去不计，即

$$-\phi_a \approx \frac{1}{C_H}\sqrt{2\varepsilon_0\varepsilon_r cRT} \exp\left(-\frac{zF\psi_1}{2RT}\right)$$

取对数得：

$$\psi_1 = \frac{2RT}{zF}\ln\frac{1}{C_H}\sqrt{2\varepsilon_0\varepsilon_r RT} - \frac{2RT}{zF}\ln(-\phi_a) + \frac{RT}{zF}\ln c \tag{5-28}$$

由式(5-27) 和式(5-28) 可看出，$|\phi_a|$ 变大时，$|\psi_1|$ 也增大，二者变化趋势一致。但因它们是对数关系，故 $|\psi_1|$ 增长的倍数将远远小于 $|\phi_a|$。随着 $|\phi_a|$ 的增大，ψ_1 在 ϕ_a 中所占的比重越来越小。当 $|\phi_a|$ 增大到一定数值时，$|\psi_1|$ 比 $|\phi_a|$ 小得多，可将 ψ_1 略去不计。应当注意，这里被略去的 $|\psi_1|$ 数值，实际上有可能会比 $|\phi_a|$ 很小时的 $|\psi_1|$ 还要大得多。由这两个公式还可以看出，$\psi_1 > 0$ 时，随着 c 增大，ψ_1 减小；当 $\psi_1 < 0$ 时，ψ_1 随着 c 的增大而增大，其绝对值减小。这说明溶液浓度的增大将使得双电层被压缩，而且是浓度增大 10 倍，$|\psi_1|$ 约降低 （59/z）mV。所以说，溶液越浓且 $|\phi_a|$ 越大时，双电层越趋近于紧密排布。这种关系也可用图 5-15 中的曲线表示。

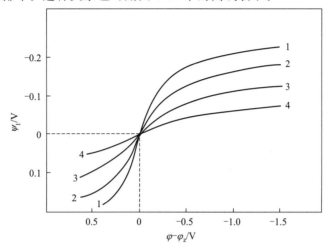

图 5-15　在 1-1 型电解质溶液中 ψ_1 随电极电势的变化（$C_H = 0.18$ F/m^2）

溶液浓度（mol/L）：1—0.001；2—0.01；3—0.1；4—1.0

这时 ϕ_a 变大，ψ_1 当然也随之变大。尽管 ψ_1 的绝对值并不很小，但是它比当前的 ϕ_a 小得多，相间电势主要分布在紧密层中。即相对于电极与溶液界面间总电势差来说，ψ_1 在其中所占的比例很小，$|\psi_1| \ll \phi_a$。可见整个双电层以紧密层为主，分散层所占的比例很小。

假设正、负离子半径相同，根据 Stern 公式可以给出 C_d 随电解质浓度和电极电势的变化行为（图 5-16），即不同浓度下的微分电容曲线。可见 GCS 模型一定程度上是符合实际情况的，但还不能完全解释图 5-9 所示曲线。

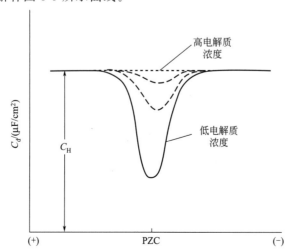

图 5-16　GCS 模型预测的 C_d 随电解质浓度和电极电势的变化行为

GCS 模型没有考虑电极表面溶剂介电常数在巨大场强作用下的变化，也没有考虑离子与电极表面的特性吸附作用，所以它与实际情况还是有不少偏差。于是在 GCS 模型的基础上提出了更精确的 BDM 模型。

5.3.3 Grahame 模型与特性吸附

从电毛细曲线、微分电容曲线、溶液离子表面剩余量随电极电势的变化曲线等实验结果来看，电极表面剩余电荷为正时所表现出来的性质，与表面剩余电荷为负时差别很大。

例如电毛细曲线（如图 5-7）上电极表面带正电的部分斜率较大，曲线形状偏离了正常的抛物线。又如在微分电容曲线上（如图 5-9）还可看到，电极表面剩余电荷为正时的微分电容较大，为 $0.3\sim0.4F/m^2$；而电极表面剩余电荷为负时，微分电容在 $0.16\sim0.18F/m^2$，二者相差一倍左右。另外，在表面剩余量随电极电势的变化曲线上（如图 5-10），电极表面荷正电时，双电层中仍然存在着一定数量的正离子。而且，随着电极电势向正的方向变化，正离子的数量急剧增大。上述现象都说明，由溶液中负离子组成的双电层与由正离子组成的并不一样。

1947 年，Grahame 提出了离子特性吸附的问题。他指出，在 Helmholtz 层中，某些离子不仅受静电力的作用，而且还受一种特性吸附力的作用，这种力并非静电力，于是在 GCS 模型的基础上提出了紧密层分为内紧密层与外紧密层的双电层模型。

（1）特性吸附现象。水溶液中的粒子在库仑力作用下在电极表面吸附时，通常隔着电极表面的水分子层吸附在电极上。但是某些粒子可以突破水分子层直接通过化学作用吸附到电极表面，这种由库仑力以外的作用力引起的离子的吸附，称为特性吸附或接触吸附。特性离子与电极间分子轨道存在相互作用，使之被吸附于电极表面上。特性吸附的离子甚至有可能与电极之间发生部分电荷转移，使得它们之间的结合，部分地具有共价键性质。

离子特性吸附时，需要脱除自身的水化膜并挤掉原来吸附在电极表面上的水分子，将引起系统吉布斯自由能的增大。因此，只有那些离子与电极间的相互作用（包括镜像力、色散力和化学作用等）所引起的系统吉布斯自由能的降低，超过了上述吉布斯自由能的增加，离子的特性吸附才有可能发生。

阳离子一般不发生特性吸附，但尺寸较大、价数较低的阳离子（如 Tl^+、Cs^+）也发生特性吸附。阴离子容易发生特性吸附。在无机离子中，除 F^- 外几乎所有的阴离子都或多或少会发生特性吸附。如在汞电极上，无机阴离子特性吸附顺序为：$I^->Br^->Cl^->OH^-$。

因为特性吸附靠的是库仑力以外的作用力，不管电极表面有无剩余电荷，特性吸附都有可能发生。表面剩余电荷为零（$\sigma=0$）时，离子双层不存在，但吸附双层依然存在，仍然会存在一定的电势差。因此，有特性吸附（例如 KI 溶液中汞电极吸附 I^-）时和无特性吸附（如 Na_2SO_4 溶液中的汞电极）时的零电荷电势并不一样。由图 5-17 的电毛细曲线可清楚地看出，两条曲线的零电荷电势的差值就是 I^- 吸附双层的电势差。当电极表面负的剩余电荷过多，对 I^- 的排斥作用足够大时，I^- 特性吸附消失，汞在 KI 与 Na_2SO_4 溶液中的两条电毛细曲线重合。

由图 5-17 可以看出，在 $\varphi_z(KI)$ 下 KI 溶液中汞表面上剩余电荷为零，而在 Na_2SO_4

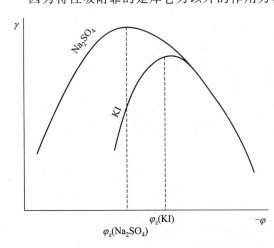

图 5-17　Hg 在 Na_2SO_4 和 KI 溶液的电毛细曲线

溶液中汞表面带负电。可将二者的双电层结构示意地对比于图 5-18 中。在 KI 溶液中电极表面剩余电荷为零时仍然存在负离子的特性吸附。Na_2SO_4 溶液中的离子双层和 KI 溶液中的吸附双层造成的界面电势差一样，故电极电势相同。另外，在表面剩余量随电极电势的变化曲线上（如图 5-10），在 φ_z 处，虽然总的剩余电荷密度为 0，但正、负离子表面剩余量均不为零，这是离子在电极表面的特性吸附造成的，可以从图 5-18 中 KI 溶液中电极界面结构看出这一特点。

用 Hg 电极在不同无机盐溶液中测得的电毛细曲线如图 5-19 所示，可见卤素离子在汞电极上特性吸附引起的零电荷电势向负方向移动的数值，$I^- > Br^- > Cl^-$。这与它们在汞电极上特性吸附能力大小的顺序一致。

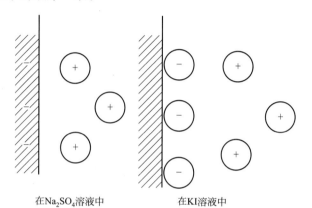

在Na₂SO₄溶液中　　在KI溶液中

图 5-18　$\varphi = \varphi_z(KI)$ 时 Hg 在 Na_2SO_4 和 KI 溶液中的双电层结构（图中未画出水分子）

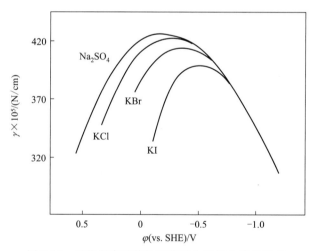

图 5-19　无机阴离子特性吸附对电毛细曲线的影响

（2）内紧密层与外紧密层。电极表面存在负的剩余电荷时，水化的正离子并非与电极直接接触，二者之间存在着一层吸附水分子。在这种情况下，正离子距电极表面稍远些，其水化膜基本上未被破坏。由这种离子电荷构成的紧密层，可称为外紧密层或外亥姆霍兹层（outer Helmholtz plane，OHP），见图 5-20（a）。

电极表面的剩余电荷为正时，溶液中构成双电层的水化负离子如果发生特性吸附，则其能挤掉吸附在电极表面上的水分子而与电极表面直接接触，其结构模型如图 5-20（b）所示。紧密层中负离子的中心线与电极表面距离比正离子小得多，即这种情况下紧密层的厚度薄得多，可称为内紧密层或内亥姆霍兹层（inner Helmholtz plane，IHP）。因此，根据构成

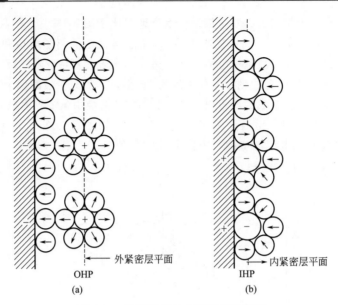

外紧密层平面

OHP

(a)

内紧密层平面

IHP

(b)

图 5-20　外紧密层与内紧密层示意图

双电层的离子位置的不同，紧密层有内层和外层之分。也就是说，BDM 双电层模型包括内紧密层、外紧密层和分散层。

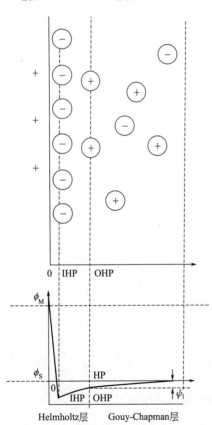

图 5-21　三电层的结构和电势分布
（图中未画出水分子）

正是由于负离子形成的内紧密层比由正离子形成的外紧密层薄得多，故电极表面有正的剩余电荷时，微分电容比表面剩余电荷为负时大得多。

（3）超载吸附与三电层。在表面剩余量随电极电势的变化曲线上（参见图 5-10），电极表面荷正电时，理应吸引溶液中的负离子，排斥正离子形成双电层，但实验结果却是双电层中仍然存在着一定数量的正离子。而且，随着电极电势向正的方向变化，正离子的数量急剧增大。这个现象是因为负离子的特性吸附使得紧密层中负离子电荷数超过了电极表面的剩余电荷数，这种情况称为超载吸附。超载吸附使紧密层中出现了过剩的负电荷，于是又通过库仑力吸引溶液中的正离子，形成了图 5-21 所示的三电层。这时，ψ_1 电势的符号与 ϕ_a 相反。所以说，在不存在特性吸附时 ψ_1 与 ϕ_a 的符号总是一致的，但发生超载吸附时，则会出现 ψ_1 与 ϕ_a 符号相反的情况。

这样，如果阴离子能发生特性吸附，则在电极表面荷电状况变化时，双电层中的电势分布变化情况如图 5-22 所示。当 $\varphi = \varphi_z$ 时，电极表面剩余电荷密度 σ 为 0，发生阴离子特性吸附形成吸附双层，界面图像如图 5-18 中的 KI 界面结构所示。当 $\varphi > \varphi_z$ 时，σ 为正值，发生阴离子超载吸附形成三电层。当 $\varphi < \varphi_z$ 时，σ 为负值，阴离子被排斥无特性吸附，阳离子一般不发生特性吸附，故没有内紧密层，电势分布与 GCS 模型相同。

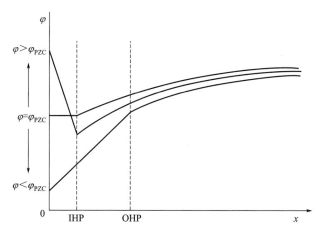

图 5-22　电极表面荷电状况变化时双电层中的电势分布变化

5.3.4　Bockris 模型与溶剂层的影响

1963 年，Bockris 等在 Grahame 模型的基础上考虑了水偶极子在界面上的定向排列情况，提出了 Bockris 模型，也称为 BDM（Bockris-Devanathan-Müller）模型。

（1）电极表面水化层的介电常数。水分子是偶极子。无论电极表面带电与否，总会有一定数量的水分子吸附于电极表面，它们可以是单个的水分子，也可能是由于少量水分子组成的水分子聚集体。这就是说，除了溶液中的离子是水化的以外，实际上电极表面也是水化的。如图 5-20 中的箭头表示水分子的偶极，箭头所指方向为偶极的正端。

即使在金属表面没有施加任何表面电荷，位于第一层的水结构非常有序且水分子的密度轮廓线上表现出明显的极大值。在第二层的水分子的密度最大值也清晰可见，尽管相对第一层强度较弱，在第三层密度轮廓线上的极大值信号更弱。在第三层以外，水分子的密度轮廓线明显地显示出体相水的信号。与之相应的第一层以外的水的横向结构已变得很弱。第一层水在金属表面有序排布主要是受局部电场的作用所致，水分子间的氢键相互作用使得其结构化程度随离开金属表面距离的增大而迅速降低。

在强电场作用下，电极表面上吸附的第一层水分子可以达到介电饱和，因而其相对介电常数降至 5 左右。从第二层水分子开始，相对介电常数逐渐增大，第二层水分子相对介电常数为 32 左右，而正常结构水分子相对介电常数为 78.5。

（2）电极表面水化层的电容。各种水化正离子的半径大小并不一样。按理讲，外紧密层厚度应当随着构成双电层的正离子不同而有变化，因而在溶液较浓和远离零电荷点的电势下，双电层电容值也应当不同。但是实践证明，由各种不同的水化正离子（例如它们的半径可能相差一倍以上）构成外紧密层时，双电层电容基本上恒定在 $0.16 \sim 0.18 \, \text{F/m}^2$（见表 5-2）。这种

表 5-2　在 0.1mol/L 氯化物溶液中双电层微分电容

离子	晶体半径/nm	估计的水化离子半径/nm	微分电容[①]/(F/m²)
Li^+	0.050	0.34	0.162
K^+	0.133	0.41	0.170
Rb^+	0.148	0.43	0.175
Mg^{2+}	0.065	0.63	0.165
Sr^{2+}	0.113	0.67	0.170
Al^{3+}	0.050	0.61	0.165
La^{3+}	0.115	0.68	0.171

① $\sigma = -0.12 \, \text{C/m}^2$。

现象是由水分子在电极上的吸附引起的。

在电极与溶液界面上出现的水分子偶极层，也相当于一个电容器。它与外紧密层所代表的电容器相串联。在分散层可被忽略的情况下，双电层的微分电容 C_d 应当与水的偶极层电容 C_L 和紧密层电容 C_H 存在着下列关系

$$\frac{1}{C_d} = \frac{1}{C_L} + \frac{1}{C_H} \tag{5-29}$$

根据式(5-2)，将相应的参量代入上式的 C_L 和 C_H 中，可得

$$\frac{1}{C_d} = \frac{d_L}{\varepsilon_0 \varepsilon_L} + \frac{d - d_L}{\varepsilon_0 \varepsilon_H} \tag{5-30}$$

式中，d_L 为水分子直径；ε_L 和 ε_H 分别为水偶极层和外紧密层的相对介电常数。

强电场作用下电极表面吸附的第一层水分子的相对介电常数很小，$\varepsilon_L \approx 5$；而第一层水分子以外的紧密层中，水的相对介电常数要比第一层水分子大得多，$\varepsilon_H \approx 40$。因此式(5-30)右方第二项比第一项小得多，可将它略去，遂得

$$C_d \approx \frac{\varepsilon_0 \varepsilon_r}{d_L} \tag{5-31}$$

这种情况下的双电层电容，仅取决于水的偶极层。所以说，由任何正离子构成的双电层，其电容值均相差不多。若取 $\varepsilon_L = 5$，$d_L = 2.8 \times 10^{-10}$ m，$\varepsilon_0 = 8.85 \times 10^{-12}$ F/m^2，可计算出 $C_d = 0.16$ F/m^2，与实验值很接近。

（3）电极表面水偶极子的取向。溶剂分子是金属/溶液界面区的主要组分，它的存在对双电层现象有很大影响。水偶极子的取向受到界面上电场的强烈影响。

偶极矩是表示分子中电荷分布情况的物理量，它是一个矢量，方向规定为从正电中心指向负电中心。水分子的偶极矩矢量位于水分子的对称轴上，负电中心偏向氧原子一侧，正电中心偏向两个氢原子一侧。在没有表面电荷时，金属表面水分子的偶极伸向溶液侧并可在很大角度范围内取向，水分子中两个氢原子组成的 H—H 矢量通常平行于表面，但是也有极少数的分子 H—H 矢量垂直于表面。当引入表面电荷后，水分子的取向将发生很大的变化，这类偶极取向的变化对吸附层中的电场有很强的影响，在第一、第二吸附层的某些局部区域，甚至可以改变电场的方向。而且，最靠近表面的吸附层的结构大大降低水分子的运动能力，尤其是最紧密吸附层的水只能主要以振动的形式运动，且其重新取向动态过程也变缓慢了，形成一种似冰的结构。

水分子偶极取向模型主要有四种，如图 5-23 所示。第一种是 Watts-Tobin 双态模型，假定电极表面上的水分子以单体存在，且分别以氧端朝向金属或朝向溶液两种不同状态取

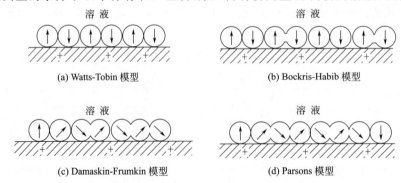

(a) Watts-Tobin 模型   (b) Bockris-Habib 模型

(c) Damaskin-Frumkin 模型   (d) Parsons 模型

图 5-23　电极表面水分子偶极取向模型

向，即图中偶极向下和向上的水单体，这个模型过于简单。第二种是 Bockris-Habib 的三态模型，为偶极向上和向下的水单体，加上没有静偶极矩的二聚体组成。第三种是 Damaskin-Frumkin 的三态模型，由偶极向上的水单体加上偶极向上和向下的水分子聚集体组成。第四种是 Parsons 四态模型，由偶极向上和向下的水单体，加上偶极向上和向下的水分子聚集体组成。

BDM 模型认为，微分电容曲线上"驼峰"（图 5-9 中曲线 5）的出现是水偶极子随着金属表面电荷密度变化而发生重新取向的结果。而当 φ 远离 φ_z 时，C_d 又开始大幅上升现象与水偶极子取向变化、介电常数变化、水分子相互作用变化等有关。

5.4 有机活性物质在电极表面的吸附

在电化学体系中，常常使用添加剂来控制电极过程，例如防腐工业上用的各种缓蚀剂；电镀工业中使用的各种光亮剂、润湿剂、整平剂等；这些添加剂影响电极过程的机理大多是通过它们在电极表面上吸附而实现的。

所谓吸附，是指某种物质的分子或原子、离子在固体或溶液的界面富集的一种现象。促使这些物质在溶液界面富集的原因，可能是由分子间力作用的结果，即所谓物理吸附；也可能是某种化学力作用的结果，通常称为化学吸附。另外，由带电荷的电极吸引溶液中带相反电荷符号的离子，使该离子在电极界面聚集，则称为静电吸附。吸附对电极与溶液界面的性质有重大影响，它能改变电极表面状态与双层中电势的分布，从而影响反应粒子的表面浓度及界面反应的活化能。

凡能够强烈降低界面张力，因而容易吸附于电极表面的物质，都被称为表面活性物质。它们的分子、原子、离子等就是表面活性粒子。除了上节中介绍的无机阴离子在电极与溶液界面区的特性吸附以外，很多有机化合物的分子和离子也都能在界面上吸附。表面活性物质在电极上的吸附，取决于电极与被吸附物质之间、电极与溶剂之间、被吸附物质与溶剂之间三种类型的相互作用。前两种相互作用与电极表面剩余电荷密度有很大关系。

有机物的分子和离子在电极与溶液界面区的吸附对电极过程的影响很大。例如电镀中使用的有机添加剂和以减缓金属腐蚀为目的的有机缓蚀剂，大多都具有一定的表面活性。

与阴离子发生特性吸附类似，有机物的活性粒子向电极表面转移时，必须先脱除自身的一部分水化膜，并且排挤掉原来在电极上存在的吸附水分子。这两个过程都将使系统的吉布斯自由能增大，在电极上被吸附的活性粒子与电极间的相互作用（包括憎水作用力、镜像力和色散力引起的物理作用以及与化学键类似的化学作用），则将使得系统的吉布斯自由能减少。只有后面这种作用超过了前者，系统的总吉布斯自由能减少，吸附才能发生。

有机物在电极表面吸附时会出现两种情况。一种是被吸附的有机物在电极表面保持自身的化学组成和特性不变。这种被吸附的粒子与溶液中同种粒子之间很容易进行交换，可以认为吸附是可逆的。另一种是电极与被吸附的有机物间的相互作用特别强烈，能改变有机物的化学结构而形成表面化合物，使被吸附的有机物在界面与溶液间的平衡遭到破坏，这是一种不可逆的吸附。

5.4.1 有机物的可逆吸附

当电极表面剩余电荷密度很小时，对于在电极与溶液界面间发生可逆吸附的脂肪族化合物，系以其分子中亲水的极性基团（例如丁醇中的 OH 基）朝着溶液（见图 5-24），而其不能水化的碳链（分子的憎水部分）则向着电极。而且这种脂肪化合物的碳链越长，其表面活性越大。这类化合物在电极与溶液界面上的吸附，与它们在空气与溶液界面上的吸附很

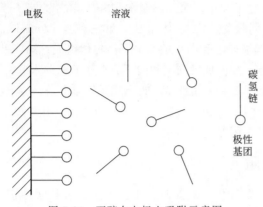

电极　　　溶液

碳氢链

极性基团

图 5-24　丁醇在电极上吸附示意图

相近。

但是，一些芳香族化合物（如甲酚磺酸、2,6-二甲基苯胺等）、杂环化合物（如咪唑和噻唑衍生物等）和极性官能团多的化合物（如多亚乙基多胺、聚乙二醇等）的活性粒子与电极间的作用远比它们与空气间的作用大得多，因而它们在电极上吸附要比在空气与溶液的界面上吸附容易得多。而且，同一种粒子在各种不同材料的电极上吸附能力的差别也很明显。

（1）有机物吸附的电毛细曲线。近年来用测量电毛细曲线的方法研究了大量有机物在汞电极上的吸附。图 5-25 中的实线和虚线分别表示存在和不存在有机物分子吸附的电毛细曲线。由图可见，有机物分子的吸附总是发生在零电荷电势附近一段电势区间内。表面活性物质吸附会使界面张力下降，这是吸附过程引起表面吉布斯自由能减少的直接结果。

在溶液中不存在任何表面活性物质时，电极表面总是吸附着一定数量的水分子。因此，对于有机物分子与电极间相互作用很弱的吸附过程来说，可以认为有机物在电极表面上的吸附，实质上是有机物分子取代水分子的过程，与下列反应相当：

$$n\,H_2O_{(电极)} + 有机物_{(溶液)} \Longrightarrow 有机物_{(电极)} + n\,H_2O_{(溶液)}$$

由于水分子的极性较强，电极表面有剩余电荷时能加强水分子在电极表面的吸附。在零电荷电势附近，水在电极表面上的吸附量最少，它们与电极的联系也最弱，故这时有机物分子最容易取代水分子而被吸附于电极上。在电势变化的区间内，如果电极上由于发生 H^+、OH^- 和 H_2O 的电还原和电氧化，形成了氢或氧的吸附，则它们又将与有机物分子竞争，而使有机物分子的吸附减少。

电极上吸附有机物后，电毛细曲线的最高点不但降低，且将发生移动。这表明被吸附的偶极子在不带电的表面上取向时，也会出现额外的电势差。若偶极子的负端朝着电极，则将使零电荷电势向负的方向移动，反之，则移向正的方向。

（2）有机物吸附的微分电容曲线。电毛细曲线方法研究有机物吸附的灵敏度和重现性并不好，使用更广泛的方法还是微分电容法。近年来通过微分电容法研究了很多有机物在汞电极上的吸附，例如酮、酯、己二酸、香豆素、各种有机正离子、某些分子量高的化合物、生物活性物质（核苷、类固醇、脱氧核糖核酸等）等。此外，还可通过微分电容曲线的测量来研究两种有机物在电

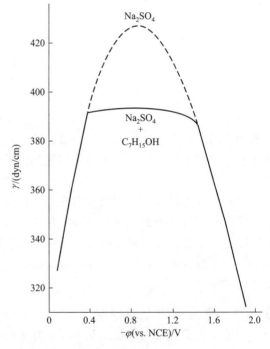

图 5-25　正庚醇对汞在 0.5mol/L Na_2SO_4 溶液中所测电毛细曲线的影响

1dyn=10^{-5}N，下同

极上的共同吸附，以及局外电解质对有机物分子和正离子吸附的影响。

图 5-26 中，实线为电极表面存在有机物分子吸附时的微分电容曲线，虚线为不存在有机物吸附的曲线。可以看出，有机物分子的吸附发生在零电荷电势附近一段电势区间内，φ_z 附近双层电容降低，两侧则出现很高的电容峰值。φ_z 附近 C_d 降低是因为有机物分子取代了在电极表面层中取向的水分子后，一方面使相对介电常数变小，另一方面又使两层电荷间距离加大。根据式（5-2），双电层电容自然应当减小。

若将双层比作平行板电容器，则可根据电容器能量 $W = \sigma\phi_a/2$ 的变化，来解释在表面剩余电荷密度较大时有机物分子的脱附。假设电容 C 与电势无关，则 $C = \sigma/\phi_a$，所以

$$W = \frac{1}{2} \times \frac{\sigma^2}{C} \tag{5-32}$$

有机物进入表面层后，双电层能量的变化由两方面决定。一方面，有机物分子在电极表面上取代水分子后，会引起电容的减小，

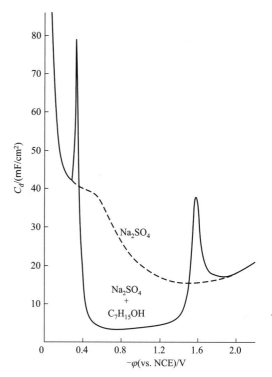

图 5-26　正庚醇对汞在 0.5mol/L Na_2SO_4 溶液中所测微分电容曲线的影响

若维持 σ 不变，由式（5-32）可看出，W 将增大。另一方面，吸附是吉布斯自由能减少的过程，将使系统的能量降低。若吉布斯自由能的减少超过了电容能量 W 的变化，使体系总能量降低，吸附能自发进行；反之，则吸附不能发生或已被吸附的有机物将脱附。

一定浓度的有机物在一定电极上的吸附所引起的吉布斯自由能变化，差不多是个定值，但电容器的能量却与 σ 有关。由式（5-32）可看出，在 σ 值不一样时，C 对 W 的影响不同。$|\sigma|$ 越大，C 对 W 的影响也就越显著。当 $|\sigma|$ 增大到一定数值时，由于有机物吸附所引起 W 的增大超过了由于吸附引起的吉布斯自由能的变化，将发生有机物的脱附。这时水分子在电极上取代了有机物分子，使 C 增大以降低 W，系统达到了稳定。所以在远离零电荷点的电势区，不管 σ 值是正还是负，均将引起被吸附物质的脱附，使图 5-26 的实线与虚线重合。

由图 5-26 还可看出，在发生吸脱附的电势下，电容会出现峰值。可以通过电容与覆盖度的关系来说明这个问题。为了简单起见，假设电极表面上被有机物分子覆盖部分的分数为 θ_A 和未被覆盖部分的分数为 $(1-\theta_A)$，而且两部分彼此无关。如果近似地认为有机物分子吸附后零电荷电势不移动，则可将电极表面剩余电荷密度 σ 表示如下：

$$\sigma = C\phi_a(1-\theta_A) + C'\phi_a\theta_A \tag{5-33}$$

在式（5-33）中右方第一项表示未被有机物分子覆盖部分的剩余电荷密度，C 表示该部分的电容；第二项表示被有机物分子覆盖部分的剩余电荷密度，C' 为该部分的电容。将 C 与 C' 视作恒量，求式（5-33）中 σ 对 φ 的导数，可得出整个电极的微分电容，即

$$C_d = \frac{d\sigma}{d\varphi} = C(1-\theta_A) + C'\theta_A - \frac{\partial\theta_A}{\partial\varphi}(C-C')\phi_a \tag{5-34}$$

在接近图 5-26 中曲线左侧吸脱附边界的电势下，$\phi_a > 0$，随着 ϕ_a 的增大，θ_A 减小，

$d\theta_A / d\varphi < 0$，所以 $-(\partial\theta_A / \partial\varphi)_{\phi_a} > 0$。在接近曲线右侧吸脱附边界的电势下，$\phi_a < 0$，随着 ϕ_a 的变负，θ_A 减小，$d\theta_A / d\varphi > 0$，这时仍然是 $-(\partial\theta_A / \partial\varphi)_{\phi_a} > 0$。如果考虑到有机物分子吸附后电容减小，即 $(C - C') > 0$，那么无论曲线左侧还是右侧，式(5-34)中最后一项总是正的。因为在吸脱附的边界上，电势的很小变化就会引起有机物分子吸附量的急剧变化，即 $|\partial\theta_A / \partial\varphi|$ 很大，故在吸脱附的边界出现了 C_d 的峰值。

有机物在电极上的吸附，还存在着空间取向的问题。例如含有—OH、—CHO、—CO、—CN 等基团的丁基衍生物在汞电极上吸附时，若 $\theta_A \approx 1$，则有机物分子的烃链将垂直于电极表面。对于芳香族和杂环化合物的吸附，若电极荷正电，被吸附的芳环平面与电极表面平行；而当电极表面带负电荷时，被吸附的芳环平面将与电极表面垂直。

5.4.2　有机物的不可逆吸附

研究发现很多种有机物（例如甲醇、苯和萘等）在铂电极上的吸附是不可逆的。在有机物分子与催化活性很高的铂电极接触时，会有脱氢、自氢化、氧化和分解等化学变化发生，所形成的产物被吸附于电极上。在这种电极上吸附的有机物总量中，属于物理吸附的只占很小一部分，不足 1%。这种不可逆吸附过程，跟有机物与催化活性电极间的化学作用有密切的关系，而且在铂电极上的吸附层结构特性和组成，也取决于有机物与电极间的相互作用，所以人们必须研究对吸附粒子的组成、结构以及与电极界面间键的性质有影响的各种因素（例如电极电势、溶液 pH 值等）。研究比表面较大的铂电极上有机物吸附的最有效方法，是结合电化学测量，应用具有放射活性的示踪原子。

用示踪原子可测量出被吸附的含碳粒子的数量，用电化学方法（例如积分恒电势下的电流-时间曲线）可测量出吸附时形成氢的数量，将二者加以对比后，可以估算出被吸附粒子的化学组成。

通过对不同电势下有机物吸附动力学的研究，有可能了解到电极电势对有机物表面覆盖度的影响。当电极电势由吸附量最大的电势下向负的方向或者向正的方向移动时，被吸附的有机物有可能脱附。在一般情况下，脱附的原因是电极上被吸附的物质发生电氧化或电还原。

复习题

1. 电极与溶液界面间电势差包括哪些种类？离子双层如何形成？

2. 简述理想极化电极与理想不极化电极的概念，画出其等效电路。它们在电化学中各有何实际意义？

3. 什么是零电荷电势？说明零电荷电势下表面张力最大的原因。

4. 简述交流电桥法测量微分电容原理。

5. 微分电容曲线一般有什么特点？

6. 简述 GCS 模型双层结构，分析紧密层与分散层厚度的变化。

7. 简述 BDM 模型双层结构，分析超载吸附界面电势分布的变化。

8. 影响电极与溶液界面间界面张力与界面电容的因素有哪些？二者有何联系？

9. 如何用微分电容曲线及电毛细曲线求电极表面的剩余电荷密度？哪种方法得出的结果更准确些？

10. 什么是特性吸附？哪些类型的物质具有特性吸附的能力？

11. 根据图 5-10，分别画出 KF 和 KCl 体系零电荷电势点所对应的界面电荷分布示意图，并分析 KF 和 KCl 体系的区别。

12. 当电极表面有特性吸附时，界面是否一定会形成三电层，为什么？

13. 用什么方法可以判断有无特性吸附及估计吸附量的大小？为什么？

14. 电极表面带负电，由溶液中的正离子与之构成离子双层。在溶液较浓、电势远离零电荷电势的情况下，其电容值均在 $0.16 \sim 0.18 F/m^2$，与正离子半径的大小无关。为什么？

15. 如何来判断电极表面剩余电荷的符号？

16. 分析阳离子特性吸附对电毛细曲线的影响。

17. 影响双电层结构的因素有哪些？有何大致规律？

18. 为什么有机物在电极上的可逆吸附总是发生在一定的电势区间内？

19. 有机物吸附对电毛细曲线和微分电容曲线有何影响？

20. 画出 $25^{\circ}C$ 下电极 Cd｜Cd^{2+}（$a_{Cd^{2+}}=0.001$）处于平衡电势时的双层结构示意图及双层电势分布示意图。已知该电极的零电荷电势为 $-0.71V$。

第6章 电化学动力学概论

在前面的章节里讨论了电化学体系处于平衡态时的性质。体系处于平衡态时，所有的过程都是可逆的，可逆过程的净速率可以看作是无穷小。从本章开始，将讨论非平衡态过程。非平衡态过程是不可逆的，它的发生速率不等于零。比如物质发生化学反应，生成新的物质，会使体系偏离化学平衡。再如当溶液体系中存在浓度梯度时，会产生物质的传递——扩散，使体系偏离物质平衡。相对于平衡态来说，对非平衡态体系的理论处理要困难得多。

研究与时间有关的速率过程的理论称为动力学。在电化学中，人们习惯把发生在电极/溶液界面区的电化学反应、化学转化和液相传质过程等一系列变化的总和统称为电极过程。电化学动力学研究的核心就是电极过程动力学，主要包括有关电极过程的反应历程、反应速率及其影响因素的研究。

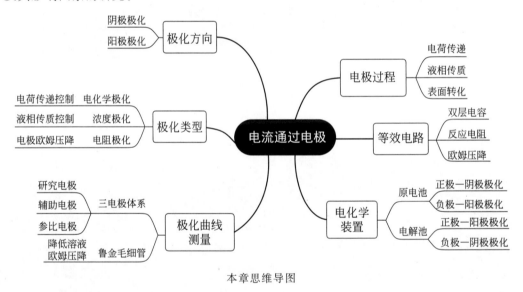

本章思维导图

6.1 电极的极化

6.1.1 极化与过电势

处于热力学平衡状态的电极体系，其电极电势处于平衡电势，电极上没有电流通过，即外电流等于零。但电极体系在实际运行过程中都会有一定的电流通过，所以在电化学研究中，我们更感兴趣的是有电流通过时电极上发生的变化。

当电极上有电流通过时，就有净反应发生，这表明电极失去了原有的平衡状态，电极电势将因此而偏离平衡电势。电化学中将电流通过电极时电极电势偏离平衡电势的现象称为电极的极化。

实验结果表明，在有电流通过电化学装置时，无论是原电池还是电解池，阴极的电极电势总是变得比平衡电势更负，而阳极的电极电势总是变得比平衡电势更正。或者说，当电极电势偏离平衡电势向负方向移动时，电极上总是发生还原反应，称为阴极极化；而当电极电势偏离平衡电势向正方向移动时，电极上总是发生氧化反应，称为阳极极化。在一般情况下，随着电流的增大，电极电势离开其平衡电极电势越来越远。

通常将某一电流密度下的电极电势 φ 与其平衡电势 φ_e 之差称为过电势，以 $\Delta\varphi$ 表示，$\Delta\varphi = \varphi - \varphi_e$。显然，阴极极化时 $\varphi < \varphi_e$，故 $\Delta\varphi < 0$；阳极极化时，$\varphi > \varphi_e$，故 $\Delta\varphi > 0$。由于阴极过电势与阳极过电势的符号不同，故通常在谈到过电势大小时，都是指它们的绝对值，用 η 表示，$\eta = |\Delta\varphi|$。阴极过电势用 η_c 表示，阳极过电势 η_a 表示。

6.1.2 极化曲线与三电极体系

实验表明，电极电势是随通过电极的电流密度不同而变化的。为了完整而直观地反映出一个电极的极化性能，通常需要通过实验测定电极电势（或过电势）与电流密度（或电流强度）的关系曲线，这种曲线就叫作极化曲线（如图7-9、图7-13、图8-10、图10-15等）。在实际工作中也常用 $\lg j$ 与 η 的关系表示极化曲线（如图7-10）。

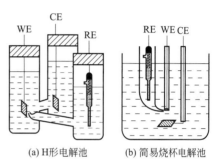

(a) H形电解池　　(b) 简易烧杯电解池

图 6-1　常用的三电极电解池

原电池和电解池都由两个电极组成，有电流通过电化学装置时，两个电极都会发生极化，单个电极的极化特性不易弄清。为了研究单个电极上发生的过程，在实验工作中常采用三电极体系进行测量，常用的三电极电解池如图 6-1 所示。

三电极体系电解池由三个电极组成。WE 代表研究电极，也称为工作电极，是实验的研究对象。CE 代表辅助电极，也称为对电极，用来导通极化回路中的电流，以使研究电极发生所需的极化。辅助电极的面积一般比研究电极大得多，以降低其电流密度。RE 代表参比电极，是电极电势的比较标准，用来测量研究电极的电势变化。参比电极应为可逆电极，且应该不易极化，以保证电极电势比较标准的恒定。常用的参比电极见表 4-1。参比电极一般要通过鲁金毛细管接近电极表面。

参考图文
三电极电解池

三电极体系测量示意图如图 6-2(a) 所示，整个测量体系由两个回路构成。极化电源、电流表 A、辅助电极、研究电极构成的回路称为极化回路。在极化回路中有极化电流通过，可对极化电流进行测量和控制。极化电源为研究电极提供极化电流；电流表用于测量极化电流。因为辅助电极本身也会发生极化，而且研究电极和辅助电极之间大段溶液上引起的欧姆压降也很大，所以极化回路中电压的变化不能代表研究电极的电势变化。电压表 V、参比电极、研究电极构成的回路称为测量回路。在测量回路中，可对研究电极的电势进行测量，由于此回路中只有极小的测量电流（一般小于 $10^{-7}A$），所以基本不会对研究电极的极化状态和参比电极的稳定性造成干扰。

可见，在电化学测量中采用三电极体系，既可使研究电极上通过较大的极化电流，又不妨碍研究电极的电极电势的控制和测量。因此在绝大多数情况下，总是要采用三电极体系进行测量。

　　在某些特殊情况下，也可以采用两电极体系。例如使用微电极作为研究电极的情况。由于微电极的表面积很小，只要通过很微小的极化电流强度，就可产生足够大的电流密度，使电极实现足够大的极化。而辅助电极的表面积要大得多，同样的电流强度在辅助电极上只能产生极微小的电流密度，因而辅助电极几乎不发生极化。同时，由于极化电流很小，辅助电极和研究电极之间的溶液欧姆压降也非常小。因此，极化回路中电压的变化基本等于研究电极的电势变化，故可采用两电极体系测量。如图 6-2(b) 所示。

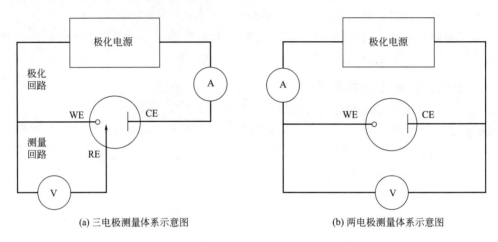

(a) 三电极测量体系示意图　　　　　　　　(b) 两电极测量体系示意图

图 6-2　研究单个电极过程的电化学测量体系

　　由图 6-2(a) 可见，在三电极体系电路中同时属于极化回路和测量回路的公共部分除研究电极外，还有参比电极与研究电极之间的溶液，这部分溶液的欧姆电阻一般用 R_L 表示。研究表明电解质溶液也服从欧姆定律，所以极化电流 I 将会在这一溶液电阻上产生一个可观的电压降 IR_L，称为溶液欧姆压降。由于这一压降位于参比电极和研究电极之间，所以被附加在测量的电极电势上，造成误差。辅助电极和研究电极之间溶液的欧姆电阻一般用 R_S 表示。R_L 与 R_S 之间的关系及其溶液压降之间的关系见图 6-3。

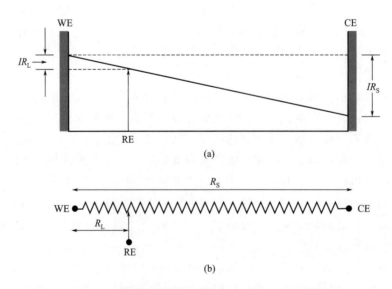

图 6-3　IR_L 与 IR_S 之间的关系（a）；R_L 与 R_S 之间的关系（b）

考虑到 R_L 的影响，电极体系的等效电路可表示为图 6-4 所示的形式。界面双电层非常类似于一个平板电容器，因此可以等效成一个双层电容 C_d；同时，电极界面上还在进行着电化学反应，反应电流引起了电化学极化过电势，这一电流、电势关系可以等效成一个电化学反应电阻 R_r。总的极化电流等于双层充电电流和电化学反应电流之和，且反应电阻两端的电压正是通过改变双层荷电状态建立起来的，就等于双层电容两端的电压。综合考虑 C_d 和 R_r 之间的电流、电势关系，可知 C_d 和 R_r 之间是并联关系。溶液电阻 R_L 和电极界面等效电路串联，就构成了总的电极体系等效电路。

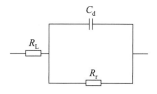

图 6-4　电极体系的等效电路

在电化学测量中可以采取以下几种措施来降低溶液欧姆压降。①加入支持电解质，以改善溶液的导电性。②使用鲁金（Luggin）毛细管。鲁金毛细管通常用玻璃管或塑料管制成，其一端被拉成很细的毛细管，测量电极电势时该端靠近电极表面，管的另一端与参比电极或连接参比电极的盐桥相连。毛细管口过于靠近研究电极表面时，会引起电极表面电流密度分布不均，一般管口离电极表面的距离为毛细管外径的 2 倍时，效果最好。③在现代电化学测量仪器中可实现溶液欧姆压降的电子电路补偿校正，从而降低 IR_L 压降，但不可能实现完全补偿，未补偿电阻用 R_u 表示。

6.1.3　稳态极化曲线的测量

电化学测量方法在总体上可以分为两大类：一类是电极过程处于稳态时进行的测量，称为稳态测量方法；另一类是电极过程处于暂态时进行的测量，称为暂态测量方法。

在指定时间范围内，如果电化学系统的参量（电极电势、电流密度、电极表面附近液层中粒子的浓度分布、电极界面状态等）不变，那么这种状态称为电化学稳态。一般情况下，电极表面附近液层中粒子的浓度发生变化或电极界面状态发生变化都要引起电极电势和电流二者或其中之一发生变化。所以，当电极电势和电流同时稳定不变时就可认为达到稳态。绝对的稳态是不存在的，只要在一定的条件下电势和电流的变化甚微，满足研究精度要求，即可认为达到了稳态。

暂态是相对稳态而言的。当极化条件改变时，电极体系会经历一个不稳定的、电化学参量随时间而变化的阶段，这一阶段称为暂态。稳态过程的电化学参量不随时间变化，而暂态过程的电化学参量随时间改变。暂态过程的显著特点是存在双层充电电流，这是由于双电层电荷分布改变所产生的。

测量稳态极化曲线时，按照所控制的自变量可分为控制电流法和控制电势法。控制电势法也叫恒电势法，是在恒电势仪的保证下，控制研究电极的电势按照预设的规律变化，同时测量相应电流的方法。控制电流法也叫恒电流法，是控制通过研究电极的极化电流按照预设的规律变化，同时测量相应的电极电势的方法。在使用控制电流法或控制电势法时，按照控制变量的给定方式不同可分为阶跃法和慢扫描法。

阶跃法包括逐点手动法和阶梯波法两种方法。譬如用控制电流法测定极化曲线时，逐点手动法就是给定一个电流，等电势达到稳态值就记下此电势，得到一个点 (I_1, φ_1)，然后再调节电流到新的给定值，测定第二个点 (I_2, φ_2)，最后把测得的一系列 (I_i, φ_i) 点画成极化曲线。阶梯波法则省去了手动调节电流的麻烦，用阶梯波发生器控制恒电流仪使电流按一定幅值和时间间隔阶跃，自动采样测绘极化曲线。阶跃幅值的大小及时间间隔的长短应根据实验要求而定。当阶跃幅值足够小时，测得的极化曲线就接近于慢扫描极化曲线了。

图 6-5 就是采用逐点手动控制电流法测定阴极极化曲线的电路图。图中电解池为 H 形管，为防止辅助电极产物对研究电极有影响，常用素烧瓷或微孔烧结玻璃板（D）把两区域隔开。G 为盐桥，用来消除液接电势。L 为鲁金毛细管。B 为 45V 的电池组，串联一组不同阻值的电位器（如取 $R_0 = 1k\Omega$，$R_1 = 10k\Omega$，$R_2 = 100k\Omega$，$R_3 = 1M\Omega$；功率 2~3kW）。调节这些电位器就可得到不同大小的稳定电流。

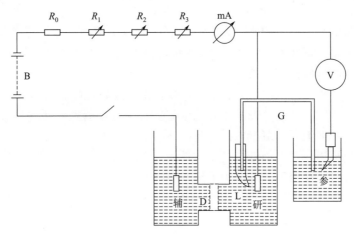

图 6-5　经典控制电流法测定极化曲线电路图

慢扫描法是利用慢速线性扫描信号控制恒电势仪（或恒电流仪），使电势（或电流）连续线性变化，同时自动测量电流（或电势）的变化，绘制极化曲线。为了测得稳态极化曲线，扫描速率必须足够慢，在实际操作中，可依次减小扫描速率测定数条极化曲线，当继续减小扫描速率而极化曲线不再明显变化时，就可确定测定稳态极化曲线的扫描速率。

控制电流法和控制电势法各有特点，要根据具体情况选用。如当极化曲线中存在电流平台或电流极大值时，就只能用控制电势法。反之，如果极化曲线中存在电势极大值或电势平台，则应选用控制电流法。

6.1.4　电化学工作站

随着电子信息技术的发展，出现了硬件集成化、软件程序化、功能模块化，集各种测量手段于一体的电化学分析测量仪器——电化学工作站。电化学工作站将恒电势仪、恒电流仪和电化学交流阻抗分析仪有机地结合在一起，是一套完整的、数字化的电化学体系监测分析设备。电化学工作站系统的硬件主要包括四大部分：产生所需激励信号的快速数字信号发生器，高精度的恒电势仪（恒电流仪），高速数据采集系统及数据工作站（PC 机）。这四部分配以电解池，可实现对电化学系统中电流、电势等信号进行控制和测量。仪器中一般还配有电势电流信号滤波器、多级信号增益、IR 降补偿电路等组件，可以达到很高的测量精度。

电化学工作站一般有"研""参""辅""地（⊥）"四个接线夹，测量时分别将"研""参"和"辅"接到研究电极、参比电极和辅助电极上即可。但是在大电流测量时，研究电极连线（特别是用鳄鱼夹时）的接触电阻 R 造成的电压降 IR 可能会较大，这时候就需要把"⊥"的接线夹也接到研究电极上（图 6-6），该连线允许仪器测量

参考视频
三电极体系与
电化学工作站
介绍

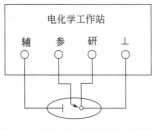

图 6-6　大电流下电化学工作站
接线示意图

该接触点与地之间的电压降，可采取类似补偿 IR 的方式从参比电势中扣除，从而消除接触电阻引起的测量误差。所以该连线通常也称为高电流或敏感连线。电解池连接好后，直接通过 PC 机的软件操作设定实验技术和相关测量参数后，便可进行电化学测量实验。

6.2 不可逆电化学装置

上节的讨论都是针对单个电极而言的。然而，若完全将电化学装置两极反应分解为单个电极反应来研究也有其缺点，即忽视了两个电极之间的相互作用，而这类相互作用在不少电化学装置中是不容忽视的。因此，我们一方面要将装置分解为单个电极反应来分别加以研究；另一方面又必须将各个电极反应综合起来加以考虑。只有这样，才能对电化学装置中发生的过程有比较全面的认识。

对于两个可逆电极浸在同一溶液中的电化学装置来说，仅仅在电流趋近于零时，反应才是可逆的，两极间电势差可以用它们的平衡电势之差来表示。只要有一定大小的电流通过电化学装置，两电极都会发生极化，其电极电势将偏离平衡电势。另外，电化学装置中的一系列电阻（主要是溶液电阻，还可能有电极本身导电性差产生的电阻、电极表面存在高阻膜的电阻、材料接触不良产生的电阻）相对应的电势降，也要引起两极间电势差的变化。这时两极间电势差就不等于它们的平衡电势之差了。

实验结果表明，对原电池来说，这个电势差变小，即电池做电功的能力变小；而对电解池来说，电势差变大，即电解过程所要消耗的电能增多。其原因在于原电池与电解池的阴、阳极所对应的正、负极恰恰是相反的。随着电流的增大，这种变化更加明显。所以说，在有明显电流通过电化学装置时，整个装置中所进行的全部过程总是不可逆的。

若分别以 φ_a 和 φ_c 表示阳极和阴极的电势，并以 I 表示电流，R 表示系统中的电阻。对于原电池，阴极是正极，阳极是负极，而且考虑到电池内部的欧姆电势降使电池所输出的电压减小，那么原电池两极间的端电压：

$$V = \varphi_c - \varphi_a - IR$$

由于阴极过电势 $\eta_c = \varphi_{c,e} - \varphi_c$，阳极过电势 $\eta_a = \varphi_a - \varphi_{a,e}$，故：

$$V = (\varphi_{c,e} - \eta_c) - (\varphi_{a,e} + \eta_a) - IR = E - (\eta_a + \eta_c) - IR$$

式中，E 为原电池的电动势。

相反，对于电解池，阳极是正极，阴极是负极，电解池内部的欧姆电势降使电解池中消耗的电能增大，即电解池两极间的端电压：

$$V = \varphi_a - \varphi_c + IR$$

故：

$$V = (\varphi_{a,e} + \eta_a) - (\varphi_{c,e} - \eta_c) + IR = E + (\eta_a + \eta_c) + IR$$

式中，E 为电解池的理论分解电压。

从原电池与电解池两电极的极化曲线上，也可以看出端电压的变化趋势。我们知道，对于阴极极化，电极电势随电流的增大向负方向变化；对于阳极极化，电极电势随电流的增大向正方向变化。而原电池与电解池的阴、阳极所对应的正、负极恰恰相反，故二者端电压变化趋势也相反。

图 6-7(a) 给出了电解池中两电极的极化曲线。因为电解池中阳极电势比阴极电势正，所以随着电流的增大，两条极化曲线间距越来越大。也就是说，电解时的电流越大，所消耗的能量也就越多。在原电池中刚好相反，这时阳极电势比阴极电势负［图 6-7(b)］，所以，原电池两极间电势差随着电流的增大而减小，即原电池所做的电功变小。但需指出，极化图中只能反映出因电极极化而引起的端电压变化，并没有反映欧姆压降 IR 的影响。

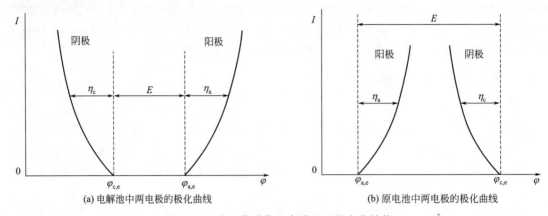

图 6-7　两种电化学装置中端电压的变化趋势

电化学装置的等效电路如图 6-8 所示。阴极和阳极分别有各自的双层电容和电化学反应电阻，R_S 是两电极之间的溶液电阻。这是最基本的等效电路，在实际研究中，还可根据电极表面的其他过程或覆盖物添加相应的电路元件。

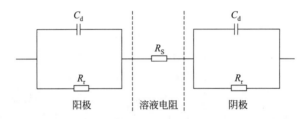

图 6-8　电化学装置的等效电路

还有一个有趣的现象，那就是在原电池的放电过程中，电解液中的离子移动方向似乎与整体电场方向相反，即阳离子向着电势高的正极移动，阴离子向着电势低的负极移动，这是什么原因呢？这一现象，可以通过电池中的电势分布图来说明。以铜锌原电池为例，当锌电极与电解液 $ZnSO_4$ 接触时，由于电化学势的不同，金属锌上的 Zn^{2+} 将自发地转入溶液中，并将电子留在金属上，于是，锌电极带负电荷（电子），并吸引溶液中的 Zn^{2+} 形成离子双电层，在两相间产生电势差，这个电势差阻滞 Zn^{2+} 继续转入溶液，同时促使 Zn^{2+} 返回锌电极，达到一个动态平衡。铜电极存在类似情况，只是溶液中的 Cu^{2+} 会自发地沉积在金属上，并吸引溶液中过剩的 SO_4^{2-}，形成铜金属表面带正电、溶液带负电的离子双电层，并达到动态平衡。此时，电池中的电势分布如图 6-9 中点划线所示。由图可见，正负极的双电层内存在很大的电势差，但双电层以外的本体溶液呈电中性，整体电势差为零。

当电池正负极通过外部导线接通时，因为负电荷有从低电势处往高电势处自动转移的趋势，外部导线给负极的电子提供了一条这样的通路，所以电子会由负极通过外线路自发地流向正极，这就使正负极的双电层都发生变化，此时由于双电层的电荷平衡被打破，导致本体溶液内出现了剩余电荷，因此本体溶液也产生了电势差，如图 6-9 中实线所示。由图可见，此时虽然正极电势仍然高于负极电势，但在本体溶液中却是相反，因此阴阳离子在本体溶液电势差的作用下发生定向移动，阳离子向正极移动，阴离子向负极移动，实现电解液的离子导电。上述电子导电和离子导电过程构成了一个闭合回路，只有两个电极上的氧化、还原反应不断进行，闭合回路中的电流才能源源不断地流过。否则的话，如果没有电化学反应发生，负极流过来的电子积累在正极表面，马上就会使正负极电势持平，就不会再有电子流动，电流就不会持续。这就是原电池的工作原理。

显然，电解池在工作时，情况与原电池刚好相反，其内部电势分布变化如图 6-10 所示。此时，阴阳离子在本体溶液电势差的作用下也会发生定向移动，但离子迁移方向与原电池相反，阳离子向负极移动，阴离子向正极移动，整体也构成了一个闭合回路。

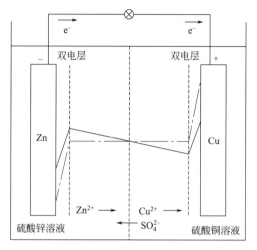

图 6-9 有电流通过时原电池内部的
电势分布变化示意图

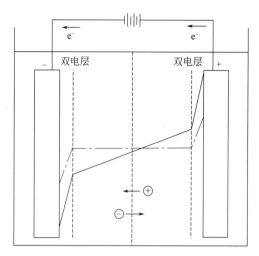

图 6-10 有电流通过时电解池内部的
电势分布变化示意图

6.3 电极过程与电极反应

6.3.1 电极过程历程分析

电化学反应是在两类导体界面发生的有电子参加的氧化或还原反应。电极本身既是传递电子的介质，又是电化学反应的反应地点。为了使反应在电极与溶液界面区顺利进行，不可避免地会涉及一些相关的物理和化学变化。

前已述及，有电流通过时发生在电极/溶液界面区的电化学过程、传质过程及化学过程等一系列变化的总和统称为电极过程。其中电化学过程是指电极表面上发生的过程，如粒子在电极表面上活化与转化、得失电子、双层结构变化等。传质及化学过程是发生在电极表面附近薄液层中的过程，包括液相传质、液相中进行的粒子转化等。一般情况下，电极过程大致由下列各单元步骤串联组成。

① 液相传质步骤：反应物粒子自本体溶液内部向电极表面附近液层迁移。

② 前置转化步骤：到达表面的反应物粒子在电极表面或附近液层中进行没有电子参加的"反应前的转化"，使之处于活化态。

③ 电荷传递步骤（charge transfer process，CTP）：活化态反应物粒子在电极表面得失电子生成活化态产物粒子，也叫电子转移步骤。

④ 随后转化步骤：活化态产物粒子在电极表面或附近液层中进行的没有电子参加的"反应后的转化"。

⑤ 液相传质步骤或生成新相步骤：产物粒子自电极表面向溶液内部迁移；或者是反应生成新相，如气态产物或固相沉积物。

液相传质步骤很重要，因为液相中的反应粒子需要通过液相传质向电极表面不断地输送，而可溶产物又需通过液相传质离开电极表面。电荷传递步骤是核心反应步骤。步骤②、

④可统称为表面转化步骤，它可以是化学步骤，如离解、复合、二聚、异构化反应等，也可以是吸、脱附步骤。一个具体的电极过程并不一定包含所有五个单元步骤，但任何电极过程都必定包括①、③、⑤三个单元步骤。如银氰配离子在阴极还原的电极过程包括以下四个单元步骤。

① 液相传质步骤：$Ag(CN)_3^{2-}$ 从本体溶液向电极表面区域传递。

② 前置转化步骤：$Ag(CN)_3^{2-} \Longrightarrow Ag(CN)_2^- + CN^-$。

③ 电荷传递步骤：$Ag(CN)_2^- + e^- \Longrightarrow Ag_{吸附态} + 2CN^-$。

④ 液相传质和生成新相步骤：$Ag_{吸附态} \longrightarrow Ag_{结晶态}$，$CN^-$ 从电极表面向本体溶液传递。

图 6-11 给出了 $O + e^- \Longrightarrow R$ 的电极过程示意图。图中 O_{bulk} 表示本体溶液中的 O 粒子，O_{surf} 表示电极表面区的 O 粒子，O' 表示活化态的 O 粒子，O'_{ads} 表示吸附的活化态 O 粒子。R 粒子同理。

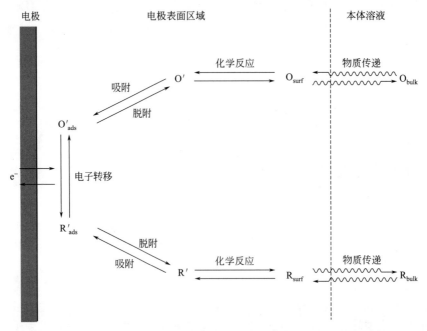

图 6-11 一般电极过程示意图

电极过程的核心步骤是电子转移步骤，量子理论研究表明，电子通过隧道效应实现跃迁转移。电子的隧道跃迁在 $10^{-9}\,m$ 左右即可发生。电子跃迁会涉及一系列变化，即使是在溶液中发生的最简单的两种粒子间的单电子转移反应，就会涉及电子跃迁（约 $10^{-16}\,s$）、化学键长度的变化（原子核间距离的变化，约 $10^{-14}\,s$）、溶剂分子的重新取向（约 $10^{-11}\,s$）、离子氛的重新排布（约 $10^{-8}\,s$）等变化。可见每一种变化所需时间的数量级差别很大，而且电子跃迁的速度比其他变化快得多。在电子跃迁的时刻，连原子核间距离都来不及改变，其他变化就更谈不到了。

另外，根据当代电子转移理论，离子在电极上进行电子转移反应的活化能与其价数的平方成正比，即 2 价离子直接放电生成中性物种的反应活化能是 1 价离子放电生成中性物种的4 倍。因此，反应物同时失去两个电子的概率很小，故一般情况下，多电子反应包含多个单电子转移步骤，而且其前置和后续表面转化步骤也可能有好多个。至于整个电极过程中究竟包含哪些单元步骤，应当通过理论分析和实验结果来推断。

6.3.2　电极反应的特点与种类

电子转移步骤与其前后的部分或全部表面转化步骤构成的总的电化学反应称为电极反应。电极反应的特点是：①它是特殊的氧化还原反应，氧化与还原反应在空间分开进行，且氧化与还原反应等当量进行；②它是在电极/电解质界面上进行的特殊的异相催化反应，该界面区域上的电荷与粒子分布不同于本体相，且该界面的结构和性质对电极过程有很大的影响；③反应的能量由双层电场供给，双层电场分布直接影响电极反应的速率，且双电层内电场强度可高达 10^{10} V/m，在如此高的场强下，即使是结构非常稳定的分子如 CO_2 和 N_2 也可以在电极上发生反应。

涉及电子转移的电极反应有很多种类，常见的大致有以下几种。

（1）简单电子转移反应。指溶液一侧的氧化或还原物种借助于电极得到或失去电子，生成物种亦溶解于溶液中，而电极的物理化学性质和表面状态等并未发生变化。如在 Pt 电极上发生的 Fe^{3+} 还原为 Fe^{2+} 的反应：$Fe^{3+} + e^- \Longleftrightarrow Fe^{2+}$。

（2）金属沉积反应。溶液中的金属离子从电极上得到电子还原为金属，附着于电极表面，此时电极表面状态会发生变化。如 Cu^{2+} 在金属电极上还原为 Cu 的反应。

（3）表面膜的转移反应。覆盖于电极表面的物种经过氧化/还原形成另一种附着于电极表面的物种，它们可能是氧化物、氢氧化物、硫酸盐等。如铅酸电池中正极的放电反应，PbO_2 还原为 $PbSO_4$：$PbO_2(s) + 4H^+ + SO_4^{2-} + 2e^- \Longleftrightarrow PbSO_4(s) + 2H_2O$。

（4）多孔气体扩散电极中的气体还原或氧化反应。指气相中的气体（如 O_2 或 H_2）溶解于溶液后，再扩散到电极表面，然后借助于气体扩散电极得到或失去电子。如 $H_2 - 2e^- \Longleftrightarrow 2H^+$。气体扩散电极的使用提高了电极过程的电流效率。

（5）气体析出反应。指某些存在于溶液中的非金属离子借助于电极发生还原或氧化反应产生气体而析出。如 $2H^+ + 2e^- \Longleftrightarrow H_2$。

（6）有机电合成反应。溶液中的有机物在电极上得到或失去电子，在电极表面生成活泼中间体，活泼中间体在扩散到溶液中之前，就与其他试剂分子起化学反应合成新的有机物。如碱性介质中丙烯腈阴极还原氢化二聚制备己二腈的反应。

（7）腐蚀反应。亦即金属的自溶解反应，指金属在一定的介质中发生自溶解，电极上存在共轭反应。如在常温下的中性溶液中，钢铁腐蚀的一对共轭反应：$Fe - 2e^- \Longleftrightarrow Fe^{2+}$，$O_2 + 2H_2O + 4e^- \Longleftrightarrow 4OH^-$。

6.4　电极过程的速率控制步骤

6.4.1　速率控制步骤

如前所述，电极过程一般由多个单元步骤串联组成，各个单元步骤的特性，可能存在着相当大的差异。如果不考虑其他单元步骤的制约作用，每个步骤单独进行时的速率会有很大差异，或者说它们所蕴藏的反应能力有很大差异。但如果电极过程达到了稳态，则各个单元步骤的速率都应当相同，这就意味着此时存在一个"瓶颈步骤"，整个电极反应的速率主要由这个瓶颈步骤的速率所决定，而其他单元步骤的反应能力则未得到充分发挥。

几个接续进行的单元步骤达到稳态时，每个步骤的速率都相等，都等于"瓶颈步骤"的速率，这个控制着整个电极过程速率的单元步骤，称为速率控制步骤。"瓶颈步骤"有时也被称为"最慢步骤"，但所谓"最慢"并非指各分步步骤的实际进行速率而言，因为当连续反应稳态地进行时，每一个步骤的净速率都是相同的，这里所谓"最慢"是就反应进行的

图 6-12　瓶颈效应示意图

"困难程度"而言。

关于速率控制步骤可以和瓶颈效应进行类比。假如一根水管由几个粗细不同的部分所组成（如图 6-12），那么水流速率最大也只能等于最细部分的流速，虽然其他部分水管有很大的水流通过能力，但却只能受制于最细部分。如果把水流速率类比于电极反应速率，各部分水管粗细类比于各单元步骤的反应能力，则最细部分就是速率控制步骤。

因为整个电极过程的速率由控制步骤决定，故改变控制步骤的速率就能改变整个电极过程的速率。也就是说，整个电极过程所表现的动力学特征与速率控制步骤的动力学特征相同。可见速率控制步骤在电极过程动力学研究中有着重要的意义。

还应注意到，速率控制步骤是可能变化的。当电极反应进行的条件改变时，可能使控制步骤的反应能力大大提高，或者使某个单元步骤的反应能力大大降低，以致原来的控制步骤不再是整个电极过程的"瓶颈步骤"。这时速率控制步骤就会变化。当控制步骤改变后，整个反应的动力学特征也就随之发生变化。例如，原来由液相传质控制的电极过程，当采用强烈的搅拌而大大提高了传质速率时，则电子转移步骤就可能变成"瓶颈步骤"，这样电子转移步骤就成为控制步骤了。

另外，有些情况下，控制步骤可能不止一个。根据理论计算，若反应历程中有一个活化自由能比其余的高出 $8 \sim 10 kJ/mol$ 以上，即能构成"合格的"控制步骤，即整个连续反应的进行速率完全决定于此控制步骤的进行速率。但如果反应历程中最高的两个活化能垒相差不到 $4 \sim 5 kJ/mol$，则相应的两个步骤的绝对速率差不超过 $5 \sim 7$ 倍，在这种情况下，就必须同时考虑两个控制步骤的协同影响，即反应处在"混合控制区"。

另一个需要说明的问题是，速率控制步骤以外的其他步骤均可近似地认为处于平衡状态，称为准平衡态。对准平衡态下的过程可以用热力学方法去处理，使问题简化。比如，对处于准平衡态的电子转移步骤，就可以使用 Nernst 方程表示电极电势（需要用粒子表面浓度）；对准平衡态下的表面转化步骤，可以用吸附等温式计算吸附量，采用平衡常数来处理化学转化平衡等。

关于准平衡态的理解可以用 Ag^+ 自 $AgNO_3$ 溶液中阴极还原成为金属银的电极过程为例来说明。这个电极过程中，Ag^+ 自溶液深处向电极表面传递比电极表面的 Ag^+ 得到电子困难得多，故液相传质为速率控制步骤，而电子转移步骤（$Ag^+ + e^- \rightleftharpoons Ag$）则可以认为处于准平衡态。

对于 $Ag^+ + e^- \rightleftharpoons Ag$，在电极上无外电流通过时，金属 Ag 与 Ag^+ 处于动态平衡，即正、逆反应以相同速率进行。假定二者速率 $\overrightarrow{v} = \overleftarrow{v} = 10000$ 个（粒子）$/(m^2 \cdot s)$，即单位时间内单位面积上有 10000 个 Ag^+ 得到电子生成 Ag 原子，同时有 10000 个 Ag 原子转化为 Ag^+。现在通以外电流，假如液相传质的极限能力是 100 个 $/(m^2 \cdot s)$，则反应速率最大为 100 个 $/(m^2 \cdot s)$，即 $\overrightarrow{v} - \overleftarrow{v} = 100$ 个 $/(m^2 \cdot s)$。为了简单，近似地采取平均分配的办法，假定：$\overrightarrow{v} = 10050$ 个 $/(m^2 \cdot s)$，$\overleftarrow{v} = 9950$ 个 $/(m^2 \cdot s)$，显然 $\overrightarrow{v} \approx \overleftarrow{v}$。这就是说，此时该电子转移步骤的平衡基本上未遭破坏，近似处于平衡态。同时也能看出它毕竟有了净反应的产生，跟真正的平衡是不一样的，所以叫作准平衡态。

电极反应在电极/溶液界面进行，可用一般的表示异相反应速率的方法来描述电极过程的速率 v，即单位时间内单位面积上所消耗的反应物的物质的量，其单位为 $mol/(m^2 \cdot s)$。

在稳态时，外电流全部用于参加反应，由法拉第定律可知，电极反应所消耗的反应物的物质的量与电极上通过的电量存在正比关系，故可用单位时间内单位面积上所消耗的电量来表示电极反应的速率。

设电极反应为 $A + ze^- \Longrightarrow Z$，反应物 A 的反应速率为 v $[mol/(m^2 \cdot s)]$，根据法拉第定律，此反应所消耗的电子的物质的量为 zv $[mol/(m^2 \cdot s)]$，所以此反应所消耗的电量为 zFv $[C/(m^2 \cdot s)]$，其单位 $C/(m^2 \cdot s)$ 等价于 A/m^2，这就是电流密度 j，可见 $j = zFv$，故电极反应可用电流密度来表示反应速率。由于接续进行的各单元步骤速率都相同，所以既然电子转移步骤能用电流密度来表示反应速率，那么液相传质等其他步骤也可用电流密度来表示它们的反应速率。因此，在电化学中总是习惯用电流密度来衡量反应进行速率。

6.4.2　常见极化类型

发生极化时，电极反应处于非平衡态，电极电势偏离了其平衡电势。极化可以由各种不同原因引起，但本质上就是界面双层电势差的变化。根据电极过程中速率控制步骤的不同可将极化分为不同的类型。常见的极化包括以下两类。

（1）电化学极化。当电极过程为电荷传递步骤控制时，由于电极反应本身的"迟缓性"而引起的极化。电化学极化实质是电荷积累引起电极内电势及双层电势差的变化而导致。以阴极极化为例，由于通过外线路传输到电极上的电子"转移迟缓"，不能及时与电极表面的反应物粒子反应，故电子积累在电极表面造成双层剩余电荷密度的变化，从而使界面电势差偏离了平衡状态下的界面电势差，所以电极电势偏离了平衡电势，引起极化。

（2）浓度极化。当电极过程由液相传质步骤控制时，由于液相传质的"迟缓性"而引起的极化。当电化学反应具有很大速率的反应能力时，尽管电极反应本身没有任何困难，可以在平衡电势附近进行，但是在电极表面附近的液层中，由于反应消耗的反应粒子得不到及时补充，或是聚集在电极表面附近的产物不能及时疏散开，这时的电极电势就相当于把电极浸在一个较稀或较浓的溶液中的平衡电势，其值自然会偏离依照溶液本体浓度计算出的平衡电势，即发生了极化，就是浓度极化。

浓度极化的本质也是电荷积累引起电极内电势及双层电势差变化而导致。仍以阴极极化为例，因为电极表面消耗的反应物得不到及时补充，流入电极的电子没有反应物与之反应，就会在电极表面积累，从而使电极电势偏离平衡电势。

当然，除上述两种极化外，如果电极过程中还包含其他类型的基本过程并成为控制步骤，那么就会发生其他类型的极化，如表面转化控制引起的表面转化极化、电结晶步骤缓慢引起的电结晶极化等。

要想研究某种极化的动力学规律，就要采取措施使导致该种极化的步骤成为速率控制步骤，这样整个电极过程的动力学规律就反映出了该种极化的动力学规律。比如要研究电化学极化，则可在极化不太大的情况下，对溶液加强搅拌以加速液体的流动，使得液相传质步骤没有任何困难，此时测量稳态极化曲线就可研究电化学极化的动力学规律。

另外，有人将由电极的欧姆电阻引起的电势降称为电阻极化或欧姆极化。一般电子导体的电导率非常高，电阻可以忽略不计。但有些金属电极上由于各种作用会形成导电性差的覆盖膜层，导致电阻增加，还有一些半导体电极电阻也不能忽略。在电阻不能忽略的情况下，电流通过电极时会产生欧姆压降，从而引起电极电势对平衡电势的偏离。其特点是：电阻固定时，电阻极化与电流成正比，当电流中断时，电阻极化立即消失。如铅蓄电池放电产生的硫酸铅覆盖于电极表面，通电时即产生电阻极化，断电后立即消失。

由于电阻极化不与电极过程中的单元步骤相对应，只是电极欧姆电阻引起的电势降，所以严格来讲电阻极化并不能称为极化，这只是一种习惯叫法。

以上讨论是针对单个电极而言的，对于由两个电极组成的实际的电化学装置——原电池或电解池来说，它们的每个电极都会发生这三种极化（电化学极化、浓度极化、电阻极化），同时还有电解液的欧姆压降，这些因素是造成原电池或电解池端电压变化的原因，下面以化学电源为例来进行分析。

在化学电源放电过程中，理想的情况是放电电压保持开路电压不变，当活性组分耗尽后突降为零。但实际上由于各种极化的发生，电压会不断下降。

以恒流放电为例，在通电一瞬间，就会产生由欧姆内阻导致的"欧姆压降"（IR 降），它和系统中通过的电流成正比，放电电流越大，欧姆压降越大。一个电池的总欧姆内阻包括电极的电子电阻（包括活性物质和集流体本身的电阻以及各种接触电阻）和电解液的离子电阻（含隔膜电阻）。在放电过程中，电极活性物质的成分和形态会不断发生变化，从而造成欧姆内阻有所增大，进而导致 IR 降增大，但通常变化并不剧烈，只是缓慢地少量地增加。

除电阻极化以外，电池的两极还会产生电化学极化和浓度极化，造成电压进一步的下降。一般放电初期电极反应有一个活化过程，造成电化学极化比较快速地增加，随后进入稳定放电过程，电化学极化也趋于稳定。然后随着放电的进行，电极不断发生变化，反应阻力不断增大，导致电化学极化缓慢增大；同时传质条件也变差，浓度极化也在缓慢增大。这期间极化的增加主要来自两个方面：

① 随着电极中活性组分的消耗，其实际可用的有效表面积降低，在恒电流条件下放电时，对应的真实电流密度就会增加，从而导致反应过电势增大，即电化学极化增大，并产生浓度极化。

② 放电反应最初主要在电极的外表面进行，此处的物质传输较快。然而，随着放电的进行，电极反应逐步向电极内部转移，从而导致扩散过电势增大，即浓度极化增大。

最后，到了放电后期，由于活性组分消耗殆尽，浓度极化会急剧增大，从而引起电压急剧下降达到放电终点。整个放电过程中典型的极化发展如图 6-13 所示。需要说明的是，对于每一种电池，乃至每一种不同的电极材料和电极结构，以及不同的放电电流，这三种极化的影响都是不一样的，但是它们都是同时存在的。

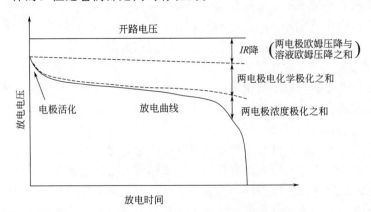

图 6-13 恒流放电时各种极化对电池放电电压的影响

6.4.3 电极过程的特征及研究方法

基于以上关于电极过程和电极反应的分析，可以总结出以电极反应为核心的电极过程具有如下一些特征。

（1）电极过程服从异相催化反应的一般规律。首先，电极反应速率与界面性质及面积有关。真实表面积、活化中心的形成与毒化、表面吸附及表面活性剂等影响界面状态的因素对反应速率都有较大影响。其次，电极反应速率与反应物或产物在电极表面附近液层中的液相传质，或与新相生成过程（金属电结晶、生成气体等）的动力学都密切相关。

（2）界面电场对电极过程速率有重大影响。首先，双电层电场对反应速率有强烈的影响。其次，电极电势可以在一定范围内人为调控，电极电势的变化可导致界面电势差的变化，从而达到人为控制电极反应速率的目的。这一特征正是电极过程区别于一般异相催化反应的特殊性所在。

（3）整个电极过程体现出的动力学规律取决于速率控制步骤的动力学规律。电极过程是一个多步骤连续进行的复杂过程，每一个单元步骤都有自己特定的动力学规律。整个电极过程的进行速率取决于速率控制步骤的进行速率，其他串联单元步骤的实际进行速率也与控制步骤相等，这些步骤的反应潜力远没有发挥，可视为处于准平衡态。

虽然影响电极过程的因素很多，但只要抓住电极过程区别于其他过程的最基本的特征——电极电势对电极反应速率的影响，抓住电极过程中的关键环节——速率控制步骤，就能弄清影响电极反应速率的基本因素及其影响规律，从而借此有效地人为控制电极反应的进行方向与进行速率，这正是研究电极过程动力学的目的。为了达到这一目的，往往需要弄清下列四个方面的情况。

（1）弄清整个电极反应的历程，即所研究的电极反应包括哪些单元步骤以及它们的组合顺序。

（2）找出电极过程的速率控制步骤，或采取措施使某一步骤变为控制步骤。若属于混合控制，则存在不止一个控制步骤。

（3）测定电极过程的动力学参数。电极过程的动力学特征反映出控制步骤的动力学特征。掌握了各类单元步骤的动力学特征，就可以根据电极反应的动力学特征来识别控制步骤的动力学特征。根据各类单元步骤的动力学特征，还可以提出影响控制步骤及整个电极反应速率的有效方法。

（4）测定其他步骤的热力学平衡数据。这将有助于研究整个电极过程的历程。

显然，进行以上各方面研究的核心是判断控制步骤和寻找影响控制步骤速率的有效方法。为此，需要首先分别弄清组成电极反应的各类单元步骤（主要是电荷传递步骤和液相传质步骤）的动力学特征，本书中将逐章介绍电荷传递步骤和液相传质步骤的动力学特征，即电化学极化与浓度极化的动力学特征。

复习题

1. 什么是电极的极化？简述阴极极化与阳极极化的特点。

2. 为什么要研究单个电极的极化？画出三电极体系电路图，说明其测量原理。

3. 为什么微电极可以使用两电极体系进行电化学测量？

4. 如何降低参比电极与研究电极之间的溶液欧姆压降？

5. 鲁金毛细管为什么能降低溶液欧姆压降？

6. 简述电化学稳态与暂态的区别。

7. 稳态极化曲线有哪些测量方法？

8. 分析原电池与电解池两电极极化曲线的变化。

9. 三电极体系的等效电路与电化学装置的等效电路有何不同？

10. 电极反应有何特点？常见电极反应有哪些种类？

11. 什么是速率控制步骤？研究其意义何在？

12. 何谓准平衡态？它与真正的平衡态有何区别？

13. 电极过程包括哪些单元步骤？一般情况下如何研究电极过程？

14. 为什么电化学研究中可以用电流密度来表示电极反应的速率？

15. 除电子转移步骤之外，电极过程的其他单元步骤是否也能用电流密度表示它们的速度？为什么？

16. 简述常见的三种极化的概念及产生原因。哪一种极化严格来讲不能称为极化？

17. 查找资料，了解某一类型电池的充放电曲线，分析充放电过程中电压变化的原因。

18. 电极过程是由一系列单元步骤组成的复杂过程，是否可以分别测知各单元步骤的动力学特征？为什么？

19. 25℃时，用 0.01A 电流电解 0.1mol/L $CuSO_4$ 和 1mol/L H_2SO_4 的混合水溶液，测得电解槽两端的电压为 1.86V，阳极上氧析出的过电势为 0.32V，已知两电极间溶液电阻为 40Ω，试求阴极上铜沉积的过电势（假定阴极上只有铜沉积，各离子活度系数为 1，阳极反应标准电势为 1.229V，阴极反应标准电势为 0.3419V）。

第7章　电化学极化

　　本章将研究电化学反应的基本动力学规律。进行动力学研究的第一个基本任务是确定反应的速率以及各种因素对反应速率的影响，第二个基本任务是研究反应的机理，即从反应物变为产物的反应历程。

　　在上一章中，我们已经建立了电极反应的净速率和净电流密度之间的正比关系，指出了电化学研究中更常用电流密度来表示电极反应的速率。而且我们也已经知道，对于一个给定的电极过程，反应速率强烈依赖于电极电势。因此，为了精确描述界面电荷转移的动力学规律，需要研究电流密度与电极电势的关系。在这一章里，我们要建立一个能够定量地解释所观察到的电流密度与电势和浓度关系的理论。建立了这样的理论，我们就能掌握电荷传递步骤的动力学特征，从而研究各种电极反应的动力学规律及反应机理。

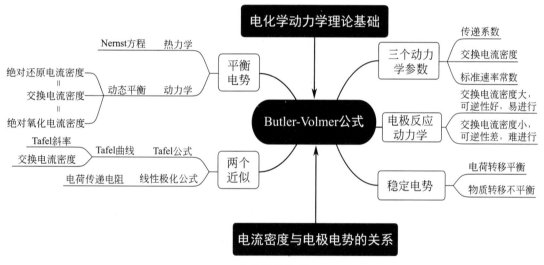

本章思维导图

7.1　电化学动力学理论基础

7.1.1　化学动力学回顾

　　电化学反应动力学研究建立在化学反应动力学的基础上，所以，我们先来回顾化学动力学中与电化学动力学有密切联系的一些基本理论。

　　（1）反应速率常数。一步完成的反应叫基元反应。复杂反应由两个或两个以上的基元反应组成。基元反应的速率方程可直接应用质量作用定律（一定温度下，基元反应的反应速率与各反应物浓度以相应化学计量数为方次的积成正比）写出。

　　研究如下基元反应：

$$a\mathrm{A} + b\mathrm{B} \Longrightarrow c\mathrm{C} + d\mathrm{D} \tag{7-1}$$

根据质量作用定律，这时的正向反应速率 $\overrightarrow{v}$ 可以表示如下：

$$\overrightarrow{v} = k[A]^a[B]^b \tag{7-2}$$

式中，k 称为反应速率常数，其物理意义是各有关反应物的浓度为单位浓度时的反应速率，它的大小直接反映了反应的快慢程度。它的数值与反应物的浓度无关，在一定温度下为常数。由公式可知，k 的单位与反应级数有关。

（2）交换反应速率。如果正向反应是基元反应，则其逆向反应也必然是基元反应，而且逆过程按原来的路径返回，即正、逆方向进行时必经过同一个活化配合物，此原理称为微观可逆性原理。把此原理应用于宏观平衡体系时，可得到精细平衡原理：平衡时体系中每一个基元反应在正、逆两个方向进行反应的速率相等。根据该原理可知，体系达平衡时，每一个转化步骤都处在动态平衡，即每个基元反应自身必须平衡。根据精细平衡原理可以推出：在复杂反应中如果有一个决速步骤，则它必然是逆反应的决速步骤。

下面，考察基元反应（7-1）的情况，根据精细平衡原理，必须考虑逆反应对反应速率的贡献。逆反应的反应速率 $\overleftarrow{v}$ 可以表示如下：

$$\overleftarrow{v} = k'[C]^c[D]^d \tag{7-3}$$

式中，k' 为逆反应的反应速率常数。

反应速率是正向反应与逆向反应竞争的结果，反应净速率为正向速率与逆向速率之差：$v = \overrightarrow{v} - \overleftarrow{v}$。当反应处在平衡状态时，净速率为 0，即 $v = \overrightarrow{v} - \overleftarrow{v} = 0$，但此时正、逆反应速率并不等于 0，而以一定的反应速率保持动态平衡，即 $\overrightarrow{v} = \overleftarrow{v} = v_0$，$v_0$ 称为交换反应速率。也就是说，在平衡状态下，正向反应速率与逆向反应速率相等，均等于交换反应速率。

（3）过渡态理论。瑞典化学家 Arrhenius 根据实验事实提出速率常数可表达为：

$$k = A\exp\left(-\frac{E_a}{RT}\right) \tag{7-4}$$

式中，E_a 称为活化能；A 称为指前因子或频率因子。

过渡态理论可以针对特定的化学体系从定量的分子性质来预测 A 和 E_a 的值。因为分子间的势能是核间距的函数，反应过程中随着分子核间距的变化，可以计算出许多的势能点。势能函数和体系中所有独立的核间位置坐标构成了一个高低不平的多维曲面，称为势能面。由此可导出势能沿着反应坐标变化的反应途径。反应物和产物占据势能面的最低处，随着反应进行，坐标从反应物变化到产物。由于沿着反应坐标的途径连接两个最低点，它必须先升高，通过一个最高点，然后再降低到产物区。经常是将谷底到最高点的高度作为活化能（严格地讲是 0K 时的活化能）。

三原子系统（如 A、B、C 三个原子）的势能面可以给出清晰的物理图像。设 ABC 为直线分子，在以势能为纵坐标、两个核间距（r_{AB} 和 r_{BC}）为另外两个坐标的三维图上构成了一个形状类似于马鞍的势能面，如图 7-1 所示。反应过程即为图 7-1 中的虚线 acb 所示的途径，将此反应途径投影到一个平面上，就得到了图 7-2 所示的势能变化简图。

过渡态理论的速率常数公式可用下式表示：

$$k = \frac{k_B T}{h} K_c^{\neq} \tag{7-5}$$

式中，k_B 是玻尔兹曼常数；h 是普朗克常数；$K_c^{\neq}$ 是由反应物生成活化配合物的平衡常数。已知平衡常数与标准摩尔吉布斯自由能的关系为：

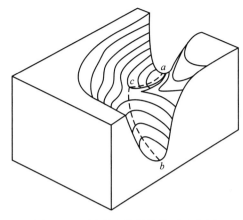

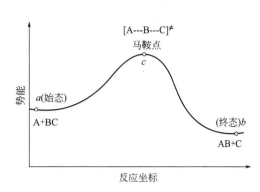

图 7-1　三原子系统的势能面示意图　　　　　图 7-2　反应过程中势能变化简图

$$\Delta_r G_{m,\neq}^{\ominus} = -RT\ln K_c^{\neq} \tag{7-6}$$

将上式代入式(7-5)，得：

$$k = \frac{k_B T}{h}\exp\left(-\frac{\Delta_r G_{m,\neq}^{\ominus}}{RT}\right) \tag{7-7}$$

式中，$\Delta_r G_{m,\neq}^{\ominus}$ 称为标准摩尔活化 Gibbs 自由能，为简化起见，本书以下推导中将其简记为 $\Delta G^{\neq}$。另外将上述公式的指前常数项记为 A，则得到：

$$k = A\exp\left(-\frac{\Delta G^{\neq}}{RT}\right) \tag{7-8}$$

这是采用过渡态理论研究电化学动力学中将要用到的一个重要公式。图 7-3 给出了由该式得到的反应过程中标准 Gibbs 自由能变化简图。图中从反应物到活化配合物的标准自由能的变化为 $\overrightarrow{\Delta G}^{\neq}$，而从产物到活化配合物的标准自由能的变化为 $\overleftarrow{\Delta G}^{\neq}$，整个反应的标准自由能的变化为 $\Delta_r G^{\ominus}$。

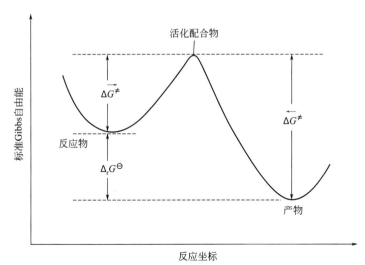

图 7-3　反应过程中标准 Gibbs 自由能变化简图

7.1.2 电子转移的动态平衡与极化本质

（1）绝对电流密度与交换电流密度。考虑电极上发生的如下基元反应：

$$O + ze^- \underset{k_2}{\overset{k_1}{\rightleftharpoons}} R \qquad (7\text{-}9)$$

用 O、R 分别表示氧化态和还原态物种；k_1 和 k_2 分别是正、逆反应的速率常数。

根据质量作用定律，可知 $\vec{v} = k_1 c_O$，$\overleftarrow{v} = k_2 c_R$，反应的净速率 $v = \vec{v} - \overleftarrow{v}$，在平衡电势下，体系处于热力学平衡状态，有 $\vec{v} = \overleftarrow{v} = v_0$。其中 c_O 和 c_R 为 O 和 R 的表面浓度（因为反应在电极表面进行），v_0 为交换反应速率。因为电极反应速率用 $mol/(m^2 \cdot s)$ 来表示，所以速率常数的单位是 m/s。

在电化学中总是习惯于用电流密度 j 来表示反应速率 v，因为二者存在正比关系：$j = zFv$，且在电化学研究中电流测量非常方便。于是可将正、逆反应的反应速率也用电流密度来表示：

$$\vec{j} = zF\vec{v}；\quad \overleftarrow{j} = zF\overleftarrow{v} \qquad (7\text{-}10)$$

由于正向反应是还原反应，故 $\vec{j}$ 称为绝对还原电流密度；而逆向反应是氧化反应，故 $\overleftarrow{j}$ 称为绝对氧化电流密度。$\vec{j}$ 和 $\overleftarrow{j}$ 代表同一电极上发生的方向相反的还原反应和氧化反应的绝对速率（即微观反应速率），统称为绝对电流密度。显然对于整个反应，有：

$$j = \vec{j} - \overleftarrow{j} \qquad (7\text{-}11)$$

式中，j 为净反应电流密度。在稳态条件下，j 等于外电流密度。在电流发生变化的瞬间，即非稳态情况下，净反应电流密度与外电流密度并不相等，因为此时外电流还包括双层充电电流，但一般情况下双层充电电流远远小于反应电流，且充电时间很短暂，故在充电电流可忽略的情况下，j 可近似为外电流密度。

在平衡电势下，外电流密度 $j = 0$，此时 $\vec{v} = \overleftarrow{v} = v_0$，因 $j = zFv$，故有：

$$\vec{j} = \overleftarrow{j} = j_0 \qquad (7\text{-}12)$$

式中，$j_0 = zFv_0$，称为交换电流密度。

在发生极化时，电极电势偏离平衡电势，产生净的电流密度，此时绝对电流密度 $\vec{j}$ 和 $\overleftarrow{j}$ 也将发生变化。阴极极化时，$\vec{j} > j_0$，$\overleftarrow{j} < j_0$，因此 $\vec{j} > \overleftarrow{j}$，发生净的还原反应（$O + ze^- \longrightarrow R$），$j > 0$；阳极极化时，$\vec{j} < j_0$，$\overleftarrow{j} > j_0$，因此 $\vec{j} < \overleftarrow{j}$，发生净的氧化反应（$R - ze^- \longrightarrow O$），$j < 0$。

在此一定要明确：不论在电化学池的阴极上还是阳极上，都存在着各自的 $\vec{j}$ 和 $\overleftarrow{j}$，如图 7-4 所示。图中 j_a 是阳极外电流密度，$\vec{j}_a$ 和 $\overleftarrow{j}_a$ 是阳极上存在的绝对还原和氧化电流密度；j_c 是阴极外电流密度，$\vec{j}_c$ 和 $\overleftarrow{j}_c$ 是阴极上存在的绝对还原和氧化电流密度。

（2）电极电势对电化学反应能垒的影响。上节已经看到，反应在多维势能面上沿着反应坐标从反应物构型到产物构型变化的进程可用平面投影图表示出来。这种思想也适用于电极反应，电极电势强烈地影响发生在其表面上的电极反应速率，所以其能量面的形状是电极电势的函数。通过考虑下列反应可以容易地看到电极电势的影响：

$$Na^+ + e^- \underset{}{\overset{Hg}{\rightleftharpoons}} Na(Hg)$$

将 Na^+ 溶解在乙腈中，以 Hg 做电极，反应生成钠汞齐。反应过程中，反应物的稳定态为

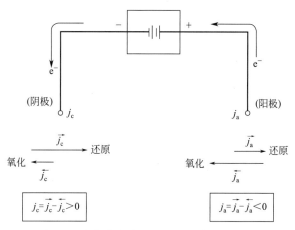

图 7-4 电化学池中绝对电流和净电流关系

Na$^+$ 处于 OHP 平面上、电子处于电极表面，此时 Na$^+$ 与电子距离为外紧密层厚度；产物的稳定态为钠原子溶解在汞中形成钠汞齐，此时 Na$^+$ 与电子距离为 Na 原子中核与电子的距离。Gibbs 自由能沿着反应坐标的投影图如图 7-5(a) 所示，当两者速率相等时，体系处于平衡态，汞的电极电势是 φ_e。

现在假设电极电势向正方向移动，即 $\varphi > \varphi_e$。根据电磁学原理，电势升高，电子能量降低，所以此时作为反应物的电子能量降低，如图 7-5(b) 所示。由于还原的能垒升高，氧化的能垒降低，故发生净的氧化反应，有净阳极电流流过。若电极电势向负方向移动，即 $\varphi < \varphi_e$，则电子的能量升高，如图 7-5(c) 所示，此时还原能垒降低，氧化能垒升高，故发生净的还原反应，有净阴极电流流过。

以上讨论用过渡态理论定性地显示了电极电势影响电极反应的净速率和方向的过程，说明了阴极极化和阳极极化的本质。

7.1.3 电子转移动力学理论发展简介

（1）Tafel 公式。瑞士化学家 Tafel 在详细研究了析氢反应速率与过电势之间关系后，于 1905 年提出了著名的 Tafel 经验公式：

$$\eta = a + b\lg j \tag{7-13}$$

式中，η 为过电势；j 为外电流密度。严格来讲，此公式应写为：

$$\eta = a + b\lg(j/[j]) \tag{7-14}$$

式中，$[j]$ 为单位电流密度，A/m^2，这样才能保证其为无量纲的量；b 的单位为 V。不过为了简单，习惯上都写作式(7-13)。

（2）电极动力学的 Butler-Volmer 公式。热力学仅描述平衡状态，动力学却描述了平衡状态的达到和平衡状态的动态保持这两个方面。动力学和热力学对于平衡态性质的描述必须是一致的，也就是说，在平衡状态下，动力学方程应该转化为热力学方程。对于一个电极反应，平衡状态是由 Nernst 方程来表征的，所以一个合理的电极动力学模型，必须在平衡电势下导出 Nernst 方程。同时，电极动力学模型还必须解释 Tafel 公式的正确性。

20 世纪 20 年代，Butler（巴特勒）和 Volmer（伏尔摩）通过对于图 7-5 所示模型更详细的考虑，定量地建立了电极动力学公式——Butler-Volmer 公式，很好地解释了以上两方面内容，取得了极大的成功，成为研究电极动力学最基础的理论，该理论也是本章重点讲述的内容。

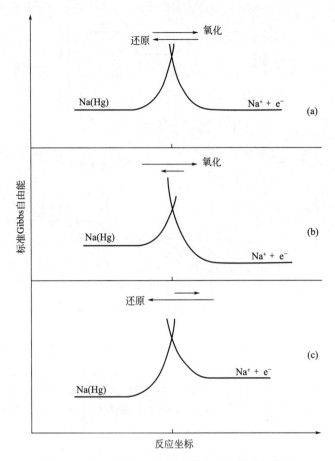

图 7-5　电极反应过程中自由能变化的简单示意图

（a）在平衡电势时；（b）在比平衡电势更正的电势时；（c）在比平衡电势更负的电势时

（3）电荷转移的微观理论。Butler-Volmer 公式属于宏观反应动力学范畴。宏观反应动力学的研究目的主要是测定反应速率常数，推断可能存在于总反应过程中的基元反应步骤，确定反应机理。但是要真正了解一个反应过程，要论证反应机理的正确性，就必须直接研究这种基元反应，就需要一个微观的理论去描述分子结构和环境是如何影响电荷传递过程的。

从原子和分子水平上认识化学反应本质的基本理论基础是量子力学，而统计热力学可以根据物质结构的知识用统计的方法求出微观性质与宏观性质之间的联系。随着量子力学和统计热力学的发展，关于电荷转移的微观理论也逐渐完善起来。在此领域 Marcus 等人做出了主要的贡献，电子迁移的 Marcus 理论在电化学研究中已有广泛的应用，并已被证明通过最少量的计算，它便有能力进行关于结构对动力学影响的有用的预测。Marcus 因此获得了1992 年诺贝尔化学奖。

7.2　电极动力学的 Butler-Volmer 模型

在本节中，将把过渡态理论应用于电极反应，以建立一个可定量预测 j 与 φ 关系的模型，即 Butler-Volmer 电极动力学模型。Butler-Volmer 公式是经典电化学理论中应用最广泛的公式，电化学领域的每一个学生都必须掌握它。

单步骤单电子过程是最简单的电极过程，可以看作基元反应来研究，所以我们首先研究单电子步骤的电极过程动力学特征，然后再推广到多电子电极反应。

7.2.1 单电子反应的 Butler-Volmer 公式

考虑如下单电子反应：

$$O + e^- \underset{k_2}{\overset{k_1}{\rightleftharpoons}} R \qquad (7\text{-}15)$$

我们的目的是得到 j 与 φ 的关系，公式推导的主线是：通过 $j = zFv$ 将 j 与 v 联系起来，v 通过质量作用定律与 k 联系起来，k 通过过渡态理论的速率常数表达式与 $\Delta G^{\neq}$ 联系起来，再通过 $\Delta G = -nFE$ 将 $\Delta G^{\neq}$ 与 $\Delta\varphi$ 联系起来，最终得到 j 与 φ 的关系。为便于理解，将推导过程分成四部分阐述。

(1) 电流密度与活化自由能的关系。考虑平面电极，假定溶液中离子浓度只沿 x 轴变化，即与电极表面平行的液面为等浓度面。对于 O，将距电极表面 x 处液面在极化开始后 t 时刻的浓度记为 $c_O(x, t)$，则表面浓度为 $c_O(0, t)$。没有特性吸附时，$c_O(0, t)$ 就是 OHP 面的 O 粒子浓度。同理，R 的表面浓度为 $c_R(0, t)$。根据质量作用定律，正逆反应的速率为：

$$\vec{v} = k_1 c_O(0,t) ; \quad \overleftarrow{v} = k_2 c_R(0,t) \qquad (7\text{-}16)$$

式中，k_1 和 k_2 分别是正、逆反应的速率常数。对应的绝对电流密度为：

$$\vec{j} = F\vec{v} = Fk_1 c_O(0,t) ; \quad \overleftarrow{j} = F\overleftarrow{v} = Fk_2 c_R(0,t) \qquad (7\text{-}17)$$

这样就得到了电极反应的净电流密度表达式：

$$j = \vec{j} - \overleftarrow{j} = F[k_1 c_O(0,t) - k_2 c_R(0,t)] \qquad (7\text{-}18)$$

根据过渡态理论的速率常数表达式(7-8)，有：

$$k_1 = A_1 \exp\left(-\frac{\Delta \vec{G}^{\neq}}{RT}\right) ; \quad k_2 = A_2 \exp\left(-\frac{\Delta \overleftarrow{G}^{\neq}}{RT}\right) \qquad (7\text{-}19)$$

式中，$\Delta \vec{G}^{\neq}$ 和 $\Delta \overleftarrow{G}^{\neq}$ 分别是正、逆反应的标准摩尔活化吉布斯自由能；A_1 和 A_2 分别是正、逆反应的指前因子。这样就可以得到电流密度与活化自由能的关系式〔以下推导为了形式上的简单，将 $c_O(0, t)$ 简记为 c_O，$c_R(0, t)$ 简记为 c_R〕：

$$\vec{j} = Fk_1 c_O = A_1 F c_O \exp\left(-\frac{\Delta \vec{G}^{\neq}}{RT}\right) \qquad (7\text{-}20)$$

$$\overleftarrow{j} = Fk_2 c_R = A_2 F c_R \exp\left(-\frac{\Delta \overleftarrow{G}^{\neq}}{RT}\right) \qquad (7\text{-}21)$$

(2) 电极电势对活化自由能的影响。为了使问题简化，在此做两个假设：①电极/溶液界面上仅有 O 和 R 参与的单电子转移步骤，而没有其他任何化学反应步骤；②双电层中分散层的影响可以忽略。

现在来考虑电极电势的变化对正、逆反应活化自由能的影响。在此选择形式电势 $\varphi^{\ominus'}$ 作为电势的参考点。假设当电极电势等于 $\varphi^{\ominus'}$ 时，自由能随反应坐标的变化曲线如图 7-6 所示，此时正、逆反应的标准摩尔活化吉布斯自由能分别是 $\Delta \vec{G}_0^{\neq}$ 和 $\Delta \overleftarrow{G}_0^{\neq}$。则 $\varphi^{\ominus'}$ 下的正、逆反应的反应速率常数 k_1^0 和 k_2^0 满足下式：

$$k_1^0 = A_1 \exp\left(-\frac{\Delta \vec{G}_0^{\neq}}{RT}\right) ; \quad k_2^0 = A_2 \exp\left(-\frac{\Delta \overleftarrow{G}_0^{\neq}}{RT}\right) \qquad (7\text{-}22)$$

如果将电势从 $\varphi^{\ominus'}$ 变化到一个新值 φ，来考虑活化自由能的变化。从 7.1.2 中已经知道，此时电子的能量将发生变化。因为标准摩尔活化吉布斯自由能是指反应进度 $\xi=1\mathrm{mol}$ 时的自由能变化，故需要考虑 1mol 电子能量的变化值。

电极电势的改变值 $\varphi-\varphi^{\ominus'}$ 就是双电层界面电势差的改变值 $\Delta(\phi_M-\phi_S)$。由于反应粒子处于 OHP 平面，故驱动电极反应的电势差是紧密层电势差，根据假设，分散层的影响可以忽略，故紧密层电势差即为双层电势差 $\phi_M-\phi_S$。所以当电势由 $\varphi^{\ominus'}$ 变化到 φ 后，紧密层电势差的改变值就等于电极电势的改变值 $\varphi-\varphi^{\ominus'}$。

根据电场中电势的定义，将 $-1\mathrm{C}$ 电量的电子电势升高 1V，电场所做的功为 1J，则将 1mol 电子电势改变 $\Delta(\phi_M-\phi_S)$ 所做的功为 $W_{\text{电}}=F\Delta(\phi_M-\phi_S)$。另外，根据吉布斯自由能的定义得知，在等温等压的条件下，当体系发生变化时，体系吉布斯自由能的减少等于对外所做的最大非体积功。此时非体积功只有电功一种，则 1mol 电子的自由能变化为：

$$\Delta G=-W_{\text{电}}=-F\Delta(\phi_M-\phi_S)=-F(\varphi-\varphi^{\ominus'}) \tag{7-23}$$

因此，若 $\varphi>\varphi^{\ominus'}$，$O+e^-$ 的自由能曲线将下移 $F(\varphi-\varphi^{\ominus'})$；若 $\varphi<\varphi^{\ominus'}$，$O+e^-$ 的曲线将上移 $-F(\varphi-\varphi^{\ominus'})$。

图 7-6 所示为 $\varphi>\varphi^{\ominus'}$ 时的情况，显然，此时正反应的活化自由能增大了电子总能量变化的一个分数，这个分数用 β 表示，称为传递系数，其值在 0 到 1 之间，与曲线中交叉区域的形状有关。而逆反应的活化自由能减少了电子总能量变化的一个分数，这个分数刚好是 $1-\beta$。于是可以得到电势为 φ 时的正、逆反应的标准摩尔活化吉布斯自由能：

$$\Delta\vec{G}^{\neq}=\Delta\vec{G}_0^{\neq}+\beta F(\varphi-\varphi^{\ominus'}) \tag{7-24}$$

$$\Delta\overleftarrow{G}^{\neq}=\Delta\overleftarrow{G}_0^{\neq}-(1-\beta)F(\varphi-\varphi^{\ominus'}) \tag{7-25}$$

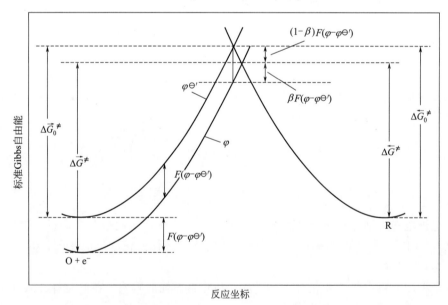

图 7-6　电势的变化对于氧化和还原反应的标准活化吉布斯自由能的影响

（3）电极电势与电流密度的特征关系式。将式(7-24) 和式(7-25) 分别代入式(7-20) 和式(7-21)，得：

$$\vec{j}=A_1Fc_O\exp\left(-\frac{\Delta\vec{G}_0^{\neq}}{RT}\right)\exp\left[-\frac{\beta F(\varphi-\varphi^{\ominus'})}{RT}\right] \tag{7-26}$$

$$\overleftarrow{j} = A_2 F c_R \exp\left(-\frac{\Delta\overleftarrow{G}_0^{\neq}}{RT}\right) \exp\frac{(1-\beta)F(\varphi-\varphi^{\Theta\prime})}{RT} \tag{7-27}$$

将 k_1^0 和 k_2^0 的表达式(7-22)代入上两式，得：

$$\overrightarrow{j} = F k_1^0 c_O \exp\left[-\frac{\beta F(\varphi-\varphi^{\Theta\prime})}{RT}\right] \tag{7-28}$$

$$\overleftarrow{j} = F k_2^0 c_R \frac{(1-\beta)F(\varphi-\varphi^{\Theta\prime})}{RT} \tag{7-29}$$

k_1^0 和 k_2^0 是 $\varphi^{\Theta\prime}$ 下正、逆反应的反应速率常数，这两个常数间是否有联系呢？设电极处于 $\varphi^{\Theta\prime}$ 下，根据 $\varphi^{\Theta\prime}$ 的定义，此时溶液中 O 与 R 的本体浓度 $c_O^0 = c_R^0$，则此时平衡电势为：

$$\varphi_e = \varphi^{\Theta\prime} - \frac{RT}{F}\ln\frac{c_R^0}{c_O^0} = \varphi^{\Theta\prime} \tag{7-30}$$

即在此情况下电极体系本身就处于平衡状态，正、逆反应速率相等。根据质量作用定律，可知 $\overrightarrow{v} = k_1^0 c_O^0$，$\overleftarrow{v} = k_2^0 c_R^0$，故有 $k_1^0 c_O^0 = k_2^0 c_R^0$，即 $k_1^0 = k_2^0$。故令 $k_1^0 = k_2^0 = k$，k 称为标准速率常数，单位常用 cm/s。

将 k 代入式(7-28)和式(7-29)，并将简记为 c_O 的 $c_O(0,t)$ 和简记为 c_R 的 $c_R(0,t)$ 恢复为原符号，得：

$$\overrightarrow{j} = F k c_O(0,t) \exp\left[-\frac{\beta F(\varphi-\varphi^{\Theta\prime})}{RT}\right] \tag{7-31}$$

$$\overleftarrow{j} = F k c_R(0,t) \exp\frac{(1-\beta)F(\varphi-\varphi^{\Theta\prime})}{RT} \tag{7-32}$$

这样就可得到净电流密度-电势特征关系式：

$$j = F k \left\{ c_O(0,t) \exp\left[-\frac{\beta F(\varphi-\varphi^{\Theta\prime})}{RT}\right] - c_R(0,t) \exp\frac{(1-\beta)F(\varphi-\varphi^{\Theta\prime})}{RT} \right\} \tag{7-33}$$

此公式在动力学研究中非常重要，为了纪念两位开创者，将此公式以及由它导出的一些其他公式〔如式(7-38)、式(7-43)〕统称为 Butler-Volmer 公式。

(4) 电流密度-过电势公式。在平衡电势可定义的情况下（$a_O^0 \neq 0$、$a_R^0 \neq 0$），当 $\varphi = \varphi_e$ 时，外电流密度 $j=0$，此时 $\overrightarrow{j} = \overleftarrow{j} = j_0$。平衡态时 O 和 R 的本体浓度与表面浓度相等，即 $c_O(0,t) = c_O^0$，$c_R(0,t) = c_R^0$，所以对于式(7-31)和式(7-32)有：

$$j_0 = F k c_O^0 \exp\left[-\frac{\beta F(\varphi_e-\varphi^{\Theta\prime})}{RT}\right] = F k c_R^0 \exp\frac{(1-\beta)F(\varphi_e-\varphi^{\Theta\prime})}{RT} \tag{7-34}$$

当电极极化到某一电势 φ 时，将式(7-31)作如下变形：

$$\overrightarrow{j} = F k c_O(0,t) \frac{c_O^0}{c_O^0} \exp\left[-\frac{\beta F(\varphi-\varphi_e+\varphi_e-\varphi^{\Theta\prime})}{RT}\right]$$

$$= F k c_O^0 \frac{c_O(0,t)}{c_O^0} \exp\left[-\frac{\beta F(\varphi-\varphi_e)}{RT}\right] \exp\left[-\frac{\beta F(\varphi_e-\varphi^{\Theta\prime})}{RT}\right] \tag{7-35}$$

将式(7-34)代入，令 $\Delta\varphi = \varphi - \varphi_e$，得到：

$$\overrightarrow{j} = j_0 \frac{c_O(0,t)}{c_O^0} \exp\left(-\frac{\beta F \Delta\varphi}{RT}\right) \tag{7-36}$$

同理可得：

$$\overleftarrow{j} = j_0 \frac{c_R(0,t)}{c_R^0} \exp\frac{(1-\beta)F \Delta\varphi}{RT} \tag{7-37}$$

这样就可得到净电流密度的另一种表达式：

$$j = j_0 \left[\frac{c_O(0,t)}{c_O^0} \exp\left(-\frac{\beta F \Delta\varphi}{RT} \right) - \frac{c_R(0,t)}{c_R^0} \exp\frac{(1-\beta)F\Delta\varphi}{RT} \right] \tag{7-38}$$

此公式称为电流密度-过电势公式。式中，$c_O(0, t)/c_O^0$ 和 $c_R(0, t)/c_R^0$ 反映了 O 和 R 通过液相传质的供给情况。

图 7-7 描绘了上式所示的 j-$\Delta\varphi$ 曲线，实线是外电流密度 j，虚线是 $\overrightarrow{j}$ 和 $\overleftarrow{j}$。对于阴极极化，若过电势较大，则 $\overleftarrow{j}$ 可忽略，j 与 $\overrightarrow{j}$ 重合；对于阳极极化，若过电势较大，则 $\overrightarrow{j}$ 可忽略，j 与 $\overleftarrow{j}$ 重合。电势从 φ_e 向正负两个方向移动时，电流值迅速增大，这是因为式(7-38) 中指数因子占主导地位，液相传质的影响小，主要发生电化学极化。但对于很大的 $\Delta\varphi$ 值，电流趋于稳定，这是由于表面浓度 $c_O(0, t)$、$c_R(0, t)$ 与本体浓度 c_O^0、c_R^0 的差别极大，故电流是由液相传质过程所决定的，即主要发生浓度极化，其对应的最大外电流密度称为极限电流密度（详见第 8 章），在图中用 $j_{d,c}$ 和 $j_{d,a}$ 来表示阴极极化和阳极极化对应的极限电流密度。

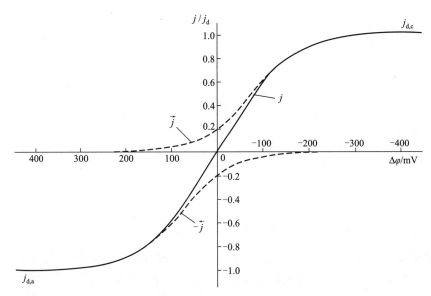

图 7-7　体系 $O + e^- \rightleftharpoons R$ 的 j-$\Delta\varphi$ 曲线

条件：$\beta = 0.5$，$T = 298K$，$j_{d,c} = -j_{d,a} = j_d$，$j_0/j_d = 0.2$

描述电荷传递步骤动力学特征的物理量称为动力学参数，从式(7-33) 和式(7-38) 可看出，k、β、j_0 是最基本的三个动力学参数，在电极动力学研究中有很重要的意义。

7.2.2　传递系数

从上述推导过程中，我们可以对传递系数 β 作如下定义：当电势偏离形式电势时，还原反应过渡态活化自由能的改变值占电子总自由能改变值的分数。它的物理意义是很直观的：反映了改变电极电势对反应活化自由能的影响程度。

β 是能垒的对称性的度量，它由两条吉布斯自由能曲线的对称性决定，其值在 0～1 之间。如 H^+ 在汞电极上的还原 $\beta = 0.5$，Ti^{4+} 在汞电极上还原为 Ti^{3+} 的反应 $\beta = 0.42$，Ce^{4+} 在铂电极上还原为 Ce^{3+} 的反应 $\beta = 0.75$。大多数体系 β 值在 0.3～0.7 之间，在没有确切的测量时通常将之近似为 0.5。

实际上，如图 7-6 所示，自由能曲线是非线性的，故两条势能曲线的交叉区域在不同电势下夹角是不同的，即 β 是随电极电势而变化的。然而在大多数实验中，可研究的电势变化范围相对而言是很窄的，在此电势区间内交叉区域的夹角变化很小，故可以近似认为 β 是定值。

7.2.3 标准速率常数

标准速率常数 k 定义：当界面处于平衡状态且 $c_O^0/c_R^0 = 1$ 时（此时 $\varphi_e = \varphi^{\ominus}$），正、逆反应速率常数相等，称为标准速率常数。在 $\varphi^{\ominus}$ 下，当反应物与产物浓度都为单位浓度时，k 在数值上就等于电极反应的绝对反应速率。所以它的物理意义很明确，即可以度量氧化还原电对的动力学难易程度。

简单来说，k 体现了电极反应的反应能力与反应活性，反映了电极反应的可逆性。k 值较大的体系可逆性好；而 k 值较小的体系可逆性差。表 7-1 给出了一些电化学反应体系的标准速率常数，可见对于同一个反应，电解液组成和电极对 k 值影响很大。最大可测量的标准速率常数在 $1 \sim 10\,\mathrm{cm/s}$ 范围内，而已有报道最小的 k 值较 $10^{-9}\,\mathrm{cm/s}$ 还要小，因此电化学涉及 10 个数量级的动力学反应活性。应注意到即使 k 值较小，但当施加足够大的过电势时，仍然可以获得较大的反应速率。

表 7-1 一些电化学反应体系的标准速率常数

电极反应	支持电解质	温度/℃	电极	$k/(\mathrm{cm/s})$
$Fe^{3+} + e^- \rightleftharpoons Fe^{2+}$	1mol/L HClO$_4$	25	Pt	2.2×10^{-3}
	1mol/L HCl	21	石墨	1.2×10^{-4}
$Ni^{2+} + 2e^- \rightleftharpoons Ni$	0.5mol/L NaClO$_4$	20	Hg	5.14×10^{-9}
	0.2mol/L KNO$_3$	20	Hg	1.24×10^{-10}
$Cd^{2+} + 2e^- \rightleftharpoons Cd$	0.5mol/L Na$_2$SO$_4$	20	Hg	$(4.2 \sim 4.5) \times 10^{-2}$
	1mol/L KNO$_3$	20	Hg	约 6×10^{-1}
$Pb^{2+} + 2e^- \rightleftharpoons Pb$	1mol/L HClO$_4$	—	Hg	2.0
	1mol/L NaClO$_4$	—	Hg	3.3

7.2.4 交换电流密度

（1）j_0 与 k 的关系。交换电流密度表示平衡电势下电极/溶液界面上 O 和 R 交换电子的速率，其物理意义与标准速率常数是一样的，即可以度量氧化还原电对的动力学难易程度，体现了电极反应的反应能力与反应活性。显然 j_0 与 k 二者之间存在着一定的联系。将公式(7-34)化简，可得：

$$\frac{c_O^0}{c_R^0} = \exp \frac{F(\varphi_e - \varphi^{\ominus\prime})}{RT} \tag{7-39}$$

将上式取对数，化简后就得到了 Nernst 公式：

$$\varphi_e = \varphi^{\ominus\prime} + \frac{RT}{F} \ln \frac{c_O^0}{c_R^0} \tag{7-40}$$

也就是说，在平衡状态下，动力学方程转化成了热力学方程，说明动力学和热力学对于平衡态性质的描述是一致的，这也是对 Butler-Volmer 公式合理性的一次证明。在式（7-39）两边同时取（$-\beta$）次方幂，得到：

$$\left(\frac{c_O^0}{c_R^0}\right)^{-\beta} = \exp\left[-\frac{\beta F(\varphi_e - \varphi^{\Theta'})}{RT}\right] \tag{7-41}$$

代入 j_0 的表达式（7-34），可得：

$$j_0 = Fk(c_O^0)^{1-\beta}(c_R^0)^{\beta} \tag{7-42}$$

该式表明，交换电流密度与标准速率常数成正比。二者均可反映电极反应的可逆性，k 不受浓度的影响，j_0 比较直观。若反应式为 $aA + bB + e^- \Longrightarrow cC + dD$，则 j_0 与 k 的关系为

$$j_0 = Fk(c_A^0)^{a(1-\beta)}(c_B^0)^{b(1-\beta)}(c_C^0)^{c\beta}(c_D^0)^{d\beta}$$

（2）影响 j_0 的因素。交换电流密度代表着平衡条件下的电极绝对反应速率，所以凡是影响反应速率的因素，例如溶液的组成和浓度、温度、电极材料和电极表面状态等，也都必然会影响 j_0。表 7-2 中列出了某些电极反应的 j_0，从中可以看出不同电极反应的 j_0 数值相差之大。

同一个电极上进行的不同反应，其交换电流密度值可以有很大的差别。例如将一个铂电极浸入到含有 $0.001 mol/L$ 的 $K_3Fe(CN)_6$ 和 $1.0 mol/L$ 的 HBr 溶液中，各种反应的 j_0 如下：

H^+/H_2 $\qquad\qquad\qquad\qquad j_0 = 10^{-3} A/cm^2$

Br_2/Br^- $\qquad\qquad\qquad\quad j_0 = 10^{-2} A/cm^2$

$Fe(CN)_6^{3-}/Fe(CN)_6^{4-}$ $\qquad j_0 = 4 \times 10^{-5} A/cm^2$

可见溶液中的三个反应以各自不同的速率进行着粒子交换。

同一个反应在不同的电极材料上进行，交换电流也可能相差很多。因为不同电极材料对于同一反应的催化能力不同。例如表 7-2 中，析氢反应在汞电极上和铂电极上进行时，j_0 相差了约 9 个数量级。

表 7-2　室温下某些电极反应的交换电流密度

电极材料	电极反应	电解质溶液	$j_0/(A/cm^2)$
汞	$2H^+ + 2e^- \Longrightarrow H_2$	$0.125 mol/L\ H_2SO_4$	8×10^{-13}
镍	$2H^+ + 2e^- \Longrightarrow H_2$	$0.25 mol/L\ H_2SO_4$	6×10^{-6}
铂	$2H^+ + 2e^- \Longrightarrow H_2$	$0.25 mol/L\ H_2SO_4$	1×10^{-3}
镍	$Ni^{2+} + 2e^- \Longrightarrow Ni$	$1.0 mol/L\ NiSO_4$	2×10^{-9}
铁	$Fe^{2+} + 2e^- \Longrightarrow Fe$	$1.0 mol/L\ FeSO_4$	1×10^{-8}
钴	$Co^{2+} + 2e^- \Longrightarrow Co$	$1.0 mol/L\ CoCl_2$	8×10^{-7}
铜	$Cu^{2+} + 2e^- \Longrightarrow Cu$	$1.0 mol/L\ CuSO_4$	2×10^{-5}
锌	$Zn^{2+} + 2e^- \Longrightarrow Zn$	$1.0 mol/L\ ZnSO_4$	2×10^{-5}

另外，j_0 与溶液浓度有关。交换电流密度与反应物和产物浓度的关系可从式（7-42）直接看出，并可应用该式进行定量计算。

（3）j_0 与电极反应的可逆性。电极反应的可逆性指的是电极反应维持平衡的能力，平衡越难被破坏，则可逆性越好；平衡越容易被破坏，则可逆性越差。

设某电极反应的 $j_0 = 1 A/m^2$，则平衡电势下 $\overrightarrow{j} = \overleftarrow{j} = 1 A/m^2$。若通过 $0.1 A/m^2$ 的

阴极外电流，即 $\vec{j}-\overleftarrow{j}=0.1\mathrm{A/m^2}$，设 $\beta=0.5$，不考虑液相传质的影响，据式(7-38)计算可得：$\vec{j}=1.05\mathrm{A/m^2}$，$\overleftarrow{j}=0.95\mathrm{A/m^2}$，可见此时 $\vec{j}\approx\overleftarrow{j}\approx j_0$，平衡基本未被破坏。若 $j_0=0.1\mathrm{A/m^2}$，则通过 $0.1\mathrm{A/m^2}$ 的阴极外电流时，计算可得：$\vec{j}=0.16\mathrm{A/m^2}$；$\overleftarrow{j}=0.06\mathrm{A/m^2}$，可见 $\vec{j}$ 达到了 $\overleftarrow{j}$ 的近 3 倍，平衡已经遭到了严重的破坏。我们可以用财务收支来打个比方，如果一家企业每天收入和支出都是 1 亿元，这是一个动态平衡（这就相当于交换电流密度是 1 亿元）；如果哪天产生 1 万元的净支出（相当于外电流密度是 1 万元），对财务状况并不会造成大的影响（可逆性好）。但如果一家企业每天收入和支出都是 1 万元，那么哪天产生 1 万元的净支出，则会对财务状况造成很大的影响（可逆性差）。

从以上分析可见，交换电流密度越大，电极反应的可逆性越好反应越容易进行；交换电流密度越小，电极反应的可逆性越差反应越难进行。对于两种极端情况：理想极化电极 j_0 趋于零，电极电势可任意改变，为完全不可逆电极；理想不极化电极 j_0 趋于无穷，电极电势保持平衡电势不变，是完全可逆电极。

根据公式(7-38)，在不考虑液相传质的影响时，不同 j_0 下净电流密度与过电势的关系如图 7-8 所示。从中可以看出 j_0 对极化曲线的影响程度，其中（a）曲线 j_0 很大，曲线与纵坐标重合，近似于理想不极化电极，（c）曲线 j_0 很小，在过电势小于 $250\mathrm{mV}$ 时近似于理想极化电极。

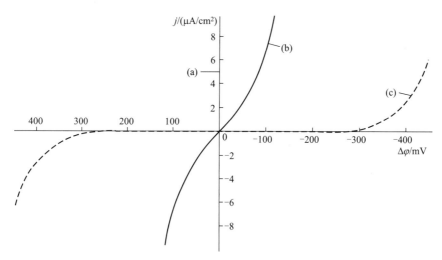

图 7-8　交换电流密度对电化学极化曲线的影响

条件：单电子反应，$\beta=0.5$，$T=298\mathrm{K}$

(a) $j_0=10^{-3}\,\mathrm{A/cm^2}$；(b) $j_0=10^{-6}\,\mathrm{A/cm^2}$；(c) $j_0=10^{-9}\,\mathrm{A/cm^2}$

7.3　单电子反应的电化学极化

7.3.1　电化学极化下的 Butler-Volmer 公式

上一节中所得到的 Butler-Volmer 公式同时考虑了电荷传递和物质传递的影响，在本节中我们将主要研究只发生电化学极化时的动力学规律。若只发生电化学极化，液相传质步骤没有任何困难，则粒子表面浓度与本体浓度差别很小，于是式(7-38)变为：

$$j = j_0 \left[\exp\left(-\frac{\beta F \Delta\varphi}{RT} \right) - \exp\frac{(1-\beta)F\Delta\varphi}{RT} \right] \tag{7-43}$$

此式就是电化学极化下的 Butler-Volmer 公式（巴伏公式）。此时绝对电流密度为：

$$\vec{j} = j_0 \exp\left(-\frac{\beta F \Delta\varphi}{RT} \right) \tag{7-44}$$

$$\overleftarrow{j} = j_0 \exp\frac{(1-\beta)F\Delta\varphi}{RT} \tag{7-45}$$

图 7-9 给出了 $\beta = 0.5$ 时根据式(7-43)～式(7-45) 作出的电化学极化的极化曲线。由公式可见，若 $\beta = 0.5$，则阴极极化和阳极极化的曲线是对称的；但如果 $\beta \neq 0.5$，则阴、阳极极化曲线是不对称的。巴伏公式在高过电势和低过电势下可以进行简化，从而得到不同的近似公式，下面分别进行讨论。

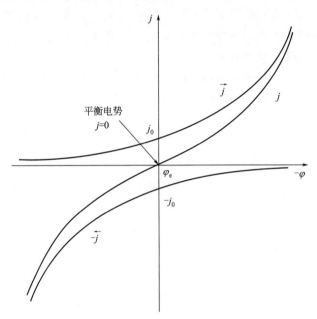

图 7-9　电化学极化的极化曲线，$\beta = 0.5$

7.3.2　Tafel 公式

在过电势较高时，正、逆反应的电流密度相差很大，故巴伏公式中绝对值较小的指数项可忽略。对阴极极化来说，若过电势很高，因为 $\Delta\varphi < 0$，故由式(7-44) 和式(7-45) 可知 $\vec{j} \gg \overleftarrow{j}$，可将巴伏公式中第二项略去不计，简化成：

$$j \approx \vec{j} = j_0 \exp\left(-\frac{\beta F \Delta\varphi}{RT} \right) \tag{7-46}$$

取对数化简，得：$\quad \eta_c = -\Delta\varphi = -\frac{2.3RT}{\beta F}\lg j_0 + \frac{2.3RT}{\beta F}\lg j \tag{7-47}$

同理，对阳极极化来说，若过电势很大，可将巴伏公式中第一项略去不计，简化成：

$$j \approx -\overleftarrow{j} = -j_0 \exp\frac{(1-\beta)F\Delta\varphi}{RT} \tag{7-48}$$

取对数化简，得：$\quad \eta_a = \Delta\varphi = -\frac{2.3RT}{(1-\beta)F}\lg j_0 + \frac{2.3RT}{(1-\beta)F}\lg(-j) \tag{7-49}$

在一定条件下，公式中的 T、β、j_0 等都是常数，可以看出电流密度的对数与过电势呈直线关系。可以用两个常数 a 和 b 将它们改写为：

$$\eta = a + b\lg|j| \tag{7-50}$$

这就是 Tafel 公式。阴极极化和阳极极化的 a 和 b 分别对应式(7-47) 和式(7-49) 的相应项，单位都是 V。

可见 a 和 b 之间有此关系：

$$a = -b\lg j_0$$

于是 Tafel 公式也可写为：

$$\eta = b\lg(|j|/j_0)$$

（1）Tafel 公式的适用条件。当两个指数项的绝对值相差超过 100 倍时，就可以认为 Tafel 形式是正确的。以阴极极化为例，假设 $\beta=0.5$，$T=298K$，$\overrightarrow{j}=100\overleftarrow{j}$，将式(7-44) 和式(7-45) 代入，解得 $\eta_c=118mV$。对于阳极极化计算结果也相同，说明 $\eta > 118mV$ 时即可使用 Tafel 公式，此时误差小于 1%。将 $\eta_c=118mV$ 代入式(7-46)，可得 $j \approx 10j_0$，说明 $j > 10j_0$ 时可使用 Tafel 公式。

但是，如果液相传质速率比较慢，当施加大于 118mV 的过电势时，可能观察不到 Tafel 关系。因此必须排除液相传质过程对电流的影响，才能得到很好的 Tafel 关系。

（2）Tafel 曲线。$\lg|j|$ 对 η 作图所得半对数极化曲线称为 Tafel 曲线，它是一个有效的导出动力学参数的方法。如图 7-10 所示为进行阴极极化得到的 Tafel 曲线，显然传递系数 β 可以通过图中线性部分斜率计算得到。将线性部分外推可得截距 $\lg j_0$，则 j_0 也可得到。

如图 7-10 所示，测量 Tafel 曲线时，一般都直接从平衡电势开始测量，取其中的 Tafel 直线段进行分析。低过电势时不满足 Tafel 条件，故严重偏离线性行为；很高的过电势区间内出现了较大的浓度极化，所以也严重偏离线性行为，趋于极限电流密度；只有中间的线性部分满足 Tafel 关系。

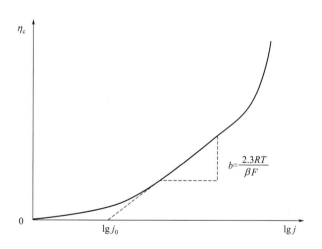

$$b = \frac{2.3RT}{\beta F}$$

图 7-10 阴极极化的 Tafel 曲线

扩展阅读
塔菲尔简介

7.3.3 线性极化公式

将指数函数按泰勒级数展开，有以下形式：

$$e^x = 1 + x + \frac{x^2}{2!} + \frac{x^3}{3!} + \cdots \tag{7-51}$$

显然，若 $|x| \ll 1$，则 $e^x \approx 1+x$。

如果过电势足够小，使巴伏公式中的两个指数项满足以上条件，则可近似为：

$$j = j_0 \left\{ \left(1 - \frac{\beta F \Delta \varphi}{RT} \right) - \left[1 + \frac{(1-\beta)F\Delta\varphi}{RT} \right] \right\} = -j_0 \frac{F\Delta\varphi}{RT} \tag{7-52}$$

所以：

$$\Delta\varphi = -\frac{RT}{Fj_0}j \tag{7-53}$$

对于阴极极化，$\eta_c = -\Delta\varphi = jRT/(Fj_0)$；对于阳极极化，$\eta_a = \Delta\varphi = -jRT/(Fj_0)$。即：

$$\eta = \frac{RT}{Fj_0}|j| \tag{7-54}$$

上式表明在平衡电势附近较窄的电势范围内，净电流与过电势呈线性关系，所以称为线性极化公式。

（1）线性极化公式的适用条件。对于式（7-51），若 $x < 0.2$，则其高次项可近似省略。以阴极极化为例，设 $\beta = 0.5$，$T = 298K$，若 $-\beta F \Delta\varphi/(RT) = 0.2$，则 $(1-\beta)F\Delta\varphi/(RT) = -0.2$，此时 $\Delta\varphi = -10mV$。将此数值代入巴伏公式与线性极化公式计算，可得误差为 0.63%。进一步计算表明，当 $\eta < 12mV$ 时，误差 $< 1\%$。将 $\eta = 12mV$ 代入式（7-54），得 $j \approx 0.5j_0$，即 $j < 0.5j_0$ 时可使用线性极化公式。

需要注意的是，线性极化公式的误差受传递系数影响较大，如果 $\beta \neq 0.5$，其适用电势范围还要减小，而 Tafel 公式的适用条件不受传递系数影响，如表 7-3 所示。

（2）电荷传递电阻。注意到 η/j 具有电阻的量纲，在极化较小时，η/j 是一个常数，满足欧姆定律，故相当于一个电阻，称为电荷传递电阻，一般用 $R_{ct}(\Omega \cdot m^2)$ 来表示。即：

$$R_{ct} = \frac{\eta}{|j|} = \frac{RT}{Fj_0} \tag{7-55}$$

表 7-3 传递系数对 Tafel 公式与线性极化公式误差的影响

传递系数		Tafel 公式误差		线性极化公式误差	
		$\eta = 100mV$	$\eta = 200mV$	$\eta = 5mV$	$\eta = 10mV$
$\beta = 0.5$		2.08%	0.04%	0.16%	0.63%
$\beta = 0.4$	阴极极化	2.08%	0.04%	1.81%	3.32%
	阳极极化	2.08%	0.04%	2.08%	4.42%
$\beta = 0.3$	阴极极化	2.08%	0.04%	3.81%	7.42%
	阳极极化	2.08%	0.04%	3.97%	8.07%
$\beta = 0.2$	阴极极化	2.08%	0.04%	5.85%	11.7%
	阳极极化	2.08%	0.04%	5.82%	11.6%
$\beta = 0.1$	阴极极化	2.08%	0.04%	7.93%	16.1%
	阳极极化	2.08%	0.04%	7.64%	15.0%

该参数是 j-η 曲线在原点（$\eta = 0$，$j = 0$）处斜率的负倒数。通常将 R_{ct} 看作电极等效电路中的电化学反应电阻 R_r，它可以从一些实验（如电化学阻抗谱）中直接得到。需要注意的是，R_{ct} 只是一个形式上的等效电阻，并非真实存在的电阻。

通过电荷传递电阻可以方便地判断动力学难易程度。显然，R_{ct} 大，则 j_0 小，电极可逆性差；R_{ct} 小，则 j_0 大，电极可逆性好。这与电阻越大反应越难进行的直观判断是一致的。

7.4 多电子反应的电极动力学

实际的电化学体系中，单电子反应并不多，绝大部分电极反应都涉及两个或两个以上的电子转移。电极反应通常很复杂，多电子反应总是分成好多个步骤进行，其中有电子转移步骤，也有表面转化步骤。例如常见的析氢反应（以酸性条件为例）：

$$2H^+ + 2e^- \Longrightarrow H_2 \tag{7-56}$$

它有两种可能的机理：

$$H^+ + M + e^- \Longrightarrow MH_{ad} \tag{7-57}$$

$$H^+ + MH_{ad} + e^- \Longrightarrow H_2 + M \tag{7-58}$$

或

$$2 \times (H^+ + M + e^- \Longrightarrow MH_{ad}) \tag{7-59}$$

$$MH_{ad} + MH_{ad} \Longrightarrow H_2 + 2M \tag{7-60}$$

当代电子转移理论研究表明，电化学反应中一个基元电子转移反应一般只涉及一个电子交换。这样，若整个过程中涉及 z 个电子的变化，则必须引入 z 个电子转移步骤。此外，它还可能涉及其他的基元反应，如电极表面上的吸、脱附步骤或远离界面的化学转化反应。

7.4.1 多电子反应的 Butler-Volmer 公式

对于多电子反应，可以通过单电子步骤的动力学公式以及所有步骤的电势关系、中间态粒子浓度关系来推导其动力学公式。在一系列接续进行的单元步骤中，常常会有一个是速率控制步骤。速率控制步骤以外的其他各步骤可认为处于准平衡态，可以利用其平衡关系来求中间产物的浓度。下面考虑 A 经过多电子步骤还原为 Z 的情况：

$$A + ze^- \Longrightarrow Z \tag{7-61}$$

在此，将各电子转移步骤前后的表面转化步骤均并入电子转移步骤，进行合并处理。例如，可将 $A + e^- \Longrightarrow A'$，$A' \Longrightarrow B$ 合并为 $A + e^- \Longrightarrow B$。假定其反应历程如下：

$$A + e^- \Longrightarrow B \text{（步骤 1）}$$
$$B + e^- \Longrightarrow C \text{（步骤 2）}$$
$$\vdots$$
$$Q + e^- \Longrightarrow R \text{（步骤 } z'\text{）}$$
$$R + e^- \Longrightarrow S \text{（速率控制步骤，RDS）}$$
$$S + e^- \Longrightarrow T \text{（步骤 } z - z' - 1 = z''\text{）}$$
$$\vdots$$
$$Y + e^- \Longrightarrow Z \text{（步骤 } z\text{）}$$

将控制步骤前后的平衡步骤合并，简化为以下三个步骤：

$$A + z'e^- \Longrightarrow R \text{（RDS 之前步骤的净结果）} \tag{7-62}$$

$$R + e^- \Longrightarrow S \text{（RDS）} \tag{7-63}$$

$$S + z''e^- \Longrightarrow Z \text{（RDS 之后步骤的净结果）} \tag{7-64}$$

显然有 $z' + z'' + 1 = z$。

根据单电子步骤的动力学公式(7-33)，可得速率控制步骤（7-63）的电流密度与电极电势关系：

$$j_{RDS} = Fk_{RDS} \left\{ c_R(0,t) \exp\left[-\frac{\beta F(\varphi - \varphi_{RDS}^{\ominus'})}{RT}\right] - c_S(0,t) \exp\frac{(1-\beta)F(\varphi - \varphi_{RDS}^{\ominus'})}{RT} \right\}$$

$$(7-65)$$

上式中的 β 和 $\varphi_{RDS}^{\ominus'}$ 分别是 RDS 的传递系数和形式电势；$c_R(0, t)$ 和 $c_S(0, t)$ 都是中间产物的表面浓度，难以测得，所以应当将它们用 A 和 Z 的浓度表示出来。由精细平衡原理可知，在平衡电势 φ_e 下，式(7-62) ～式(7-64) 三个步骤都处于动态平衡，都有各自的交换电流密度；当电极电势极化到某一电势 φ 时，产生一定净电流密度，由于速率控制步骤的交换电流密度较小，因此其平衡被破坏的移动较大，而另外两个步骤的交换电流密度较大，其平衡移动很小，可近似认为仍处于动态平衡。因此，在电势 φ 下，由于式(7-62) 和式(7-64) 近似处于平衡态，由 Nernst 方程，有：

$$\varphi = \varphi_{A/R}^{\ominus'} - \frac{RT}{z'F} \ln \frac{c_R(0,t)}{c_A(0,t)} \qquad (7-66)$$

$$\varphi = \varphi_{S/Z}^{\ominus'} - \frac{RT}{z''F} \ln \frac{c_Z(0,t)}{c_S(0,t)} \qquad (7-67)$$

这样就可以得到 R 和 S 的表面浓度：

$$c_R(0,t) = c_A(0,t) \exp\frac{z'F(\varphi_{A/R}^{\ominus'} - \varphi)}{RT} \qquad (7-68)$$

$$c_S(0,t) = c_Z(0,t) \exp\frac{z''F(\varphi - \varphi_{S/Z}^{\ominus'})}{RT} \qquad (7-69)$$

因为各步骤的反应速率都等于控制步骤的反应速率，所以 RDS 每消耗一个电子，其他步骤就同时消耗 $(z-1)$ 个电子，即总反应消耗 z 个电子。所以总的电流密度是 RDS 电流密度的 z 倍，即 $j = zj_{RDS}$。将式(7-65)、式(7-68)、式(7-69) 代入，得：

$$j = zj_{RDS} = zFk_{RDS} \left\{ c_A(0,t) \exp\frac{z'F(\varphi_{A/R}^{\ominus'} - \varphi)}{RT} \exp\left[-\frac{\beta F(\varphi - \varphi_{RDS}^{\ominus'})}{RT}\right] \right.$$
$$\left. - c_Z(0,t) \exp\frac{z''F(\varphi - \varphi_{S/Z}^{\ominus'})}{RT} \exp\frac{(1-\beta)F(\varphi - \varphi_{RDS}^{\ominus'})}{RT} \right\}$$

$$(7-70)$$

由式(7-70) 可知：

$$\vec{j} = zFk_{RDS}c_A(0,t) \exp\frac{z'F(\varphi_{A/R}^{\ominus'} - \varphi)}{RT} \exp\left[-\frac{\beta F(\varphi - \varphi_{RDS}^{\ominus'})}{RT}\right] \qquad (7-71)$$

$$\overleftarrow{j} = zFk_{RDS}c_Z(0,t) \exp\frac{z''F(\varphi - \varphi_{S/Z}^{\ominus'})}{RT} \exp\frac{(1-\beta)F(\varphi - \varphi_{RDS}^{\ominus'})}{RT} \qquad (7-72)$$

在平衡电势下，有 $\vec{j} = \overleftarrow{j} = j_0$，此时 $\varphi = \varphi_e$，$c_A(0,t) = c_A^0$，$c_Z(0,t) = c_Z^0$，代入式(7-71)，得总的交换电流密度为：

$$j_0 = zFk_{RDS}c_A^0 \exp\frac{z'F(\varphi_{A/R}^{\ominus'} - \varphi_e)}{RT} \exp\left[-\frac{\beta F(\varphi_e - \varphi_{RDS}^{\ominus'})}{RT}\right] \qquad (7-73)$$

将式(7-71) 进行变形，并将式(7-73) 代入，有：

$$\vec{j} = zFk_{RDS} \frac{c_A(0,t)}{c_A^0} c_A^0 \exp\frac{z'F(\varphi_{A/R}^{\ominus'} - \varphi_e + \varphi_e - \varphi)}{RT} \exp\left[-\frac{\beta F(\varphi - \varphi_e + \varphi_e - \varphi_{RDS}^{\ominus'})}{RT}\right]$$

$$= j_0 \frac{c_A(0,t)}{c_A^0} \exp\frac{z'F(\varphi_e - \varphi)}{RT} \exp\left[-\frac{\beta F(\varphi - \varphi_e)}{RT}\right] \qquad (7-74)$$

由此可得：

$$\vec{j} = j_0 \frac{c_A(0,t)}{c_A^0} \exp\left[-\frac{(z'+\beta)F\Delta\varphi}{RT}\right] \tag{7-75}$$

式中 $\Delta\varphi = \varphi - \varphi_e$。同理可得：

$$\overleftarrow{j} = j_0 \frac{c_Z(0,t)}{c_Z^0} \exp\frac{(z''+1-\beta)F\Delta\varphi}{RT} \tag{7-76}$$

令：$\vec{\alpha} = z'+\beta$，$\overleftarrow{\alpha} = z''+1-\beta$，则：

$$j = j_0\left[\frac{c_A(0,t)}{c_A^0}\exp(-\frac{\vec{\alpha}F\Delta\varphi}{RT}) - \frac{c_Z(0,t)}{c_Z^0}\exp\frac{\overleftarrow{\alpha}F\Delta\varphi}{RT}\right] \tag{7-77}$$

这个公式就是多电子反应的电流密度-过电势公式。它与单电子步骤的电流密度-过电势公式[式(7-38)]在形式上完全一样，只是传递系数变成了 $\vec{\alpha}$ 和 $\overleftarrow{\alpha}$，显然有 $\vec{\alpha} + \overleftarrow{\alpha} = z$。可见在多电子反应中，传递系数是可以大于1的。

下面对以上结果进行简单讨论。

（1）对于单电子步骤反应，传递系数 β 的物理意义很直观，它反映了改变电极电势对反应活化自由能的影响程度。但是对于多电子反应则不同。由于复杂反应的表观活化能是组成总反应的各基元反应活化能的代数组合，此时表观活化能并没有明确的物理意义，所以此处传递系数 $\vec{\alpha}$ 和 $\overleftarrow{\alpha}$ 不能看作是改变电极电势对表观活化自由能的影响程度。但是可以认为它们反映了改变电极电势对多电子反应的还原反应和氧化反应速率的影响程度。

（2）对于前几节讨论的单电子步骤反应，可以看作是多电子反应的特例。此时 $z' = z'' = 0$，$\vec{\alpha} = \beta$，$\overleftarrow{\alpha} = 1-\beta$，式(7-77)与式(7-38)等价。

（3）令 $\vec{\alpha} = \beta z$，则 $\overleftarrow{\alpha} = (1-\beta)z$，于是式(7-77)可变为：

$$j = j_0\left[\frac{c_A(0,t)}{c_A^0}\exp(-\frac{z\beta F\Delta\varphi}{RT}) - \frac{c_Z(0,t)}{c_Z^0}\exp\frac{z(1-\beta)F\Delta\varphi}{RT}\right] \tag{7-78}$$

显然此时传递系数 β 的取值是 0～1 之间的数。

（4）j_0 与 k 之间有类似于式(7-42)的如下关系式：

$$j_0 = zFk(c_A^0)^{\frac{\overleftarrow{\alpha}}{z}}(c_Z^0)^{\frac{\vec{\alpha}}{z}} \tag{7-79}$$

式中，k 为总反应的标准速率常数。

（5）由于反应涉及的总电子数 z 常常可以通过电量法或从反应物和产物的化学知识获得，所以通过动力学参数测量获得传递系数 $\vec{\alpha}$ 和 $\overleftarrow{\alpha}$ 的值后，可以估算 z' 和 z'' 以及 RDS 传递系数 β 的值，从而推断 RDS 在反应历程中的位置。

（6）对于氧化反应，上述公式所对应的机理为式(7-62)～式(7-64)的逆过程，所以此时 z'' 为 RDS 之前失去的电子数，z' 为 RDS 之后失去的电子数，应加以注意，即：

$$Z - z''e^- \Longrightarrow S$$
$$S - e^- \Longrightarrow R \ （RDS）$$
$$R - z'e^- \Longrightarrow A$$

（7）如果液相传质足够快，式(7-77)既可以表示电化学极化的动力学过程，也可以表示表面转化极化的动力学过程，区别就在于传递系数的计算公式不同，参见 8.8 节。

7.4.2 多电子反应的电化学极化

对于多电子反应，如果只发生电化学极化，则式(7-77)变为：

$$j = j_0 \left[\exp(-\frac{\overrightarrow{\alpha} F \Delta\varphi}{RT}) - \exp \frac{\overleftarrow{\alpha} F \Delta\varphi}{RT} \right] \tag{7-80}$$

一般将上式称为普遍的巴伏公式。像单电子反应的巴伏公式一样，普遍的巴伏公式在不同的电势区间也可以近似为 Tafel 公式和线性极化公式。

在高过电势下，可略去式（7-80）中的某一指数项而得出 Tafel 公式。其形式仍然为：

$$\eta = a + b\lg|j| \tag{7-50}$$

阴极极化时：

$$\eta_c = -\frac{2.3RT}{\overrightarrow{\alpha}F}\lg j_0 + \frac{2.3RT}{\overrightarrow{\alpha}F}\lg j \tag{7-81}$$

阳极极化时：

$$\eta_a = -\frac{2.3RT}{\overleftarrow{\alpha}F}\lg j_0 + \frac{2.3RT}{\overleftarrow{\alpha}F}\lg(-j) \tag{7-82}$$

阴极极化和阳极极化的 a 和 b 分别对应式（7-81）和式（7-82）的相应项，单位都是 V。可见 a 和 b 之间满足 $a = -b\lg j_0$，于是 Tafel 公式也可写为

$$\eta = b\lg\frac{|j|}{j_0} \tag{7-83}$$

若 $T = 298K$，仿照 7.3.2 中的计算，可得其适用条件为：$\eta > \frac{118}{z}mV$。若 $\overrightarrow{\alpha} = \overleftarrow{\alpha} = z/2$，则此时 $j > 10j_0$。

在低过电势下，同样可以通过 $|x| \ll 1$ 时 $e^x \approx 1 + x$ 近似为线性极化公式：

$$\eta = \frac{RT}{zFj_0}|j| \tag{7-84}$$

若假设 $\overrightarrow{\alpha} = \overleftarrow{\alpha} = z/2$，$T = 298K$，仿照 7.3.3 中的计算，可得公式的适用条件为：$\eta < \frac{12}{z}mV$ 或 $|j| < 0.5j_0$。通过上式同样可以得到电荷传递电阻为：

$$R_{ct} = \frac{RT}{zFj_0} \tag{7-85}$$

7.4.3 多电子反应中控制步骤的计算数

7.4.1 的推导中 RDS 只进行了一次，但是有些反应机理中，某些基元步骤需要重复几次才能进行下一步骤。当总反应发生一次时，构成该反应的一系列基元步骤中某步骤发生的次数称为化学计算数。

在电化学研究中，常把 RDS 的计算数记作 ν。显然，RDS 单电子步骤重复 ν 次，总反应才进行一次，消耗 z 个电子，那么总的电流密度就不再是 RDS 电流密度的 z 倍，而是 z/ν 倍。即 $j = (z/\nu)j_{RDS}$。若 RDS 的计算数为 ν，仿照 7.4.1 的推导可以证明，式（7-77）仍然成立，但是传递系数发生了变化，此时：

$$\overrightarrow{\alpha} = \frac{z'}{\nu} + \beta, \ \overleftarrow{\alpha} = \frac{z''}{\nu} + 1 - \beta$$

显然：

$$\overrightarrow{\alpha} + \overleftarrow{\alpha} = \frac{z}{\nu}$$

考虑计算数时，Tafel 公式形式不变，但适用条件变为：$\eta > \frac{\nu}{z} \times 118mV$，如果不知道 ν 的值，因为 $\nu \leqslant z$，故 $\eta > 118mV$ 时肯定满足 Tafel 条件。不论 ν 如何取值，$j > 100j_0$ 时肯

定满足 Tafel 关系。

考虑计算数时，线性极化公式变为 $\eta = \dfrac{\nu RT}{zFj_0}|j|$，若假设 $\overrightarrow{\alpha} = \overleftarrow{\alpha} = z/(2\nu)$，该公式的适用条件为：$\eta < \dfrac{\nu}{z} \times 12\text{mV}$。同样可以得到电荷传递电阻为 $R_{ct} = \dfrac{\nu RT}{zFj_0}$。

7.5 电极反应机理的研究

复杂反应分解成若干个基元反应，并按一定次序组合起来，就构成了通常所说的反应机理，也就是从反应物变为产物的反应历程。综合研究各类电化学体系的反应机理，将有助于提高对各类型基本步骤和各主要类型电极过程的系统认识。确定电极反应历程，大致可以遵循如下的途径。

① 确定电极反应的总反应式。

② 确定电极反应控制步骤的性质。可以根据极化曲线的形式、搅拌溶液对电极反应速率的影响和添加表面活性物质对电极反应速率的影响等来确定。

③ 确定各反应组分的反应级数。测定各种粒子的电化学反应级数不但有助于弄清电化学步骤的反应式，往往还可以推导出是否存在表面转化步骤。

④ 提出电极反应历程方案并验证。在上述初步实验的基础上，试行写出几种可能的反应历程，然后进行理论分析和一些辅助判别实验，以对机理进行验证。如果理论分析与实验结果相一致，这个机理才算是可接受的。

对于比较复杂的电极反应，还应当借助于其他方法。例如，可应用旋转环盘电极（见第8章）及各种光谱方法来进行中间态粒子的检测。另外，由于计算技术的飞速进步，采用数值计算的方法来研究电极反应历程也日益受到重视。当然，测定反应历程时并没有一成不变的方法可循。只有充分运用电极过程动力学及有关学科的基本知识，利用各种实验方法来设计判别性的实验，才能得到比较可靠的结果。

7.5.1 利用电化学极化曲线测量动力学参数

极化曲线是研究电极过程动力学的基本方法，利用电化学极化曲线可以测定电极反应的动力学参数。当电极过程处于电化学步骤控制时，过电势与电流密度之间的关系符合式(7-80)，根据不同电势区间的特征，可以有以下几种动力学参数测量方法。

(1) Tafel 直线外推法。作 $\Delta\varphi\text{-lg}|j|$ 曲线，根据 Tafel 公式的适用电势范围，从阴、阳极的直线斜率可求出传递系数 $\overrightarrow{\alpha}$ 和 $\overleftarrow{\alpha}$，将极化曲线的直线部分外推至与电流坐标轴相交，交点即为 $\text{lg}j_0$，可求得 j_0，如图7-11所示。测出交换电流和传递系数后，可通过式(7-79)求 k。

在进行 Tafel 曲线测量时应注意，Tafel 区过电势较高，电流较大，有可能引起浓度极化而使曲线偏离线性关系，所以要排除浓度极化的干扰。经典的稳态极化曲线法要求电化学反应速率比较慢才能保证浓度极化较小，如果要测快速反应的动力学参数，可以选择旋转圆盘电极法或暂态测量方法，这些内容将在第8章和第9章中介绍。

另外，用完整的 Tafel 曲线求动力学参数时，必须保证阴、阳极反应的一致性。比如将 Cu 电极放入 H_2SO_4 溶液中，则阴极极化时发生析氢反应，而阳极极化时发生 Cu 的阳极溶解反应，此时只能根据单独的阴极或阳极极化曲线求两个反应各自的动力学参数。

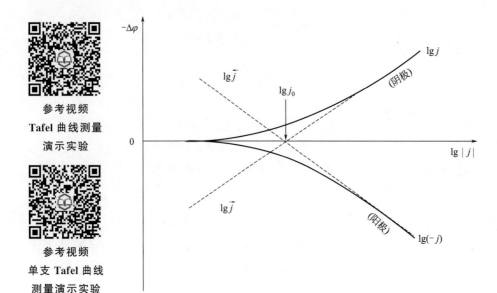

图 7-11　Tafel 直线外推法解析动力学参数示意图

（2）弱极化区曲线拟合法。在极化曲线的线性极化区与强极化区之间，存在着一个过渡区域，即通常所说的弱极化区，对应的过电势范围在（$10/z \sim 70/z$）mV 之间。此区间内，既不符合 Tafel 关系，也不符合线性极化关系。也就是说，弱极化区的电化学极化曲线必须用完整的巴伏公式来处理。利用弱极化区的数据测定动力学参数，常用曲线拟合的方法。在曲线拟合过程中，只需使用计算机软件（如 MATLAB、Origin 等）进行运算，因此该法方便准确。

由于电极极化到 Tafel 区后，表面状态往往变化较大，对电极体系扰动太大；而线性极化法由于信号微弱导致信噪比高，且近似处理带来的误差也较大；相比较而言，弱极化区对被测体系扰动小且结果精确度高，因此弱极化区的测量具有一定的优势。

7.5.2　电极反应的级数

电极反应的级数与普通化学反应的级数既有联系也有区别，所以首先回顾一下普通化学反应级数的概念。

（1）化学反应的级数。大多数化学反应的速率公式可以表示成如下形式：

$$v = k c_A^{\alpha} c_B^{\beta} c_C^{\gamma} \cdots \tag{7-86}$$

式中，c_A、c_B…分别为参加反应的各物质（可能为反应物、产物、中间产物等）的摩尔浓度；α、β…分别为相应物质浓度的幂数，此幂数就称为对相应物质 A、B…的级数。各有关物质的级数之和，称为反应的总级数。对于基元反应，其级数一般就是各物质的化学计量数；对于非基元反应，其级数不一定是化学计量数，也不一定是正整数，还可以是分数、负数或零。对上式取对数，得：

$$\lg v = \lg k + \alpha \lg c_A + \beta \lg c_B + \gamma \lg c_C + \cdots \tag{7-87}$$

显然：

$$\alpha = \left(\frac{\partial \lg v}{\partial \lg c_A} \right)_{c_{B,C,\cdots}}, \beta = \left(\frac{\partial \lg v}{\partial \lg c_B} \right)_{c_{A,C,\cdots}}, \cdots \tag{7-88}$$

所以组分 i 的反应级数可定义如下：

$$Z_i = \left(\frac{\partial \lg v}{\partial \lg c_i} \right)_{c_{j \neq i}} \tag{7-89}$$

根据上述定义来测反应级数的方法称为微分法，即在保持其他组分浓度不变的条件下，求出组分 i 在不同浓度下的反应速率 v，然后以 $\lg v$ 对 $\lg c_i$ 作图，所得直线的斜率即为组分 i 的反应级数 Z_i。

（2）电极反应的级数。对于可逆反应，因为正、逆反应的反应物和产物刚好相反，所以同一物质在正反应和逆反应中的级数一般并不相同。同样，对于一个电极反应，同一粒子在阴极方向的反应级数一般不同于它在阳极方向的反应级数。故在研究某一方向的反应级数时，就要在另一方向反应可忽略的情况下进行。

另外，对于电极反应，反应速率都是通过电流密度来测量与表示的，而且电极电势会显著影响电极反应速率，所以电极反应的级数定义需要在式(7-89)的基础上考虑这两个特点。由此，若电化学步骤为整个电极反应的唯一控制步骤，对于阴极极化或阳极极化，在过电势较高、逆反应可以略去不计的情况下，可将某一组分 i 的电化学反应级数定义为：

$$Z_i = \left(\frac{\partial \lg |j|}{\partial \lg c_i} \right)_{\varphi, c_{j \neq i}} \tag{7-90}$$

在过电势较高且不出现各种反应粒子浓度极化的条件下，保持其他组分的浓度不变，测出组分 i 不同浓度溶液中的极化曲线后，即可得到 φ 恒定时 j 与 c_i 的关系。以 $\lg |j|$ 和 $\lg c_i$ 作图，所得直线的斜率就是组分 i 的反应级数。但是应当注意，在测定电化学反应级数时，由组分 i 浓度变化时所引起的 ψ_1 电势（见 7.6 节）的变化，必须是可以忽略的。否则，虽然电极电势恒定，但外紧密层中电势差并不恒定，仍然会影响电极反应的速率。因此，在测量电化学反应级数时，要求在所研究的溶液中支持电解质的浓度较大且保持不变。

如果测出某一组分在阴极极化和阳极极化时的反应级数均为零，则代表该组分不参加电极反应。在大多数情况下，某一组分作为反应物时级数大于零，作为产物时级数等于或小于零。一些在总反应式中不出现的中间态粒子反应级数不为零。

7.5.3 平衡态近似与电极反应历程分析

确定了电极反应的总反应式、控制步骤的性质以及一些主要组分的反应级数后，就可以草拟反应历程的初步方案了。为了判断方案是否接近客观实际，还需要对拟定的历程进行理论分析，看理论推导的结果是否与实验事实相符。在进行理论验证时，经常要用到平衡态近似的处理方法。

在一系列接续进行的单元步骤中，速率控制步骤以外的其他各步骤可近似认为处于平衡状态，这就是平衡态近似。实际上，在 7.4.1 的公式推导中已经应用了平衡态近似的处理方法。对于较简单的机理，具体的理论验证过程可采用以下步骤：

① 根据实验事实提出可能机理；

② 写出 RDS 的动力学公式；

③ 利用平衡态近似，根据平衡步骤的热力学公式（若平衡步骤为电化学反应，使用 Nernst 方程；若为化学反应，使用热力学平衡常数 K 的定义式），找出 RDS 中间粒子的浓度表达式；

④ 推导出总反应的动力学公式，根据公式验证实验现象。

下面通过强碱性溶液中锌电极反应的例子来说明这种分析方法。已知 Zn 在 KOH 中的电极反应为：

$$\mathrm{Zn} + 2\mathrm{OH}^- - 2\mathrm{e}^- \Longrightarrow \mathrm{Zn(OH)_2} \tag{7-91}$$

在 $T = 298\mathrm{K}$ 时研究该反应的阳极过程发现：①保持 OH^- 浓度一定，测阳极极化曲线，

得到高过电势下 Tafel 斜率 $b=0.039V$；②在含有 $5mol/L$ 的 KCl 支持电解质时，保持电势一定，改变 OH^- 的浓度，高过电势时测得 OH^- 的浓度每增大 10 倍，$|j|$ 增大 100 倍，即 $Z_{OH^-}=(\partial\lg|j|/\partial\lg c_{OH^-})_{\varphi,c_j}=2$。根据以上事实，提出如下可能机理：

$$Zn+OH^--e^-\rightleftharpoons ZnOH \tag{7-92}$$

$$ZnOH+OH^--e^-\rightleftharpoons Zn(OH)_2 \quad(RDS) \tag{7-93}$$

下面来验证该机理。

首先写出 RDS 的动力学公式。对于式（7-93），根据质量作用定律，氧化反应速率 $v\propto c_{ZnOH}c_{OH^-}$，则在传质影响可忽略时，根据式（7-32），其氧化电流密度为：

$$\overleftarrow{j}_{RDS}=Fk_{RDS}c_{ZnOH}c_{OH^-}\exp\frac{(1-\beta)F(\varphi-\varphi_{RDS}^{\ominus'})}{RT} \tag{7-94}$$

上式中的 β 是 RDS 的传递系数。在较高的阳极极化过电势下，总电流密度 $j=-2\overleftarrow{j}_{RDS}$，则 $|j|=2\overleftarrow{j}_{RDS}$，把式（7-94）代入，将常数项合并为 k'，得：

$$|j|=2Fk'c_{ZnOH}c_{OH^-}\exp\frac{(1-\beta)F\varphi}{RT} \tag{7-95}$$

接下来需要利用平衡态近似，找出中间粒子 ZnOH 的浓度表达式。对于平衡步骤式（7-92），根据 Nernst 方程，有：

$$\varphi=\varphi_1^{\ominus'}-\frac{RT}{F}\ln\frac{c_{OH^-}}{c_{ZnOH}} \tag{7-96}$$

式中，$\varphi_1^{\ominus'}$ 是式（7-92）的形式电势。由上式可得到 ZnOH 的浓度表达式，代入式（7-95），将常数项合并为 k''，可得：

$$|j|=2Fk''c_{OH^-}^2\exp\frac{(2-\beta)F\varphi}{RT} \tag{7-97}$$

取对数得：

$$\lg|j|=\lg(2Fk'')+2\lg c_{OH^-}+\frac{(2-\beta)F\varphi}{2.3RT} \tag{7-98}$$

由上式可得 $Z_{OH^-}=\left(\frac{\partial\lg|j|}{\partial\lg c_{OH^-}}\right)_{\varphi,c_j}=2$，与实验结果一致。

将式（7-98）变形，得：

$$\varphi=const+\frac{2.3RT}{(2-\beta)F}\lg|j|-\frac{4.6RT}{2-\beta}\lg c_{OH^-} \tag{7-99}$$

根据总反应式（7-91），可知该电极体系的平衡电势 $\varphi_e=\varphi^{\ominus'}-\frac{2.3RT}{F}\lg c_{OH^-}$，其中 $\varphi^{\ominus'}$ 是总反应的形式电势。而过电势 $\eta_a=\varphi-\varphi_e$，将式（7-99）代入，得：

$$\eta_a=const'+\frac{2.3RT}{(2-\beta)F}\lg|j|-\frac{4-\beta}{2-\beta}\frac{2.3RT}{F}\lg c_{OH^-} \tag{7-100}$$

取 $\beta=0.5$，$T=298K$，由上式可知，OH^- 浓度一定时，Tafel 斜率 $b=\frac{2.3RT}{(2-\beta)F}=0.039V$，与实验结果一致。Tafel 斜率 b 亦可直接由 $b=\frac{2.3RT}{\overleftarrow{\alpha}F}$ 计算得到。由反应机理可知 $z''=1$，故 $\overleftarrow{\alpha}=z''+1-\beta=1.5$，代入得 $b=0.039V$。

以上理论推导与实验结果得到了相互验证，而如果以式（7-92）为 RDS 则无法与实验事实相符，说明上述机理正确的可能性是很大的。当然，如果能进一步检测出中间粒子 ZnOH 的存在，则基本可以肯定该机理的正确性。

7.6 分散层对电极反应速率的影响——ψ_1 效应

本章以前各节的动力学公式推导中，均假定双电层中分散层的影响可以忽略。然而，在稀溶液中，特别是当电极电势接近零电荷电势时，双电层主要由分散层构成，此时 ψ_1 随电势的变化就比较明显；若发生了离子的特性吸附，则 ψ_1 的变化更大。那么，如果分散层不能忽略，对电极反应速率会造成什么影响呢？

7.6.1 分散层电势差对电极动力学的影响

按照双电层模型以及电极动力学公式，可以认为 $\Delta\psi_1$ 对电极动力学的影响主要表现在紧密层电势差及紧密层反应物粒子浓度的变化两个方面。

（1）紧密层电势差的变化。不发生特性吸附时，界面反应粒子是位于外紧密层平面（OHP）的粒子，故只有紧密层电势差的变化才能影响反应活化能。

下面重新来分析 7.2.1 中的电势差变化。当 ψ_1 电势不能忽略时，驱动电极反应的电势差不是 $\phi_M - \phi_S$，而是 $\phi_M - \phi_S - \psi_1$，所以当电势由 $\varphi^{\ominus\prime}$ 变化到 φ 后，虽然双电层界面电势差的改变值 $\Delta(\phi_M - \phi_S)$ 为电极电势的改变值 $\varphi - \varphi^{\ominus\prime}$，但是驱动电极反应的有效电势改变值却为 $\varphi - \varphi^{\ominus\prime} - \psi_1$，此处的 ψ_1 指的是电极电势为 φ 时对应的 ψ_1 电势。即存在分散层的影响时，就应该用 $\varphi - \varphi^{\ominus\prime} - \psi_1$ 代替前面推导的动力学公式中的 $\varphi - \varphi^{\ominus\prime}$。

（2）紧密层反应物粒子浓度的变化。对于单电子反应 $O + e^- \rightleftharpoons R$，将双电层表面的反应粒子浓度记为 c_O^s，本体浓度记为 c_O^0。如果忽略 ψ_1 电势，则 OHP 面的反应粒子浓度 $c_O(0, t)$ 就是 c_O^s。而当 ψ_1 电势不能忽略时，OHP 面的反应粒子浓度并不等于 c_O^s。各界面的反应粒子浓度示意图见图 7-12（扩散层的概念参见 8.2.2）。

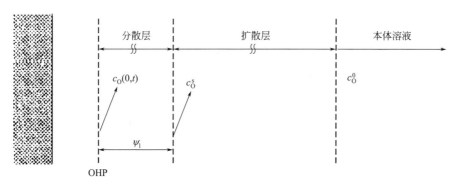

图 7-12 电极表面各液层界面的反应粒子浓度示意图

在双电层的内部，由于受到界面电场的影响，荷电粒子的分布服从于微观粒子在势能场中的经典分布规律——玻尔兹曼公式。所以：

$$c_O(0, t) = c_O^s \exp\left(-\frac{z_O F \psi_1}{RT}\right) \tag{7-101}$$

式中，z_O 为反应粒子 O 所带电荷数。

在讨论单纯的电化学极化时，可以忽略浓度极化的影响，即认为双电层表面的反应粒子浓度 c_O^s 等于该粒子的本体浓度 c_O^0。此时：

$$c_O(0,t) = c_O^0 \exp\left(-\frac{z_O F \psi_1}{RT}\right) \tag{7-102}$$

7.6.2 考虑了 ψ_1 电势的动力学公式

为了便于计算，只考虑电化学极化。对于单电子反应 $O + e^- \rightleftharpoons R$，以还原电流密度为例进行分析。对于电化学极化，在不考虑 ψ_1 效应时，$c_O(0,t) = c_O^0$，根据式 (7-31)，有：

$$\vec{j} = F k c_O^0 \exp\left[-\frac{\beta F(\varphi - \varphi^{\ominus'})}{RT}\right] \tag{7-103}$$

如果考虑 ψ_1 电势的影响，则以真实标准速率常数 k_t 给出的校正公式为：

$$\vec{j} = F k_t c_O^0 \exp\left(-\frac{z_O F \psi_1}{RT}\right) \exp\left[-\frac{\beta F(\varphi - \varphi^{\ominus'} - \psi_1)}{RT}\right] \tag{7-104}$$

即： $$\vec{j} = F k_t c_O^0 \exp\left[-\frac{(z_O - \beta)F \psi_1}{RT}\right] \exp\left[-\frac{\beta F(\varphi - \varphi^{\ominus'})}{RT}\right] \tag{7-105}$$

对比式 (7-103) 和式 (7-105)，可以发现：

$$k = k_t \exp\left[-\frac{(z_O - \beta)F \psi_1}{RT}\right] \tag{7-106}$$

式中，k 为表观标准速率常数；k_t 为真实标准速率常数。由上式可见，因为不同电势 φ 下的 ψ_1 不同，故表观标准速率常数随电极电势而变化。

类似地可推导出表观交换电流密度 j_0 与真实的交换电流密度 $j_{0,t}$ 之间的关系：

$$j_0 = j_{0,t} \exp\left[-\frac{(z_O - \beta)F \psi_1}{RT}\right] \tag{7-107}$$

可见表观交换电流密度也是随电极电势而变化的。

由以上讨论可见，分散层对动力学的总体影响表现为：由于 ψ_1 随 $(\varphi - \varphi_z)$ 而变化，故表观量 k 和 j_0 与电极电势呈函数关系。由于 ψ_1 与支持电解质浓度有关，故表观量 k 和 j_0 也是支持电解质浓度的函数。通常把上述影响称为 ψ_1 效应。Frumkin 最早阐述了这一现象，故有时也称为 Frumkin 效应。

由于 j_0 随 φ 变化，故即使是单纯的电化学极化，在 ψ_1 效应较明显时，高过电势区的 Tafel 曲线也不再是线性关系。另外，应该注意到，由于 z_O 的符号可正可负，故 ψ_1 对阴、阳离子反应速率的影响是不同的。

以上所述均为 ψ_1 效应理论公式的推导。然而，由于缺乏定量获得 ψ_1 电势的通用方法，要实验验证这些公式并非易事。以下主要介绍定性显示 ψ_1 效应的实验事例。

7.6.3 过硫酸根离子还原极化曲线分析

由于改变 ψ_1 电势对阴离子还原反应速率的影响特别显著，而稀溶液中 $S_2O_8^{2-}$ 还原为 SO_4^{2-} 的过程研究得尤为详细，下面主要介绍与此有关的实验结果。

实验一：用旋转铜汞齐电极在不含支持电解质的稀 $K_2S_2O_8$ 溶液中进行阴极极化，测不同转速下的极化曲线（旋转圆盘电极转速越高，液相传质速率越快，参见 8.6 节）。

实验二：用旋转铜汞齐电极在含有不同浓度支持电解质的稀 $K_2S_2O_8$ 溶液中进行阴极极化，测加入支持电解质对极化曲线的影响。

实验一测得的极化曲线见图 7-13。电势偏离平衡电势负移后，$S_2O_8^{2-}$ 开始还原，电流急剧增大，很快达到极限电流值。但不同转速下电流极值不同，说明反应是由液相传质所控制的。但若极化电势继续增大，电势越过零电荷电势（PZC）负移时，电流急剧下降，且基本不随转速变化，说明此时 RDS 转为电化学步骤。另外，电势越过 PZC 负移时，ψ_1 电势变为负值，这是引起电流下降的主要原因。而电势远离 PZC 后，电流又开始上升。

实验二测得的极化曲线见图 7-14。可见若向溶液中加入支持电解质，则电流下降程度减小，支持电解质浓度越高，电流下降越少，终至完全消失。进一步证明了极化曲线上的异常现象是由于 ψ_1 效应所引起的。

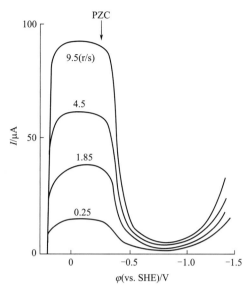

图 7-13 不同转速下的极化曲线

溶液组成：$10^{-3}\,mol/L\ K_2S_2O_8$

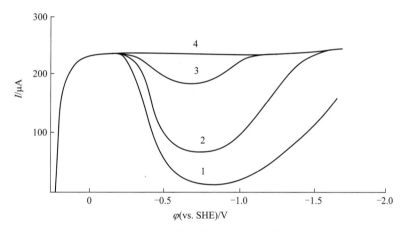

图 7-14 支持电解质浓度对极化曲线的影响

溶液组成：$10^{-3}\,mol/L\ K_2S_2O_8 + Na_2SO_4$

Na_2SO_4 浓度（mol/L）：1—0；2—8×10^{-3}；3—0.1；4—1.0

$S_2O_8^{2-}$ 还原的总反应为：

$$S_2O_8^{2-} + 2e^- \rightleftharpoons 2SO_4^{2-} \tag{7-108}$$

若认为控制步骤是第一个电子的传递过程，则其反应机理为：

$$S_2O_8^{2-} + e^- \rightleftharpoons SO_4^{2-} + SO_4^- \quad (RDS) \tag{7-109}$$

$$SO_4^- + e^- \rightleftharpoons SO_4^{2-} \tag{7-110}$$

由于电势越过 PZC 负移时，电流急剧下降，电化学步骤为 RDS，此时处于高过电势区，则根据式(7-105)，将常数项合并为 k'，并用 $z_O = -2$ 代入后得到：

$$j = 2\vec{j}_{RDS} = 2Fk'c_{S_2O_8^{2-}}^0 \exp\left(-\frac{\beta F\varphi}{RT}\right)\exp\frac{(2+\beta)F\psi_1}{RT} \tag{7-111}$$

为了分析方便，将 $\exp\left(-\dfrac{\beta F\varphi}{RT}\right)$ 记为指数项 A，$\exp\dfrac{(2+\beta)F\psi_1}{RT}$ 记为指数项 B。

式中，指数项 A 随 φ 变负而增大，指数项 B 随 ψ_1 变负而减小。因此，当阴极极化加大时，电流究竟随之上升或下降就决定于这两项中哪一项起主导作用。在稀溶液中，当电极电势越过 PZC 向负方向移动时，ψ_1 为负值，而 PZC 附近分散层占主导地位，故 $|\psi_1|$ 很快增大，所以指数项 B 逐渐趋近于零，此项的影响较大，引起电流下降。在远离 PZC 的电势范围内，分散层被压缩，则 $|\psi_1|$ 随 φ 变负反而逐渐减小并趋于零，使指数项 B 趋于 1，影响基本消除，因而指数项 A 起主导作用，电流重新增大，极化曲线转为"正常"。向溶液中加入支持电解质后，使溶液总浓度增大，分散层被压缩，ψ_1 电势对电流密度的影响也随之减弱。支持电解质浓度越大，ψ_1 效应也越弱，直至完全消失。

另外，应该注意到，在电势正于 PZC 时，ψ_1 是正值，随着电势负移并接近 PZC，分散层逐渐占主导地位，ψ_1 电势也越来越大，故指数项 B 迅速增大。所以在电势正于 PZC 时，电极反应速率很大，电极过程受液相传质控制。可见 ψ_1 电势的正负对电极反应速率的影响是不同的。

从本节的讨论可知，ψ_1 效应在零电荷电势附近会对电极动力学过程造成较大影响，故在进行电化学测量时需加入支持电解质，以消除 ψ_1 效应的影响。

7.7　平衡电势与稳定电势

到现在为止，我们所讨论的都是在一个电极表面上只进行一个电极反应的情况。简要说来，如果一个电极上只存在一个氧化还原电对，且测量系统中消除了液接电势和溶液电阻的影响，则这个电极的开路电势就是这个电极反应的平衡电势，此时电极反应按氧化反应方向与按还原反应方向进行的速率相等，均等于交换电流密度。整个电极上电荷转移平衡，物质转移平衡。

现在要讨论的问题是，如果在一个电极上同时存在两个以上的氧化还原电对，那么这个电极的开路电势应当是什么电势？

7.7.1　稳定电势

假设在一个电极上同时存在两个氧化还原电对：第 1 个是 O_1/R_1、第 2 个是 O_2/R_2，其热力学平衡电势分别为 $\varphi_{e,1}$ 和 $\varphi_{e,2}$，且 $\varphi_{e,1} > \varphi_{e,2}$。

假设此时电极的开路电势为 $\varphi_{e,1}$，则第 2 个电对必然要发生净的氧化反应，产生净电流，而开路电势下外电流为 0，故开路电势不可能为 $\varphi_{e,1}$。如果开路电势大于 $\varphi_{e,1}$，则两个电对都会发生净的氧化反应，显然不可能。同理，开路电势也不可能小于或等于 $\varphi_{e,2}$。所以开路电势只能处于 $\varphi_{e,1}$ 和 $\varphi_{e,2}$ 之间，这样两个电极反应一个按净氧化反应方向进行，另一个按净还原反应方向进行，并且两个净反应必须以等当量的速率进行，以使两个电流相互抵消从而保持外电流为 0。

在这种情况下，虽然不通过外电流，电极上却有净反应发生，因此不能称为"平衡电势"，习惯上将此时的开路电势称为"混合电势"或"稳定电势"，常用 φ_c 表示。在金属腐蚀学中常将腐蚀电极的稳定电势称为自腐蚀电势或简称为腐蚀电势。

稳定电势的大小计算比较复杂，所以一般采用实验测定，即工作电极与参比电极组成测量电池，用高阻抗伏特计测量两电极间的电势差，即得到该工作电极的稳定电势。

下面对以上电极在稳定电势下的特点进行进一步讨论。

（1）在稳定电势下，同时存在两对反应：O_1/R_1 的氧化与还原，O_2/R_2 的氧化与还原。但是这两对反应均处于非平衡态，即都发生了极化。对于热力学平衡电势比较高的电对，其

$\vec{j} > \overleftarrow{j}$，按净还原反应的方向进行；热力学平衡电势比较低的电对 $\vec{j} < \overleftarrow{j}$，按净氧化反应的方向进行。整个电极上电荷转移平衡，但物质转移不平衡。

（2）不同的电极反应如果以相同的净反应速率进行，那么交换电流密度大者，偏离平衡小，产生的极化小；反之，j_0 小的电极反应偏离平衡大，产生的极化大。显然，电极上若同时存在两个 O/R 电对，因为在稳定电势下它们的净反应速率大小相等，故 j_0 较大的电对偏离其热力学平衡电势小，所以 φ_c 接近于 j_0 较大的电对的 φ_e。

（3）如果在一个孤立的电极上有多个电极反应同时进行，且电极的外电流等于零，则其中一部分电极反应发生净氧化反应，另一部分电极反应发生净还原反应。稳定电势总是处于最高的平衡电势与最低的平衡电势之间。凡是平衡电势比稳定电势高的电极反应，发生净还原反应；反之，则发生净氧化反应。另外，稳定电势主要由 j_0 较大的反应体系决定。

当电极处于稳定电势时，若电势往正方向移动，则发生阳极极化；反之，则发生阴极极化。极化电势与稳定电势的差值称为极化值。应注意极化值的定义与过电势的定义不同。过电势是一个电极反应的电极电势与其热力学平衡电势的差值；而极化值则是电极电势同稳定电势相比较的差值。因此，极化值并不直接与电极反应相联系。只有当电极上仅有一个电极反应时，极化值才等于这个电极反应的过电势。

7.7.2 如何建立平衡电势

如前所述，如果希望在一个电极上建立某一氧化还原体系的平衡电极电势，则这个电极上应该只存在一个氧化还原电对。那么在实际中如何实现呢？

第一，电极必须是可逆电极。如第 4 章所述，可逆电极包括以下几种类型：金属电极（如 Zn｜ZnSO₄）、金属-难溶盐电极（如 Ag｜AgCl｜KCl、Hg｜Hg₂Cl₂｜KCl）、金属-难溶氧化物电极（如 Hg｜HgO｜KOH）、氧化-还原电极（如 Pt｜Fe^{3+}，Fe^{2+}）、气体电极（如 Pt，H₂｜H⁺）。只有属于这些电极类型，在电极上才存在确定的氧化还原电对，才能建立一个真正的平衡。

第二，电极反应的交换电流密度应该足够大。表面看来，热力学平衡电势是否容易建立应与交换电流的数值无直接关系，因为平衡状态的判据是 $\vec{j}$ 与 $\overleftarrow{j}$ 相等，而与其绝对数值无关。但是，这种想法只有当体系中不含任何可在电极上作用的杂质组分时才是正确的，而在一切实际体系中，都不能忽视杂质组分的影响（比如在水溶液中就存在 H⁺｜H₂ 电对和 O₂｜H₂O 电对）。我们已经知道，如果同时存在不止一对氧化还原电对体系，则稳定电势主要由交换电流值较大的那一体系所决定。所以只有杂质电流远远小于所研究反应的 j_0，才可认为稳定电势与平衡电势相等；否则就会偏离所研究反应的平衡电势。

如不经过特殊的净化处理，在水溶液中由于杂质组分所引起的电解电流密度往往可达 $10^{-6} \sim 10^{-7}\,A/cm^2$。因此，如果希望建立某一 O/R 电对的平衡电势，则该体系的交换电流应满足 $j_0 \geq 10^{-4}\,A/cm^2$。所以常用来建立平衡氢电极的材料总不外是 Pt（其表面上氢电极反应的 $j_0 \approx 10^{-3}\,A/cm^2$）或 Pd（$j_0 \approx 10^{-4}\,A/cm^2$），而在高过电势金属（$j_0$ 为 $10^{-11} \sim 10^{-13}\,A/cm^2$）电极上根本不可能建立氢的平衡电势。

第三，O/R 电对中 O 与 R 的活度不能太小。对于 O/R 电对：O＋ze⁻ ⇌ R，其平衡电势可用 Nernst 公式计算：

$$\varphi_e = \varphi^\ominus + \frac{RT}{zF}\ln\frac{a_O}{a_R}$$

但实际上平衡电势过高或过低都会使电极处于非平衡状态（举个极限的例子：如果 $a_O/a_R \rightarrow 0$ 或 $a_O/a_R \rightarrow \infty$，则计算所得的 $\varphi_e \rightarrow -\infty$ 或 $\varphi_e \rightarrow +\infty$，显然是不可能的）。因为任何一种溶剂都有一定的分解电压，比如水溶液中电势过低或过高会引起剧烈的析氢或析氧，所以 O/R 电对的平衡电势如果过高或过低，都会引起杂质电流的增大，从而导致开路电势与平衡电势偏差较大，处于非平衡状态。

对于固态、液态物质和溶剂，其活度为 1；对于气体，其活度在一定压力下也为定值；故平衡电势的变化主要取决于溶液中溶质活度的变化。若溶质的活度太小，则会产生平衡电势过高或过低的可能，使开路电势偏离平衡电势。例如，$Cd \mid CdCl_2$ 电极属于可逆电极，但将实验测得的 $25℃$ 时的 Cd 在不同浓度的 $CdCl_2$ 溶液中的开路电势与用 Nernst 公式计算的理论值相比较，结果表明，在较浓的溶液中，理论值与实验值基本相符；但在较稀的溶液中（当 $a_{Cd^{2+}} < 10^{-4.5}$ 时），实验值与理论值偏差很大。

由以上三个条件可见，开路电势并不一定是热力学平衡电势。在电化学测量中必须经常记住这一点。由于不少电极反应很难处于平衡状态，因此很难用实验测定平衡电势与标准电势，对于这些反应，只能根据化学热力学中有关物质的标准化学势数据计算标准电势。

另外，在实际的电化学体系中，有许多电极不属于可逆电极。例如：铝在海水中所形成的电极，相当于 $Al \mid NaCl$ (aq)；零件在电镀液中所形成的电极：$Fe \mid Zn^{2+}$，$Fe \mid CrO_4^{2-}$，$Cu \mid Ag^+$ 等。由于这些电极不存在明确的可逆电对，所以不能建立一个总体的平衡，即不可能建立平衡电势，只能建立稳定电势。以腐蚀体系 $[$如 $Fe \mid NaCl$ (aq)$]$ 为例，腐蚀介质中开始并不存在腐蚀金属的离子，因此开路电势与该金属的标准电势偏差很大。随着腐蚀的进行，电极表面附近该金属的离子会逐渐增多，因而开路电势随时间发生变化。一定时间后，金属离子活度趋于稳定，这时的电势达到稳定电势。

复习题

1. 当电极电势处于平衡电势时，电极反应的正逆反应速率均为零，这一说法对吗？为什么？

2. 简述 Butler-Volmer 电极动力学公式的推导思想。

3. 简述电极过程最基本的三个动力学参数的物理意义。交换电流密度与标准速率常数有何区别与联系？

4. 如果一个电极反应的交换电流密度为 $10mA/cm^2$，它的净电流密度为 $3mA/cm^2$，那么有没有可能它的绝对还原电流密度为 $8mA/cm^2$，绝对氧化电流密度为 $5mA/cm^2$？为什么？

5. 为什么电极电势的改变会影响电极反应的速率和方向？

6. 写出 Butler-Volmer 公式在不同过电势范围下的近似公式。

7. 分析在阴极极化和阳极极化时，绝对电流密度与外电流密度之间的关系。

8. 为什么 j_0 越大反应就越容易进行？

9. j_0 描述平衡状态下的特征，为何它却能说明电化学动力学中的一些问题？

10. 在谈到一个 CTP 的不可逆性时，我们有时说它是过电势较大，而有时又说它是电流密度较小，这两种说法有何区别和联系？

11. 电荷传递电阻如何得来？其物理意义是什么？

12. 如何用稳态法测量电化学反应动力学参数？测量中需要注意哪些问题？

13. 与单电子电极反应相比，多电子电极反应的动力学公式有何变化？近似公式适用范围有何变化？

14. Tafel 公式在什么条件下就不再适用了？为什么？

15. 如何消除 ψ_1 效应对电极过程动力学的影响？

16. 分析平衡电极电势与稳定电极电势的区别与联系。

17. 某一电极上存在一对共轭反应，它们的平衡电势分别是 0.42V 和 0V，那么此电极的稳定电势有没有可能是 0.5V，为什么？

18. 所有电极都能建立平衡电势吗？为什么？

19. 金属 Cu 在 Cu^{2+} 活度为 0.1 的溶液中在 25℃下以 $j=50A/m^2$ 的速度稳态沉积。在电子转移步骤控制电极过程速度的情况下，测得 Tafel 斜率为 0.12V，$j_0=2A/m^2$，已知 25℃下反应 $Cu^{2+}+2e^- \rule[0.5ex]{2em}{0.4pt} Cu$ 的标准电极电势是 0.3419V，求此时的阴极电势。

20. 当 HCl 在 50% 甲醇水溶液中的浓度为 0.1mol/L 时，在 20℃下实验中测得 H^+ 在 Hg 阴极上还原的过电势数据如下：

$j/(A/m^2)$	0.01	0.03	0.1	0.3	1	3	10	30	100	300
η_c/V	0.665	0.716	0.791	0.834	0.893	0.937	0.942	1.031	1.089	1.122

如果 CTP 是阴极过程的 RDS，

(1) 求 Tafel 公式中的常数 a 和 b；

(2) 求交换电流密度 j_0；

(3) 求在低电流密度区域电流密度与过电势的比例常数（按 $z=\nu$ 计算）；

(4) 估算在电流密度为 10 A/m² 时的绝对电流密度 $\overrightarrow{j}$ 和 $\overleftarrow{j}$ 的值。

21. 298K 下在某电极上测得阴极反应 $Fe^{3+}+e^- \rule[0.5ex]{2em}{0.4pt} Fe^{2+}$ 的 $\beta=0.5$，$j_0=6\times10^{-3}A/cm^2$，已知此电极过程为电荷传递步骤控制，且 $c(Fe^{3+})=0.1mol/L$，$c(Fe^{2+})=0.01mol/L$，此反应在 298K 下的标准电极电势是 0.771V，假设活度系数按 1 计，试求

(1) 反应速度为 0.6 A/cm² 时的电极电势值；

(2) 控制过电势 $\eta_c=5mV$ 时的反应速率。

22. 设有一电极反应 $O+e^- \rule[0.5ex]{2em}{0.4pt} R$，其中 O、R 均可溶，其浓度 c_O、c_R 均为 $1.0\times10^{-3}mol/L$，已知电极反应速率常数 $k=1\times10^{-7}cm/s$，$\beta=0.5$，求 25℃时：

(1) 交换电流密度 j_0；

（2）若忽略传质影响，当阳极电流密度为 $0.0965mA/cm^2$ 时，其过电势为多少？

23. 在 20℃下于某一电流密度下 H^+ 在 Hg 上还原的过电势为 1.00V，Tafel 公式中 b 为 0.113V。温度升高到 40℃时，该电流密度下过电势为 0.95V。如果温度升高后，仍然维持原来的过电势不变，H^+ 还原反应速率将有何变化？（假定 β 与温度无关）

24. 18℃时将铜棒浸入 $CuSO_4$ 溶液中，测得该体系平衡电势为 0.31V，交换电流密度为 $1.3 \times 10^{-9} A/cm^2$，传递系数 $\vec{\alpha} = 0.5$，$\varphi^{\ominus}(Cu^{2+}/Cu) = 0.3419V$。

（1）计算电解液中 Cu^{2+} 活度。

（2）将电极电势极化到 $-0.23V$，相应的电流密度为多少。（假设只发生电化学极化）

25. $Pt/Fe(CN)_6^{3-}$（2.0mmol/L）、$Fe(CN)_6^{4-}$（2.0mmol/L）、NaCl（1.0mol/L）体系在 25℃时交换电流密度是 $2.0mA/cm^2$，传递系数是 0.5，请计算此反应的标准速率常数 k 的值。当两个配合物浓度均为 1mol/L 时，其交换电流密度是多少？电荷传递电阻是多少（电极面积 $0.1cm^2$）？

26. 25℃时，将两个真实面积均为 $1cm^2$ 的电极置于某电解液中进行电解。当外电流为零时，电解池端电压为 0.871V；外电流为 1A 时，电解池端电压为 1.765V。已知阴极反应的交换电流密度为 $1.0 \times 10^{-5} A/cm^2$，参加阳极反应和阴极反应的电子数均为 2，阴极的传递系数 $\vec{\alpha} = 0.5$，溶液欧姆电压降为 0.3V。问：

（1）外电流为 1A 时，阳极过电势是多少？

（2）25℃时阳极反应的交换电流密度是多少？（假设 RDS 计算数 $\nu = 1$）

（3）根据上述计算结果分析此电解池的槽电压变化原因。

27. 298K 下，Fe^{2+} 阴极还原反应机理为：

$$Fe^{2+} + H_2O \Longrightarrow FeOH^+ + H^+$$
$$FeOH^+ + e^- \longrightarrow FeOH \ (RDS)$$
$$FeOH + H^+ + e^- \Longrightarrow Fe + H_2O$$

求该反应的 Tafel 斜率 b（$\beta = 0.5$）。

28. 研究下列反应：

$$Cd^{2+} + 2e^- \underset{}{\overset{Hg}{\Longrightarrow}} Cd(Hg)$$

当 $c_{Cd(Hg)} = 0.40mol/L$ 时得到如下数据：

$c(Cd^{2+})/(mmol/L)$	1.0	0.50	0.25	0.10
$j_0/(mA/cm^2)$	30.0	17.3	10.1	4.94

（1）假设通用机理在此适用，计算 $z' + \beta$ 的值，并建议 z'、z''、β 各自的值；

（2）计算标准速率常数 k 的值。

第8章 浓度极化

在本章中将研究浓度极化的基本动力学规律。液相传质步骤是整个电极过程中的一个重要环节，因为液相中的反应物粒子需要通过液相传质向电极表面不断地输送，而可溶反应产物又需通过液相传质过程离开电极表面。如果液相传质步骤成为电极过程的控制步骤，就会发生浓度极化。

在上一章中已经建立了电极反应的电流密度-电势特征关系式，可以看出，电流密度不仅受自身反应速率常数的影响，还受粒子表面浓度的影响，而粒子表面浓度又由液相传质速率决定，因此，要首先研究液相传质的几种方式及其传质速率。

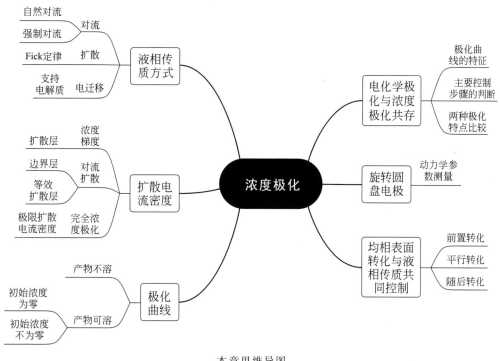

本章思维导图

8.1 液相传质

8.1.1 液相传质方式

液相传质，即物质在溶液中从一个地方迁移到另一个地方。液相传质有三种方式——对流、扩散、电迁移。

（1）对流。对流是一部分溶液与另一部分溶液之间的相对流动。对流传质是溶液内粒子随溶液的流动而迁移的传质过程。根据产生对流的原因，可将对流分为自然对流和强制对流两类。

自然对流是由溶液中的密度梯度引起的。由于液体各部分之间存在着浓度差或温度差，使得溶液中各部分出现密度差，从而引起自然对流。如果电极上有气体生成，气体析出会对溶液造成搅拌引起对流，通常也纳入自然对流的范畴。

如果采用外加机械能作为驱动力对溶液进行搅拌，使溶液间各部分产生相对运动，则可形成强制对流。强制对流的方式很多，如搅拌溶液、旋转电极、振动电极、溶液流动、在溶液中通入气体等。

对流发生在整个液相内，但电极表面对液体流动有阻滞作用，对流会减弱。

（2）扩散。扩散是由于溶液中某一组分存在浓度梯度（即化学势梯度）而引起的该组分自高浓度处向低浓度处转移的传质过程。

电极反应发生时，消耗反应物并形成产物，于是电极表面和溶液深处出现浓度差别，发生扩散。扩散发生在具有浓度梯度的液相内，即便只有自然对流作用，本体溶液中的粒子浓度也几乎相等，故扩散主要发生在电极表面附近液层中。

（3）电迁移。电迁移是荷电粒子在电场（即电势梯度）作用下沿着一定方向移动引起的传质过程。

电化学池是由阴极、阳极和电解质溶液组成的，当电流通过时，阴极和阳极之间形成电场，电解质溶液中的荷电粒子就会发生电迁移。溶液中各种离子均在电场作用下电迁移，不论其是否参加电极反应。不参加电极反应的离子只起到传导电流的作用。如果溶液中存在大量支持电解质，则反应物离子的迁移数很小，它的电迁传质作用可以忽略不计。

三种传质方式的比较见表 8-1，传质模型及相应的典型浓度、电场、速度分布见图 8-1。

表 8-1 三种传质方式的比较

项目	对流	扩散	电迁移
迁移粒子	所有组分	所有组分都可能	荷电粒子
本质起因	溶液中的不平衡力（密度梯度）	浓度梯度（化学势梯度）	电场（电势梯度）
		电化学势梯度	

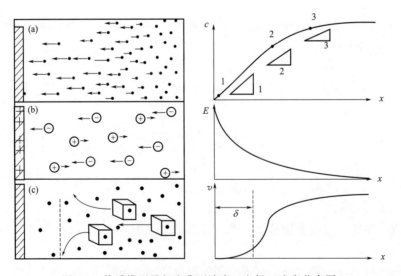

图 8-1 传质模型及相应典型浓度、电场、速度分布图
（a）扩散；（b）电迁移；（c）对流

在电解池中，当三种传质过程同时发生时，情况比较复杂。然而，三种方式的相对贡献随距离电极的远近不同而不同，在一定条件下起主要作用的往往只有其中的一种或两种。例如，在离电极表面较远处，对流引起的传质速度往往比扩散和电迁移引起的传质速度大几个数量级，因而此时扩散和电迁传质作用可以忽略不计；在电极表面附近的薄层液体中，只要采用静态溶液（不搅拌或振荡溶液），由于电极表面的阻滞作用，液流速度一般都很小，因而起主要作用的是扩散及电迁移过程。如果溶液中除电活性粒子外还存在大量支持电解质（一般支持电解质的浓度超过电活性离子浓度 50 倍以上，见 8.7 节），则溶液内的电流主要由支持电解质离子来传输，电活性离子的电迁移速度将大大减小，故电活性离子的消耗主要由扩散来补充，在这种情况下，可以认为电极表面附近薄层液体中仅存在扩散传质过程。因而本章的重点在于讨论电极表面附近液层中的扩散过程。

8.1.2 液相传质流量

液相传质速度一般用所研究物质在单位时间内通过单位截面积的物质的量来表示，称为该物质的流量，单位是 $mol/(m^2 \cdot s)$。

假定溶液中粒子浓度只沿着 x 轴变化，在 y 轴和 z 轴方向上无浓度变化，即存在着一系列与 yz 面平行的等浓度面，下面考虑沿 x 方向的一维物质传递流量。

对流导致的 i 粒子的流量为：

$$q_{i,c}(x) = v_x c_i(x) \tag{8-1}$$

式中，v_x 为液体在 x 方向上的流速，m/s；$c_i(x)$ 为 i 粒子在 x 面上的浓度，mol/m^3。

扩散导致的 i 粒子的流量为 Fick 第一定律：

$$q_{i,d}(x) = -D_i \frac{\partial c_i(x)}{\partial x} \tag{8-2}$$

式中，D_i 为扩散系数，m^2/s；$\partial c_i(x)/\partial x$ 为 i 粒子在 x 面上的浓度梯度，负号表示扩散的方向与浓度梯度的方向相反。

电迁移导致的 i 粒子的流量为：

$$q_{i,e}(x) = \pm c_i(x) u_i E_f(x) \tag{8-3}$$

式中，$c_i(x)$ 为 i 粒子在 x 面上的浓度，mol/m^3；u_i 为该荷电粒子的淌度，即该粒子在单位电场强度作用下的运动速度，$m^2/(V \cdot s)$；$E_f(x)$ 为 x 面上的场强，V/m。因为正离子电迁移方向与电场方向相同，负离子电迁移方向与电场方向相反，故式中右方正号用于荷正电粒子，而负号用于荷负电粒子。

当上述三种传质方式同时作用时，则总流量为：

$$q_i(x) = v_x c_i(x) - D_i \frac{\partial c_i(x)}{\partial x} \pm c_i(x) u_i E_f(x) \tag{8-4}$$

若 i 为带电粒子，则 i 粒子的流量乘以所带电荷可以得到流经该处的电流密度：

$$j_i(x) = z_i F q_i(x) \tag{8-5}$$

式中，$j_i(x)$ 为 i 粒子在 x 液面处传质产生的电流密度；z_i 为 i 粒子所带电荷数。

8.1.3 支持电解质

电化学测量通常都是在由溶剂与支持电解质组成的介质中进行的。

水是使用最多的溶剂，非水溶剂也经常使用，如乙腈、丙烯酸、二甲基甲酰胺（DMF）、二甲基亚砜（DMSO）或甲醇等，某些场合也可考虑使用混合溶剂。溶剂的选择要考虑分析物质在其中的溶解度和氧化还原活性，以及溶剂自身的性质（导电性、电化学活性、化学反应性），溶剂不应与分析物质（或其电化学反应的产物）反应，在一定宽度的电势范围内不应有电化学反应。

支持电解质就是不参加电极反应的电解质，又叫惰性电解质或局外电解质。通常支持电解质的浓度在 $0.1 \sim 1.0 \mathrm{mol/L}$ 的范围内，一般要达到电活性组分浓度的 $50 \sim 100$ 倍以上，即对电活性组分来说是大量过量的。

加入支持电解质具有以下一些作用。第一，支持电解质可以大大降低电活性粒子的电迁传质速度，用以消除电迁移效应。第二，高浓度离子的存在可以提高溶液的电导率，因此降低了工作电极和参比电极之间的溶液电阻，提高了对工作电极电势的控制和测量精度。第三，即使在电极上有离子的产生或消耗，支持电解质也可以使溶液保持恒定的离子强度，从而消除电解质总量变化产生的影响。第四，支持电解质可使分散层大大压缩，确保双电层厚度相对于扩散层很薄，并能消除 ψ_1 效应。第五，在电分析应用中，高浓度支持电解质经常作为缓冲溶液，可降低或消除样品的基底效应。

作为支持电解质所应具备一些基本条件。第一，在溶剂中要有相当大的溶解度，因为在溶剂中支持电解质必须以离子状态存在；第二，当量电导率要大，离子淌度要大，这样才有足够数量且在外电场作用下能够快速移动的电荷载体；第三，电势测定范围大，支持电解质在整个测量电势范围内要保持惰性；第四，不与体系中的溶剂或电极反应有关的物质发生反应，且对电极表面不发生特性吸附。

支持电解质应由高纯试剂配制。对于水溶液，许多酸、碱、盐是可采用的，常用的如 KNO_3、Na_2SO_4、KOH、$NaOH$、H_2SO_4 等。如有必要控制溶液的 pH 值，可使用缓冲体系（如醋酸盐、磷酸盐、柠檬酸盐等体系）做支持电解质起到双重作用。对于具有高介电常数的有机溶剂，经常采用四烷基铵盐，如 Bu_4NBF_4 和 Et_4NClO_4 等（其中 Bu 为正丁基，Et 为乙基）。

实验中也经常使用 KCl、NH_4Cl、HCl 等作为支持电解质，但由于 Cl^- 有特性吸附作用，故在选用前需考虑其特性吸附作用是否会对体系造成影响。

但是，支持电解质也会带来一些问题。由于所用浓度很大，它们的杂质可能会带来一定的干扰。另外，支持电解质可显著改变电化学池中介质的性质，使其与纯溶剂不同，这种差别使得电化学实验所得到的某些结果（如热力学数据）与采用纯溶剂所做的其他实验所得结果的比较复杂化。

8.2 扩散与扩散层

正如上一节所讨论的那样，采用支持电解质并在静止的溶液中，有可能将一个电活性物质在电极附近的物质传递限制为仅发生扩散传质。大多数电化学方法是建立在这些条件成立的假设上，因此扩散是一个重要的中心环节。下面对扩散现象进行更深入的探讨。

8.2.1 稳态扩散与非稳态扩散

当电极表面上进行着电化学反应时，反应粒子不断在电极上消耗而反应产物不断生成。因此，如果这些粒子处在液相中，则在电极表面附近的液层中会出现这些粒子的浓度变化，从而破坏了液相中的浓度平衡状态，出现浓度极化。同时，也会出现导致浓度变化减缓的扩散和对流传质过程。

一般说来，在电极反应的开始阶段，由于反应粒子浓度变化的幅度还比较小，且主要局限在距电极表面很近的静止液层中，因而液相传质过程不足以完全补偿由于电极反应所引起的消耗。这时浓度极化就会不断发展，即电极表面液层中浓度变化的幅度越来越大，出现浓度变化的液层也越来越厚。此时的传质过程称为"非稳态过程"或"暂态过程"。

然而，在浓度极化发展的同时，反应粒子消耗和补充的相对强度也在逐渐发生变化，使浓度极化的发展越来越缓慢。当表面液层中指向电极表面的反应粒子的流量已足以完全补偿由于电极反应而引起的反应粒子的消耗时，传质就会进入"稳态过程"。此时表面液层中浓度极化现象仍然存在，但是却不再发展。

在稳态过程中，溶液中的粒子沿着某一方向会产生一定的净流量，但此过程中溶液内各点浓度均保持恒定，不随时间而变化。必须明确，稳态并不是平衡态，虽然两种状态下溶液内各点浓度均不随时间而变化，但平衡态下粒子净流量为零，而稳态下净流量不为零。

从非平衡态热力学中的最小熵产生原理可知，当体系偏离平衡态不远时，处于稳态的熵产生速率最小。平衡态是熵产生为零的状态，而稳态是熵产生最小的状态。

电极表面上稳态传质过程的建立，必须先经过一段非稳态阶段，在非稳态过程中，传质液层内各点浓度是随时间而变化的。即稳态下浓度只与空间位置有关；而非稳态下浓度既是空间位置的函数，又是时间的函数。

处于稳态过程的扩散称为稳态扩散，处于非稳态过程的扩散称为非稳态扩散。显然，稳态扩散流量与时间无关，为恒量；而非稳态扩散的扩散流量是随时间而变化的。

对于已经处在稳态扩散的系统，如果受到外界因素（例如改变电流密度、温度，溶液受到搅拌等）的影响，使原来的稳态遭到破坏，则又会出现非稳态扩散。一般情况下，经过一段时间又可达到新的稳态。实际上，任何一个稳态都是由非稳态逐步过渡而达到的，而且稳态又常常会在外界干扰下而重新出现非稳态。所以说，稳态与非稳态的关系十分密切。

还需要指出，由于反应粒子不断在电极上消耗，电解过程中反应粒子的整体浓度一般总是逐渐减小的。但一般电化学测量时间都比较短，只要电解液总量不是特别小，就可以忽略整体浓度的变化。

稳态扩散过程的数学处理比较简单，只要能找到稳态下扩散粒子的浓度分布函数，即可根据 Fick 第一定律［式(3-47)］计算流量。而对于非稳态扩散，反应粒子的浓度同时是空间位置与时间的函数，因而数学处理要复杂得多，在大多数情况下，需要按照特定的起始条件和边界条件求解 Fick 第二定律［式(3-56)］，得到包含时间变量的浓度分布函数 $c(x,t)$。

8.2.2 扩散层

扩散主要发生在电极表面附近的液层中，于是就引出了扩散层的概念。所谓扩散层，就是指电极表面双电层以外溶液中具有浓度梯度的液层。在非稳态扩散时，扩散范围随时间而变化，扩散层厚度也不断变化；在稳态扩散时，扩散范围不随时间改变，存在固定的厚度。

图 8-2 给出了荷负电的电极表面附近，分散中的正、负离子的浓度分布和扩散层中的电解质浓度分布示意图。由图可见，双电层内的离子也存在非常大的浓度差，但由于双电层内电势梯度很大，各种离子浓度受双层电场的影响，不服从扩散传质的规律，而服从 Boltzmann 分布。所以研究扩散传质规律时，应把双电层的边界处作为扩散层的起点。通常情况下，双电层厚度一般在 $10^{-9} \sim 10^{-8}\,\mathrm{m}$，而扩散层厚度一般为 $10^{-5} \sim 10^{-4}\,\mathrm{m}$。因为扩散层比双电层大约厚 4 个数量级，故将双电层的边界作为扩散层的起点在实践中是完全允许的。在扩散层的末端，浓度梯度趋于零，其浓度等于溶液的本体浓度。

在此需要区分电极表面各个液层的范围及电极表面浓度的含义。如果没有特性吸附，离电极表面最近的是外紧密层（厚度约 $10^{-9}\,\mathrm{m}$），其次是分散层（厚度 $10^{-9} \sim 10^{-8}\,\mathrm{m}$），然后

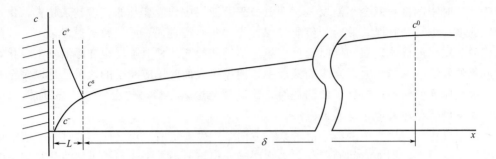

图 8-2 荷负电电极表面分散层中的正、负离子的浓度分布和扩散层中的电解质浓度分布示意图

L—分散层厚度；δ—扩散层厚度；c^s—电解质表面浓度；c^0—电解质本体浓度；c^+、c^-—正、负离子浓度

是扩散层（厚度 $10^{-5} \sim 10^{-4}$ m），对流区域从扩散层内部延伸到溶液深处。研究电化学极化时，i 粒子表面浓度记为 $c_i(0, t)$，在没有特性吸附时，$c_i(0, t)$ 可以理解为 OHP 面的粒子浓度，即此时的 "$x = 0$" 的液面表示 OHP 面。在研究浓度极化时，仍然需要将表面浓度记为 $c_i(0, t)$（通常简记为 c_i^s），但它指的是扩散层起点的粒子浓度，即此时的 "$x = 0$" 的液面表示分散层外表面（如图 7-12 所示）。当然，如果剩余电荷密度较大、或溶液浓度较大、或存在大量支持电解质，则分散层厚度可忽略，此时两种情况下 "$x = 0$" 的液面基本处于同一位置。

8.3 稳态扩散传质规律

上一节中给出了扩散的一些基本概念，在本节中将进一步研究稳态扩散过程中，电极电流密度与浓度、扩散层厚度之间的关系。

8.3.1 理想稳态扩散

为了研究扩散传质的规律，需要将对流和电迁的影响尽量消除。加入大量支持电解质就可以消除电迁的影响，但是对流一般情况下都是从扩散层内部延伸到溶液深处，无法将二者截然分开。为了单独研究扩散规律，首先分析一种理想的实验装置，其中扩散传质区和对流传质区可以截然划分，从而可以消除对流的影响。

该实验装置如图 8-3 所示，电解池由较大的容器及接在其侧方长度为 l 的毛细管所组成，两个电极则分别装在毛细管末端和容器中，并在容器中设置搅拌设备，电解液中加入大量支持电解质。强烈搅拌容器中的溶液，则由于对流作用，容器中各点浓度相同；而由于毛细管的滞流作用，毛细管内的溶液是不流动的，即毛细管内不存在对流作用。

对电极施加极化，假定溶液中的 i 粒子能在毛细管末端的电极上反应，则该电极附近开始出现 i 粒子的传质过程。因为毛细管中的液体总是静止的，因而其中仅出现扩散传质过程，并不断向 x 增大的方向发展。而容器中各点浓度相同，浓度梯度为 0，故只有对流而没有扩散，所以扩散层厚度达到 l 后将不再延伸。

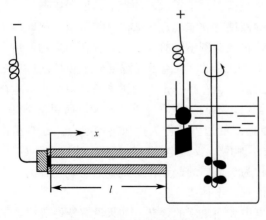

图 8-3 理想扩散研究装置

下面以阴极极化为例进行分析，假定毛细管末端的电极上发生以下反应：

$$O + ze^- \rightleftharpoons R \tag{8-6}$$

则通过电流时反应粒子 O 在毛细管末端电极上作用，该电极附近出现 O 粒子的浓度极化。当达到稳态后，毛细管内各点浓度不再变化，扩散层厚度为 l，O 的流量 $q_{O,d}$ 为常数。根据 Fick 第一定律，有：

$$q_{O,d} = -D_O \frac{dc_O}{dx} \tag{8-7}$$

因为 $q_{O,d}$ 为常数，故 dc_O/dx 为常数，所以毛细管内反应粒子的浓度分布必然是线性的（图 8-4）。于是毛细管内浓度梯度可由下式表示：

$$\frac{dc_O}{dx} = \frac{c_O^0 - c_O^s}{l} \tag{8-8}$$

式中，c_O^0 表示反应粒子 O 的本体浓度；c_O^s 为 O 的表面浓度。代入式(8-7)后得到稳态下的扩散流量：

$$q_{O,d} = -D_O \frac{c_O^0 - c_O^s}{l} \tag{8-9}$$

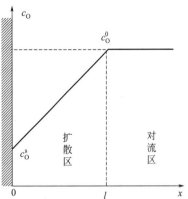

图 8-4　理想情况下扩散层中反应粒子的浓度分布

O 粒子扩散到电极表面参加电极反应，稳态下产生恒定的反应电流密度。对于反应式(8-6)，扩散流量与阴极电流密度之间存在如下关系：

$$j = zF(-q_{O,d}) = zFD_O \frac{c_O^0 - c_O^s}{l} \tag{8-10}$$

式中，z 表示1个 O 粒子还原所得的电子数。该公式通过如下分析得到：1个 O 粒子在电极表面得到 z 个电子，故 $|q_{O,d}|$[mol/(m²·s)]的粒子产生的电量为 $zF|q_{O,d}|$[C/(m²·s)]，即电流密度数值为 $zF|q_{O,d}|$(A/m²)。因为流量是以沿着 x 轴方向为正，而溶液中反应粒子流动方向与 x 轴的方向相反，故 $q_{O,d}$ 为负值。已知还原电流密度为正值，故 $j = zF(-q_{O,d})$。

须注意的是，式(8-10) 中的 z 特指"1个" O 粒子还原所得的电子数，如果反应式为 $\nu O + ze^- \rightleftharpoons R$，则 $j = (z/\nu)F(-q_{O,d})$。另外也要把 z 与反应粒子荷电荷数 z_i 区分清楚，如对于反应 $Fe^{3+} + e^- \rightleftharpoons Fe^{2+}$，$z = 1$ 而 $z_i = 3$。

随着极化的增大，反应粒子表面浓度逐渐降低。c_O^s 的最小值为 0，由式(8-10) 可见，电流密度存在一个极大值，即 $c_O^s = 0$ 时对应的电流密度，可称为极限扩散电流密度，用 j_d 表示：

$$j_d = zFD_O \frac{c_O^0}{l} \tag{8-11}$$

可见，电极反应的电流密度不可能无限大，随着极化的增加，由于液相传质能力的限制，电流密度必然会达到极限值，如图 7-7 所示。一般将反应粒子浓度趋于零的情况称为完全浓度极化。

将式(8-11) 代入式(8-10) 中，可得以下两个关系式：

$$j = j_d \left(1 - \frac{c_O^s}{c_O^0}\right) \tag{8-12}$$

$$c_O^s = c_O^0 \left(1 - \frac{j}{j_d}\right) \tag{8-13}$$

另外，假如反应产物 R 也可溶的话，则 O 粒子的液相传质步骤、电荷传递步骤、R 粒子的液相传质步骤为三个串联进行的单元步骤，它们对应的电流密度相等，所以电流密度也可用产物流量表示。显然，对于反应（8-6），生成1个R粒子在电极上传递z个电子，产物R的扩散流量与x轴同向，为正值，扩散层厚度也为l，故：

$$j = zFq_{R,d} = zFD_R \frac{c_R^s - c_R^0}{l} \tag{8-14}$$

式中，z表示生成"1个"R粒子电极上传递的电子数；c_R^0表示产物粒子R的本体浓度；c_R^s为R的表面浓度。

以上是以阴极极化为例进行分析，对于阳极极化，其电流密度为负值，也可仿照以上推导过程得到相似结论。

8.3.2 稳态对流扩散

在上一节中，采用特殊的实验装置将扩散区和对流区分开，但在实际工作中，扩散区内也存在着对流传质过程，目前已有方法可以直接观察到在距电极表面仅约10^{-7}m处的液流运动，而扩散层厚度一般为$10^{-5} \sim 10^{-4}$m，可见无法将二者截然分开。这种存在对流作用的扩散过程，可称为对流扩散。在对流扩散中，需要将流体力学与扩散规律结合起来考虑，才能正确反映出溶液中传质的全貌。

液体的流动有两种基本方式：层流和湍流。湍流的数学处理相当复杂，故主要分析液体按层流方式流动时的对流扩散传质过程。另外，由于自然对流的定量处理也极复杂，而且它的传质能力一般远小于人为搅拌的强制对流作用，因而处理时往往略去自然对流的影响。换言之，主要研究在人为强制层流条件下液体中的传质过程。由于数学推导比较复杂，本节中只介绍对流扩散的基本原理及所得到的若干主要结论。

（1）边界层。研究对流传质，就必须了解液体流动的基本规律，所以首先来介绍流体力学中的一个非常重要的概念——边界层。

液体有两个重要性质——黏性和黏着性，边界层与这两个性质密切相关。黏性是液体内部动量传递的宏观表现，它由相对运动的流层与流层或质点与质点间的内摩擦力引起。黏度μ是液体黏性大小的一种度量，它与液体的物理性质有关，其单位为$N \cdot s/m^2$。在研究液体运动时，还常采用运动黏度ν度量液体黏性（$\nu = \mu/\rho$，ρ为液体密度），ν的单位为m^2/s。把ν称为运动黏度的原因是因为它的单位中只包含运动学的量，即长度和时间。实验表明，一般液体的μ和ν随温度升高而减小。表8-2给出了不同温度下水的μ和ν。

表8-2　水的黏度和运动黏度

温度/℃	黏度μ /(10^{-3}N·s/m²)	运动黏度ν /(10^{-6}m²/s)	温度/℃	黏度μ /(10^{-3}N·s/m²)	运动黏度ν /(10^{-6}m²/s)
0	1.781	1.785	30	0.798	0.800
10	1.300	1.306	50	0.547	0.553
20	1.002	1.003	80	0.354	0.364
25	0.890	0.893	100	0.282	0.294

黏着性是指液体具有附着在与其直接接触的固体表面上的性质。由于固体表面与液体的分子间作用力（附着力）大于液体本身分子间的相互作用力（凝聚力），故在固体表面的流体层中，液体分子虽然存在微观热运动，但在其总运动方向上的宏观速度等于零。

假设液体以恒速u_0流过物体表面，既然固体表面上液体分子平均流速为零，则在其附近的分子由于黏性作用，流速也有不同程度的减小，即固体表面的影响也传播到较远的液层中，形成了速度梯度，离固体表面越远，影响越小，流速越接近最大值 u_0。从固体表面到流速达到 u_0 之间这段存在速度梯度的液层称为边界层（见图 8-5）。任何一种实际流体的流动均可分为两种流动——物体表面上的边界层流动及其外的理想流体（黏度为 0 的流体）流动。在边界层中流体的黏性影响起作用，在外流中则感觉不到其影响。

严格来说，黏性影响是逐步减小的，只能在无穷远处流速才能达到 u_0，但从实际上看，如果规定流速为 $0.99u_0$ 的地方作为边界层界限，则该界限以外的流体已经可以近似看作理想流体。因此，边界层的厚度定义为从固体表面至流速为 $0.99u_0$ 处的垂直距离，以 δ_B 表示之。

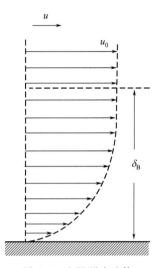

图 8-5 边界层中液体
流速变化示意图

平板边界层是最简单的边界层，如图 8-6 所示，有一个等速平行的平面流动，各点的流速都是 u_0，在这样一个流动中，放置一块与流动方向平行的薄平板，平板是不动的。设想在平板的上、下方流场的边界都为无穷远。

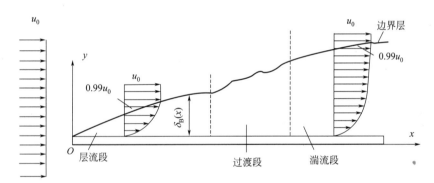

图 8-6 平板边界层示意图

边界层开始于平板的首端，越往下游，边界层越发展，即黏性的影响逐渐从边界向流区内部发展。在平板的前部，边界层厚度较小，流速梯度较大，因此黏性作用较大，这时边界层内的流动将属于层流流态，这种边界层叫层流边界层。之后，随着边界层厚度的增大，流速梯度减小，黏性作用也随之减小，边界层内的流态将从层流经过过渡段变为湍流，边界层也将转变为湍流边界层，如图 8-6 所示。当平板很长时，层流段和过渡段的长度与湍流段的长度相比是很短的。

理论分析和实验测量都证实了层流边界层的厚度为：

$$\delta_B(x) = 5\sqrt{\frac{\nu x}{u_0}} \tag{8-15}$$

式中，ν 为液体的运动黏度；x 为距液流冲击点 O 的距离。

（2）对流扩散传质规律。研究如图 8-7 所示的平板电极，设各点流速均为 u_0，流动方向与电极表面平行的液流在坐标原点 $O(x=0, y=0)$ 处开始接触电极表面。显然电极表面存在层流边界层，根据式(8-15)，其厚度为：

$$\delta_B(y) = 5 \sqrt{\frac{\nu y}{u_0}} \tag{8-16}$$

式中，ν 为液体的运动黏度；y 为平板电极上某一点距原点 O 的距离。

因为反应粒子在电极表面上消耗，则电极表面将出现反应粒子的浓度变化，出现扩散层。假设溶液中加入大量支持电解质以消除电迁传质的影响。计算结果表明，扩散层厚度 δ 与边界层厚度 δ_B 间存在下列近似关系：

$$\frac{\delta}{\delta_B} \approx \left(\frac{D_i}{\nu} \right)^{1/3} \tag{8-17}$$

将式(8-16)代入式(8-17)中，可得：

$$\delta \approx 5 D_i^{1/3} \nu^{1/6} y^{1/2} u_0^{-1/2} \tag{8-18}$$

ν 与 D 的量纲都是 m^2/s，但它们在数值上的差别很大。水溶液中离子与分子的 D 的数量级一般是 $10^{-9} m^2/s$，而水溶液 ν 的数量级则是 $10^{-6} m^2/s$。代入式(8-17)，可得 δ 约为 δ_B 的 1/10。显然，扩散层也是边界层中的一部分，扩散层也在以较小的速度运动着，速度分布如图 8-8 所示。但是，边界层与扩散层是不同的物理概念。前者的厚度较大，只由电极的几何形状与流体动力学条件所决定；后者则不仅具有较小的厚度，而且除几何及流体动力学条件外还依赖于反应粒子的扩散系数，即使在同一电极上、同一液流条件下，具有不同扩散系数的反应粒子也能形成不同厚度的扩散层。扩散系数愈大，相应的扩散层也愈厚。

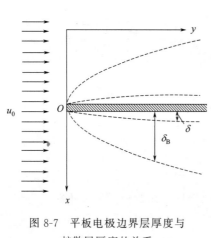

图 8-7　平板电极边界层厚度与
扩散层厚度的关系

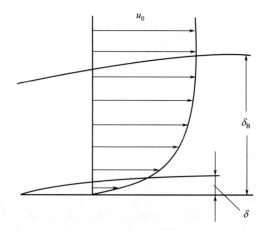

图 8-8　平板电极边界层与
扩散层速度梯度的关系

在扩散层内部，仍然存在液体的运动，因而其中的传质过程是扩散和对流两种作用的联合效果。即使在稳态下，扩散层中各点的浓度梯度亦非定值。然而，由于在 $x=0$ 处液流速度为 0，可认为 $x=0$ 处只存在扩散过程而不存在对流过程，如果假设整个表面液层按 $x=0$ 处的浓度梯度进行理想稳态扩散，则产生的传质效果与对流扩散是一样的，因为这两种情况下电极表面的反应粒子浓度 c_i^s 是相同的，而反应电流只取决于 c_i^s，只要保持相同的 c_i^s 即可将对流扩散等效为单纯的扩散。因此可以根据 $x=0$ 处的浓度梯度值来定义等效扩散层，这是一种假想的扩散层，其传质效果与对流扩散等效，其厚度称为等效扩散层厚度，也叫有效扩散层厚度（如图 8-9 所示）：

$$\delta_{有效} = \frac{c_i^0 - c_i^s}{(dc_i/dx)_{x=0}} \tag{8-19}$$

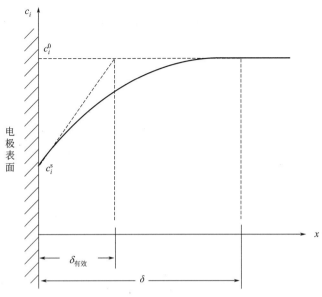

图8-9 电极表面液层中反应粒子的浓度分布及扩散层有效厚度

在对流扩散中使用扩散层的有效厚度后，就可以把适用于静止溶液中扩散的式(8-9)～式(8-11) 等用于对流扩散。为此，需要在这些式子中用 $\delta_{有效}$（以下记为 δ_O 或 δ_R）代替 l，相应的公式可以表示为：

$$q_{O,d} = -D_O \frac{c_O^0 - c_O^s}{\delta_O} \tag{8-20}$$

$$j = zFD_O \frac{c_O^0 - c_O^s}{\delta_O} \tag{8-21}$$

$$j_d = zFD_O \frac{c_O^0}{\delta_O} \tag{8-22}$$

可见此时式(8-12) 与式(8-13) 仍然成立。以上公式把对流的影响包含在扩散层的有效厚度 δ_O 之中，可使问题大大简化。由于 δ_O 通常是未知的，为方便起见，可将它与 D_O 结合起来组成另一个常数 m_O，$m_O = D_O/\delta_O$，常数 m_O 称为物质传递系数，单位是 m/s。这样，式(8-21) 变为：

$$j = zFm_O(c_O^0 - c_O^s) \tag{8-23}$$

假如反应产物 R 也可溶的话，则：

$$j = zFm_R(c_R^s - c_R^0) \tag{8-24}$$

对于如图 8-7 所示的平板电极，可认为扩散层有效厚度：

$$\delta_{有效} \approx D_i^{1/3} \nu^{1/6} y^{1/2} u_0^{-1/2} \tag{8-25}$$

于是得到电极表面上各处的电流密度及极限扩散电流密度为：

$$j \approx zFD_i^{2/3} \nu^{-1/6} y^{-1/2} u_0^{1/2} (c_i^0 - c_i^s) \tag{8-26}$$

$$j_d \approx zFD_i^{2/3} \nu^{-1/6} y^{-1/2} u_0^{1/2} c_i^0 \tag{8-27}$$

对比式(8-10) 与式(8-26) 可看出，在理想扩散中，j 与 D_i 正比；而在对流扩散中，扩散系数的影响有所减弱。

由式(8-26) 可见，液体流速 u_0 越大，电流密度越大。显然，加强搅拌可使电流密度增大。在实际工作中，可以应用各种办法达到搅拌目的，例如采用搅拌器、通入气体、使电解液流动、使电极运动等。

在式(8-26)中包含 y 项，可见采用图 8-7 所示的对流方式，电极表面上各部分电流密度是不均匀的，这意味着电极表面上各处的极化情况不同，使数据处理变得复杂。为了在整个电极表面上获得均匀的电流密度，曾经设计过各种电极装置和搅拌方式，其中最常用的是旋转圆盘电极（见 8.6 节）。

8.4　可逆电极反应的稳态浓度极化

对于可逆电极反应，电荷传递与表面转化步骤的进行无任何困难，其反应速率完全由液相传质步骤控制。为了能正确识别和充分利用这类电极过程，首先应对它们的稳态动力学公式及稳态极化曲线的形式有所了解。

下面以阴极极化为例进行分析，假定溶液中存在大量支持电解质，对于以下反应：

$$O + ze^- \rightleftharpoons R$$

在开路状态下，电极的平衡电势为（当然，当 $c_O^0 = 0$ 或 $c_R^0 = 0$ 时平衡电势无法定义）：

$$\varphi_e = \varphi^{\ominus'} + \frac{RT}{zF}\ln\frac{c_O^0}{c_R^0} \tag{8-28}$$

若对电极施加极化，使其电极电势从平衡电势（或稳定电势）变化到 φ，假设反应速率完全由液相传质步骤控制，只发生浓度极化。由于此时电极反应可逆，故电化学步骤近似处于与电极电势 φ 相应的热力学平衡状态，即 O 与 R 的表面浓度与 φ 符合 Nernst 方程：

$$\varphi = \varphi^{\ominus'} + \frac{RT}{zF}\ln\frac{c_O^s}{c_R^s} \tag{8-29}$$

反应达稳态时，在上式中出现的 c_O^s 可通过式(8-13)来计算，而根据 c_R^s 的不同，可分为以下三种情况来考虑。

8.4.1　产物不溶

如果产物 R 是不溶的，如形成气体或固相沉积物等，则其活度 $a_R = 1$，于是其平衡电势：

$$\varphi_e = \varphi^{\ominus} + \frac{RT}{zF}\ln a_O^0 = \varphi^{\ominus'} + \frac{RT}{zF}\ln c_O^0 \tag{8-30}$$

在极化电势 φ 下有：

$$\varphi = \varphi^{\ominus} + \frac{RT}{zF}\ln a_O^s = \varphi^{\ominus'} + \frac{RT}{zF}\ln c_O^s \tag{8-31}$$

将式(8-13)代入式(8-31)，结合式(8-30)，得：

$$\varphi = \varphi^{\ominus'} + \frac{RT}{zF}\ln\left[c_O^0\left(1 - \frac{j}{j_d}\right)\right] = \varphi_e + \frac{RT}{zF}\ln\left(1 - \frac{j}{j_d}\right) \tag{8-32}$$

显然过电势为：

$$\eta_c = \varphi_e - \varphi = -\frac{RT}{zF}\ln\left(1 - \frac{j}{j_d}\right) \tag{8-33}$$

根据式(8-32)作图，可得产物不溶时的浓度极化曲线，如图 8-10 所示。根据式(8-33)，当 $j = j_d$ 时，$\eta_c \to \infty$；而当 $j = 0.99 j_d$ 时，$\eta_c = 4.6RT/(zF) = (118/z)$ mV（$T = 298K$），即 $\eta_c \geqslant (118/z)$ mV 时，$j \approx j_d$。

若以 φ 对 $\lg(1-j/j_d)$ 作图，则为一直线，其斜率为 $2.3RT/(zF)$，从而可以获知电极反应涉及的电子数 z，如图 8-11 所示。

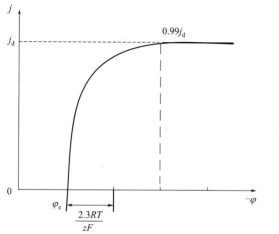

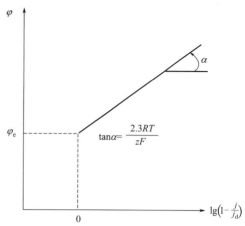

图 8-10 还原产物不溶时的稳态浓度极化曲线   图 8-11 还原产物不溶时的半对数稳态浓度极化曲线

将指数函数按泰勒级数展开，有以下形式：

$$e^x = 1 + x + \frac{x^2}{2!} + \frac{x^3}{3!} + \cdots \tag{8-34}$$

显然，若 $|x| \ll 1$，则 $e^x \approx 1 + x$。

将式 (8-33) 写为指数形式：

$$1 - \frac{j}{j_d} = \exp\left(-\frac{zF\eta_c}{RT}\right) \tag{8-35}$$

如果过电势足够小，使 $\left| -\dfrac{zF\eta_c}{RT} \right| \ll 1$，则上式可近似为：

$$1 - \frac{j}{j_d} \approx 1 - \frac{zF\eta_c}{RT} \tag{8-36}$$

注意到 η_c/j 具有电阻的量纲，可以定义一个低过电势下的物质传递电阻 R_{mt} 为：

$$R_{mt} = \frac{\eta_c}{j} = \frac{RT}{zFj_d} \tag{8-37}$$

对于式 (8-34)，若 $|x| = 0.2$，则误差约为 2%。设 $T = 298K$，则此时 $\eta_c \approx (5/z)\text{mV}$。由此可见仅在较小的过电势下，液相传质所控制的电极反应特性才与一个电阻元件类似。对比第 7 章中的电荷传递电阻表达式 (7-85)，可见 R_{mt} 与 R_{ct} 具有相似的表示形式。同时也可知道，当产物不溶时，不论是电化学步骤控制还是液相传质步骤控制，在低过电势下，电极反应特性均可等效为一个电阻元件。

需要注意的是，并非任何固相沉积物的活度都是 1，如果 R 以亚单层量电镀到一个惰性基底上（如基底电极为 Pt，R 为 Cu），则此时的 a_R 可能远远小于 1。

若为阳极极化 $R - ze^- \Longrightarrow O$，产物不溶时，$a_O = 1$，仿照上述推导可得出：

$$\varphi = \varphi_e - \frac{RT}{zF}\ln\left(1 - \frac{j}{j_d}\right) \tag{8-38}$$

$$\eta_a = -\frac{RT}{zF}\ln\left(1-\frac{j}{j_d}\right) \tag{8-39}$$

与阴极极化公式具有相同的形式。

参考视频
产物不溶稳态
浓度极化曲线
测量

8.4.2 产物可溶，且产物初始浓度为零

如果产物 R 是可溶的，则需要计算反应产物的表面浓度。若将电流密度用产物表示，用扩散层有效厚度 δ_R 代替式(8-14)中的 l，可得：

$$j = zFD_R\frac{c_R^s - c_R^0}{\delta_R} \tag{8-40}$$

若反应开始前还原态不存在，也不考虑电极反应在溶液或电极内部引起的反应产物积累，即认为 $c_R^0 = 0$，则式(8-40)简化为：

$$j = zFD_R\frac{c_R^s}{\delta_R} \tag{8-41}$$

可推出：

$$c_R^s = \frac{\delta_R}{zFD_R}j \tag{8-42}$$

若将电流密度用反应物表示，由式(8-10)有：

$$j = zFD_O\frac{c_O^0 - c_O^s}{\delta_O} = j_d - zFD_O\frac{c_O^s}{\delta_O} \tag{8-43}$$

可推出：

$$c_O^s = \frac{\delta_O}{zFD_O}(j_d - j) \tag{8-44}$$

将式(8-42)和式(8-44)代入式(8-29)，整理后得到：

$$\varphi = \varphi^{\ominus'} + \frac{RT}{zF}\ln\frac{\delta_O D_R}{\delta_R D_O} + \frac{RT}{zF}\ln\left(\frac{j_d}{j}-1\right) \tag{8-45}$$

注意到该式右方最后一项在 $j = j_d/2$ 时消失，因此，把对应于 $j = j_d/2$ 的电极电势定义为半波电势，用 $\varphi_{1/2}$ 表示。即：

$$\varphi_{1/2} = \varphi^{\ominus'} + \frac{RT}{zF}\ln\frac{\delta_O D_R}{\delta_R D_O} \tag{8-46}$$

这样，式(8-45)可简化为：

$$\varphi = \varphi_{1/2} + \frac{RT}{zF}\ln\left(\frac{j_d}{j}-1\right) \tag{8-47}$$

在一定的对流条件下，δ_O 和 δ_R 均为常数；又在含有大量支持电解质的溶液及稀汞齐（滴汞电极，见 9.5 节）中，D_O 和 D_R 也很少随反应体系的浓度而变化。因此，$\varphi_{1/2}$ 可以看作是一个不随反应体系浓度改变的常数，它只取决于反应物和产物的特性，是 O/R 体系的特征参数。但是支持电解质的组成和含量会影响半波电势，因此在测定半波电势时，需要注明支持电解质的组成和浓度（可称为基底）。

如果 O 与 R 均溶解于液相中，且二者的结构相似，则往往有 $\delta_O \approx \delta_R$ 和 $D_O \approx D_R$，代入式(8-46)中可得 $\varphi_{1/2} \approx \varphi^{\ominus'}$。应用这一关系，可以根据半波电势的数值来估计 O/R 电对的形式电势。这种方法对于由有机化合物组成的氧化还原电对较为适用。

在直角坐标中，式(8-47)的具体形式见图 8-12(a)。当 $j = 0.99j_d$ 时，$\varphi \approx \varphi_{1/2} - 4.6RT/(zF)$；当 $j = 0.01j_d$ 时，$\varphi \approx \varphi_{1/2} + 4.6RT/(zF)$。此情况下平衡电势无法定义，故 $j = 0$ 时所处电势为稳定电势。

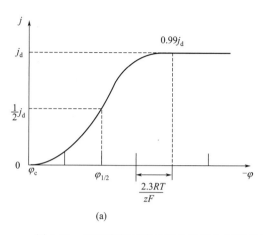
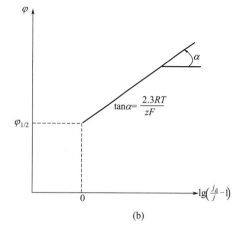

图 8-12 还原产物可溶且初始浓度为零时的稳态浓度极化曲线 （a）和半对数曲线 （b）

在半对数坐标中，式(8-47) 的具体形式见图 8-12(b)。与图 8-11 相似，在图 8-12 中 φ 与 $\lg(j_d/j-1)$ 之间也存在直线关系，根据其斜率同样可以求 z。

若为阳极极化 $R-ze^- \Longrightarrow O$，产物 O 可溶且初始浓度为零时，$c_O^0=0$，仿照上述推导可得出：

$$\varphi = \varphi_{1/2} - \frac{RT}{zF}\ln\left(\frac{j_d}{j}-1\right) \tag{8-48}$$

与阴极极化公式具有相同的形式，其中 $\varphi_{1/2}$ 的表达式仍为式(8-46)。

参考视频
产物可溶稳态
浓度极化曲线
测量

8.4.3 产物可溶，且产物初始浓度不为零

如果 O 与 R 都是可溶的，且初始浓度均不为零，即 O/R 电对的两种形式均在本体溶液中存在时，则必须区别进行阴极极化时发生完全浓度极化当 $c_O^s=0$ 时的阴极极限电流 $j_{d,c}$ 和进行阳极极化时当 $c_R^s=0$ 时的阳极极限电流 $j_{d,a}$。

若进行阴极极化 $O+ze^- \Longrightarrow R$，则阴极极限电流密度：

$$j_{d,c} = zFD_O\frac{c_O^0}{\delta_O} \tag{8-49}$$

若进行阳极极化 $R-ze^- \Longrightarrow O$，阳极电流为负值，则阳极极限电流密度：

$$j_{d,a} = -zFD_R\frac{c_R^0}{\delta_R} \tag{8-50}$$

而不论是阳极极化还是阴极极化，电流密度均可用 O 和 R 表示，即：

$$j = zFD_O\frac{c_O^0-c_O^s}{\delta_O} \tag{8-51}$$

或

$$j = zFD_R\frac{c_R^s-c_R^0}{\delta_R} \tag{8-52}$$

上两式中，若 $j>0$ 则发生阴极极化，若 $j<0$ 则发生阳极极化。

由式(8-49) 和式(8-51) 可得：

$$c_O^s = \frac{\delta_O}{zFD_O}(j_{d,c} - j) \qquad (8\text{-}53)$$

由式(8-50)和式(8-52)可得:

$$c_R^s = \frac{\delta_R}{zFD_R}(j - j_{d,a}) \qquad (8\text{-}54)$$

将式(8-53)和式(8-54)代入式(8-29),整理后得到:

$$\varphi = \varphi^{\ominus'} + \frac{RT}{zF}\ln\frac{\delta_O D_R}{\delta_R D_O} + \frac{RT}{zF}\ln\frac{j_{d,c} - j}{j - j_{d,a}} \qquad (8\text{-}55)$$

注意到该式右方最后一项在 $j = (j_{d,c} + j_{d,a})/2$ 时消失,而前两项刚好为式(8-46)中的半波电势 $\varphi_{1/2}$。因此,式(8-55)可写为:

$$\varphi = \varphi_{1/2} + \frac{RT}{zF}\ln\frac{j_{d,c} - j}{j - j_{d,a}} \qquad (8\text{-}56)$$

需要注意的是,$\varphi_{1/2}$ 对应的电流密度 $j = (j_{d,c} + j_{d,a})/2$。

图 8-13(a)是此公式对应的极化曲线。当 $j = 0$ 时 $\varphi = \varphi_e$;当发生阳极极化时,电流开始变负,直到出现 $j_{d,a}$;当发生阴极极化时,电流开始变正,直到出现 $j_{d,c}$。需要注意的是,在此情况下,单独进行阴极极化或阳极极化,将得到图 8-13(b)和(c)所示的极化曲线,可见其图像与产物不溶类似。

式(8-56)反映的是 c_O^0 和 c_R^0 均不为零的情况;如果 $c_O^0 = 0$,则 $j_{d,c} = 0$,式(8-56)就变成了式(8-48);如果 $c_R^0 = 0$,则 $j_{d,a} = 0$,式(8-56)就变成了式(8-47)。图 8-14 将三种情况下的极化曲线放在一张图中进行比较,其半波电势均相同。

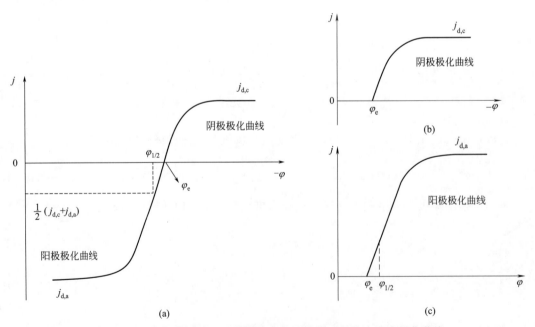

图 8-13 O 与 R 均可溶,且初始浓度均不为零时的稳态浓度极化曲线

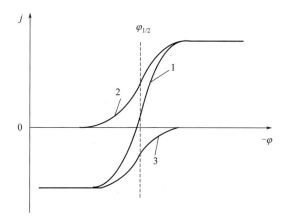

图 8-14 O 与 R 均可溶时的稳态浓度极化曲线

1—O 的初始浓度为 c_O^0，R 的初始浓度为 c_R^0；2—O 的初始浓度为 c_O^0，R 的初始浓度为 0；

3—O 的初始浓度为 0，R 的初始浓度为 c_R^0

参考视频

采用微电极与两电极体系进行稳态

浓度极化曲线测量演示实验

8.5 电化学极化与浓度极化共存时的稳态动力学规律

在第 7 章关于电化学极化的讨论中，假设通过电极体系的净电流密度比极限扩散电流密度小得多，因此液相传质无任何困难，电极上只存在电化学极化而不出现浓度极化。在 8.4 节的讨论中，假设电极反应处于可逆状态，因此电化学步骤的进行无任何困难，电极上只存在浓度极化而不存在电化学极化。但是，上面两种情况在实际体系中是比较少见的，大多数情况下，电化学极化和浓度极化都会同时存在。那么，如果电化学极化和浓度极化均不可忽略，电极过程处于混合控制状态时，电极的动力学规律又如何呢？

8.5.1 混合控制的稳态动力学公式

显然，对于非可逆电极反应，应该用 Butler-Volmer 公式来描述其动力学规律，而浓度极化不可忽略时，动力学公式中的粒子表面浓度不能用本体浓度代替，而应该用传质规律来描述。

对于反应 $O+ze^- \rightleftharpoons R$，在平衡电势可定义时（$a_O^0 \neq 0$、$a_R^0 \neq 0$），根据 Butler-Volmer 电极动力学公式中的电流密度-过电势公式，有：

$$j = j_0 \left[\frac{c_O(0,t)}{c_O^0} \exp\left(-\frac{\overrightarrow{\alpha} F \Delta\varphi}{RT} \right) - \frac{c_R(0,t)}{c_R^0} \exp\frac{\overleftarrow{\alpha} F \Delta\varphi}{RT} \right] \tag{8-57}$$

其中 $c_O(0, t)$ 和 $c_R(0, t)$ 表示外紧密层平面的粒子浓度。假定溶液中存在大量支持电解质，则分散层可忽略不计，于是 OHP 面的粒子浓度即为扩散层起始处的表面粒子浓度，即 $c_O(0, t) = c_O^s$、$c_R(0, t) = c_R^s$。于是式(8-57)变为：

$$j = j_0 \left[\frac{c_O^s}{c_O^0} \exp\left(-\frac{\overrightarrow{\alpha} F \Delta\varphi}{RT}\right) - \frac{c_R^s}{c_R^0} \exp\frac{\overleftarrow{\alpha} F \Delta\varphi}{RT} \right] \tag{8-58}$$

考虑到电化学极化与浓度极化共存时，一般已产生较大的电化学极化，故此处只研究高过电势下的情况。

下面以阴极极化为例进行分析。假定在较高过电势下，外电流密度 j 远大于交换电流密度 j_0，则有 $\overrightarrow{j} \gg \overleftarrow{j}$，此时 $j \approx \overrightarrow{j}$，于是可将式（8-58）简化为：

$$j = j_0 \frac{c_O^s}{c_O^0} \exp\left(-\frac{\overrightarrow{\alpha} F \Delta\varphi}{RT}\right) \tag{8-59}$$

在稳态下，c_O^s 与 c_O^0 之间符合式（8-13），将其代入式（8-59），得：

$$j = \left(1 - \frac{j}{j_d}\right) j_0 \exp\left(-\frac{\overrightarrow{\alpha} F \Delta\varphi}{RT}\right) \tag{8-60}$$

取对数，整理，得：

$$\eta_c = -\Delta\varphi = \frac{RT}{\overrightarrow{\alpha} F} \ln\frac{j}{j_0} + \frac{RT}{\overrightarrow{\alpha} F} \ln\frac{j_d}{j_d - j} \tag{8-61}$$

这就是在高过电势下，电化学极化与浓度极化共存时的动力学公式。下面对该式进行讨论。

（1）电化学过电势与浓度过电势。在 $j \gg j_0$ 时，若只发生电化学极化，则：

$$j = j_0 \exp\left(-\frac{\overrightarrow{\alpha} F \Delta\varphi}{RT}\right) = j_0 \exp\frac{\overrightarrow{\alpha} F \eta_c}{RT} \tag{8-62}$$

所以此时 $\eta_c = \frac{RT}{\overrightarrow{\alpha} F} \ln\frac{j}{j_0}$，与式（8-61）中第一项完全一致。

由此可见，式（8-61）中的过电势由两项组成，式中右方第一项系由电化学极化所引起，为电化学过电势；第二项由 j_d 与 j 的大小决定，表明是由浓度极化所引起的，故可称为浓度过电势，即 $\eta_c = \eta_{电} + \eta_{浓}$。需要注意的是，使用式（8-61）时必须注意公式的高过电势前提条件，在其他条件下此公式是不成立的。

设只发生电化学极化时的电流密度是 j_e，将式（8-62）代入式（8-60），可得

$$\frac{1}{j} = \frac{1}{j_e} + \frac{1}{j_d}$$

同理，此公式的使用条件也是高过电势条件。

（2）根据 j，j_0，j_d 的相对大小判断速率控制步骤。j_d 是反映液相传质能力的特征参数，j_0 是反映电化学反应可逆性大小的特征参数。j_d 和 j_0 除了均与反应体系的浓度有关外，二者之间并不存在其他联系。这样，就可以根据 j，j_0，j_d 三个电流密度数值的相对大小来分析不同情况下电极过程的 RDS 以及引起过电势的主要原因。

① 若 $j_0 \ll j \ll j_d$，可用公式（8-61）计算过电势。此时 $\eta_{浓} \to 0$，$\eta_c = \eta_{电}$，即电化学步骤为控制步骤，过电势完全是电化学极化所引起的。

② 若 $j_0 \gg j \to j_d$，由于推导式（8-61）的前提不再成立，故不能利用式（8-61）来计算过电势。此时 $j \ll j_0$，即电化学步骤近似处于平衡；而 $j \to j_d$，则过电势主要是浓度极化所引起的，液相传质步骤为控制步骤。

③ 若 $j_0 \ll j \to j_d$，可用公式（8-61）计算过电势。此时式（8-61）右方两项中的任一项均不能忽略，处于电化学步骤与液相传质步骤混合控制状态。但是，如果 $\eta_{电}$ 和 $\eta_{浓}$ 数值相差较大，则往往还是其中一项占主导地位：若 $\eta_{电} \gg \eta_{浓}$，则电化学步骤为 RDS；若 $\eta_{电} \ll \eta_{浓}$，

则液相传质步骤为 RDS；若 $\eta_{电}$ 与 $\eta_{浓}$ 相差不多，则为混合控制。例如，当 $j \to j_d$ 时，虽然发生了较大的电化学极化，但 $\eta_{电} \ll \eta_{浓}$，故此时浓度极化才是决定过电势的主要因素。

④ 若 $j \ll j_0$ 且 $j \ll j_d$，不能利用式(8-61)来计算。此时几乎不出现任何极化现象（过电势不超过几个毫伏），电极基本保持不通过电流时的状态，处于准平衡态。

（3）稳态极化曲线。当 $j_d \gg j_0$ 时，稳态极化半对数曲线如图 8-15(a) 中实线所示，大体上可以划分为以下四个区域。

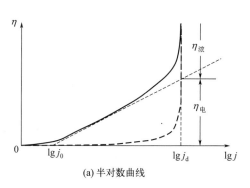
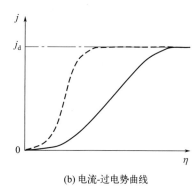

(a) 半对数曲线　　　　　(b) 电流-过电势曲线

图 8-15　稳态极化曲线

① 在过电势不太高区间内，$j \ll j_d$，极化完全是电化学极化所引起的，为线性极化区和弱极化区。

② 在 $j_0 \ll j < 0.1 j_d$ 的电流密度范围内，测得的半对数极化曲线为直线，这时极化主要是由电化学极化所引起的，属于 Tafel 区。利用这一段直线来测量电化学步骤的动力学参数是比较方便的。

③ 当 j 在 $0.1 \sim 0.9 j_d$ 的范围内变化时，反应处在"混合控制区"，随电流增大，电极过程逐渐由电化学控制转变为液相传质控制。这时若利用式(8-61)在总的过电势中校正浓度极化的影响而得到纯粹由电化学极化引起的过电势，仍然可用来计算电化学步骤的动力学参数。

④ 若 $j > 0.9 j_d$，则电流逐渐接近极限电流，反应几乎完全为液相传质步骤控制了。在这种情况下，就无法精确校正浓度极化的影响来计算电化学极化的净值了。

但是如果不满足 $j_d \gg j_0$ 的条件，则不会出现 Tafel 直线段，因为 Tafel 公式的适用条件是 $|j| > 10 j_0$，如果在外电流密度没达到 $10 j_0$ 之前就早已达到 j_d，则显然在出现 Tafel 直线段之前就达到极限电流，这种情况下在整个极化过程中主要发生浓度极化而电化学极化很小，图 8-15(a) 中虚线即为单纯由于浓度极化而导致的半对数极化曲线。此时不能用经典的 Tafel 曲线来测量动力学参数，而需要利用以后将要学到的旋转圆盘电极或暂态测量方法来校正浓度极化的影响进行测量。图 8-15(b) 为图 8-15(a) 所对应的电流-过电势关系曲线，图中虚线和实线与图 8-15(a) 中的虚线和实线对应。将虚线（单纯浓度极化）和实线对比可见，电化学极化与浓度极化共存时，并不会影响极限电流密度，但是整体曲线相比单纯浓度极化向电势扫描方向偏移。

（4）测量传递系数。对式(8-61)进行变形，可得：

$$\eta_c = \frac{RT}{\vec{\alpha} F} \left(\ln j - \ln j_0 + \ln \frac{j_d}{j_d - j} \right)$$

整理，得：

$$\eta_c = -\frac{RT}{\vec{\alpha}F}\ln j_0 + \frac{RT}{\vec{\alpha}F}\ln\frac{jj_d}{j_d-j} \tag{8-63}$$

测量稳态极化曲线，可得到 j_d 的数值，然后取高过电势区域的极化曲线数据，做 η_c-ln $\frac{jj_d}{j_d-j}$ 关系曲线，可得一条直线，由直线斜率可求得传递系数 $\vec{\alpha}$。

以上讨论的是高过电势下的动力学公式，如果 O 与 R 都是可溶的，且初始浓度均不为零，即 O/R 电对的两种形式均在本体溶液中存在时，可以得到全部过电势范围内的电流密度-过电势公式。

由式（8-50）和式（8-52）可得：

$$c_R^s = c_R^0\left(1-\frac{j}{j_{d,a}}\right) \tag{8-64}$$

将由式（8-13）和式（8-64）所表示的 c_O^s/c_O^0 和 c_R^s/c_R^0 代入式（8-58），得：

$$j = j_0\left[\left(1-\frac{j}{j_{d,c}}\right)\exp\left(-\frac{\vec{\alpha}F\Delta\varphi}{RT}\right) - \left(1-\frac{j}{j_{d,a}}\right)\exp\frac{\overleftarrow{\alpha}F\Delta\varphi}{RT}\right] \tag{8-65}$$

该公式可容易地通过简单重排后给出在全部 η 范围内，j 作为 η 的显函数。图 8-16 给出了单电子反应在几种不同 j_0/j_d 比值下的 j-η 曲线，这里 $j_d = j_{d,c} = -j_{d,a}$。其中 $j_0/j_d = \infty$ 的曲线就是单纯扩散控制的浓度极化曲线，相当于图 8-13（a）所示曲线。对比图 8-16 中 j_0/j_d 逐渐减小的曲线，可看到反应可逆性降低时对扩散极化曲线的影响。例如当 $j_0/j_d = 0.01$ 时，在极化的初始阶段，浓度极化非常小，此时主要表现为电化学极化的动力学特征；在极化的中期阶段，表现为混合控制的特征；极化后期则达到极限电流密度，体现出完全浓度极化的特征。

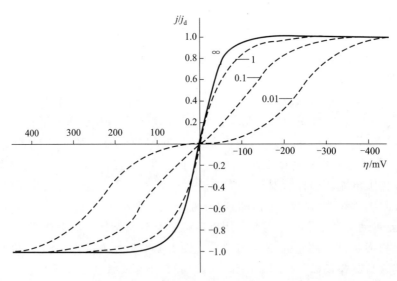

图 8-16　在不同 j_0/j_d 比值下的 j-η 曲线

反应为 $O + e^- \rightleftharpoons R$，$\beta = 0.5$，$T = 298K$，$j_d = j_{d,c} = -j_{d,a}$，$j_0/j_d$ 比值标注在曲线上

8.5.2　电化学极化和浓度极化特点比较

判断电化学极化最重要的参数是交换电流密度 j_0，电化学极化的大小是由 j_0 和 j 的相对大小决定的，它与电化学反应的本质有关。在相同的电流密度下，j_0 越大的反应电

化学极化越小。因此，在外电流强度一定时，降低电化学极化的方法有两种：增大 j_0 或减小 j。增大 j_0 的方法有升高温度、提高电极催化活性等；减小 j 的方法有增大电极真实表面积（例如采用多孔电极）等。反过来，表面活性物质在电极溶液界面的吸附或成相覆盖层的出现可大幅度地降低 j_0，提高电化学极化。另外，搅拌基本上对电化学极化无影响。

判断浓度极化最重要的参数是极限扩散电流密度 j_d，浓度极化的大小是由 j_d 和 j 的相对大小决定的，它与液相传质能力有关。在相同的电流密度下，j_d 越大的反应浓度极化越小。因此，在外电流强度一定时，可以采取增大 j_d 来降低浓度极化。增大 j_d 可以采取加强溶液搅拌、增大反应物本体浓度等方法。加强搅拌有多种方式，在快速旋转电极或溶液流速很快的情况下，扩散层厚度可比自然对流低一两个数量级，从而使 j_d 提高一两个数量级。在自然对流状态下，j_d 由扩散速率决定，各种物质在同种介质中的扩散系数大都在同一数量级，例如，在水溶液中一般为 $10^{-5}\,cm^2/s$ 数量级（见表3-5），在固体电解质中一般为 $10^{-9}\,cm^2/s$ 数量级。温度对扩散系数的影响较小（每摄氏度大约2%）。如果扩散途中有多孔隔膜，则隔膜的厚度、孔率和曲折系数决定了扩散速率。

比较而言，温度、电极表面状态变化、电极真实表面积对电化学极化的影响比对浓度极化的影响大。通常可以通过增大电极真实表面积来减小真实电流密度，从而降低电化学极化。当扩散层厚度大于电极表面粗糙度时，浓度极化取决于表观电流密度（参见9.1.3节），因此，即使真实表面积减小，表观电流密度仍然不变，浓度极化基本不受影响。

对于一个电极过程，如果要研究它的电化学极化，就要采取措施使电化学步骤成为速率控制步骤。首先可以缩小研究电极面积（比如采取微电极），这样通过研究电极的电流强度很小，液相传质没有困难，但电流密度很大，可以发生明显的电化学极化；其次可以加强搅拌，提高液相传质速度，这样可以减小浓度极化的影响；如果 j_0 很大，浓度极化的影响难以消除，则可以采用暂态方法来获得电化学极化曲线（详见第9章）。

如果要研究一个电极过程的浓度极化，就要采取措施使液相传质步骤成为速率控制步骤。可以增大研究电极面积，这样在比较小的电流密度下（电化学极化小）就有较大的电流强度，单位时间内反应物粒子消耗数量大，容易造成较大的浓度极化；还可以降低反应物本体溶液浓度，这样进一步削弱液相传质能力，从而使液相传质步骤容易成为速率控制步骤。

电化学极化与浓度极化的主要特点和规律对比总结于表8-3中。

表 8-3　电化学极化与浓度极化对比

项目	电化学极化	浓度极化	两种极化同时存在
控制步骤	电荷传递	液相传质	混合控制
重要参数	j_0	j_d	j_0 和 j_d
极化情况	液相传质能力足够大，表现出电化学极化的动力学特征（一般 $j_0 \ll j_d$）	反应可逆性足够大，表现出浓度极化的动力学特征（一般 $j_0 \gg j_d$）	通常两种极化一个为主另一个为辅。典型情况极化初期以电化学极化为主（一般在 $j < 0.1j_d$ 时达到 $j > 10j_0$）；极化中期二者混合控制，由电化学极化为主逐渐转变为浓度极化为主；极化后期以浓度极化为主（$j > 0.9j_d$）

续表

项目	电化学极化	浓度极化	两种极化同时存在
j-$\Delta\varphi$ 曲线	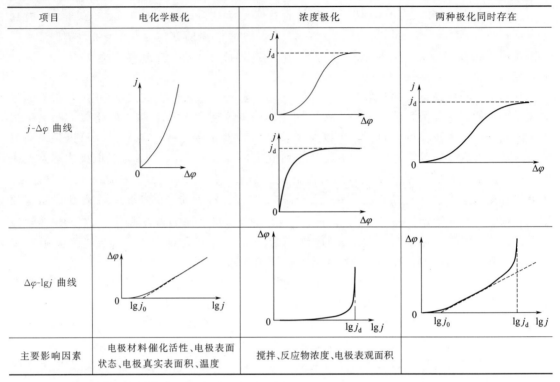		
$\Delta\varphi$-$\lg j$ 曲线			
主要影响因素	电极材料催化活性、电极表面状态、电极真实表面积、温度	搅拌、反应物浓度、电极表观面积	

8.6 流体动力学方法简介

在 8.3.2 中介绍了对流扩散的基本原理，在实际应用中，设计了很多电极相对溶液运动的强制对流电化学技术。这些技术主要包括两类：一类是电极处于运动状态的体系，如旋转圆盘电极、旋转丝电极、振动电极等；另一类是强制溶液流过静止的电极，如溶液在其内部流动的管道电极，在流体流中的锥状、管状、网状电极等。涉及反应物和产物的对流物质传递的电化学方法通常称为流体动力学方法。

流体动力学方法的优点是达到稳态快，测量精度高。此外，在稳态下，双电层的充电电流不包括在测量中。另外这些方法中电极表面上粒子传递的速度通常比较大，因此，物质传递对电子转移动力学的影响常常较小。

设计流体动力学电极比设计静止电极要困难得多，理论处理也相对较复杂，在对电化学问题进行处理前要先解决流体动力学方面的问题（即确定溶液流速的分布和转速、溶液黏度及密度之间的函数关系），很少能够得到收敛的或精确的解。目前最为方便且广泛应用的是旋转圆盘电极。这种电极具有严格的理论处理，并且容易采用各种材料制造。下面主要介绍旋转圆盘电极及在其基础上的相关改进电极。

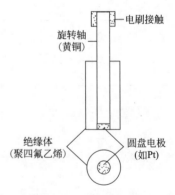

图 8-17　旋转圆盘电极
示意图（下为底视图）

8.6.1 旋转圆盘电极

旋转圆盘电极（rotating disk electrode，RDE）是能够把流体力学方程和液相传质流量方程在稳态时严格解出的少数几种对流电极体系中的一种。

（1）旋转圆盘电极的基本原理。制备这种电极相对简单，其示意图见图 8-17。它是把电极材料做成圆盘嵌入到绝缘材料棒中。通常将金属（如 Pt）嵌入聚四氟乙烯、环氧树脂或其他塑料中，露出的电极的底面经抛光后十分光滑平整。需要注意的是在电极材料和绝缘套之间不要有溶液渗漏。电极装在电动机上，带动其在一定转速下旋转。

旋转圆盘电极实际使用的电极是金属圆盘的底部表面，而整个电极绕通过其中心并垂直于盘面的轴转动。旋转的圆盘拖动其表面上的液体，并在离心力的作用下把溶液由中心沿径向甩出。圆盘表面的液体由垂直流向表面的液流补充。如图 8-18 所示。由于体系是对称的，分析这类旋转系统时，最好使用柱极坐标 (y, r, ϕ)（见图 8-19）。其三个坐标方向分别为：轴向（y）、径向（r）和切向（ϕ）。

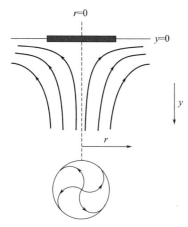

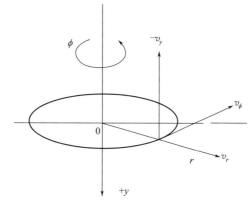

图 8-18　圆盘表面附近流速的流线示意图　　图 8-19　旋转圆盘的柱极坐标及三个方向液流速度

在转速不超过临界值的情况下，溶液流动呈层流方式。假设忽略重力的影响，且在圆盘边缘没有特殊流动的影响，则在圆盘表面（$y=0$），三个方向的速度分别为：

$$v_y = 0, v_r = 0, v_\phi = \omega r（\omega \text{ 为角速度}）$$

这表明在圆盘表面上的溶液以角速度 ω 被拖带。而在本体溶液中（$y \to \infty$）：

$$v_y = -U_0, v_r = 0, v_\phi = 0$$

可见远离圆盘处没有径向和切向方向的流动，但是溶液以有限速度 U_0 流向圆盘。

对于电化学研究用的旋转圆盘电极，重要的速度是 v_y 和 v_r。根据流体力学理论可推导出 v_y 和 v_r 的速率方程，图 8-20 给出了在靠近圆盘表面（y 较小时）v_y 和 v_r 随 y 和 r 变化的函数示意图（v_y 与 r 无关）及流速的矢量表示示意图。

在稳态下，综合考虑三个方向的流速后，可推导出扩散层的有效厚度为：

$$\delta = 1.61 D_i^{1/3} \nu^{1/6} \omega^{-1/2} \tag{8-66}$$

式中，D_i 为反应物 i 粒子的扩散系数，m^2/s；ν 为液体的运动黏度，m^2/s；ω 为电极旋转的角速度，rad/s（$\omega = 2\pi n_0$，n_0 为电极每秒转数）。

将式(8-66)代入式(8-21)中，可得出旋转圆盘电极上的扩散电流密度公式：

$$j = 0.62 z F D_i^{2/3} \nu^{-1/6} \omega^{1/2} (c_i^0 - c_i^s) \tag{8-67}$$

在完全浓度极化条件下，极限电流密度为：

$$j_d = 0.62 z F D_i^{2/3} \nu^{-1/6} \omega^{1/2} c_i^0 \tag{8-68}$$

回顾式(8-25)和式(8-26)，其中包含电极上某一点距液流冲击点的距离项（y），可见对一般的固体电极来说，电极表面上各部分扩散层厚度不同，各部分电流密度是不均匀的，

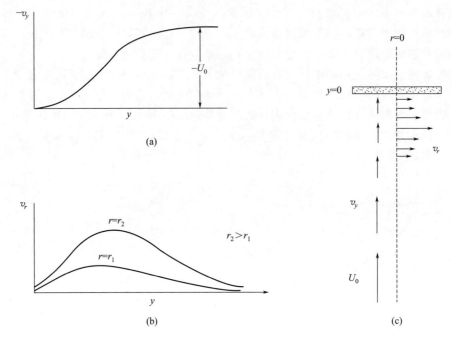

图 8-20　旋转圆盘电极的轴向流速（a）和径向流速（b）及流速的矢量表示（c）

这意味着电极表面上各处的极化情况不同，使数据处理变得复杂。但是，由式（8-66）和式（8-67）可见，旋转圆盘电极的扩散层厚度和电流密度均与 r 无关，其表面上扩散层厚度均匀，电流密度的分布也均匀，这样处理起来就方便多了。

（2）利用旋转圆盘电极测定动力学参数。对于某些体系，由于浓度极化的影响，在自然对流下，无法用稳态法测定电极动力学参数。但如果采用旋转圆盘电极，则可使液相传质加速，并可利用外推法消除浓度极化影响，从而测定电极动力学参数。

设圆盘电极上发生反应 $O + ze^- \rightleftharpoons R$，假设反应不可逆（即电化学步骤控制或混合控制），进行阴极极化，则在高过电势下，根据式（7-17），可知圆盘电流为：

$$j = zFkc_O^s \tag{8-69}$$

如果将液相传质无任何困难时（即无浓度极化）的电流记为 j_e，则：

$$j_e = zFkc_O^0 \tag{8-70}$$

将式（8-13）、式（8-69）和式（8-70）联立，得到 Koutecký-Levich 方程：

$$\frac{1}{j} = \frac{1}{j_e} + \frac{1}{j_d} \tag{8-71}$$

将式（8-68）代入式（8-71），得：

$$\frac{1}{j} = \frac{1}{j_e} + \frac{1}{0.62zFD_O^{2/3}\nu^{-1/6}c_O^0}\omega^{-1/2} \tag{8-72}$$

在强阴极极化电势范围内，给定一个过电势 η_1，测不同 ω 下的稳态电流密度 j，作 $1/j$-$\omega^{-1/2}$ 曲线，得一条直线，外推至 $\omega^{-1/2}=0$（即 $\omega \to \infty$）处，可得 η_1 所对应的电化学极化电流密度 $j_{e,1}$（如图 8-21 曲线 1 所示）；以此类推，可得一系列过电势 η_i 对应的电化学极化

电流密度 $j_{e,i}$，作 Tafel 曲线，即可求出动力学参数。但是，如果反应可逆或接近可逆，则 j_e 非常大，故截距太小而难以精确计算 j_e（如图 8-21 曲线 2 所示）。计算结果表明，如果电极的最大转速为 10000r/min，则标准速率常数 k 超过 1cm/s 的反应难以测量。

此外，采用旋转圆盘电极还可以判断电极过程的控制步骤。在某一过电势下，若随着旋转圆盘电极转速的增加，电流密度并不随之改变，则说明传质速度不影响反应速度，是电化学步骤控制。若随着转速的增加，电流密度也增加，则说明是液相传质控制或混合控制；用 $1/j$-$\omega^{-1/2}$ 作图，若得到过原点的直线，说明是液相传质控制；若得到不过原点的直线，说明是混合控制。

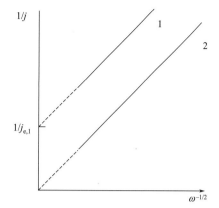

图 8-21　Koutecký-Levich 曲线
1—电荷传递速率较慢，过电势为 η_1，可计算 j_e；
2—电荷传递速率很快，难以精确计算 j_e

（3）旋转圆盘电极的实验应用条件。以上得出的数学关系式只适用于层流条件，且自然对流可以忽略的情况。为了保证层流条件，圆盘表面的粗糙度与扩散层有效厚度 δ 相比必须很小，即要求电极表面具有高光洁度。表面液流不得出现湍流，故在远大于旋转电极半径范围内不得有任何障碍物；而且旋转电极应当没有偏心度。

这些关系式也不适用于很小或很大的 ω 值。当 ω 很小时，自然对流不可忽略，且流体动力学边界层厚度很大，当其接近圆盘半径的大小时，推导公式的近似性就被破坏了。可求出 ω 的下限为：$\omega > 10\nu/r^2$，其中 ν 为液体的运动黏度，r 为圆盘半径。例如当 $\nu = 0.01cm^2/s$ 和 $r = 0.1cm$ 时，ω 应该大于 10rad/s。如果转速太高往往会发生湍流，故 ω 的上限由湍流的出现所限定。可求出非湍流的上限为：$\omega < 2 \times 10^5 \nu/r^2$。例如当 $\nu = 0.01cm^2/s$ 和 $r = 0.1cm$ 时，ω 应该小于 2×10^5 rad/s。但是，当圆盘表面没有很好抛光时，当旋转轴有点弯曲或偏心时，或当电解池壁与电极表面很近时，则在较低的 ω 下就会出现湍流。此外，在很高转速下，在电极周围会形成较强的飞溅及旋涡。所以在实际中，最大转速常常选为 10000r/min 或 $\omega \approx 1000$rad/s。因此，在大多数研究中，ω 和 n_0 范围是 10rad/s<ω<1000rad/s 或 100r/min<n_0<10000r/min。

另外，对于旋转微盘电极，由于盘的直径非常小，圆盘边缘的径向扩散对电流的影响不可忽略，故需要使用不同的方程式，具体可查阅相关文献。

8.6.2　旋转环盘电极

因为旋转圆盘电极上的反应产物连续地从圆盘表面移除，因此为了获得产物（特别是中间产物）的相关信息，可在圆盘外围加一个独立的圆环电极，把圆环电极的电势维持在一定值并测量环电极的电流，就可以了解在盘电极表面所发生的一些情况。此电极称为旋转环盘电极（rotating ring disk electrode，RRDE），将一个同轴共面的圆环电极套在圆盘电极外围，其间用极薄的环形绝缘材料（一般厚 0.1~0.5mm）把它们隔开，其结构如图 8-22 所示。当电极旋转时，如果层流条件被满足，则溶液将从圆盘中心上升，与圆盘接近后沿圆盘径向向外运动，经过绝缘层到达环电极。环电极和盘电极可由不同材料制备，而且在电学上是不相通的，各自的电势可分别控制。

参考视频
旋转圆盘
电极介绍

单独的环也可以用作电极，当圆盘保持开路时圆环就是一个单独的电极，称为旋转圆环电极（rotating ring electrode，RRE）。旋转圆环电极的理论处理比旋转圆盘电极要复杂，结果表明，对于给定的反应条件（c_O^0 和 ω），环电极比同样面积的盘电极给出的电流大。因此，环电极的分析灵敏度比盘电极要好，尤其是厚度很薄的圆环电极更为明显。

旋转环盘电极中的盘电极的电流-电势特性不因环的存在而受到影响，盘的性质在 8.6.1 中已讨论过。旋转环盘电极实验需要测定两个电势（盘电势 φ_D 和环电势 φ_R）和两个电流（盘电流 I_D 和环电流 I_R），故通常采用双恒电势仪来进行，它可以独立地调节 φ_D 和 φ_R，见图 8-23。

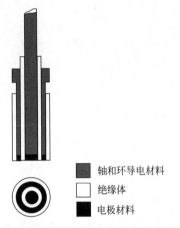

图 8-22　旋转环盘电极结构示意图

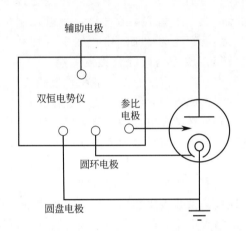

图 8-23　双恒电势仪控制旋转环盘电极示意图

旋转环盘电极上可进行一些不同类型的实验，其中最常见的是收集实验，环电极作为一个就地检测装置，盘上产生的随液流运动的可溶性产物、中间产物可在环上检测到。

电极电势维持在 φ_D，其上发生 $O+ze^- \rightleftharpoons R$ 的反应，产生阴极电流 I_D；环电极维持足够正的电势 φ_R，使到达环上的 R 能立即被氧化，发生 $R-ze^- \rightleftharpoons O$ 的反应，即 R 能在环上被收集到。

采用收集实验可以检测中间产物，即在盘电极的表面上进行电化学反应，而在相距很近的环电极上检测中间产物。当电极反应按 $O+z_1e^- \rightleftharpoons X$，$X+z_2e^- \rightleftharpoons R$ 进行时，生成的中间价态粒子 X 有几种可能的去向：①在盘电极上进一步还原；②到达环电极表面并在环上被氧化；③进入溶液本体；④通过歧化反应或其他反应生成不能被环检测的粒子。因此，在圆盘电极上生成的 X 只有一部分能被环检测。

例如，在稀碱溶液中，氧在铂电极上还原为 H_2O 的反应中有中间产物 H_2O_2 生成，可以用旋转环盘电极证实 H_2O_2 的存在。采用旋转的铂环盘电极，保持盘电极在某一电势，使之发生氧气还原为 H_2O 的反应。同时，在环电极上加上能使 H_2O_2 氧化但不至于使水分子氧化的正电势。测试中出现明显的环电流，说明在还原过程中，圆盘电极上形成的不稳定中间产物 H_2O_2 的一部分被甩到环电极上而被氧化，这就表明在反应中确有中间产物 H_2O_2 生成。

8.7　电迁移对扩散层中液相传质的影响

如前所述，在电极表面附近的薄层液体中，只要采用静态溶液，则液相传质方式主要是扩散及电迁。如果溶液中不存在足够大量的支持电解质，则分析电极表面液层中的传质过程时还必须考虑电迁传质作用。

电极表面电流可分为扩散电流和电迁电流，分别反映电活性粒子在电极表面流量的扩散和电迁移部分。电迁和扩散的方向可能相同或相反，因为反应物粒子的扩散方向总是朝向电极表面，但是电迁方向却取决于它所带电荷和电场的方向。图 8-24 就显示了三种不同荷电粒子在发生阴极还原反应时电迁和扩散方向的区别。

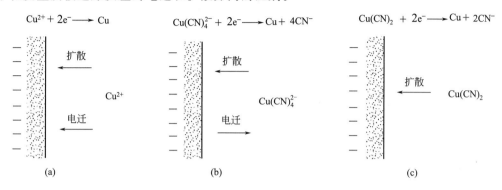

图 8-24　发生阴极还原反应时电迁和扩散方向的区别
（a）反应物荷正电；（b）反应物荷负电；（c）反应物不带电

在电迁移时，阳离子电迁移方向与电场方向相同，阴离子电迁移方向与电场方向相反。不论是原电池还是电解池，其本体溶液和扩散层中的电场方向都是由阳极指向阴极，所以阳离子朝阴极方向电迁移，阴离子朝阳极方向电迁移。因此，定性地来看，电迁对电流密度的影响如表 8-4 所示。

表 8-4　不同荷电反应物粒子的电迁对电流密度的影响

项　　目	阳离子		阴离子	
	阴极还原	阳极氧化	阴极还原	阳极氧化
电迁与扩散方向	相同	相反	相反	相同
电极表面总电流密度	增大	减小	减小	增大

在这里举一个简单的例子来进行定量分析。假定溶液中只有一种 z-z 型二元电解质 MA，其阳离子 M^{z+} 能在电极上还原，而阴离子 A^{z-} 不参加电极反应，且假定还原后产物不溶。

当液相传质达稳态后，扩散层中各组分的浓度不随时间变化，正离子流量为常数，负离子流量为 0。因此，根据式(8-4) 和式(8-5)，对于能在电极上消耗的阳离子 M^{z+} 应有：

$$j_{+}=z_{+}Fq_{+}=z_{+}F\left[-D_{+}\frac{\mathrm{d}c_{+}}{\mathrm{d}x}+c_{+}(x)u_{+}E_{\mathrm{f}}(x)\right]=-j \tag{8-73}$$

对于不参加电极反应的阴离子 A^{z-} 则应有：

$$j_{-}=z_{-}Fq_{-}=z_{-}F\left[-D_{-}\frac{\mathrm{d}c_{-}}{\mathrm{d}x}-c_{-}(x)u_{-}E_{\mathrm{f}}(x)\right]=0 \tag{8-74}$$

式中，j_{+}、j_{-} 分别为正、负离子在 x 液面处传质产生的电流密度；j 为反应电流密度。因为 j_{+} 与 x 轴方向相反，为负值，而阴极电流密度为正值，故 $j_{+}=-j$。

已知 $z_{+}=|z_{-}|=z$，根据式(3-57)，有：

$$D_+ = \frac{RT}{zF}u_+ \,, \quad D_- = \frac{RT}{zF}u_- \tag{8-75}$$

另外，在反应时间不太长时，利用电中性关系，可近似地认为扩散层中每个液面上正、负离子浓度相等，即 $c_+(x)=c_-(x)=c(x)$，故：

$$\frac{dc_+}{dx}=\frac{dc_-}{dx} \tag{8-76}$$

将式(8-75)、式(8-76)代入，则式(8-73)和式(8-74)改写为：

$$j=zFu_+\left[\frac{RT}{zF}\times\frac{dc_+}{dx}-c(x)E_f(x)\right] \tag{8-77}$$

$$\frac{RT}{zF}\times\frac{dc_+}{dx}+c(x)E_f(x)=0 \tag{8-78}$$

由上两式可得：

$$j=2zF\left(\frac{RT}{zF}u_+\right)\frac{dc_+}{dx}=2zFD_+\frac{dc_+}{dx} \tag{8-79}$$

将式(8-79)与式(8-21)相比较可以看到，当溶液中不存在支持电解质时，由于在扩散层中存在反应离子的电迁移，致使反应电流值正好比存在大量支持电解质时增大了一倍。

还可以用以上方法来分析支持电解质的作用。设溶液中除 MA 外还有大量支持电解质 NA，方便起见，用 M、N、A 表示三种离子（均略去电荷，下同），则在稳态下有：

$$-j=zFq_M=zF\left[-D_M\frac{dc_M}{dx}+c_M(x)u_ME_f(x)\right] \tag{8-80}$$

$$-D_N\frac{dc_N}{dx}+c_N(x)u_NE_f(x)=0 \tag{8-81}$$

$$-D_A\frac{dc_A}{dx}-c_A(x)u_AE_f(x)=0 \tag{8-82}$$

假设 $D_M\approx D_N\approx D_A, u_M\approx u_N\approx u_A$，根据 $c_M(x)+c_N(x)=c_A(x)$ 和 $c_N(x)\gg c_M(x)$，整理可得：

$$j\approx zFD_M\frac{dc_M}{dx}\left[1+\frac{c_M(x)}{2c_N(x)}\right] \tag{8-83}$$

若 $c_N>50c_M$，则括号中第二项比例小于 1%，可见加入大量支持电解质可以忽略反应粒子的电迁传质作用。

8.8 表面转化步骤对电极过程的影响

迄今主要讨论扩散动力学和电化学步骤的动力学，然而，不少电极反应的历程要更复杂得多，有可能会由表面转化步骤控制。

表面转化步骤是电极反应历程中不涉及电子转移的步骤，在电极表面或表面附近薄液层中进行。表面转化步骤可以是化学步骤，如离解、复合、二聚、异构化反应等，也可以是吸附、脱附步骤，或是生成新相的步骤。这类步骤的共同特点是它们的反应速率常数一般与电极电势无关。

按照发生转化反应的地点，可以将表面转化反应分为"均相反应"和"异相反应"。均相反应是指在电极表面附近薄层溶液中进行的反应。异相反应是指直接在电极表面上发生的反应，由于发生在 M/S 界面上，故称为异相反应，例如吸附、脱附过程和吸附层中不涉及电子交换的转化反应以及其他有被吸附粒子参加的反应等。

还可以按照整个反应历程中表面转化步骤所占的位置来分类。如果转化步骤发生在电化学步骤之前，就称为前置转化步骤；如果发生在电化学步骤之后，就称为随后转化步骤；有时转化步骤还可能与电化学步骤平行进行，则称为平行转化步骤。采用这种分类方法时必须同时说明反应的进行方向，那些对于阴极反应而言是前置的转化步骤，在阳极反应中就变成随后的转化步骤了。

在电极反应历程中，如果与其他步骤相比表面转化步骤进行得并不快，就有可能出现由于这一步骤进行缓慢而引起的极化现象，处理涉及表面转化步骤的电极过程时所采用的方法与在第 7 和第 8 章中介绍的大致相仿，但需要对基本微分方程及初始条件和边界条件作一些修改。

8.8.1　表面转化步骤控制时的动力学公式

如果电荷传递步骤可逆，液相传质无困难，电极过程仅由表面转化步骤控制，则仍可按照 7.4.1 的推导过程进行动力学公式推导。

考虑 A 经过多电子步骤还原为 Z 的情况：

$$A + ze^- \Longrightarrow Z \tag{8-84}$$

假定其反应历程如下：

$$A + e^- \Longrightarrow B \text{（步骤 1）}$$
$$B + e^- \Longrightarrow C \text{（步骤 2）}$$
$$\vdots$$
$$Q + e^- \Longrightarrow \nu R \text{（步骤 } z'）$$
$$\nu(R + re^- \Longrightarrow S) \text{（速率控制步骤，RDS）}$$
$$\nu S + e^- \Longrightarrow T \text{（步骤 } z - z' - \nu r = z''）$$
$$\vdots$$
$$Y + e^- \Longrightarrow Z \text{（步骤 } z）$$

式中，ν 为 RDS 的计算数，$r = 1$ 时 RDS 是电荷传递步骤，$r = 0$ 时 RDS 是表面转化步骤。

因为表面转化步骤的反应速率常数与电极电势无关，故当 $r = 0$ 时，可将 7.4.1 的推导过程中与电极电势有关的指数项乘以 r，电流密度直接变为由质量作用定律表示的形式。从而仍然可以推导得出式（7-80）。如果液相传质很快，则式（7-80）变为普遍的巴伏公式：

$$j = j_0 \left[\exp\left(-\frac{\overrightarrow{\alpha} F \Delta\varphi}{RT} \right) - \exp\frac{\overleftarrow{\alpha} F \Delta\varphi}{RT} \right] \tag{8-85}$$

此处公式虽然一致，但传递系数发生了变化，此时：

$$\overrightarrow{\alpha} = \frac{z'}{\nu} + \beta r \tag{8-86}$$

$$\overleftarrow{\alpha} = \frac{z''}{\nu} + (1 - \beta) r \tag{8-87}$$

显然液相传质足够快，普遍的巴伏公式既可以表示电化学极化的动力学过程，也可以表示表面转化极化的动力学过程，区别就在于传递系数的计算公式随 r 不同。表 8-5 给出了在不同的反应历程下 $\overrightarrow{\alpha}$ 和 $\overleftarrow{\alpha}$ 的值。

表 8-5　在几种不同的反应历程下的传递系数（设 $\beta=0.5$）

z	z'	z''	r	ν	$\overrightarrow{\alpha}$	$\overleftarrow{\alpha}$
1	0	1	0	1	0	1.0
1	0	0	1	1	0.5	0.5
2	1	1	0	1	1.0	1.0
2	1	1	0	2	0.5	0.5
2	0	1	1	1	0.5	1.5
2	1	0	1	1	1.5	0.5
3	1	2	0	1	1.0	2.0
3	1	1	1	1	1.5	1.5
3	0	2	1	1	0.5	2.5
3	0	1	1	2	0.5	1.0

8.8.2　均相表面转化与液相传质共同控制时的动力学公式

对于在电极表面附近薄层溶液中进行的均相表面转化，假定电子转移步骤是可逆的，而表面转化步骤不可逆，那么在电极极化较大时，后者将与液相传质步骤共同控制整个电极过程的速度，因而对粒子的扩散电流产生一定的影响。

（1）前置转化步骤。反应物 A 先在电极表面附近很薄的液层中转化为中间产物 A^*，然后 A^* 再在电极上还原为 D，即

$$A \Longleftrightarrow A^* \tag{8-88}$$

$$A^* + ze^- \Longleftrightarrow D \tag{8-89}$$

溶液中反应物主要以 A 的形式存在，中间产物 A^* 的量远远小于 A，但 A^* 在电极上的还原要比 A 容易得多。

如果式(8-88)的反应很容易进行，可随时维持 A 与 A^* 间平衡关系，则在达到 A^* 可被还原的电势时，随着 A^* 被电子转移步骤的消耗，A 马上可以根据平衡关系转变为 A^*，及时予以补充。此时相当于只有液相传质控制反应速率，前置表面转化步骤并不影响扩散电流密度。其极化曲线如图 8-25 曲线 Ⅱ 所示，极限电流密度根据 A 的浓度计算得出。

若 A 转变为 A^* 的反应速率并不太快，则在电极上有电流通过时，电子转移步骤(8-89)的反应物浓度将由溶液中 A 转变为 A^* 的速度决定。由于式(8-88)的反应较慢，故在反应过程中电极表面液层中 A^* 的浓度要比 A 的浓度小，故此时极限电流密度要比根据 A 的浓度计算得出的 j_d 要小，见图 8-25 曲线 Ⅰ。由于这种情况下电极上的极限电流与前置表面转化反应速率有关，通常将它称为极限动力电流。

（2）平行转化步骤。所谓均相平行转化步骤，系指如下电极反应：

$$A + ze^- \Longleftrightarrow D$$

$$D + M \Longleftrightarrow A + N$$

产物 D 能与液相中某一氧化剂 M 作用而重新生成 A，后一反应与电化学步骤平行，因此称为平行转化步骤。

当反应达到稳态后，净反应式是 $M + ze^- \Longleftrightarrow N$，只不过这一反应不是直接在电极上发生的，而是通过电极活性较大的 A/D 体系的"催化作用"完成的。

随反应进行，A 不断通过液相传质从扩散层中传递过来，而生成的 D 又在反应层中通过平行转化步骤转化成 A，故反应层中 A 的浓度要比本体浓度大得多。这种情况下的极限电流密度（图 8-26 中曲线 2）要比单纯 A 还原的极限电流密度（图 8-26 中曲线 1）大得多，

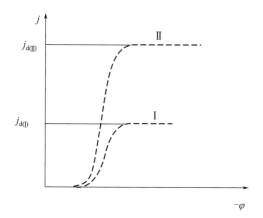

图 8-25 不同前置转化反应速率下的极化曲线

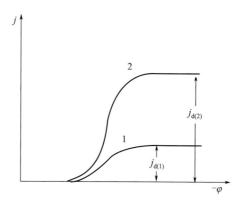

图 8-26 纯扩散电流（曲线 1）与催化电流（曲线 2）的比较

而且 M 的浓度越大，这种电流增加得越多。这里的 M 并不能在电极上直接接受电子，它是通过 A 的催化作用而还原的，A 相当于催化剂，故将这种条件下的极限电流称为极限催化电流。

在 Fe^{3+}/Fe^{2+} 体系影响下 H_2O_2 的催化还原反应是均相平行转化步骤的经典例子，其反应式为：

$$Fe^{3+} + e^- \rightleftharpoons Fe^{2+}$$

$$Fe^{2+} + \frac{1}{2}H_2O_2 + H^+ \rightleftharpoons Fe^{3+} + H_2O$$

虽然 H_2O_2/H_2O 电对的热力学平衡电势很高（25℃标准电势 1.776V，见本书附录），但由于 H_2O_2 直接在电极上还原时需要很高的活化能，因此在 Fe^{3+}/Fe^{2+} 体系的平衡电势附近（25℃标准电势 0.771V）实际上不可能发生 H_2O_2 的直接还原，而加入 Fe^{3+}/Fe^{2+} 后此反应即可在 Fe^{3+}/Fe^{2+} 体系的平衡电势附近发生。

再如用极谱法测量 Fe^{3+} 浓度时，可以加入难以在电极上直接还原的强氧化剂 H_2O_2，于是极谱波的波高增大很多，分析的灵敏度可提高 1～2 个数量级。

（3）随后转化步骤。反应物 A 先在电极上还原为中间产物 D^*，然后 D^* 经过表面液层中的转化反应生成可溶的最终产物 D，即一个可逆的电极反应紧接着一个不可逆的化学反应：

$$A + ze^- \rightleftharpoons D^*$$

$$D^* \rightleftharpoons D$$

D^* 的积累短时间内不会影响反应物 A 的传质过程，因此，极限电流密度保持不变，与纯扩散极限电流密度 j_d 相同。但是，随后反应会导致 D^* 表面浓度的变化，从而导致波形移动。

在电极反应可逆的情况下，反应处于近似平衡态，则：

$$\varphi = \varphi^{\ominus'} + \frac{RT}{zF} \ln \frac{c_A^s}{c_{D^*}^s}$$

因为随后转化增加了一个 D^* 消失的渠道，导致 $c_{D^*}^s$ 降低，所以会导致阴极极化曲线整体向正电势方向移动，如图 8-27 所示。随后转化步骤速度越快，正移值越大。

综上所述，如果稳态极化曲线出现极限电流，则电极过程可能由液相传质步骤控制或液相传质步骤与表面

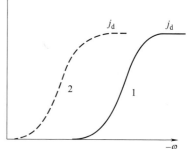

图 8-27 随后转化步骤（曲线 2）对阴极极化曲线（曲线 1）的影响

转化步骤共同控制；如果稳态极化曲线出现半对数关系，则电极过程可能由电化学步骤或表面转化步骤控制。这些普遍规律可用于判别控制步骤的性质。

上面简述了均相表面转化的特点，对于涉及表面吸附态的异相表面转化，反应过程的特征、各步骤的动力学信息的求解及控制就更加复杂，具体分析可参阅相关专业文献。

复习题

1. 写出液相传质总流量的表达式及其所传导电流的表达式。

2. 画出电极表面附近各部分液层示意图及数量级，并标明研究电化学极化时的电极表面和研究浓度极化时的电极表面所处的位置。

3. 支持电解质在电化学测量中有什么作用？常用的支持电解质有哪些？

4. 分别写出用反应物粒子和可溶产物粒子表示的稳态扩散电流密度公式，其中的 z 是粒子的荷电荷数吗？为什么？

5. 什么是极限扩散电流密度？

6. 说明双电层、扩散层、边界层的区别。扩散层与分散层是否相同？

7. 通常所说的稳态扩散电流中，是否包括电迁移和对流的影响在内？对流扩散时，扩散层内的溶液是否运动？

8. 如何研究浓度极化的动力学特征？

9. 画出产物可溶和产物不溶时典型浓度极化曲线，并将其与电化学极化曲线进行比较。

10. 某电解槽内，二价的铜离子发生还原反应生成金属铜，离子扩散的迟缓性为该反应的控制步骤，为提高极限电流密度，可采用哪些措施？

11. 产物可溶，扩散控制时，极化曲线一定会出现极谱波的形式，对吗？为什么？

12. 若液相传质是某电极过程的控制步骤，当向溶液中加入表面活性物质以后，对整个电极过程的速度是否有影响，为什么？

13. 在什么条件下半波电势才能作为表达反应物和产物特性与浓度无关的常数？

14. 电化学极化与浓度极化共存时，Tafel 曲线有何变化？如何分析 Tafel 曲线？

15. 如何根据 j、j_0、j_d 的相对大小判断速率控制步骤？

16. 旋转圆盘电极有何特点？如何用旋转圆盘电极测量电化学反应动力学参数？

17. 下图中 1、2、3 三条极化曲线，是在同一电解液中采用不同电极测得，那么这三个电极哪个可逆性最好？哪个可逆性最差？

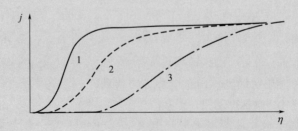

18. 旋转圆盘电极上的反应速度为 $j=0.62zFD_i^{2/3}\nu^{-1/6}\omega^{1/2}(c_i^0-c_i^s)$，即 $j\propto\omega^{1/2}$，则当电极静止时，即使施加极化也不会有反应发生，对吗？为什么？

19. 举例说明旋转环盘电极有何应用？

20. 研究扩散动力学时，如何消除电迁移的影响？

21. 比较极限扩散电流、极限动力电流、极限催化电流的区别与联系。

22. 简述各种不同控制步骤下稳态极化曲线的特点。如何通过实验判断一个电极过程的速率控制步骤？

23. 某反应物 O 在 25℃下静止的溶液中电解还原，反应式为 $2O+4e^- \Longleftrightarrow R$。若扩散步骤是速度控制步骤，试计算该电极过程的极限扩散电流密度。已知 O 在溶液中的扩散系数为 $6\times10^{-5}cm^2/s$，浓度为 $0.1mol/L$，扩散层有效厚度为 $5\times10^{-2}cm$。

24. 已知 25℃时，在静止溶液中阴极反应 $Cu^{2+}+2e^- \longrightarrow Cu$ 受扩散步骤控制。Cu^{2+} 在该溶液中的扩散系数为 $1\times10^{-5}cm^2/s$，扩散层有效厚度为 $1.1\times10^{-2}cm$，Cu^{2+} 的浓度为 $0.5mol/L$。试求阴极电流密度为 $0.044A/cm^2$ 时的过电势，以及此时电极表面 Cu^{2+} 的浓度。

25. 在 $0.1mol/L$ 的 $ZnCl_2$ 溶液中电解还原 Zn^{2+} 时，阴极过程为扩散控制。已知锌离子扩散系数为 $1\times10^{-5}cm^2/s$，扩散层有效厚度为 $1.2\times10^{-2}cm$。试求：

(1) 20℃时阴极极限扩散电流密度；

(2) 若 20℃时阴极过电势为 $0.029V$，相应的阴极电流密度为多少？

26. 已知 25℃时，阴极反应 $O+2e^- \longrightarrow R$ 受扩散步骤控制，O 和 R 均可溶，$c_O^0=0.1mol/L$，$c_R^0=0$，扩散层厚度为 $0.01cm$，O 的扩散系数为 $1.5\times10^{-5}cm^2/s$。求

(1) 测得 $j=0.01A/cm^2$ 时，阴极电位 $\varphi=-0.12V$，该阴极过程的半波电位是多少？

(2) 当 $j=0.02A/cm^2$ 时，阴极电位是多少？

27. 使用某一电极进行析氢反应研究，电解液为酸性电解液（pH=3，$T=25℃$），测得 H^+ 在此电极上还原的 $j_0=10^{-6}A/cm^2$，传递系数为 0.5。假定扩散层有效厚度为 $0.05cm$，氢离子扩散系数为 $9.2\times10^{-5}cm^2/s$，试求以 $0.1mA/cm^2$ 的电流进行阴极极化时的电极过电势。

第9章　基本暂态测量方法与极谱法

为了了解电极的界面结构、界面上的电荷和电势分布以及在这些界面上进行的电化学过程的规律，就需要进行电化学测量。电化学测量主要是通过在不同的测试条件下，对电极的电势和电流分别进行控制和测量，并对其相互关系进行分析而实现的。通过对不同变量的控制，形成了不同的电化学测量方法。例如，控制单向极化的持续时间，可进行稳态法或暂态法测量；控制电极电势按照不同的波形规律变化，可进行电势阶跃、线性电势扫描、脉冲电势扫描等测量；使用旋转圆盘电极或微电极，可明显改变电极体系的动力学规律，获取不同的测量信息。

电化学测量方法的不断发展，对电化学科学的发展起到了巨大的推动作用。早期建立了稳态极化曲线的测量方法；20世纪50年代创建了各种快速暂态测量方法；60年代以后出现的线性电势扫描方法和电化学阻抗谱方法现在已经成了常见的测试手段；近十几年来，扫描电化学显微镜和现场光谱电化学方法对电化学研究的影响也越来越显著。

随着科技的进步，电化学测量仪器也获得了飞跃性的发展。从早期的高压大电阻的恒电流测量电路，到以恒电势仪和信号发生器为核心组成的模拟仪器电路，再到计算机控制的电化学综合测试系统，测量方法的种类不断增加，控制和测量精度大大提高，操作更加方便快捷，实验数据的输出管理和分析处理能力更加强大，可方便快捷地得到大量有用的电化学信息。

前几章中已经介绍了稳态极化曲线测量方法的基本原理以及利用旋转圆盘电极测量动力学参数的基本原理，本章主要对基本的暂态测量方法及极谱法原理进行阐述。对于基本暂态测量方法，本章将要讨论的体系其扩散层中电活性物质的传质仅由扩散进行，即已经加入大量支持电解质；所涉及的实验方法均满足小的电极面积与溶液体积比，也就是说，电极面积足够小，电解质溶液体积足够大，以保证实验中流过电解池的电流不改变溶液中电活性物质的本体浓度。

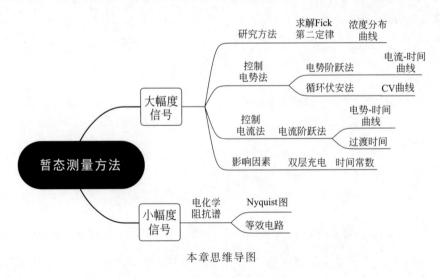

本章思维导图

9.1 电势阶跃法

电势阶跃法是控制电势测量方法的一种。控制电势测量方法是指在工作电极上施加一定电势（电势可以控制为恒定值，也可以通过预设程序控制其随时间变化），同时测量电流随时间或电势的变化。常见的控制电势法有电势阶跃法、电势扫描法、脉冲伏安法、交流伏安法等。

控制电势法的基本实验系统如图9-1所示。其中恒电势仪控制加在工作电极上的电压，保证实验中工作电极和参比电极间的电势差与预设的电势变化程序一致，从而测量电流随时间或电势的变化。电势阶跃法是在工作电极上施加一个电势突跃信号，

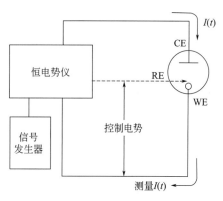

图 9-1 控制电势法的基本实验系统示意图

其基本波形如图9-2所示。一般起始电势 φ_1 常选择稳定电势，此时初始电流为0。在通电一瞬间，三种极化对时间的响应各不相同。电阻极化响应最快，电化学极化次之，浓度极化响应最慢。换言之，电极极化建立的顺序是：电阻极化、电化学极化、浓度极化。在电势阶跃到 φ_2 的瞬间，首先是未补偿电阻欧姆压降的突变，瞬间电流值达到 η/R_u；接着双电层充电，双层界面过电势逐渐增大，因为总过电势（双层界面过电势＋欧姆压降过电势）η 不变，所以欧姆压降过电势逐渐减小。随着界面过电势的增大，电化学反应电流不断增大，而双层充电电流却不断下降，很快双层充电基本结束，充电电流降为接近于零；同时随着反应电流的出现，浓度极化开始出现，扩散层向溶液内部延伸，直至在对流影响下电极过程达到稳态，相应的电化学反应电流达到稳定值，电流-时间响应曲线如图9-3所示。

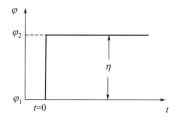

图 9-2 电势阶跃法基本波形

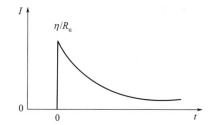

图 9-3 电势阶跃法的电流-时间响应曲线

在控制电势阶跃实验中，通常测量电流随时间变化的关系曲线，称为计时电流法或计时安培法；但有时也记录电流对时间的积分随时间变化的关系曲线，由于该积分表示通过的电量，故这类方法称为计时电量法或计时库仑法。

上面对 j-t 响应曲线的基本形状进行了定性了解。然而，要从 j-t 曲线获得电极过程的定量信息，就要建立有关理论，来定量表示电流与实验参数如时间、电势、浓度等的关系。

一般来说，对于如下电极反应：

$$O+ze^- \underset{k_2}{\overset{k_1}{\rightleftharpoons}} R \tag{9-1}$$

控制电势实验可使用电流密度-过电势方程：

$$j=j_0\left[\frac{c_O(0,t)}{c_O^0}\exp\left(-\frac{\overrightarrow{\alpha}F\Delta\varphi}{RT}\right)-\frac{c_R(0,t)}{c_R^0}\exp\frac{\overleftarrow{\alpha}F\Delta\varphi}{RT}\right] \tag{9-2}$$

并结合 Fick 第二定律来处理。Fick 第二定律给出了表面浓度 $c_O(0,t)$ 和 $c_R(0,t)$ 与时间的关系。然而 Fick 方程的求解并不容易，有时也得不到精确解析解，不得不使用数值方法或做近似处理。对于这类复杂问题，通常采用的方法是通过恰当的实验设计来简化理论及推导。电化学测量中常见的几种特殊的情况就是这样。

① 可逆电极过程。对于速度很快的电极反应，电化学步骤的进行无任何困难，即电荷传递步骤的正、逆反应速率可近似认为相等，电极上只存在浓度极化而不存在电化学极化。于是电流-电势关系转变为 Nernst 方程：

$$\varphi = \varphi^{\ominus '} + \frac{RT}{zF}\ln\frac{c_O(0,t)}{c_R(0,t)} \tag{9-3}$$

该式不包含交换电流密度和传递系数，数学处理可以大大简化。

② 完全不可逆电极过程。当电极反应动力学非常慢时（即交换电流密度很小），施加较大的极化会使正向反应和逆向反应速率相差很大，也就是说，若有明显的净阴极电流流过，净阳极电流就可忽略不计，反之亦然。这种情况下处于 Tafel 区，因而式(9-2)中有一项可以忽略。

③ 准可逆电极过程。当电极反应动力学不是很快也不是很慢时，就必须考虑正、逆反应两方面的电荷传递步骤速率，电流-电势关系要用式(9-2)来表示，这就是准可逆状态（介于①和②两种情况之间）。

④ 扩散控制过程（大幅度电势阶跃）。在实验条件的控制中，如果采用大幅度的电势阶跃，让电势阶跃到液相传质控制区，使电极表面电活性物质的浓度降为零，发生完全浓度极化，则电荷传递步骤动力学不再影响电流，也就不再需要考虑式(9-2)。此时，电流与电势无关，也与电极的可逆性无关，仅取决于液相传质速率。当然，极化电势幅度不可能无限增大，因为极化增大到一定程度可能会引起介质（溶剂和支持电解质）发生反应，此时可以通过降低 c_O^0 的方法来降低极化幅度。

9.1.1 平面电极的大幅度电势阶跃

下面先来讨论平面电极在扩散控制下的电势阶跃。这里讨论的平面电极是指在一个非常大的平面电极当中的一小块面积，可以认为与这一小块电极面积相对应的，与电极表面平行的各平行液面，都是等浓度面，此时只存在沿着 x 轴的一维方向上的扩散。这种扩散条件称为半无限扩散。

假设使用平面电极，溶液不搅拌，考虑式(9-1)所示反应，以还原反应为例，无论电荷传递步骤动力学是快还是慢，只要采用足够大幅度的负电势阶跃，总是能使反应物 O 的表面浓度降为 0（除非溶剂或支持电解质先还原），此时电极过程处于极限扩散控制条件下。假设可以瞬间阶跃到这种状态。

前面已经指出，电势阶跃以后必须先经历一段非稳态阶段。分析非稳态扩散过程时，一般从 Fick 第二定律出发：

$$\frac{\partial c_O(x,t)}{\partial t} = D_O\frac{\partial^2 c_O(x,t)}{\partial x^2} \tag{9-4}$$

该式是一个二阶偏微分方程，只有在确定了初始条件及两个边界条件后才有具体的解。一般求解时我们常作下列假定：扩散系数 D_O 不随粒子浓度的改变而变化。

对于平面电极的半无限扩散，可以得到如下求解条件。

① 初始条件：$c_O(x,0) = c_O^0$。

② 边界条件 1：$c_O(\infty,t) = c_O^0$。

初始条件表示实验开始前，扩散粒子完全均匀地分布在溶液中；边界条件 1 为半无限扩散条件，保证实验过程中，远离电极的本体相浓度不变。无穷远不应理解为溶液体积无限大，事实上，只要在非稳态扩散过程实际可能进行的时间内，电池壁离开电极表面五倍扩散层厚度以上就可以了。

在进行大幅度的负电势阶跃，达到完全浓度极化后，反应粒子的表面浓度降为 0，于是得到第二个边界条件，即电势阶跃后电极表面条件。

③ 边界条件 2：$c_O(0,t)=0(t>0)$。

联立三个条件，求解 Fick 第二定律，可得浓度分布函数：

$$c_O(x,t)=c_O^0 \mathrm{erf}\frac{x}{2\sqrt{D_O t}} \tag{9-5}$$

（1）误差函数性质。处理扩散问题时，经常遇到积分形式的标准误差曲线，又称误差函数，其定义为：

$$\mathrm{erf}(\lambda)=\frac{2}{\sqrt{\pi}}\int_0^\lambda e^{-y^2}\,\mathrm{d}y \tag{9-6}$$

其中，y 为辅助变量，在代入积分上下限后会消去，因此误差函数只是 λ 的函数。$\mathrm{erf}(\lambda)$ 的数值在数学用表中可以查到，其常见数据见表 9-1，曲线如图 9-4 所示。

表 9-1 误差函数表

λ	$\mathrm{erf}(\lambda)$	λ	$\mathrm{erf}(\lambda)$	λ	$\mathrm{erf}(\lambda)$	λ	$\mathrm{erf}(\lambda)$
0.00	0.00000	0.60	0.60386	1.20	0.91031	1.80	0.98909
0.10	0.11246	0.70	0.67780	1.30	0.93401	1.90	0.99279
0.20	0.22270	0.80	0.74210	1.40	0.95229	2.00	0.99532
0.30	0.32863	0.90	0.79691	1.50	0.96611	2.50	0.99959
0.40	0.42839	1.00	0.84270	1.60	0.97635	3.00	0.99998
0.50	0.52050	1.10	0.88021	1.70	0.98379	3.30	0.999998

误差函数有以下三个性质：

① 当 $\lambda=0$ 时，$\mathrm{erf}(\lambda)=0$；

② 当 $\lambda\geqslant2$ 时，$\mathrm{erf}(\lambda)\approx1$；

③ 因为 $\dfrac{\mathrm{d}[\mathrm{erf}(\lambda)]}{\mathrm{d}\lambda}=\dfrac{2}{\sqrt{\pi}}e^{-\lambda^2}$，故 $\left\{\dfrac{\mathrm{d}[\mathrm{erf}(\lambda)]}{\mathrm{d}\lambda}\right\}_{\lambda=0}=\dfrac{2}{\sqrt{\pi}}$，即曲线起始处的斜率为 $\dfrac{2}{\sqrt{\pi}}$。

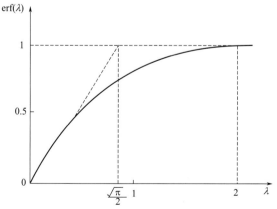

图 9-4 误差函数曲线

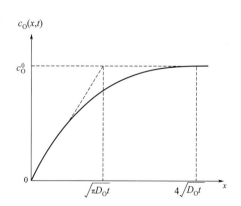

图 9-5 任一瞬间电极表面附近液层中反应粒子浓度分布

（2）扩散层厚度及浓度分布曲线。掌握了误差函数的基本性质，就可以进一步分析式（9-5）表示的非稳态扩散过程的特征。图 9-5 给出了对应于式（9-5）在任一瞬间 t 电极表面附近液层中反应粒子浓度分布的具体形式。显然，这一曲线的形状与图 9-4 中误差函数曲线完全相同。

令 $\lambda = \dfrac{x}{2\sqrt{D_O t}}$，则式（9-5）变为 $\dfrac{c_O(x,t)}{c_O^0} = \mathrm{erf}(\lambda) = \mathrm{erf}\,\dfrac{x}{2\sqrt{D_O t}}$，于是根据误差函数的上述三个性质，可得到浓度分布的三个性质：

① 当 $\lambda = 0$，即 $x = 0$ 时，$\mathrm{erf}(\lambda) = 0$，故 $c_O(x,t) = 0$；

② 当 $\lambda \geqslant 2$，即 $x \geqslant 4\sqrt{D_O t}$ 时，$\mathrm{erf}(\lambda) \approx 1$，故 $c_O(x,t) \approx c_O^0$；

③ $\left[\dfrac{\partial c_O(x,t)}{\partial x}\right]_{x=0} = c_O^0 \left\{\dfrac{\mathrm{d}[\mathrm{erf}(\lambda)]}{\mathrm{d}\lambda}\right\}_{\lambda=0} \left(\dfrac{\mathrm{d}\lambda}{\mathrm{d}x}\right)_{x=0} = c_O^0 \times \dfrac{2}{\sqrt{\pi}} \times \dfrac{1}{2\sqrt{D_O t}} = \dfrac{c_O^0}{\sqrt{\pi D_O t}}$。

根据性质②，可以近似地认为扩散层的总厚度为 $4\sqrt{D_O t}$。确切地说，$x = 4\sqrt{D_O t}$ 时，$c_O(x,t) = 0.99532 c_O^0$。当 $\lambda = 3$ 时，$c_O(x,t) = 0.99998 c_O^0$，此时 $x = 6\sqrt{D_O t}$，因而可以认为扩散层是在距电极 $6\sqrt{D_O t}$ 的距离内。对大部分需要，可以认为扩散层厚度为 $4\sqrt{D_O t}$。

根据性质③，结合式（8-19），此时扩散层有效厚度为：

$$\delta_{\text{有效}} = \dfrac{c_O^0}{[\partial c_O(x,t)/\partial x]_{x=0}} = \sqrt{\pi D_O t} \tag{9-7}$$

可见，扩散层厚度与 $\sqrt{t}$ 成正比，时间越短，扩散层厚度越薄。若将不同时间下的浓度分布曲线画在同一图中，就得到图 9-6 中的一组曲线。这些曲线比较形象地表示了浓度极化的发展过程。

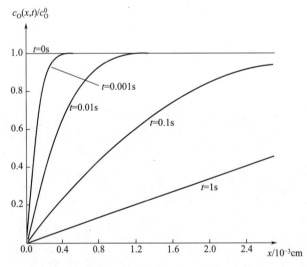

图 9-6　电极表面液层中反应粒子浓度极化的发展（$D_O = 1 \times 10^{-5}\,\mathrm{cm}^2/\mathrm{s}$）

可以看出，电极表面反应物的浓度梯度随时间延长而逐渐减小，扩散层不断向溶液内部扩展。随着扩散层的发展，扩散层内任一位置处的反应物浓度均随时间的延长而不断下降，当时间足够长时，扩散层内任一位置处的反应物浓度都会趋向于零，这说明在平面电极上单纯依靠扩散作用是不能建立起稳态传质过程的。

但是实际上，在溶液中总是存在着对流作用的，因此单纯由于扩散作用而导致的传质过程不会延续很久。一旦$\sqrt{\pi D_O t}$的数值达到稳态对流扩散的扩散层有效厚度时，则电极表面上的传质过程转变为稳态传质。当溶液中仅存在自然对流时，一般稳态扩散层的有效厚度为$10^{-5} \sim 10^{-4}$ m，非稳态扩散层达到10^{-4} m只需要几秒钟，可见非稳态过程的持续时间是很短的。如果采用搅拌等强制对流措施，稳态扩散层厚度更薄，暂态扩散过程的持续时间更短。然而，如果电极反应不生成气相产物，则在小心避免振动和仔细保持恒温的情况下，非稳态过程也可能持续几十秒乃至几百秒。在凝胶电解质中或在失重的条件下，非稳态过程的持续时间还要更长。

（3）电流-时间曲线。根据式(8-22)，可得到任一瞬间的非稳态扩散电流为：

$$j(t) = j_d(t) = zFD_O \frac{c_O^0}{\delta_{有效}} = zFD_O \frac{c_O^0}{\sqrt{\pi D_O t}} = zFc_O^0 \sqrt{\frac{D_O}{\pi t}} \qquad (9\text{-}8)$$

该式称为 Cottrell 公式，其曲线见图 9-7。

从 Cottrell 公式可知，$j(t) \propto 1/\sqrt{t}$，说明非稳态扩散电流总是随着反应时间的延长而减小的，这是电极表面的反应物浓度梯度随时间延长而逐渐减小的结果。

在 Cottrell 公式中，$t = 0$ 时，$j \to \infty$，但实际上双层充电需要一定时间，故双层充电结束前此公式并不适用；另外，$t \to \infty$ 时，$j \to 0$，但实际上在对流的影响下达到稳态后电流密度就不再变化。故实际的电流-时间曲线如图 9-3 所示，其中间部分符合 Cottrell 公式。总的来说，对这种条件下电流密度-时间曲线的实际观测，一定要注意仪器和实验条件上的限制。

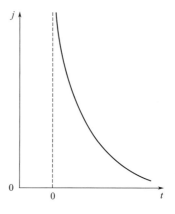

图 9-7　Cottrell 公式所示的电流密度-时间曲线

① 恒电势仪的限制。Cottrell 公式预示实验开始时会有很大的电流，但实际的最大电流决定于恒电势仪的电流和电压输出能力。

② 记录设备的限制。在电流的起始部分，记录设备可能过载，只有过载恢复后的记录才是准确的。

③ 时间常数的限制。电势阶跃时，还有双层充电电流流过，这种电流随电解池时间常数 τ_C（见 9.1.2）作指数衰减。双层充电是实现电势改变所必需的，所以时间常数也决定了电极电势改变所需的最短时间。新电势的建立需要大约 $5\tau_C$ 的时间，所以电势阶跃后采集数据的时间必须大于 $5\tau_C$。而且获得数据也需要时间，因而阶跃电势至少需要保持 10 倍、甚至 100 倍 τ_C 的时间。在很大程度上，电极面积决定了时间常数，进而决定了实验的有效时间限制。

参考视频
电势阶跃法
演示实验

④ 对流的限制。在长时间的实验中，密度梯度的建立和偶尔的振动会对扩散层造成对流扰动，表现为电流大于 Cottrell 公式计算值。对流的影响取决于电极的取向、电极是否有保护罩及其他因素。在水或其他液态溶剂中，暂态扩散过程的测量很难超过 300s，甚至长于 20s 就可能受到对流的影响。

9.1.2　时间常数

在电化学实验中，通常不能忽略双层充电电流的存在。实际上，在电活性物质浓度很低的电极反应中，双层充电电流要比法拉第电流大得多。故下面简要讨论双层充电的性质。

电化学实验通常是通过对电极体系施加一个电扰动并观测所产生的响应特征，从而获得

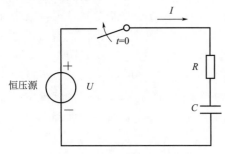

图 9-8　RC 串联充电电路

有关电化学体系的信息。由于电极体系可用电路元件 R 和 C 的组合来等效，故可用电工学中 RC 电路的响应特征来分析。

（1）RC 串联电路的响应特征。图 9-8 是一 RC 串联充电电路。在 $t=0$ 时将开关合上，电路即与一个恒定电压为 U 的电源接通，开始对电容元件充电。

$t>0$ 时，电路中电流和电压的微分方程为：

$$I(t)=C\frac{dU_C(t)}{dt} \tag{9-9}$$

$$U=I(t)R+U_C(t)=RC\frac{dU_C(t)}{dt}+U_C(t) \tag{9-10}$$

式中，$U_C(t)$ 为电容元件上的电压值。

求解此方程，得：

$$U_C(t)=U\left[1-\exp\left(-\frac{t}{RC}\right)\right]=U\left[1-\exp\left(-\frac{t}{\tau_C}\right)\right] \tag{9-11}$$

$$I(t)=C\frac{dU_C(t)}{dt}=\frac{U}{R}\exp\left(-\frac{t}{\tau_C}\right) \tag{9-12}$$

式中，$\tau_C=RC$，因为它具有时间的量纲，因此被称为 RC 电路的时间常数。

由式（9-11）可知，电容元件上的电压 $U_C(t)$ 按指数规律随时间增长而趋于稳态值。充电电路中的电流 $I(t)$ 初始值为 U/R，按指数规律随时间衰减而趋于 0。而且，$U_C(t)$ 增长的快慢和 $I(t)$ 衰减的快慢取决于电路的时间常数 τ_C。当 $t=\tau_C$ 时：

$$I(\tau_C)=\frac{U}{R}e^{-1}=0.368\frac{U}{R} \tag{9-13}$$

可见时间常数 τ_C 等于充电电流衰减到初始值的 36.8% 所需的时间。从理论上讲，电路只有经过 $t=\infty$ 的时间才能充电完毕，但是由于指数曲线开始变化快，而后逐渐缓慢，如表 9-2 所示，在 $t=3\tau_C$ 时，充电电流衰减至初始值的 5%；在 $t=5\tau_C$ 时，充电电流衰减至初始值的 0.7%。所以，实际上经过 $t=5\tau_C$ 的时间，就可以认为充电完毕了。

表 9-2　$\exp(-t/\tau_C)$ 随时间的衰减

t	τ_C	$2\tau_C$	$3\tau_C$	$4\tau_C$	$5\tau_C$	$6\tau_C$
$\exp(-t/\tau_C)$	e^{-1}	e^{-2}	e^{-3}	e^{-4}	e^{-5}	e^{-6}
	0.368	0.135	0.050	0.018	0.007	0.002

（2）电化学实验的时间常数。对交换电流密度较小的电极过程，如果采用直流电压或电流为激励信号，当作用的信号幅度小且单向极化的时间很短时，浓度极化往往可以忽略，电极过程由电化学步骤控制，这时等效电路可用图 9-9 来表示。其中 R_u 称为未补偿电阻，包括工作电极与参比电极之间的溶液电阻 R_L 和任何来自工作电极自身的电阻（例如半导体电极的电阻或电极表面上的电阻膜电阻）。但是多数情况下工作电极自身的电阻可以忽略，于是 R_u 等同于 R_L。

在控制电势法的测量中，相当于图 9-9 所示等效电路的两端接在恒压源上，如图 9-10 所示。

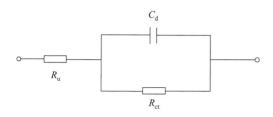

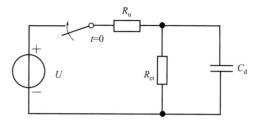

图 9-9 电化学步骤控制时的等效电路 　　图 9-10 控制电势法测量的等效电路

在电工学中，分析复杂一些的 RC 电路的暂态过程时，可以应用戴维宁定理将换路后的电路化简为一个简单 RC 串联电路进行分析。时间常数计算步骤如下：①将电容元件划出，而将其余部分看作一个等效电源，于是组成一个简单电路；②求等效电源的内阻；③等效电源的内阻和电容的乘积即为电路的时间常数。

戴维宁定理：任何一个有源两端线性网络都可以用一个等效电源来代替。等效电源由理想电压源 E 和内阻 R_0 串联组成，其中 R_0 等于有源两端网络中将所有电源均除去（将各个理想恒压源短路，将各个理想恒流源开路）后所得到的无源网络两端之间的等效电阻。

利用以上方法，可将图 9-10 电路转化为图 9-11 所示的 RC 串联电路，其中等效电源的内阻 R_0 为图 9-10 电路从电容两端看进去的电阻（恒压源短路），即 R_{ct} 与 R_u 相并联的总电阻。显然，时间常数 $\tau_C = R_0 C_d$。所以在控制电势法的测量中，时间常数：

$$\tau_C = (R_{ct}//R_u)C_d \tag{9-14}$$

其中，$R_{ct}//R_u$ 表示 R_{ct} 与 R_u 相并联的总电阻。对交换电流密度较小的电极，其电荷传递电阻 R_{ct} 很大，于是 $R_{ct}//R_u \approx R_u$，故时间常数可近似为：

$$\tau_C = R_u C_d \tag{9-15}$$

在控制电流法（见 9.2.1）中，相当于图 9-9 所示等效电路的两端接在恒流源上，如图 9-12 所示。根据戴维宁定理，该电路也可转化为图 9-11 所示的 RC 串联电路，其中等效电源的内阻 R_0 为图 9-12 电路从电容两端看进去的电阻（恒流源开路），即 R_{ct}。显然，在控制电流法的测量中，时间常数：

$$\tau_C = R_{ct} C_d \tag{9-16}$$

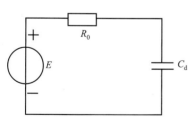

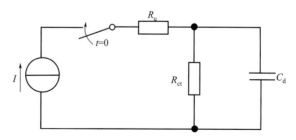

图 9-11 将电容元件划出而其余部分
　　　看作等效电源的电路　　　　　　图 9-12 控制电流法测量的等效电路

（3）减小时间常数的方法。时间常数限定了电解池可以接收有意义的扰动的最短时间域。比如在电势阶跃法中，工作电极界面上电势是按指数规律上升的 ［见式（9-11）］，图 9-13 给出了施加瞬时阶跃电势后，电解池时间常数对工作电极真实电势上升的影响示意图。时间常数越小，双层充电时间越短，真实电势达到阶跃电势越快。所以在电化学实验中总是希望 τ_C 越小越好。

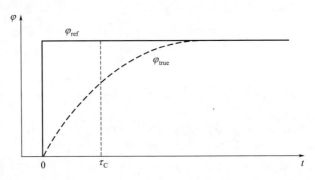

图 9-13　电势阶跃法中时间常数对工作电极真实电势上升的影响

控制电势法的测量中，时间常数可近似为 $\tau_C = R_u C_d$，减少 $R_u C_d$ 至少可以有三种方式：①通过增加支持电解质浓度、或增加溶剂极性、或降低溶液黏度等方法来提高介质的电导率，从而可以减小溶液电阻；②可以移动鲁金毛细管尖端的位置，使其尽可能地接近工作电极，从而减小溶液电阻；③可以减小工作电极的面积，从而成比例地减小 C_d。

R_u 的测量一般可采用以下方法。①测量电化学阻抗谱，Nyquist 图中实轴原点与半圆起点之间的电阻即为 R_u（见 9.4 节）。②断电流法。在极化过程中将法拉第反应中断几微秒（即把电解池开路，使电流降到零），测量断电瞬间电势的瞬间变化值，该值即为断电前电流 I 与 R_u 的乘积 IR_u，从而可确定 R_u。该方法的原理是，电极界面电势差的改变和扩散过程的改变相对来说弛豫时间较长，因此电势的瞬间变化就是未补偿电阻欧姆压降的突变。③采用计算机控制的恒电势仪，在不发生法拉第反应的电势区域施加一个小的电势阶跃（例如 $\Delta\varphi = 50\mathrm{mV}$），在该电势区域的电流仅为双层充电电流，即等效电路为 R_u 与 C_d 串联，那么电流的响应按式(9-12) 可得：

$$I(t) = \frac{\Delta\varphi}{R_u}\exp\left(-\frac{t}{R_u C_d}\right)$$（9-17）

根据上式通过计算机对数据进行自动分析，即可得到 R_u 与 C_d 的值。

9.1.3　微观面积与表观面积

在电化学测量中，测量仪器只能测量电流强度值，那么要得到电流密度就需要除以电极面积，这个面积该如何选取呢？

如果电极表面是原子级平滑的表面并有规则的边界，就很容易计算它的面积 A。但实际上，绝大多数真实电极的表面远没有那么光滑，所以面积的概念需要加以界定。图 9-14 显示了电极面积的两种测量表示。一种是微观面积（又叫真实面积），这是原子级计量的面积，包括了对原子级表面上起伏、裂隙等粗糙情况的考虑，可以称为电极的真实面积。另一种是表观面积（又叫几何面积、投影面积），它是对电极边界做正投影得到的截面面积，是较容易得到的。显然，微观面积 A_m 总是大于表观面积 A_g，可将二者之比定义为粗糙度 ρ：

$$\rho = \frac{A_m}{A_g}$$（9-18）

一般情况下，镜面抛光的金属表面的粗糙度为 $2\sim3$，高质量的单晶表面的粗糙度可低至 1.5，液态金属（如汞）电极的表面可认为是原子级光滑的，粗糙度为 1。

在 Cottrell 公式及其他与扩散场面积有关的电流密度公式中，所使用的电极面积与测量

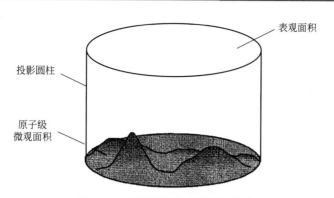

图 9-14　电极面积的两种测量表示

的时间尺度有关。在发生浓度极化时，电流密度正比于物质扩散通过 $x=0$ 处液面的扩散流量（见 8.1.2）。扩散流量是所研究物质在单位时间内通过单位截面积的物质的量，单位是 $mol/(m^2 \cdot s)$，此处的截面积指的是扩散场的截面积。这个扩散场截面积才是电流计算真正需要的面积。

对于大多数计时电流实验，时间尺度在 $0.001 \sim 10s$，扩散层厚度在几微米到几百微米之间，这个厚度远大于良好抛光电极的粗糙程度（一般小于零点几微米）。所以对于远离电极表面的扩散层液面来说，电极的粗糙程度已经体现不出来了，可以认为电极是平坦的，所以扩散场的截面积就等于电极的表观面积，如图 9-15 所示。满足以上条件时，就可以在 Cottrell 公式中使用表观面积。

而对于很短的时间尺度，比如 $100ns$，此时扩散层厚度只有 $10nm$，这时电极的粗糙尺度大于扩散层厚度，整个扩散层中等浓度面的面积取决于电极的微观表面，见图 9-16。扩散场的截面积大于电极的表观面积，接近于微观面积。但是这个面积还是小于微观面积，因为在扩散场中，电极表面小于扩散层厚度的粗糙被平均化了。

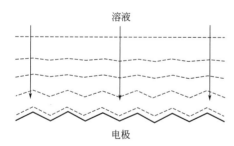

图 9-15　粗糙电极上长时间的扩散场
图中虚线表示扩散层中的等浓度面，箭头表示扩散场方向

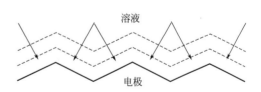

图 9-16　粗糙电极上很短时间的扩散场
图中虚线表示扩散层中的等浓度面，箭头表示扩散场方向

电化学反应和双层充电均发生在紧靠电极表面的双电层内，故它们总是反映微观面积，所以电化学反应的真实电流密度应采用微观面积计算。通过测量双层微分电容可以进行微观面积的测量。另外，也可以通过测量在电极表面形成或剥离单分子层需要的电量来测量微观面积。具体可参见有关的电化学测量书籍。

9.1.4　球形电极的大幅度电势阶跃

在 9.1.3 中介绍了平面电极的大幅度电势阶跃特性，而在实验工作中也经常用到球形电极（如 9.5 节中介绍的悬汞电极）。不难想到，对于球形电极，在电极周围的浓度分布应具

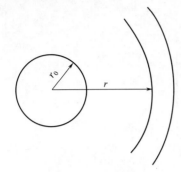

图 9-17 球形电极

有球对称性，即在半径为定值的球面上，各点的情况应该相同。因此，选用球坐标必然会使浓度分布公式具有更简单的形式。

在图 9-17 中，球形电极的半径为 r_0，并以球心作为坐标原点。考虑球形扩散场，这时的 Fick 第二定律为：

$$\frac{\partial c_O(r,t)}{\partial t} = D_O\left[\frac{\partial^2 c_O(r,t)}{\partial r^2} + \frac{2}{r}\frac{\partial c_O(r,t)}{\partial r}\right] \tag{9-19}$$

式中，r 为球形等浓度面距电极球心的径向距离。

对球形电极进行大幅度电势阶跃，实现完全浓度极化，则在球形电极表面上，初始条件和边界条件分别如下。

① 初始条件：$c_O(r,0) = c_O^0,\ r > r_0$。

② 边界条件1：$c_O(\infty,t) = c_O^0$（半无限扩散条件）。

③ 边界条件2：$c_O(r_0,t) = 0,\ t > 0$（大幅度电势阶跃极化条件）。

联立三个条件，求解 Fick 第二定律，可得浓度分布函数：

$$c_O(r,t) = c_O^0\left(1 - \frac{r_0}{r}\,\mathrm{erfc}\,\frac{r-r_0}{2\sqrt{D_O t}}\right) \tag{9-20}$$

任一瞬间的非稳态扩散电流为：

$$j_d(t) = zFD_O c_O^0\left(\frac{1}{\sqrt{\pi D_O t}} + \frac{1}{r_0}\right) \tag{9-21}$$

式中出现了余误差函数 $\mathrm{erfc}(\lambda)$，它是误差函数 $\mathrm{erf}(\lambda)$ 的共轭函数：

$$\mathrm{erfc}(\lambda) = 1 - \mathrm{erf}(\lambda) = \frac{2}{\sqrt{\pi}}\int_\lambda^\infty \mathrm{e}^{-y^2}\,\mathrm{d}y \tag{9-22}$$

其曲线形式如图 9-18 所示。

（1）极限扩散电流。比较式（9-21）和式（9-8），可见：

$$j_d(\text{球形}) = j_d(\text{线性}) + \frac{zFD_O c_O^0}{r_0} \tag{9-23}$$

所以球形扩散电流就是线性扩散电流加上一个常数项。

当 $t \to \infty$ 时，$\lim\limits_{t\to\infty} j_d(\text{线性}) = 0$，即平面电极的极限扩散电流趋向于零。

当 $t \to \infty$ 时，$\lim\limits_{t\to\infty} j_d(\text{球形}) = \dfrac{zFD_O c_O^0}{r_0}$，即球形电极的极限扩散电流存在非零极限。这说明在球形电极表面上单纯通过扩散作用就可以建立稳态传质过程。

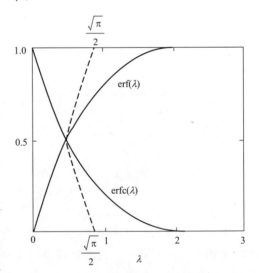

图 9-18 误差函数和余误差函数曲线形式

球形扩散能建立稳态的原因是，球形扩散层厚度增加的同时，扩散层外表面也在不断扩大，可以获得更多的反应物供应，所以一定时间以后扩散层的增长不再影响电极表面的浓度梯度。用几毫米或更大一点的工作电极进行实验时，建立稳态扩散所需的时间较长，密度梯度或振动引起的对流会增强物质传递，从而提前达到稳态，因此很难观察到稳态扩散。然而，如果使用半径 $25\mu m$ 或更小的微电极，则建立稳态所需时间大为缩短，可以很容易地实现稳态扩散。这种能够研究稳态的能力是微电极的基本优点之一。

（2）浓度分布。式(9-20) 中，$(r-r_0)$ 是从电极表面算起的距离，可见此式所示的浓度分布与式(9-5) 的平面电极线性扩散情况非常相似，差别只是式中的系数 r_0/r。如果球形电极半径远大于扩散层厚度，则 $r_0/r \approx 1$，式(9-20) 就可简化为式(9-5)，此时球形电极可作为平面电极来处理，就像日常生活中人们感觉不到地球是球形一样。

上述分析表明，时间足够短、电极半径足够大时，平面线性扩散完全可以用于处理球形扩散。更准确地说，只要式(9-21) 中的第二项（常数项 $1/r_0$）和第一项（Cottrell 项 $1/\sqrt{\pi D_O t}$）相比足够小，就可以当作线性扩散处理。若要求 $\alpha(\%)$ 内的误差，就有：

$$\frac{1}{r_0}\bigg/\frac{1}{\sqrt{\pi D_O t}} \leqslant \alpha \tag{9-24}$$

即：

$$\sqrt{\pi D_O t}/r_0 \leqslant \alpha \tag{9-25}$$

若 $\alpha = 10\%$，$D_O = 1 \times 10^{-5}\,\mathrm{cm^2/s}$，对于半径为 $0.1\mathrm{cm}$ 的汞滴电极，那么 $t < 3\mathrm{s}$ 内的球形扩散可按线性处理，误差在 10% 之内。

式(9-25) 中 $\sqrt{\pi D_O t}$ 就是线性扩散时的扩散层有效厚度，可以看出球形扩散线性行为的占优程度取决于扩散层厚度与电极半径的比值。当扩散层厚度增长到和 r_0 相比不够小时，线性处理就不再适用。

另一方面，当电极半径足够小、时间足够长时，以至于在距电极表面较近处有 $r - r_0 \ll 2\sqrt{D_O t}$，此时余误差函数 $\mathrm{erfc}\dfrac{r-r_0}{2\sqrt{D_O t}}$ 趋近于 1，则式(9-20) 可简化为：

$$c_O(r,t) = c_O^0\left(1 - \frac{r_0}{r}\right) \tag{9-26}$$

可见当扩散层厚度远大于电极半径时，电极表面附近的浓度分布就变得与时间无关，仅与 $1/r$ 成线性关系。这说明电极表面上的浓度梯度维持恒定不变，因此扩散电流保持恒定，达到了稳态。

9.1.5　微电极

小型化是电化学分析的一个发展趋势。工作电极的小型化不但具有优越的电化学特性，而且在理论基础方面有许多新的创造，大大扩展了电化学方法的应用范围，将电化学方法扩展到以前难以处理的时间、介质和空间区域。

根据不同的应用，常规电极的尺寸可以是米、厘米、毫米级，而微电极的尺寸比它们小得多。微电极也称为超微电极，目前还没有一个确切的定义。一般来讲，它是指至少一个维度（如圆盘电极的半径或带状电极的宽度）的尺寸小于 $25\mu m$ 的电极，这一尺寸称为临界尺度。现在已能制备临界尺度小至 $100\mathrm{nm}$ 甚至几纳米的电极。当电极临界尺度达到与双电层厚度、分子大小接近时，其理论和实验行为会发生变化。因此，为了更准确地分析微电极，这里把临界尺度下限定在 $10\mathrm{nm}$。即通常所说的微电极的临界尺度在 $10\mathrm{nm} \sim 25\mu m$ 之间。

微电极只需在一个维度上小于临界尺度即可，所以电极可以是各种形状，其他维度在物理尺寸上仍有很大的回旋余地。根据形状可将微电极分为圆盘微电极、圆环微电极、圆柱微电极、球形或半球形微电极、带状微电极等（如图9-19所示）。根据材料可将微电极分为碳纤维微电极、铂微电极、金微电极、银微电极、铜微电极、钨微电极、铂铱微电极等。

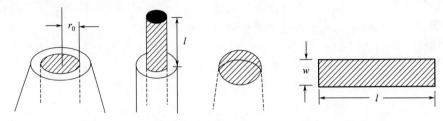

图 9-19　圆盘、圆柱、半球形、带状微电极示意图

最常用的是圆盘微电极，其制备方法是把金属细丝或碳纤维封入玻璃毛细管或树脂中，然后抛光露出的截面作为电极的工作表面，其临界尺度是圆盘的半径 r_0，常见的微盘电极材料是铂、金和碳纤维。球形微电极可由金制备，其他材料很难做成球形电极。半球形微电极则可通过在铂、铱圆盘微电极上沉积汞而制得。这两类微电极的临界尺度是其曲率半径 r_0，其行为在许多方面与圆盘微电极很相似，不过它们几何处理要简单些。

与上述几种微电极区别较大的是带状微电极，它可由金属箔或镀膜密封在玻璃片或塑料树脂片间制成，抛光露出的截面作为工作表面。通常可用金、铂、碳等材料。其临界尺度为带状电极的宽度 w，而其长度 l 可大至厘米数量级。带状微电极的几何面积同其临界尺度 w 呈线性关系，而圆盘微电极的几何面积则同其临界尺度 r_0 的平方成正比。因此，尽管带状微电极的宽度 w 很小，但其面积却可以很大，所以电流也较大，从而易于测定。如宽度 $1\mu m$、长度 $1cm$ 的带状电极，面积可达 $10^{-4}cm^2$，几乎比半径 $1\mu m$ 的圆盘电极面积高出 4 个数量级。

圆柱微电极和带状微电极很相似，传质问题比带状电极还简单些。圆柱微电极的制备和圆盘微电极类似，所不同的是露出一段长为 l、半径为 r_0 的金属丝作为电极。圆柱微电极的临界尺度是其截面的半径 r_0，而圆柱长度 l 则一般为毫米数量级。

由于尺度上的变化，微电极具有一些常规电极所不具备的电化学特性，大大扩展了电化学方法的应用范围。

① 由于电极面积很小，因而微电极的双电层电容大幅度地减小，时间常数也大大减小。因此，微电极的响应速率很快，比常规电极更适合于快速、暂态的电化学测量方法，如电势阶跃法、快速扫描伏安法、方波伏安法、脉冲伏安法等。

例如，在通常电解质溶液中的金属圆盘电极，它的单位面积界面电容 C_d^0 的典型值是 $10\sim50\mu F/cm^2$，所以界面电容 $C_d=\pi r_0^2 C_d^0$。若 r_0 是 $1mm$，C_d 为 $0.3\sim1.5\mu F$；而若 $r_0=1\mu m$，C_d 只有 $0.3\sim1.5pF$，降低了 6 个数量级。在 $C_d^0=20\mu F/cm^2$，电导率 $\sigma_c=0.013S/cm$（即室温下 $0.1mol/L$ 的 KCl 溶液）的体系中，若 r_0 是 $1mm$，时间常数 $\tau_C=R_u C_d$，约为 $30\mu s$，在电势阶跃法中，阶跃电势至少需要保持 $10\tau_C$ 的时间，即 $0.3ms$；而若 $r_0=5\mu m$，则时间常数只有约 $170ns$，相应的实验时间下限降到 $1.7\mu s$。在出现微电极以前，电化学很难进行微秒级时间域的研究，而有了微电极之后，可以很方便地进行微秒级时间域的研究，甚至可能进行纳秒级时间域的研究。

② 尽管微电极上的电流密度很大，但由于电极面积小，所以电流强度很小，一般只有 $10^{-12}\sim10^{-9}A$，因此溶液的欧姆压降很小，不会对电极电势的测量和控制造成影响。所以采用微电极进行电化学测量时，可以采用两电极体系，支持电解质的浓度可以很低甚至为零，还可以应用于低介电常数的电解质中（如苯、甲苯、冷冻的乙腈、离子化的导电聚合物、油基润滑剂等）。这就对某些检测方法带来很大的方便，如色谱电化学检测、生物活体

内的在线检测等。另外，对于有机溶剂电化学、低温电化学、熔盐电化学和固体电解质电化学研究，采用微电极也比常规电极有更大的方便。

在不加支持电解质的有机介质中使用，能够很大程度地扩展电化学电势窗，这样可以用于研究具有很高氧化电势的组分。例如，乙腈能够使用的电势窗为 4V（相对于银/氯化银电极），从而有可能研究短链烷烃的反应。另外，不加支持电解质可以减少可能的杂质，对于痕量测定很有利。

③ 由于双层电容很小，所以双层充电电流很小，并且由于时间常数小，双层充电电流的衰减速率也很快。而且微电极表面电活性组分的传质速率更快，其稳态的物质传递系数随临界尺度的减小而增大。传质速率的增加和充电电流的减少，使法拉第电流同双层充电电流的比值很大，所以与普通电极相比，微电极展现了优异的信噪比。在电分析中，微电极可明显提高分析的灵敏度，降低检测限，适用于微量、痕量物质的测定。

④ 在微电极上，非线性扩散起主导作用，线性扩散只起次要作用，因此扩散电流在短时间内即可达到稳态或准稳态数值，并且其稳态的物质传递系数随临界尺度减小而增大，因此在常规电极上受传质步骤控制的反应，在微电极上就可能转变为受电荷传递步骤控制，从而可以研究快速电极反应的动力学。

⑤ 由于微电极的小尺寸特性，可用于电化学活性的空间分辨。如扫描电化学显微镜、电化学扫描隧道显微镜、生物活体细胞内外的检测和腐蚀微区分析等。

另外，为了解决检测单个微电极时小于纳安级电流的困难，发明了复合电极。复合电极表面是由微导体区域均匀地（如阵列电极）或混乱地（如自组装电极）分布在连续的绝缘基体上。它将单个微电极的优点与较大的电极面积相结合，其电流是各个单一微电极电流的总和，故具有较大的电流。这种电极既保持了原来单一微电极的特性，又可以获得较大的电流强度，还有利于增强信噪比，提高了电分析测量的灵敏度。

9.1.6 准可逆和不可逆电极反应的电势阶跃

对于大幅度的电势阶跃，因为发生完全浓度极化，故电荷传递步骤动力学不再影响电流，即电流与电极的可逆性无关，仅取决于液相传质速率。但是如果电势可以阶跃到任意值，则需要考虑电极的可逆性。

考虑式(9-1) 所示电极反应：

$$O + ze^- \underset{k_2}{\overset{k_1}{\rightleftharpoons}} R$$

在半无限线性扩散条件下进行电势阶跃，且电势可以阶跃到任意值。下面首先来考察准可逆电极体系，即电极反应动力学不是很快也不是很慢，电极过程由电化学步骤和液相传质步骤混合控制，此时电化学极化和浓度极化同时存在。

假设 O、R 均可溶，采用任意幅度的电势阶跃，初始电势为稳定电势，$t = 0$ 时电势瞬时阶跃到能使反应发生的电势。

根据式(7-18)，电流密度可表示为：

$$j(t) = \vec{j} - \overleftarrow{j} = zF\left[k_1 c_O(0,t) - k_2 c_R(0,t)\right] \tag{9-27}$$

式中，k_1 和 k_2 分别是正、逆反应的反应速率常数。

在此情况下，Fick 第二定律包括两个方程：

$$\frac{\partial c_O(x,t)}{\partial t} = D_O \frac{\partial^2 c_O(x,t)}{\partial x^2} \tag{9-28}$$

$$\frac{\partial c_R(x,t)}{\partial t}=D_R\frac{\partial^2 c_R(x,t)}{\partial x^2} \tag{9-29}$$

为了求解 Fick 第二定律，要根据准可逆过程的特点确定边值条件。首先，仍然采用 9.1.1 中平面电极非稳态扩散的初始条件和半无限线性扩散条件。

① 初始条件：$c_O(x,0)=c_O^0$，$c_R(x,0)=c_R^0$。

② 边界条件 1：$c_O(\infty,t)=c_O^0$，$c_R(\infty,t)=c_R^0$。

其次，因为电极上被还原的反应物全部由扩散供应，所以电极反应的速度应与紧靠电极表面液层中的反应物扩散速度相等。根据扩散流量与电流密度的关系，结合式（9-27），则可得另一个边界条件：

③ 边界条件 2：$j(t)=zFD_O\left[\dfrac{\partial c_O(x,t)}{\partial x}\right]_{x=0}=zF[k_1c_O(0,t)-k_2c_R(0,t)]$。

再次，这里的反应物 O 与产物 R 都是可溶的，因为电流密度既可用反应物表示，又可用产物表示，于是就得到流量平衡边界条件，即

④ 边界条件 3：$j(t)=zFD_O\left[\dfrac{\partial c_O(x,t)}{\partial x}\right]_{x=0}=-zFD_R\left[\dfrac{\partial c_R(x,t)}{\partial x}\right]_{x=0}$，即

$$D_O\left[\frac{\partial c_O(x,t)}{\partial x}\right]_{x=0}+D_R\left[\frac{\partial c_R(x,t)}{\partial x}\right]_{x=0}=0 \tag{9-30}$$

根据上述四个条件，求解 Fick 第二定律，可导出瞬时电流密度的表达式如下：

$$j(t)=zF(k_1c_O^0-k_2c_R^0)\exp(\lambda^2 t)\mathrm{erfc}(\lambda t^{1/2}) \tag{9-31}$$

式中

$$\lambda=\frac{k_1}{D_O^{1/2}}+\frac{k_2}{D_R^{1/2}} \tag{9-32}$$

令 $\lambda t^{1/2}=\xi$，则

$$j(t)=zF(k_1c_O^0-k_2c_R^0)\exp(\xi^2)\mathrm{erfc}(\xi) \tag{9-33}$$

（1）电流密度-时间曲线。对于确定的阶跃电势，k_1 和 k_2 都是常数，所以 $j(t)$ 应与函数 $\exp(\xi^2)\mathrm{erfc}(\xi)$ 成正比，图 9-20 示出这种函数的图形。$j(t)$-t 的关系曲线自然也应形成图 9-20 那样的曲线。

当 $t=0$ 时，$\exp(\xi^2)\mathrm{erfc}(\xi)=1$，$j(0)=zF(k_1c_O^0-k_2c_R^0)$，注意到这实际上就是不考虑浓度极化、只发生电化学极化时的电流密度，将其用 j_e 表示。这是很容易理解的，因为电势阶跃瞬间浓度极化还没来得及发生。于是式（9-33）可写为：

$$j(t)=j_e\exp(\xi^2)\mathrm{erfc}(\xi) \tag{9-34}$$

其电流密度-时间曲线如图 9-21 虚线所示。

但是，实验曲线（图 9-21 中实线）与理论曲线却有所不同。首先，在实验曲线上开始极化后电流上升需要一定时间，而不是如理论公式所预测的那样瞬间达到最大值，这种滞后现象大都是由恒电势仪及测量电路的时间常数所引起的；其次，在 $t<5\tau_C$ 的一段时间内，由于双电层充电的影响，实际电流大于理论值。所以只有利用 $t>5\tau_C$ 后的数据才能进行准确的分析。

（2）利用线性近似测量动力学参数。当 t 很小时，以至于满足 $\lambda t^{1/2}\ll 1$ 时（一般可取 $\lambda t^{1/2}<0.1$），有 $\exp(\xi^2)\approx 1$ 和 $\mathrm{erfc}(\xi)\approx 1-2\xi/\sqrt{\pi}$，所以 $\exp(\xi^2)\mathrm{erfc}(\xi)\approx 1-2\xi/\sqrt{\pi}$，则式（9-34）变为：

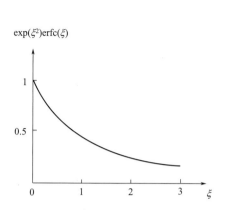

图 9-20　$\exp(\xi^2)\mathrm{erfc}(\xi)$ 与 ξ 的函数关系

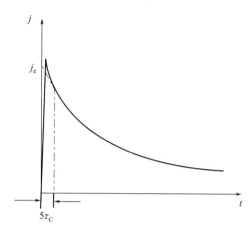

图 9-21　电势阶跃后电流随时间的变化曲线

$$j(t) = j_e\left(1 - \frac{2\lambda}{\sqrt{\pi}}t^{1/2}\right) \tag{9-35}$$

从上式可知，电流密度与 $\sqrt{t}$ 成线性关系。故用双层充电结束后且满足 $\lambda t^{1/2} \ll 1$ 的数据作 $j(t)\text{-}\sqrt{t}$ 图，得一条直线，外推至 $t=0$ 处可得到 j_e。

如果用不同幅值的恒电势做电势阶跃实验，并用上述方法逐一求出相应于每一电势值的 j_e 值，就可以得到完全消除了浓度极化影响的电化学极化曲线，于是可以求出电化学步骤的动力学参数（见 7.5.1）。

显然，如果 λ 很大（即 k_1 和 k_2 大，表示电极反应速度快），则为了满足 $\lambda t^{1/2} \ll 1$ 的条件就必须选取时间很短的一段曲线外推。但如果这一段时间短到与 $5\tau_C$ 相当，则将受到充电电流的干扰而无法准确外推了。因此，电势阶跃法的测量上限受到充电过程的限制，实验结果表明，测量上限大致为标准速率常数 $k \leqslant 1\mathrm{cm/s}$。

（3）完全不可逆反应。当电极反应的交换电流密度很小时，施加较大的极化会使正向反应和逆向反应速率相差很大，也就是说，逆向反应可忽略。在测量电势下，不可逆反应符合 $k_2/k_1 \approx 0$，于是式（9-31）变为：

$$j(t) = zFk_1c_O^0\exp(\lambda^2 t)\mathrm{erfc}(\lambda t^{1/2}) \tag{9-36}$$

式中，$\lambda = k_1/\sqrt{D_O}$。它也可以表示为式（9-34），其他分析均相同。

（4）可逆反应。对于可逆电极过程，电化学步骤的进行无任何困难，电极上只存在浓度极化而不存在电化学极化，一般来说，不大的阶跃电势就能使其达到完全浓度极化，此时与 9.1.1 中扩散控制的情况类似，故不再单独讨论。

9.2　电流阶跃法

电流阶跃法是控制电流测量方法的一种。控制电流测量方法是指控制流过工作电极的电流按一定的波形规律变化，同时测量电极电势随时间的变化。常见的控制电流法有电流阶跃法、断电流法、方波电流法、双脉冲电流法等。

控制电流法的基本实验系统如图 9-22 所示。使用恒电流仪控制通过工作电极和辅助电极之间的电流，同时记录工作电极相对于参比电极的电势随时间的变化。因为电势作为时间的函数被测量记录，故这类方法又称为计时电势法。同时由于给工作电极施加的是小的恒定

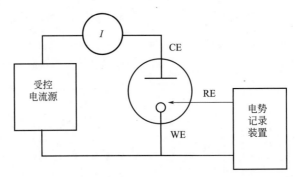

图 9-22 控制电流法的基本实验系统示意图

电流,习惯上也称这类方法为恒电流法。

与控制电势法比较,控制电流法不需要参比电极向电流控制器件反馈,所以仪器装置比控制电势法简单。但控制电流实验的主要缺点是整个实验过程中双层充电电流影响较大,而且不易直接校正,多组分体系和分步反应的数据处理也较复杂。

电流阶跃法是在工作电极上施加一个电流突跃信号,其基本波形如图 9-23 所示。在电流阶跃到 I 的瞬间,首先是未补偿电阻欧姆压降的突变,瞬间过电势达到 IR_u;接着双电层充电,电极电势迅速移动,过电势逐渐增大;同时随着界面过电势的增大,电化学反应电流不断增大,而双层充电电流却不断下降,很快双层充电基本结束,充电电流降为接近于零,恒定电流基本完全用于进行电化学反应;同时随着电化学反应的进行,反应物粒子消耗、产物生成,浓度极化开始出现并向溶液内部发展;因为要维持恒定的反应电流,随着反应的进行,电极表面上反应物粒子的浓度不断下降,一段时间后下降为零,达到了完全浓度极化,此时,电极表面上反应物供不应求,在恒电流驱使下到达电极界面的电荷不能再被反应完全消耗,因而改变了电极界面上的电荷分布状态,也就是对双电层进行快速充电,电极电势发生突跃,直至新的反应发生来维持恒定电流为止。电势-时间响应曲线如图 9-24 所示。

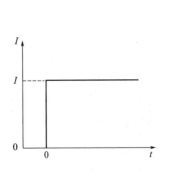

图 9-23 电流阶跃法基本波形

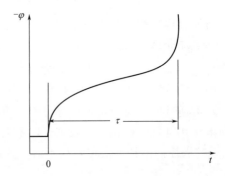

图 9-24 电流阶跃法的电势-时间响应曲线

常把从对电极进行恒电流极化到反应物表面浓度降为零、电极电势发生突跃所经历的时间称为过渡时间,用 τ 表示。在电流阶跃法测量中 τ 是一个非常有用的量。

9.2.1 电流阶跃下的粒子浓度分布函数

仍然考虑简单的电子转移反应 $O + ze^- \rightleftharpoons R$。以阴极还原反应为例,使用平面电极,半无限线性扩散,不搅拌溶液。假设 O、R 均可溶,采用较大幅度的电流阶跃,$t = 0$ 时电

流瞬时阶跃到 I，相应的电流密度为 j。

在此情况下，对于反应物和产物，其浓度函数均符合 Fick 第二定律，即包括两个方程：

$$\frac{\partial c_O(x,t)}{\partial t} = D_O \frac{\partial^2 c_O(x,t)}{\partial x^2} \tag{9-37}$$

$$\frac{\partial c_R(x,t)}{\partial t} = D_R \frac{\partial^2 c_R(x,t)}{\partial x^2} \tag{9-38}$$

其初始条件、半无限线性扩散条件、流量平衡条件和 9.1.6 一样。

① 初始条件：$c_O(x,0) = c_O^0$，$c_R(x,0) = c_R^0$。

② 边界条件 1：$c_O(\infty,t) = c_O^0$，$c_R(\infty,t) = c_R^0$。

③ 边界条件 2：$D_O \left[\dfrac{\partial c_O(x,t)}{\partial x}\right]_{x=0} + D_R \left[\dfrac{\partial c_R(x,t)}{\partial x}\right]_{x=0} = 0$。

另外，已知电流密度可用下式表示：

$$j = zFD_O \left[\frac{\partial c_O(x,t)}{\partial x}\right]_{x=0} \tag{9-39}$$

因为施加的电流是恒定的，于是就可得到恒电流极化边界条件。

④ 边界条件 3：$\left[\dfrac{\partial c_O(x,t)}{\partial x}\right]_{x=0} = \dfrac{j}{zFD_O} = \text{const}$。

和电势阶跃法中需要浓度-电势关系的边界条件不同，电流阶跃法中的边界条件与电势无关，所以在此求解扩散问题就不需考虑电荷传递步骤的速率，即与电极的可逆性无关。

假设实验前溶液中只有反应物 O 存在，没有产物 R 存在（即 $c_R^0 = 0$），根据上述四个条件，求解 Fick 第二定律，可导出反应物和产物粒子的浓度函数表达式如下：

$$c_O(x,t) = c_O^0 - \frac{j}{zF}\left[2\sqrt{\frac{t}{\pi D_O}}\exp\left(-\frac{x^2}{4D_O t}\right) - \frac{x}{D_O}\operatorname{erfc}\frac{x}{2\sqrt{D_O t}}\right] \tag{9-40}$$

$$c_R(x,t) = \frac{j}{zF}\left[2\sqrt{\frac{t}{\pi D_R}}\exp\left(-\frac{x^2}{4D_R t}\right) - \frac{x}{D_R}\operatorname{erfc}\frac{x}{2\sqrt{D_R t}}\right] \tag{9-41}$$

恒电流阶跃期间，根据式（9-40）得到不同时间的典型反应物浓度分布曲线如图 9-25 所

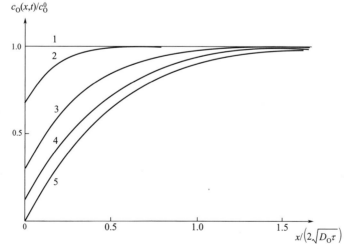

图 9-25　恒电流极化时电极表面液层中反应物粒子浓度极化的发展

1—$t=0$；2—$t=0.1\tau$；3—$t=0.5\tau$；4—$t=0.8\tau$；5—$t=\tau$；τ 为过渡时间

示。从中可以看出，随着时间的延长扩散层逐渐向溶液内部延伸，扩散层内任一点处的反应物浓度都随时间而下降。需要注意，虽然 $c_O(0,t)$ 不断下降，但电极表面上反应物的浓度梯度 $[\partial c_O(x,t)/\partial x]_{x=0}$ 总是恒定值，即 $x=0$ 处浓度分布曲线切线的斜率不随时间而变化，这是由于控制了电流恒定的缘故。

图 9-26 是大幅度电势阶跃测量与电流阶跃测量中反应物粒子浓度极化发展的示意图。两种情况下扩散层厚度都在随时间增加；电势阶跃中反应物表面浓度不变，而电流阶跃中反应物表面浓度随时间下降。

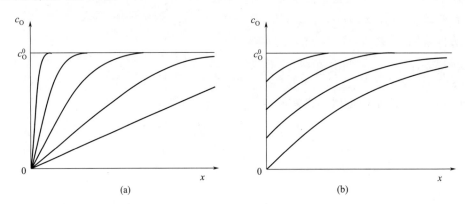

图 9-26　电势阶跃（a）与电流阶跃（b）反应物粒子浓度极化发展比较

由于反应物的表面浓度同电极反应速率有关，因此有必要研究反应物的表面浓度。将 $x=0$ 代入式(9-40)，得：

$$c_O(0,t)=c_O^0-\frac{2j}{zF}\sqrt{\frac{t}{\pi D_O}} \tag{9-42}$$

上式表示，反应物粒子的表面浓度随 $t^{1/2}$ 而线性降低。同理将 $x=0$ 代入式(9-41)，可得反应产物的表面浓度随 $t^{1/2}$ 线性增加。

当反应物的表面浓度下降至零时所对应的时间称为过渡时间，用 τ 表示。当 $t=\tau$ 时，反应并没有达到稳态，扩散层会继续增厚，但此时 O 粒子表面浓度已为 0，无法再继续下降，所以当 $t>\tau$ 时，$x=0$ 处的浓度梯度将比原恒定值减小，此时不再满足边界条件 3，所以上述公式只在 $t\leqslant\tau$ 时适用。达到过渡时间以后，现有反应物 O 已经无法维持此恒定的电流，只有依靠新的电极反应（比如电解水的反应）才可能维持电流密度不变，此时为了实现新的电极反应，电势会急剧变化以达到新反应发生的过电势。所以自开始恒电流极化到电极电势发生突跃所经历的时间就是过渡时间。

将 $c_O(0,t)=0$ 代入式(9-42)，整理，得到过渡时间表达式：

$$\tau=\frac{z^2F^2\pi D_O c_O^{0\,2}}{4j^2} \tag{9-43}$$

上式称为 Sand 方程。可以看出，在电极上施加的恒定电流越小或反应物浓度越大，过渡时间就越长。

根据实验中测得的过渡时间 τ，在已知 z 和 c_O^0 的情况下，可以测定扩散系数 D_O。另外，也可利用 $\sqrt{\tau}\propto c_O^0$ 进行反应物浓度的定量分析。

将式(9-43)代入式(9-42)中，将 $c_O(0,t)$ 用 c_O^s 表示，可得：

$$c_O^s=c_O^0\left(1-\sqrt{\frac{t}{\tau}}\right)\quad(0\leqslant t\leqslant\tau) \tag{9-44}$$

同理根据式(9-43) 和式(9-41)，可得：

$$c_R^s = c_O^0 \sqrt{\frac{D_O}{D_R}} \sqrt{\frac{t}{\tau}} \quad (0 \leqslant t \leqslant \tau) \quad (9\text{-}45)$$

另外，根据式(9-41) 可得到不同时间的产物浓度分布曲线。其特点如图 9-27 所示，在过渡时间范围内，电极表面上（$x=0$ 处）产物的浓度梯度也是定值。

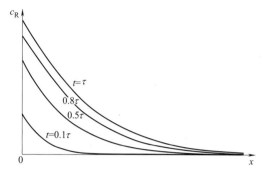

图 9-27　恒电流极化时电极表面液层中产物粒子浓度极化的发展

9.2.2　可逆电极反应的电势-时间曲线

对于可逆电极体系，电极表面上发生的电荷传递过程的平衡基本上未受到破坏，Nernst 方程仍然适用：

$$\varphi = \varphi^{\Theta'} + \frac{RT}{zF} \ln \frac{c_O^s}{c_R^s} \tag{9-46}$$

将式(9-44) 和式(9-45) 代入上式中，可得：

$$\varphi(t) = \varphi^{\Theta'} - \frac{RT}{zF} \ln \sqrt{\frac{D_O}{D_R}} + \frac{RT}{zF} \ln \left(\sqrt{\frac{\tau}{t}} - 1 \right) \tag{9-47}$$

注意到该式右方最后一项在 $t = \tau/4$ 时消失，因此，把相应于 $t = \tau/4$ 的电极电势定义为 1/4 电势，用 $\varphi_{\tau/4}$ 表示。即：

$$\varphi_{\tau/4} = \varphi^{\Theta'} - \frac{RT}{zF} \ln \sqrt{\frac{D_O}{D_R}} \tag{9-48}$$

这样，式(9-47) 可简化为：

$$\varphi(t) = \varphi_{\tau/4} + \frac{RT}{zF} \ln \left(\sqrt{\frac{\tau}{t}} - 1 \right) \tag{9-49}$$

由上式可看出，当 $t=0$ 时，$\varphi \to +\infty$，实际上此时双层充电并未完成，公式并不适用；当 $t=\tau$ 时，$\varphi \to -\infty$，实际上当 t 很接近 τ 时，电极电势就会向负方向急剧变化，直到发生新反应为止。所以此公式的适用范围应为双层充电完成至电势突跃之前的时间段内。电势-时间曲线见图 9-28。

从式(9-48) 可看出，$\varphi_{\tau/4}$ 与电流的阶跃幅值无关，这是可逆电极体系的特征。若假设 $D_O = D_R$，则 $\varphi_{\tau/4} = \varphi^{\Theta'}$，因此 $\varphi_{\tau/4}$ 与稳态极化曲线中的半波电势 $\varphi_{1/2}$ 有相似之处。

从式(9-49) 可知，根据实验测得的电势-时间曲线，用 φ 对 $\lg(\sqrt{\tau/t} - 1)$ 作图，则可

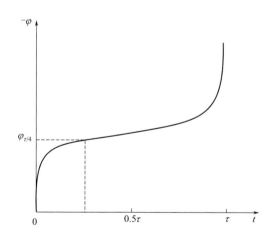

图 9-28　可逆电极体系的理论电势-时间曲线

以得到一条直线。可逆体系的判据是直线斜率为 $2.3RT/(zF)$ ［25℃下为 59/z(mV)］。可逆体系的另一个判据是 $|\varphi_{3\tau/4} - \varphi_{\tau/4}| = [2.3RT/(zF)] \lg(2/\sqrt{3} - 1)$［25℃下为 47.9/z (mV)］。

如果已经判定电极反应为可逆反应，则由 $\varphi\text{-}\lg(\sqrt{\tau/t}-1)$ 直线的斜率能求出得失电子数 z 的数值；由直线的截距能求出 $\varphi_{\tau/4}$，进而能得到 $\varphi^{\ominus}$ 的近似值。

若 c_O^0 较大，而且恒电流较小，则 τ 较大。这就有可能因对流的干扰，使得电极过程在到达 τ 之前已经达到稳态，因而在电势-时间曲线图中就不会出现电势急剧变化的线段。

前面分析的是产物可溶的情况，再来分析另外一种情况。若阴极还原反应产物 R 是不溶的，则恒电流极化下的电极电势满足式(8-31)：

$$\varphi = \varphi^{\ominus'} + \frac{RT}{zF}\ln c_O^s \tag{9-50}$$

此种情况仍可推出式(9-44)，将式(9-44)代入，得：

$$\varphi(t) = \varphi^{\ominus'} + \frac{RT}{zF}\ln c_O^0 + \frac{RT}{zF}\ln\left(1 - \sqrt{\frac{t}{\tau}}\right) \tag{9-51}$$

显然，上式即：

$$\varphi(t) = \varphi_e + \frac{RT}{zF}\ln\left(1 - \sqrt{\frac{t}{\tau}}\right) \tag{9-52}$$

从式(9-52)可知，根据实验测得的电势-时间曲线，用 φ 对 $\lg(1-\sqrt{t/\tau})$ 作图，则可以得到一条直线。可逆体系的判据是直线斜率为 $2.3RT/(zF)$［25℃下为 $59/z(\mathrm{mV})$］。可逆体系的另一个判据是 $|\varphi_{3\tau/4} - \varphi_{\tau/4}| = [2.3RT/(zF)]\lg(2-\sqrt{3})$［25℃下为 $33.8/z(\mathrm{mV})$］。

9.2.3 不可逆电极反应的电势-时间曲线

如果电极反应 $O + ze^- \rightleftharpoons R$ 完全不可逆，即假设电极反应动力学较慢，或阶跃电流幅度比较大，通过恒电流时引起的过电势较大，可以忽略逆反应的影响。则可将式(9-2)括号中第二项略去，将处于非稳态条件下的电流密度与过电势关系表示如下：

$$j = j_0 \frac{c_O^s}{c_O^0}\exp\left(-\frac{\overrightarrow{\alpha}F\Delta\varphi}{RT}\right) \tag{9-53}$$

将式(9-44)代入，得：

$$\eta_c(t) = -\Delta\varphi = \frac{RT}{\overrightarrow{\alpha}F}\ln\frac{j}{j_0} - \frac{RT}{\overrightarrow{\alpha}F}\ln\left(1-\sqrt{\frac{t}{\tau}}\right) \tag{9-54}$$

当 $t=0$ 时，$\eta_c(0) = \dfrac{RT}{\overrightarrow{\alpha}F}\ln\dfrac{j}{j_0}$，注意到这实际上就是不考虑浓度极化、只发生电化学极化时的过电势（见8.5节），将其用 η_e 表示。于是式(9-54)可写为：

$$\eta_c(t) = \eta_e - \frac{RT}{\overrightarrow{\alpha}F}\ln\left(1-\sqrt{\frac{t}{\tau}}\right) \tag{9-55}$$

其电势-时间曲线如图9-29(a)所示。

虽然式(9-55)显示，当 $t=0$ 时，即在接通电解电流的瞬间，电极电势应突变到 η_e，但实际上此时由于双层充电的影响，加之有响应时间，使实际曲线滞后。所以在实验曲线上只表现为初期过电势较快地上升，在双层充电基本结束后实验曲线才和理论曲线重合，如图9-29(b)。

由式(9-55)可以看出，根据实验测得的电势-时间曲线，用双层充电结束后的数据作 η_c-$\ln(1-\sqrt{t/\tau})$ 关系图，可得一条直线。将直线外推至 $t=0$ 处，即可得到该电流下的 η_e。如果用不同幅值的恒电流做电流阶跃实验，并用上述方法逐一求出相应于每一电流值的 η_e 值，就可以得到完全消除了浓度极化影响的电化学极化曲线，于是可以求出电化学步骤的动力学

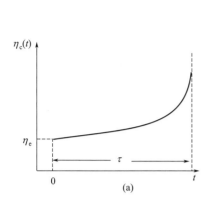
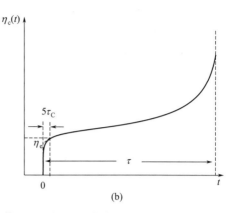

图 9-29　不可逆电极体系的电势-时间曲线

参数（见 7.5.1）。

需要注意的是，测量动力学参数需选用 $5\tau_C < t < \tau$ 时间段内的数据进行外推，但如果过渡时间短到与 $5\tau_C$ 相当，则将受到充电电流的干扰而无法准确外推了。根据式(9-43)，τ 与 j^2 成反比，如果电极反应速率不太快，则选用不太高的电流值即可引起足够大的电化学极化，这种情况下往往 τ 较大，可正确外推；但是，如果电极反应很快，就必须采用较高的电流值才能忽略逆反应，但此时 τ 很小，因而可能无法正确外推。计算及实验表明，上述方法的测量上限约为标准速率常数 $k \leqslant 1\text{cm/s}$。

为了缩短双层充电时间，提出了恒电流双脉冲方法，如图 9-30 所示。在最初采用持续时间很短（一般 $0.5 \sim 1\mu\text{s}$）的大电流脉冲使双层快速充电，使电势达到要求；然后降低电流值来研究电化学反应。当适当地选择两个阶段的脉冲电流时，可以将测量上限提高到 $k \leqslant 10\text{cm/s}$。

对于准可逆过程的电流阶跃，由于其数学处理较复杂，只有在小幅度条件下才具有较简单的形式，因此不再进行讨论。

以上有关暂态扩散过程的讨论都是针对平面电极而言的。然而，在大多数情况下非稳态扩散过程不会持续很久。只要电极尺寸以及表面曲率

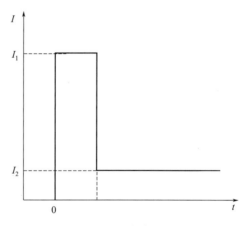

图 9-30　恒电流双脉冲方法电流波形

半径不太小，则不论电极的形状如何，非稳态浓度极化过程往往是局限在厚度比电极表面曲率半径小得多的薄层液体中，因而大都可以近似地当作平面电极上的扩散过程来处理。换言之，本节中的主要结论对大多数电极上的非稳态扩散过程都有不同程度的适用性。

9.2.4　电极反应动力学参数测量方法小结

电极反应动力学参数的测量方法可分为两大类：一类是稳态法，即需要测量相应于每一电极电势的稳态电流值，包括直接测量稳态极化曲线的经典方法（见 6.1.3、7.5.1）和旋转圆盘电极方法（见 8.6.1），测量时间较长；另一类是暂态法，即利用短暂电脉冲或交流电对电极体系进行激发，通过响应信号的分析进行测量，如电势阶跃法（见 9.1 节）、电流阶跃法（见 9.2 节）、循环伏安法、交流阻抗法等，测量时间很短。

在经典稳态极化曲线的测量中，要想得到 Tafel 直线段就要排除浓度极化的干扰，只有电化学反应速率比较慢才能保证浓度极化较小，所以该方法一般测量上限约为标准速率常数 $k \leqslant 10^{-5} \mathrm{cm/s}$。旋转圆盘电极方法采用间接测量的外推法，故可排除浓度极化的影响，如果电极的最大转速为 10000r/min，则测量上限为 $0.1 \sim 1 \mathrm{cm/s}$。对于常规电极，电势阶跃法、电流阶跃法和循环伏安法测量上限约为 $k \leqslant 1 \mathrm{cm/s}$，但是如果采用微电极，则可研究速度更快的电极反应。

与稳态法相比，暂态法有几方面的优点：首先，暂态法有利于研究反应产物能在电极表面上累积或电极表面在反应时不断受到破坏的电极过程（如电沉积、阳极溶解反应等）、有利于研究电极表面的吸脱附过程、有利于研究复杂电极过程，这是因为暂态法测量时间极短，电极表面破坏很小，液相中杂质粒子也来不及影响电极表面；其次，暂态法适于研究快速电极反应，运用现代电子技术将测量时间缩短到几微秒要比制造每分钟旋转几万转的旋转圆盘电极简便得多。

9.3　循环伏安法

控制电势的测量方法除了电势阶跃法外，还可以通过预设程序控制电势随时间以恒定的速度变化，叫作线性电势扫描法。这种方法是在电势扫描过程中测量电流随时间（或电势）的变化，所以也称为伏安法。对于线性电势扫描法，如果扫描速率很快，则属于暂态法，但是如果扫描速率足够慢，则可得到稳态极化曲线。扫描速率的快慢是相对的，并没有一个绝对的数值，而与所测体系有关，比如几十毫伏每秒的扫速，对常规电极而言是暂态过程，对微电极则可能是稳态过程（微电极的响应时间很短，极短时间内就能达到稳态）。

在暂态电势扫描方法中，应用最广泛的就是循环伏安法（cyclic voltammetry，CV）。该法控制电极电势以不同的速率随时间以三角波形一次或多次来回扫描，并记录电流-电势曲线。根据循环伏安曲线可以观察整个电势扫描范围内可能发生哪些电极反应及其氧化还原电势，可以判断电极反应的可逆性程度，判断中间体、相界吸脱附或新相形成的可能性，判断反应机理；另外，在电化学分析中还可以通过 CV 曲线对特定的分子、离子进行定性或定量分析，灵敏度非常高，检测限可达到 $10^{-6} \mathrm{mol/L}$ 的数量级。

循环伏安法的基本实验系统和图 9-1 所示系统一样。循环伏安法施加到工作电极上的电势波形如图 9-31（a）所示，典型的循环伏安曲线如图 9-31（b）所示。

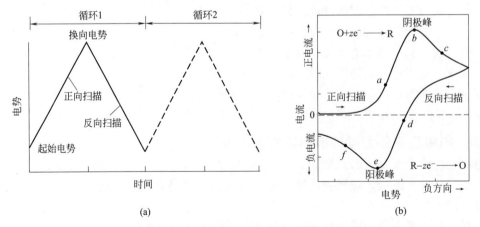

图 9-31　循环伏安法的电势信号（a）及典型的电流响应曲线（b）

循环伏安法实验控制的变量有：扫描电势区间、起始扫描方向、电势扫描速率以及扫描循环次数。此外，还可改变其他实验条件，如反应物浓度、电极材料、pH 值和温度等，以获取更多的补充信息。除非有特殊原因，一般起始电势应选择在反应电流密度为零的区间内（这一点可以通过进行几个初步的循环伏安实验来确定），以便实验开始时反应组分在电极表面液层中浓度均匀分布。研究氧化反应时电势应先向正方向扫描，研究还原反应时电势应先向负方向扫描。电势扫描速率一般在 $10\sim1000\text{mV/s}$ 之间。若采取一些措施排除欧姆压降和充电电流两个因素的干扰，则可将扫描速率提高到 100V/s 以上（在微电极上，最快的扫描纪录达到 10^{6}V/s）。对一些特殊的体系，比如在锂离子电池体系中，由于锂离子在电极材料中的扩散属于固相扩散，扩散系数非常小，扩散速率非常缓慢，则要采取比较慢的扫描速率，通常在 1mV/s 以下。

9.3.1 扫描过程中的浓度分布曲线变化

循环伏安曲线上电流峰的出现，与暂态扩散过程紧密相关。在此，仍然考虑简单的电子转移反应 $O+ze^{-}\rightleftharpoons R$。使用平面电极，半无限线性扩散，不搅拌溶液。假设 O、R 均可溶，实验前溶液中只有 O 存在，没有 R 存在。现在让电极电势从开路电势往负方向扫描，发生阴极极化，到达换向电势后回扫至起始电势结束，所得典型循环伏安曲线如图 9-31（b）所示。图中标出了 $a\sim f$ 六个点，图 9-32 给出了这六个点所对应的电极表面液层中 O 与 R 的浓度分布曲线示意图。

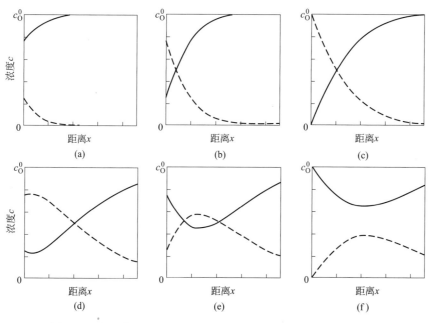

图 9-32　循环伏安扫描过程中电极表面粒子浓度分布曲线示意图
(a)～(f) 分别对应图 9-31（b）中的 $a\sim f$ 点，实线对应 O，虚线对应 R

下面对图 9-32 分析。因为起始电势是开路电势，没有电流通过，所以电极表面 O 和 R 的浓度分别等于各自的本体溶液浓度 c_{O}^{0} 和 0。随着电势的负向扫描，到达 O/R 电对的氧化还原电势时，会发生 O 的还原反应（$O+ze^{-}\longrightarrow R$），开始出现还原电流，随着极化增大，电极表面的 O 粒子浓度逐渐减小，R 粒子浓度逐渐升高，扩散层厚度逐渐增大，所以 a 点浓度分布如图 9-32（a）所示。此时任一瞬间的反应电流可用下式表示：

$$j(t) = zFD_O \frac{c_O^0 - c_O^s(t)}{\delta(t)_{\text{有效}}} \tag{9-56}$$

式中，$c_O^0 - c_O^s(t)$ 随着时间逐渐增大，$\delta(t)_{\text{有效}}$ 也随着时间逐渐增大，开始时 $c_O^0 - c_O^s(t)$ 比 $\delta(t)_{\text{有效}}$ 变化更快，所以电流密度急剧升高，到 b 点的时候，二者的比值达到一个极大值，这就是还原电流峰的出现，此时浓度分布如图 9-32（b）所示。随着反应继续进行，$c_O^0 - c_O^s(t)$ 增长速度减慢，$\delta(t)_{\text{有效}}$ 增长速度加快，所以电流开始下降，在 c 点的时候，O 粒子达到完全浓度极化，$c_O^s = 0$，如图 9-32（c）所示。此后 $c_O^0 - c_O^s(t) = c_O^0$，不再变化，而 $\delta(t)_{\text{有效}}$ 还在不断增加，因而电流仍会继续衰减，如果负扫时间足够长的话，$\delta(t)_{\text{有效}}$ 会逐渐变厚直到达到稳态扩散层有效厚度，则最终将会达到稳态极限电流密度。

在换向电势处把电势的扫描方向往正电势方向回扫时，此时电势仍然处于发生净还原反应的电势，即绝对电流密度 $\vec{j} > \overleftarrow{j}$，$j > 0$，但是由于电势往正方向变化，所以 $\vec{j}$ 逐渐减小、$\overleftarrow{j}$ 逐渐增大，当回扫到一定程度时，变为 $\vec{j} < \overleftarrow{j}$，此时开始发生净的氧化反应（R$-ze^- \longrightarrow$ O），$j < 0$，R 变成了反应物，O 变成了产物，所以电极表面的 R 粒子浓度开始减小，O 粒子浓度开始升高，出现了反方向浓度梯度的新扩散层，d 点反映的正是这种情况，见图 9-32（d），但是因为扩散层往溶液内部延伸是一个逐渐变化的过程，所以浓度分布曲线在离表面较远处仍维持原浓度梯度方向。随后的变化情况与还原过程类似，在 e 点出现氧化电流峰，然后电流下降，在 f 点 R 粒子表面浓度降为 0，然后电流继续衰减，但是一般来说回扫到起始电势处 R 粒子不会完全消耗光，所以在此处电流并不为 0。如果此时开始第二次循环，则因为初始的 O 和 R 浓度与第一次扫描时不同，所以第二次扫描得到的曲线以第一次扫描并不重合，还原峰值电流略有下降，如图 9-33 所示。

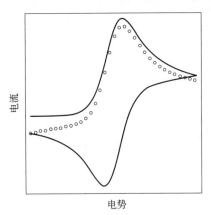

图 9-33　第二次循环（∘）与首次循环伏安曲线对比

9.3.2　可逆体系的循环伏安曲线

由于线性扫描时电势连续变化，所以双电层充电电流总是存在，因此响应电流是双层充电电流与电化学反应电流之和。当电极表面上不存在表面活性物质的吸脱附，并且进行小幅度电势扫描时，双层充电电流基本保持不变。在很多大幅度电势扫描的情况下，也经常近似地认为双层充电电流保持不变。

对于上节所述的简单的电子转移反应 O$+ze^- \rightleftharpoons$R，从理论上研究其响应规律仍然是求解 Fick 第二定律：

$$\frac{\partial c_O(x,t)}{\partial t} = D_O \frac{\partial^2 c_O(x,t)}{\partial x^2} \tag{9-57}$$

$$\frac{\partial c_R(x,t)}{\partial t} = D_R \frac{\partial^2 c_R(x,t)}{\partial x^2} \tag{9-58}$$

以阴极极化为例，假设扫描前溶液中只有反应物 O 存在，没有产物 R 存在，根据 9.1.6，其初始条件、半无限线性扩散条件、流量平衡条件为：

① 初始条件：$c_O(x,0) = c_O^0, c_R(x,0) = c_R^0 = 0$

② 边界条件 1：$c_O(\infty,t)=c_O^0,\ c_R(\infty,t)=c_R^0=0$

③ 边界条件 2：$D_O\left[\dfrac{\partial c_O(x,t)}{\partial x}\right]_{x=0}+D_R\left[\dfrac{\partial c_R(x,t)}{\partial x}\right]_{x=0}=0$

对于可逆、准可逆和不可逆电极过程，上述初始条件和边界条件都是一样的，关键是第三个边界条件不同。

对于可逆电极体系，电极表面上发生的电荷传递过程的平衡基本上未受到破坏，Nernst 方程仍然适用：

$$\varphi(t)=\varphi^{\Theta'}+\frac{RT}{zF}\ln\frac{c_O(0,t)}{c_R(0,t)} \tag{9-59}$$

设扫描起始电势为 φ_i(V)，以扫速 v(V/s) 负方向扫描，则

$$\varphi(t)=\varphi_i-vt \tag{9-60}$$

代入式(9-59) 就可得到第三个边界条件：

④ 边界条件 3：$\dfrac{c_O(0,t)}{c_R(0,t)}=\exp\left[\dfrac{zF}{RT}(\varphi_i-vt-\varphi^{\Theta'})\right]$

根据上述四个条件，可求解 Fick 第二定律，求解过程比较复杂，最终可通过数值方法得到如下结果：

$$j=zFc_O^0\left(\frac{zFD_O}{RT}\right)^{1/2}v^{1/2}f\left[z(\varphi-\varphi_{1/2})\right]=\text{const}\times f\left[z(\varphi-\varphi_{1/2})\right] \tag{9-61}$$

式中半波电势 $\varphi_{1/2}$ 为：

$$\varphi_{1/2}=\varphi^{\Theta'}+\frac{RT}{zF}\ln\left(\frac{D_O}{D_R}\right)^{1/2} \tag{9-62}$$

在 D_O 和 D_R 相近时，$\varphi_{1/2}\approx\varphi^{\Theta'}$。

其中 $f\left[z(\varphi-\varphi_{1/2})\right]$ 是一个以 $\left[z(\varphi-\varphi_{1/2})\right]$ 为变量的函数，当 $\left[z(\varphi-\varphi_{1/2})\right]=-\dfrac{1.11RT}{F}$ 时，此函数达到极大值，此时的电势对应着伏安曲线上的还原峰值电势 $\varphi_{p,c}$。当 $T=298\text{K}$ 时

$$\varphi_{p,c}=\varphi_{1/2}-\frac{28.5}{z}\text{mV} \tag{9-63}$$

当 $T=298\text{K}$ 时，对应的还原峰值电流密度 $j_{p,c}$ 为：

$$j_{p,c}=(2.69\times10^5)z^{3/2}D_O^{1/2}c_O^0v^{1/2} \tag{9-64}$$

由此可见，峰值电势与扫速无关，峰值电流与 $v^{1/2}$ 成正比，即扫速越大，峰值电流越大。

如果正向扫描时间足够长，理论上可使 O 全部变成 R，则反向扫描时 R 的初始浓度与原来 O 的初始浓度相同，于是回扫得到的曲线与正扫曲线规律相同（如图 9-34 中曲线 2），可得到回扫时的氧化峰值电势 $\varphi_{p,a}$：

$$\varphi_{p,a}=\varphi_{1/2}+\frac{28.5}{z}\text{mV} \tag{9-65}$$

对应的氧化峰值电流密度 $j_{p,a}$ 与还原峰值电流密度大小相等，即

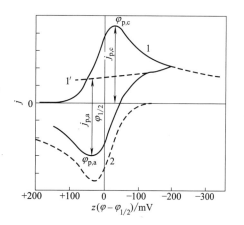

图 9-34 可逆体系的循环伏安曲线

$$|j_{p,a}| = |j_{p,c}| \tag{9-66}$$

显然,阴极峰电势和阳极峰电势的理论差值为:

$$\Delta\varphi_p = \varphi_{p,a} - \varphi_{p,c} = \frac{57}{z}\text{mV} \tag{9-67}$$

但在实际测量中,由于正向扫描时间不可能无限长,所以回扫时 O 并没有全部变成 R (如图 9-34 中曲线 1),所以 $\Delta\varphi_p$ 要大于 $\frac{57}{z}$mV,根据换向电势距离峰电势的差值不同,理论计算结果通常在 $\frac{58}{z} \sim \frac{59}{z}$mV 范围内,但在实际测量中,由于溶液电阻的欧姆压降及数据的电学修正处理所产生的偏差,可逆反应观察到的 $\Delta\varphi_p$ 常为 $\frac{60}{z} \sim \frac{70}{z}$mV。在反向扫描时,曲线 1 的阴极电流尚未衰减到零,因此测定 $j_{p,a}$ 时就不能以零电流作为基准来求算,而应以阴极电流继续衰减曲线为基线,因此可在图上画出阴极电流衰减曲线的延长线,并用其对称曲线(曲线 1′)作为求算 $j_{p,a}$ 的电流基线,如图 9-34 所示。在实际的循环伏安曲线中,法拉第电流是叠加在近似为常数的双电层充电电流上的,通常可以双层充电电流为基线对 $j_{p,c}$ 和 $j_{p,a}$ 进行相应的校正。

9.3.3 准可逆和不可逆体系的循环伏安曲线

对于完全不可逆体系,通过求解 Fick 第二定律,可得知峰值电流仍然与 $v^{1/2}$ 成正比,但是不可逆过程的峰电流密度要低于可逆过程,峰形变得更为平坦。此外,峰值电势不再是与扫速无关的常数,φ_p 也是 v 的函数,表现为 $\varphi_{p,c}$ 随扫速增加而负移,$\varphi_{p,a}$ 随扫速增加而正移,因此,氧化峰和还原峰会分得更开并变得更平坦,即 $\Delta\varphi_p$ 随着扫速增大而增大。图 9-35 给出了可逆体系和不可逆体系的峰值电势与峰值电流随扫速的变化关系对比。

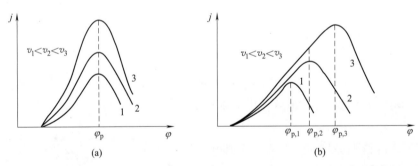

图 9-35 可逆体系(a)和不可逆体系(b)的峰值电势与峰值电流随扫速的变化关系

准可逆体系伏安曲线的形状及其电流峰的参数取决于传递系数和参数 Λ。当 $D_O = D_R = D$ 时,定义参数 Λ 为:

$$\Lambda = k\sqrt{\frac{RT}{zFDv}} \tag{9-68}$$

式中,k 是标准速率常数;v 是扫描速率。

当扩散系数为 $D = 1 \times 10^{-5}$ cm^2/s,$T = 298$K 时,电极体系的可逆性可由标准速率常数 k(cm/s)与扫描速率 v(V/s)之间的关系来大致判断,判断基准如下。

可逆体系:$k > 0.3\sqrt{v}$(或 $\Lambda \geqslant 15$)

准可逆体系：$0.00002\sqrt{v}<k<0.3\sqrt{v}$（或 $0.001<\Lambda<15$）

不可逆体系：$k<0.00002\sqrt{v}$（或 $\Lambda\leqslant0.001$）

准可逆体系伏安曲线的峰值电流 j_p、峰值电势和半波电势的差值 $|\varphi_p-\varphi_{1/2}|$ 均介于可逆体系和完全不可逆体系的相应数值之间。准可逆体系的氧化峰值电流密度 $j_{p,a}$ 与还原峰值电流密度大小不再相等，即 $|j_{p,a}|\neq|j_{p,c}|$。准可逆和不可逆体系的 $\Delta\varphi_p$ 均比可逆体系的大，即 $\Delta\varphi_p>\dfrac{59}{z}\mathrm{mV}$（$T=298\mathrm{K}$），且不可逆程度越大 $\Delta\varphi_p$ 越大。图 9-36 给出了准可逆和不可逆体系循环伏安曲线的对比。

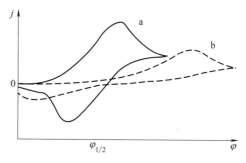

图 9-36　准可逆（a）和不可逆（b）体系的循环伏安曲线

在循环伏安曲线中，$\Delta\varphi_p$ 值以及 $\Delta\varphi_p$ 随扫描速率 v 的变化特征是判断电极反应不可逆程度的重要判据。如果 $\Delta\varphi_p\approx\dfrac{59}{z}\mathrm{mV}$（$T=298\mathrm{K}$），且不随 v 变化，说明反应可逆；如果 $\Delta\varphi_p>\dfrac{59}{z}\mathrm{mV}$，且随 v 增大而增大，则为准可逆和不可逆反应，且 $\Delta\varphi_p$ 越大，反应的不可逆程度就越大。

扫描速率的大小对循环伏安曲线影响很大。计算表明，双电层充电电流随着扫描速率 v 的增大而线性增大，而电化学反应电流则是随着 $v^{1/2}$ 线性增大。所以，当扫描速率增大时，双层充电电流比反应电流增大得更多，双层电流在总电流中所占的比例增加，对电流测量的影响增大。因此，在 CV 测试中采用较低的扫速可以减小双层电容电流的影响，一般扫速不超过 $1\mathrm{V/s}$ 时影响不是很大。在比较精细的电化学分析测试中，还可以首先对空白溶液进行 CV 测试，然后再对试样进行测试，从试样 CV 减去空白 CV，由此进行电容电流的校准。另外，对于准可逆和不可逆体系，扫速越大，氧化峰和还原峰漂移越大，不利于 O/R 电对标准电势的判断，因此，在 CV 测试中采用较低的扫速可以更好地观测到对称性较好的氧化峰和还原峰。但是，扫速太低会变成稳态极化曲线，因此要根据实际情况来确定最佳扫速。

参考视频
循环伏安法
演示实验

9.3.4　吸脱附体系的循环伏安曲线

当所研究的电极反应涉及表面吸附层的氧化/还原时，循环伏安曲线将具有完全不同的形状，这是由于反应物或电极表面活性位点有限引起的。

当电势扫描至接近反应的形式电势时，电流密度也将急剧上升，但当反应发生后，有限数量的反应物将被逐渐消耗（或表面活性位点被逐渐占据），故电流密度必定经过一个峰值，然后由于所有反应粒子组分消耗殆尽而衰减至零。因此，吸脱附体系的电流峰比普通电极反应更加对称，而且在电流峰两端的电流密度都为零。对于一个限于单层吸附的反应，其电荷密度大致在 $100\sim200\mu\mathrm{C/cm^2}$ 的范围内。此外，电荷密度将仅由反应组分的数量决定，而与扫描速度无关，但是峰电流密度与扫描速度成正比。

对于可逆吸脱附反应，循环伏安曲线的形状如图 9-37 中曲线 a 所示，其显著的特征是峰形上下完全对称、氧化峰和还原峰出现在同一电势处（$\Delta\varphi_p=0$）、氧化峰和还原峰的峰值

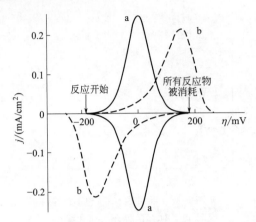

图 9-37　吸脱附体系的循环伏安曲线

a—可逆体系；b—准可逆或不可逆体系

电流密度相等（$|j_{p,a}| = |j_{p,c}|$）、氧化峰和还原峰的峰面积相等（电量平衡）以及峰值电流与扫描速率 v 成正比。因此，这类过程在伏安图中很容易辨认。

对于准可逆和不可逆吸脱附反应，则需要一定过电势来驱动氧化反应和还原反应发生，因此氧化峰和还原峰将变宽，峰距加大，$\Delta\varphi_p \neq 0$，但其他的特征仍保持不变，如图 9-37 中曲线 b 所示。

需要注意的是，图 9-37 是所有反应产物都保留在电极表面进行逆反应时所得的 CV 曲线。如果产物继续发生化学反应或溶于电解液中，则反向扫描峰的形状和高度都将发生改变，不能观察到电量平衡。

9.3.5　双层电容与溶液电阻对 CV 曲线的影响

计算表明，在以恒定扫速进行电势扫描时，随着极化开始，出现双层充电电流，从 $t = 0$ 到 $t = 5\tau_C$（τ_C 是时间常数），双层充电电流从 0 逐渐上升达到一个稳定值 vC_d，然后保持此充电电流不变。即扫描过程中有一个稳定的双层充电电流密度 $j_C = vC_d$（A/m²），其中 v 是扫描速度（V/s），C_d 是双层电容（F/m²）。

如果所加电势是一个三角波（即循环伏安法），在换向电势处，线性电势扫描速度从 v 变到 $-v$，那么稳态双层充电电流将由正向扫描的 vC_d 变化到逆向扫描的 $-vC_d$。图 9-38 显示了 CV 扫描过程中双层电流的变化曲线。试验中测量的 CV 曲线是电化学反应体系的法拉第电流（反应的真实 CV 曲线）和双层充电电流的叠加。因为双电层充电电流与扫描速度成正比，所以，CV 测试中应当在实验允许的条件下尽量在低扫描速度下进行，以减小双电层电容的干扰。

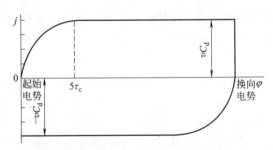

图 9-38　CV 扫描时的双层充电电流曲线（在此假设了界面双层电容为常数，与电极电势无关）

如果未补偿电阻 R_u（包括溶液电阻和电路电阻等）比较大，则会严重影响 CV 的测量，由于 IR_u 造成的欧姆压降导致此时施加到工作电极上的电势比真实电势降低，且不再是随时间呈线性的关系。在欧姆压降的影响下，电流峰会变得更平坦，并且峰电势会向电势扫描的方向移动。

9.4　电化学阻抗谱

前几节介绍的电势阶跃法、电流阶跃法和循环伏安法，都是应用大幅度电势或电流扰动信号，浓度极化不可忽略，采用方程解析的方法，通过求解 Fick 第二定律来进行研究。除此以外，在暂态测量方法中，还有一类是应用小幅度扰动信号，一定条件下浓度极化可以忽略，电极处于电荷传递过程控制，可采用等效电路的方法来进行研究，最典型的就是电化学阻抗谱（electrochemical impedance spectroscopy，EIS）方法。

　　在基准电势（一般选择开路电势，也可以根据需要选择某一直流极化电势）基础上，对电极施以一定频率的小振幅正弦波电势信号，测量电极系统的阻抗随正弦波频率的变化，进而分析电极过程动力学信息和电极界面结构信息的方法就是电化学阻抗谱方法。此方法在早期的电化学文献中也称为交流阻抗法。

　　EIS测量的基本实验系统和图9-1所示系统一样。EIS方法施加到工作电极上的电势波形如图9-39（a）所示，典型的EIS曲线如图9-39（b）所示。

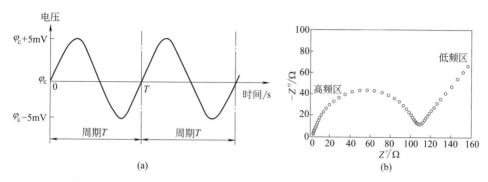

图9-39　在开路电势基础上施加振幅为5mV的正弦波电势信号（a）和
典型的电化学阻抗谱曲线（Nyquist图）示例（b）（图中每一个点代表某一频率下测得的阻抗）

　　在进行电化学阻抗谱测试时，基准电势一般选择开路电势以保持体系稳定。在施加极化信号时，正弦波电势的振幅应限制在10mV以下（一般采用5mV），相当于对研究电极不断进行交替的阴阳极极化，且过电势小于10mV，在这种极化条件下，电化学极化电流与电势满足线性关系（见7.3.3），电荷传递过程可等效成一个电阻（R_{ct}），而且双层微分电容（C_d）也可认为在这个小幅度电势范围内保持不变，因此整体电极过程可用等效电路来模拟，可通过电工学方法来研究电极体系的电阻、电容等参数，进而研究反应机理。

　　阻抗谱要在一个非常宽的频率范围进行测量（最宽可达 $10^{-5} \sim 10^6$ Hz，常用 $10^{-3} \sim 10^5$ Hz），从高频到低频选择不同的频率进行阻抗测量，据此绘制该频率范围内的阻抗谱图，如阻抗复平面图、导纳复平面图、阻抗 Bode 图等，其中最常用的是阻抗复平面图。阻抗复平面图是以阻抗的实部为横轴，以阻抗的虚部为纵轴绘制的曲线，也叫 Nyquist 图。本节将重点介绍 Nyquist 图的原理与解析。

9.4.1　电工学基础知识

　　一个正弦交流电压信号如图9-40（a）所示。正弦量变化一次所需的时间（s）称为周期 T，每秒内变化的次数（Hz）称为频率 f。正弦量变化的快慢还可用角频率 ω 来表示：

$$\omega = \frac{2\pi}{T} = 2\pi f \tag{9-69}$$

式中，ω 的单位是 rad/s。

　　一个正弦量可以用旋转的有向线段表示，如图9-40（b）所示。而有向线段可以用复数表示，因此正弦量可以用复数来表示。把正弦量用复数表示，可以把繁琐的三角函数运算转变成代数运算，大大简化了交流电路分析。由复数知识可知，虚数单位 j 为90°旋转因子，任意一个相量乘上 +j，即向前旋转了90°；乘上 −j，即向后旋转了90°。

　　交流阻抗是一个电工学概念。在具有电阻、电容和电感的电路里，它们对交流电流所起的阻碍作用就叫交流阻抗，常用 Z 表示，它是一个复数：

$$Z = Z' + jZ'' \tag{9-70}$$

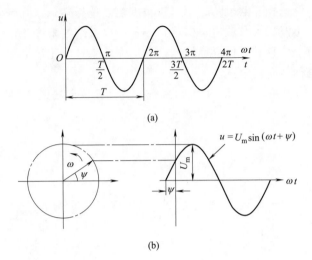

图 9-40 正弦交流电压信号（a）及其向量表示（b）

式中，Z' 为阻抗的实部；Z'' 为阻抗的虚部；j 为虚数单位，$j=\sqrt{-1}$。复数阻抗的实部为"阻"，虚部为"抗"。

通过电工学知识可知，对于电阻元件，其阻抗只有实部，就是电阻 R：

$$Z_R = R \tag{9-71}$$

电阻的单位是 Ω。

对于电容元件，其阻抗只有虚部，由电容 C 决定：

$$Z_C = -j\frac{1}{2\pi fC} = -j\frac{1}{\omega C} = \frac{1}{j\omega C} \tag{9-72}$$

式中，$\frac{1}{\omega C}$ 称为电容的容抗，Ω。

对于电感元件，其阻抗也只有虚部，由电感 L 决定：

$$Z_L = j2\pi fL = j\omega L \tag{9-73}$$

式中，ωL 称为电感的感抗，Ω。

在交流电路中，阻抗的连接形式最常见的就是串联和并联。当电路中有多个元件串联时，总的阻抗等于各串联元件的阻抗之和。例如一个电阻 R 和一个电容 C 串联时，总阻抗为：

$$Z = Z_R + Z_C = R - j\frac{1}{\omega C} \tag{9-74}$$

当电路中有多个元件并联时，总阻抗的倒数等于各并联阻抗的倒数之和。例如一个电阻 R 和一个电容 C 并联时，总阻抗的倒数为：

$$\frac{1}{Z} = \frac{1}{Z_R} + \frac{1}{Z_C} = \frac{1}{R} + j\omega C \tag{9-75}$$

故总阻抗为：

$$Z = \frac{R}{1+j\omega RC} = \frac{R}{1+(\omega RC)^2} - j\frac{\omega R^2 C}{1+(\omega RC)^2} \tag{9-76}$$

9.4.2 阻抗复平面图

任何一个复数都可以用复平面上的一个点来表示。所谓复平面，就是它的横坐标是实数轴，以实数 1 为标度单位，它的纵坐标为虚数轴，以虚数单位 j 为标度单位。复数阻抗 $Z'+jZ''$ 和 $Z'-jZ''$ 在复平面上对应的点如图 9-41 所示。

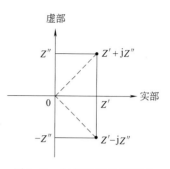

图 9-41　复数阻抗在复平面图上的对应点

在电化学阻抗谱的数据解析中，需要把不同频率下测得的阻抗点放在同一个复平面图上观察，这就是阻抗复平面图（Nyquist 图）。在电化学等效电路中，主要电路元件是电阻（R）和电容（C），由 RC 串联或并联电路的总阻抗式（9-74）和式（9-76）都是 $Z'-jZ''$ 的形式，对应的点应该在复平面图的第四象限，但为了方便观察阻抗谱，通常把 Nyquist 图的虚轴的负方向朝上，这样就可以把 $Z'-jZ''$ 对应的点画到第一象限。

对于电阻元件，它的阻抗就是电阻 R，与电压信号频率无关，在 Nyquist 图中表现为实轴上的一个点。对于电容元件，如式（9-72），它的阻抗只有虚部 $-\dfrac{1}{\omega C}$，所以某一频率下的电容阻抗在 Nyquist 图中表现为虚轴上的一个点，又因为它的阻抗随电压频率变化，所以不同频率下的点连起来就是一条与虚轴负半轴重合的射线。

对于 RC 串联电路，如式（9-74），它的阻抗实部是电阻 R，虚部是容抗 $-\dfrac{1}{\omega C}$，所以其 Nyquist 图为一条与实轴相交于 R 而与虚轴负半轴平行的射线，如图 9-42（a）所示。

对于 RC 并联电路，如式（9-76），它的阻抗实部 $Z'=\dfrac{R}{1+(\omega RC)^2}$，虚部 $Z''=-\dfrac{\omega R^2 C}{1+(\omega RC)^2}$，通过数学推导可得出 Z' 和 Z'' 之间有如下关系：

$$\left(Z'-\frac{R}{2}\right)^2+Z''^2=\left(\frac{R}{2}\right)^2 \tag{9-77}$$

式（9-77）代表一个圆心为 $\left(\dfrac{R}{2},\ 0\right)$，半径为 $\dfrac{R}{2}$ 的圆方程。由于实部 $Z'>0$，虚部 $Z''<0$，所以其 Nyquist 图为一个位于第一象限的半圆，如图 9-42（b）所示。根据图中半圆与实轴的交点可以直接读出电阻 R 的数值。

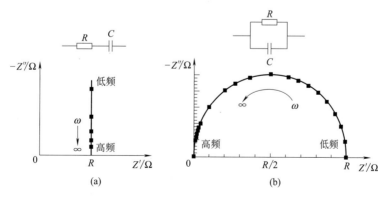

图 9-42　RC 串联电路（a）与 RC 并联电路（b）的 Nyquist 图

9.4.3 电化学体系的等效电路与阻抗谱

如果能用一系列的电学元件来构成一个电路，它的阻抗谱同测得的电化学阻抗谱一样，那么就称这个电路为电化学体系的等效电路，而所用的电学元件就叫作等效元件。

在三电极测量体系中，电极体系的基本等效电路如图 9-43（a）所示，图中 A 端代表研究电极，B 端代表参比电极，R_L 代表工作电极与参比电极鲁金毛细管口之间的溶液电阻（如果工作电极自身的电阻不可忽略，则为未补偿电阻 R_u），R_{ct} 代表电荷传递电阻（反映电化学极化），C_d 代表电极界面双层微分电容，Z_W 代表 Warburg 半无限扩散阻抗（反映浓度极化）。此等效电路可通过以下分析得出。如 6.1.2 所述，如果不考虑扩散过程，R_{ct} 和 C_d 之间是并联关系，R_L 与之串联。扩散传质和电荷传递是电极过程中接续进行的两个基本单元步骤，两个步骤进行的速度是相同的，因此，R_{ct} 和 Z_W 之间是串联关系。因为界面极化过电势由浓度极化过电势和电化学极化过电势两部分组成，也就是说，Z_W 两端电压与 R_{ct} 两端电压之和为总电压。很明显，总电压是通过改变双电层荷电状态建立起来的，就等于双层电容 C_d 两端的电压。因此，三个元件之间的关系是：R_{ct} 和 Z_W 串联，然后整体与 C_d 并联。

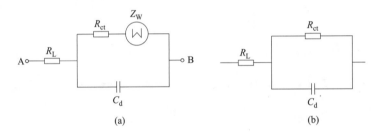

图 9-43　电极体系的基本等效电路（a）及其在高频区的简化（b）

这个等效电路的总阻抗比较复杂，下面把它在高频区和低频区分别简化来进行讨论。

（1）高频区。当正弦波频率足够高时，在电极上交替进行的阴极过程与阳极过程每半周期持续时间都很短，不会引起明显的浓度极化及表面状态变化，也不会引起表面浓度变化的积累性发展。在此情况下，浓度极化可以忽略，电极过程由电荷传递过程控制，因此可忽略扩散阻抗 Z_W，等效电路简化为图 9-43(b)。此时的阻抗就是在 $R_{ct}C_d$ 并联电路阻抗的基础上加上一个电阻 R_L，所以其 Nyquist 图仍然是一个半圆，只不过此半圆在实轴上的起点由 0 变为了 R_L，如图 9-44 所示。该图的特点非常明显，可以方便地从图中半圆起点直接读出 R_L 的值，从半圆直径直接读出 R_{ct} 的值。

（2）低频区。当正弦波频率很低时，每半周期持续的时间就很长，这时候相当于进行长时间的阴极极化或者阳极极化，就会引起明显的表面浓度变化，从而造成较大的浓度极化。因此在低频区域，电极过程由扩散步骤控制，整体阻抗表现为扩散阻抗 Z_W 的阻抗特征，研究表明，它是一条斜率为 1（即倾斜角度为 45°）的直线。

在实际测量中，要测量从高频逐渐过渡到低频的不同频率下的阻抗，所以实际的 Nyquist 图结合了上述两种极限情况的特点：高频区出现电荷传递过程控制的特征阻抗半圆，低频区出现扩散控制的特征 45°角直线，如图 9-45 所示。在此图中，可分别按照半圆和直线的分析方法，得到等效电路的元件参数的数值及动力学信息，也就是可直接通过高频区阻抗半圆的起点和半径读出 R_L 和 R_{ct} 的值，然后可通过对低频区直线的分析估算扩散系数。

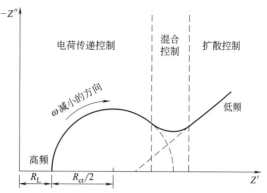

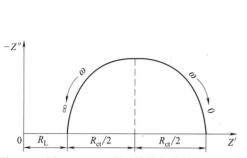

图 9-44 图 9-43（b）所示等效电路的 Nyquist 图

图 9-45 图 9-43（a）所示等效电路的 Nyquist 图

对于低频区的扩散阻抗，只有满足平面电极的半无限扩散条件才会出现45°角的直线，如果不满足此条件，则低频区的阻抗谱会出现不同情况的变形。比如对于球电极的半无限扩散，其低频区首先会出现一条小于45°角的斜线，当频率继续降低时，此斜线开始向下弯曲，最后会逐渐下弯直至与实轴相交，形成一个扁的半圆弧，如图 9-46 所示。再比如，如果在离电极表面距离为 l 处有一个壁垒阻挡扩散的物质流入，于是扩散过程只能在厚度为 l 的溶液层中进行，这种扩散过程称为阻挡层扩散。对于平面电极的阻挡层扩散，其低频区首先会出现一条45°角的直线，然后此直线会急剧上翘接近垂直，如图 9-47(a) 所示。对于球电极的阻挡层扩散，其低频区首先会出现一条小于45°角的末端略微弯曲的斜线，然后此斜线会急剧上翘，如图 9-47(b) 所示。另外，对于表面很粗糙的平面电极，其扩散过程可能会部分地相当于球面扩散，在低频区就会出现部分球面扩散的阻抗特征。总之，低频区扩散阻抗的图谱经常会比较复杂，需要结合实际情况具体分析。

参考视频
典型电化学
体系的电化学
阻抗谱测量

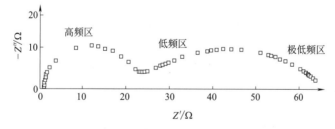

图 9-46 球电极的半无限扩散 Nyquist 图示例

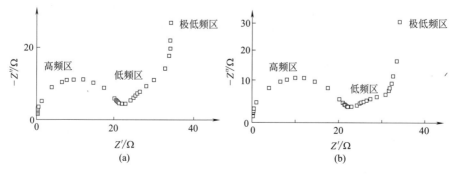

图 9-47 平面电极（a）和球电极（b）的阻挡层扩散 Nyquist 图示例

此外，有时交流阻抗实验是在两电极体系（如微电极体系或锂离子纽扣电池体系）中进行的，极化电压施加在整个电解池两端，因此整个电解池体系的等效电路要包括研究电极和辅助电极两部分，如图 9-48(a) 所示，图中 A 端代表研究电极，B 端代表辅助电极，R_s 代表研究电极和辅助电极之间的溶液欧姆电阻（如果研究电极和辅助电极自身的电阻不可忽略，则为未补偿电阻 R_u），R_{ct1} 和 R_{ct2} 分别代表研究电极和辅助电极的电荷传递电阻，C_{d1} 和 C_{d2} 分别代表研究电极和辅助电极的界面双层电容（F），Z_{W1} 和 Z_{W2} 分别代表研究电极和辅助电极的 Warburg 扩散阻抗。

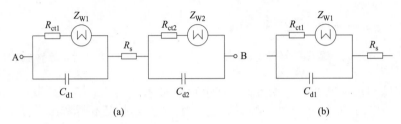

图 9-48　两电极体系的基本等效电路（a）及其在辅助电极阻抗可忽略时的简化（b）

若辅助电极面积很大，远大于研究电极，则 C_{d2} 远远大于 C_{d1}，由于容抗 $\left(\dfrac{1}{\omega C}\right)$ 和电容量成反比，因此辅助电极的容抗很小，C_{d2} 支路相当于短路状态，因而辅助电极的阻抗可以忽略，等效电路可进一步简化为如图 9-48（b）所示，这样研究电极的阻抗部分就被孤立出来了。可以看出，图 9-48(b) 和图 9-43（a）中的等效电路具有完全相同的结构，所以此时两电极体系的阻抗谱就和三电极体系的特点一致了。

如果辅助电极的阻抗不能忽略，则 Nyquist 图的高中频区会出现两个连续的半圆，两个半圆的直径分别是 R_{ct1} 和 R_{ct2}。至于哪个半圆对应 R_{ct1}，哪个半圆对应 R_{ct2}，则要根据相应的电容拟合数值和体系实际情况来综合解析判断。

9.4.4　阻抗谱的半圆旋转现象与常相位元件

理想的阻抗模型都是基于如下假设：电极表面为均匀的活性表面，并且在表面上每一个反应都具有单一的时间常数。然而，对于实际电化学体系，通常上述假设并不能得到很好的满足，电流、电势在电极表面不能均匀分布，因此经常观察到时间常数的弥散效应。引起电流、电势在电极表面不均匀分布的因素很多，比如多晶电极上的晶粒边界、晶面变化引起的二维表面不均匀性，或者多孔、粗糙的电极表面引起的三维表面不均匀性，等等。

时间常数的弥散效应导致双层电容的频响特性与"纯电容"并不一致，有或大或小的偏离，进而导致了阻抗半圆的旋转现象，即测出的阻抗曲线或多或少地偏离了半圆的轨迹，而表现为一段实轴以上的圆弧。在等效电路中，一般要使用常相位角元件（constant phase element，CPE）来代替纯电容元件，才能对旋转的半圆取得较好的拟合效果。

CPE 元件常用符号 Q 来表示，其阻抗为：

$$Z_Q = \frac{1}{Y_0 \omega^n} \cos \frac{n\pi}{2} - j \frac{1}{Y_0 \omega^n} \sin \frac{n\pi}{2} \tag{9-78}$$

上式有两个参数：一个参数是 Y_0，其单位是 s^n/Ω，由于 Q 是用来描述双电层偏离纯电容 C 的等效元件，所以它的参数 Y_0 与电容的参数 C 一样，总是取正值；另一个参数是 n，它是无量纲的指数，有时也被称为"弥散指数"。随着 n 的取值不同，CPE 元件也表现出不同的阻抗特性：

当 $n=0$ 时，Q 就相当于一个电阻 R，$Z_Q = R$；

当 $n=1$ 时，Q 就相当于一个电容 C，$Z_Q = -j\dfrac{1}{\omega C}$；

当 $n=0.5$ 时，Q 就相当于由半无限扩散引起的 Warburg 阻抗；

当 $0.5 < n < 1$ 时，Q 具有电容性，可代替双电层电容作为界面双电层的等效元件。

对于 RC 并联电路，其阻抗是 Nyquist 图中位于第一象限的半圆［见图 9-42（b）］；当用 Q 代替 C，变成 RQ 并联电路后，这个半圆就会向第四象限旋转。计算表明，此时这个半圆的圆心为 $\left[\dfrac{R}{2}, \dfrac{R\cot(n\pi/2)}{2}\right]$，半

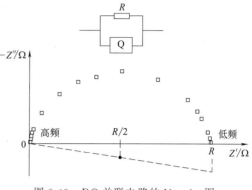

图 9-49　RQ 并联电路的 Nyquist 图

径为 $\dfrac{R}{2\sin(n\pi/2)}$，如图 9-49 所示。可以证明，圆弧与实轴相交的一段弧长正好等于电阻 R。也就是说，无论半圆是否旋转，都可通过 Nyquist 图中圆弧与实轴的交点直接读出电阻 R 的数值。

9.4.5　阻抗谱的数据处理与解析

测量得到阻抗谱后，必须对谱图进行分析，最常采用的分析方法是曲线拟合法。对电化学阻抗谱进行曲线拟合时，首先要建立电极过程合理的等效电路模型，然后通过数学方法（一般采用非线性最小二乘法）进行拟合，可通过专门的阻抗谱分析软件来进行拟合，从而确定等效电路中待定的元件参数值，据此进行进一步分析。

在拟定等效电路模型时，必须综合多方面的信息，例如，可以考虑阻抗谱的特征（如阻抗谱中高中频区含有的半圆弧的个数，一般一个半圆弧对应一个 RC 并联电路），也可考虑与待测体系相关的电化学知识（往往是特定研究领域中所积累的知识），还可以对阻抗谱进行分解，逐个求解阻抗谱中各个半圆弧所对应的等效元件的参数初值，在各部分阻抗谱的求解和扣除过程中逐渐建立起等效电路的具体形式。

比如大量对锂离子电池的研究表明，在锂离子电池前几次充放电过程中，电极材料与有机电解液在电极/溶液界面上发生反应，形成一层覆盖于电极材料的表面钝化层。该界面层具有固体电解质的特征，是锂离子的良导体但却是电子的绝缘体，因此被称为固体电解质中间相（solid electrolyte interface），简称 SEI 膜。实验结果表明，正、负极存在 SEI 膜。在锂离子电池充放电时，锂离子迁移通过 SEI 膜，到达或离开电极活性材料表面的过程，是整个电极过程的重要组成部分。图 9-50 给出了锂电池电极的典型阻抗谱图像。

对于锂离子电池的正、负极进行 EIS 测试，均可得到上述类似的电化学阻抗谱。在高中频区，出现了两个明显的半圆，说明等效电路对应两个 RC 并联电路，考虑到 SEI 膜的电阻和电容，该电极过程通常可采用图 9-51 所示的简单等效电路来模拟。

需要说明的是，锂电池在不同充放电电压下的谱图是不同的，尤其是低频区扩散阻抗的图谱经常会比较复杂，需要结合实际情况具体分析。另外，高中频区的两个半圆经常会交叉重叠在一起导致两个半圆的连接处并不明显，如图 9-52 所示。此时可通过等效电路拟合来进行分析。通常电化学工作站都有自带的拟合软件，也有一些商业化的拟合软件，比如说 ZSimpWin 和 Zview 等。

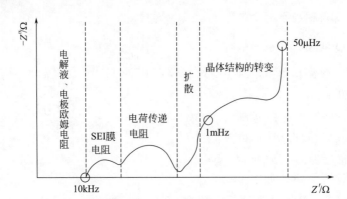

图 9-50　锂电池电极的典型阻抗谱

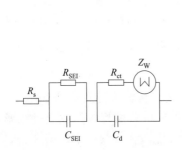

图 9-51　包含 SEI 膜的电极等效电路

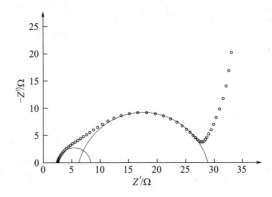

图 9-52　两个半圆（实线）的阻抗谱响应（散点）

为了方便观察阻抗谱半圆弧的弧度和扩散直线的倾角，Nyquist 图一定要注意保持横纵坐标刻度的一致性，即横纵坐标的单位长度应该一样长，否则图像会有变形，不利于观察判断。

需要注意的是，电化学阻抗谱和等效电路之间并不存在一一对应的关系。很常见的一种情况是，同一个阻抗谱可用多个等效电路进行很好的拟合，等效电路模型不是唯一的。例如，图 9-53(a)～(c) 所示的 3 个等效电路是由 3 个完全不同的物理模型得出的，但是却具有相同的频率响应，其阻抗谱图像是一样的，都是具有两个容抗弧的阻抗谱，如图 9-53(d)

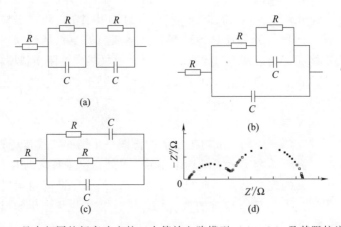

图 9-53　具有相同的频率响应的三个等效电路模型 (a)～(c) 及其阻抗谱 (d)

所示。电路图 9-53（a）可用来描述为两个电阻层，并作为度量模型；电路图 9-53（b）可用来描述包含两个电化学步骤的反应原理，或者是描述由涂层电极组成系统的反应机理；电路图 9-53（c）在电化学中则没有明确的对应体系。

显然，与实验数据拟合度较高，并不能确保所用电路模型是正确的，一定要考虑该等效电路的每一个元件在具体的被测体系中是否有明确的物理意义，能否合理解释物理过程，才能最终确定模型的有效性。

9.5 滴汞电极与极谱法

极谱法是伏安法的分支，是利用滴汞电极（dropping mercury electrode，DME）作为工作电极的伏安分析方法。滴汞电极性质特殊，具有可更新的表面和宽的阴极电势窗，因此极谱法广泛用于许多还原性物质的检测。经典极谱法是 1922 年捷克化学家海洛夫斯基（Heyrovsky，1959 年获诺贝尔化学奖）发明的，后来在电分析化学中不断得以改进。

9.5.1 滴汞电极

滴汞电极的装置如图 9-54 所示，它是将一个装有高纯汞的容器通过一根软管与一个毛细管相连，毛细管长度为 $12\sim20cm$、内径为 $30\sim50\mu m$，将一段铂丝插入汞池作为导电引线。调节贮汞瓶的高度，使汞在重力作用下从毛细管末端逐滴落下，把悬在毛细管末端的汞滴作为电极，即为滴汞电极。DME 通过调整汞柱高度控制汞滴时间，一般汞滴从毛细管口开始形成长大到脱落所经历的时间为 $2\sim6s$。

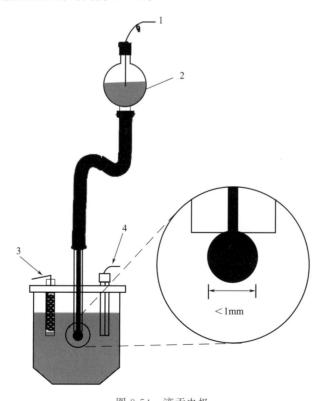

图 9-54 滴汞电极
1—滴汞电极导电引线；2—贮汞瓶；3—辅助电极；4—参比电极

与其他金属电极相比，滴汞电极有以下特点。

① 因为其析氢过电势很大，所以汞电极在还原区域的电势窗口范围很宽（如在 1mol/L KCl 溶液中为 $+0.1 \sim -1.6$V）。

② 滴汞电极是液体金属电极，与固体金属相比，其表面均匀、光洁、可重现，表观面积与微观面积相同，因此在滴汞电极上进行的电极过程重现性好。

③ 滴汞电极具有表面不断更新的特点，由于每一汞滴的寿命很短，因而低浓度的杂质不可能在电极表面上引起可观的吸附覆盖。这就意味着对被研究溶液的纯度要求降低了，因而大大提高了实验数据的重现性。另外，由于汞滴不断下落，其表面也不断更新，故不致发生长时间内累积性的表面状况变化，这对提高表面的重现性也是十分有利的。

④ 滴汞电极属于微电极，其最大面积不超过百分之几平方厘米，比大面积辅助电极的面积要小得多，而且通过电解池的电流又很小，一般为 $10^{-6} \sim 10^{-4}$A，因此辅助电极的电势基本不发生变化，可以使用两电极体系测量。

由于滴汞电极有上述许多优点，使它在电化学研究中得到了广泛应用。早期有关电极表面双电层结构及表面吸附的精确数据都是在滴汞电极上测得的；许多有关电极反应机理的知识也是在滴汞电极上得到的。滴汞电极广泛应用于极谱分析中，还可用于研究电极过程的机理。

滴汞电极也存在一定局限性，需要注意以下问题。

① 在滴汞电极上还原组分浓度有一定限制，若组分浓度太小（$<10^{-5}$mol/L），就会由于电容电流的干扰太大而无法精确测量；若组分浓度较高（$>10^{-1}$mol/L），又会由于电流太大而使汞滴不能正常地滴落。

② 在较正的电势下汞本身容易溶解，不适合用来观测电解液中化合物的氧化反应。所以，大多数电化学研究中都以滴汞电极作为阴极研究还原反应。

③ 汞电极表面很容易特性吸附含有硫的化合物，所以某些在汞电极上不易实现的电极过程，如氢的吸附、电结晶过程，就不能用滴汞电极进行研究。

9.5.2 扩散极谱电流

因为多数情况下是以滴汞电极为阴极，故这里以阴极过程为例。如果液相传质步骤是电极过程唯一的速度控制步骤，而且溶液中存在大量局外电解质，则可以认为滴汞电极上所通过的电流就是扩散电流，称为扩散极谱电流。

假设滴汞电极处于理想状态，即具有如下的性质：①汞滴的形状一直保持球形；②在汞滴的形成和生长过程中，在汞滴内部及其附近的液层中只有径向运动，而不存在切向搅拌作用；③后一个汞滴形成时，前一个汞滴所引起的浓度极化可以被完全消除，也就是说，每一个汞滴都是在相同的条件下形成和生长的。

上述假设与滴汞电极的实际状态存在着一定的差别，但是上述几个因素引起的偏差，是在不同方向上影响着扩散极谱电流的，在一定程度上能够相互抵消，所以导出的理论公式仍能较好地符合实验结果。

滴汞电极表面附近的扩散，与一般电极相比有所不同。首先，滴汞电极是个表面积不断随时间而增大的球状电极；其次，汞滴尺寸很小，从开始形成到滴落的时间很短，在滴汞电极表面附近未达稳态扩散前，汞滴已滴落，随后的新汞滴又逐渐长大，这显然是个球状电极的非稳态扩散过程，但因汞滴在毛细管上存在的时间很短，在扩散层很薄时就已经滴落，又可以近似地将这个球状电极表面附近的扩散层当作平面电极来处理。

经典极谱法中，使用足够慢的线性扫描（$1\sim3\mathrm{mV/s}$）方法控制电极电势，在单个汞滴寿命期间，电势基本不变，称为直流极谱法。单个汞滴的极化过程相当于9.1.1中的恒电势极化方法，故可将恒电势极化下平面电极的非稳态扩散方程式（9-8）用于滴汞电极。

另外，汞滴形成时，不仅面积在变化，扩散场也在扩大。在某一时间，汞滴的生长使得扩散层像膨胀的气球一样在动态扩张，而不仅是静态球扩散层的延伸，这种效应称为"扩张效应"。它薄化扩散层，增大浓度梯度，使更大的电流流过，总的效果相当于扩散系数增大7/3倍。

由于汞滴形成过程中表面积不断在变化，应用电流 I 表示扩散流量要比用电流密度 j 更方便。经推导可得极限扩散电流

$$I_{\mathrm{d}}=708zD_{\mathrm{O}}^{1/2}c_{\mathrm{O}}^{0}m^{2/3}t^{1/6} \tag{9-79}$$

式中，D_{O} 的单位为 $\mathrm{cm^2/s}$；c_{O} 的单位为 $\mathrm{mol/cm^3}$；m 为汞流速度，$\mathrm{mg/s}$；t 为汞滴自形成以来的生长时间，s；I_{d} 的单位为 A。式（9-79）表明，滴汞电极的极限扩散电流 I_{d} 在汞滴生长期间逐渐长大，在即将滴落前达到最大，这与常规平面电极（随 $t^{-1/2}$ 衰减）不同。

在汞滴周期内的平均电流可由时间区间内的积分获得：

$$\overline{I}_{\mathrm{d}}=607zD_{\mathrm{O}}^{1/2}c_{\mathrm{O}}^{0}m^{2/3}t_{0}^{1/6} \tag{9-80}$$

式中，t_{0} 为汞滴滴落的时间。

图 9-55 显示出几个汞滴上的电流-时间曲线示意。显然，和静止平板电极上随时间衰减的电流相反，这里的电流是随时间单调上升的。这意味着汞滴的扩张作用（面积增大和扩散层扩张）强于相反的电极附近电活性物质贫化效应。上升的电流-时间曲线给出两个重要的结论，就是在汞滴寿命的最后，一方面是电流值达到最大，另一方面是电流变化速度最小。这两点使得 DME 可以用于取样电流伏安实验。

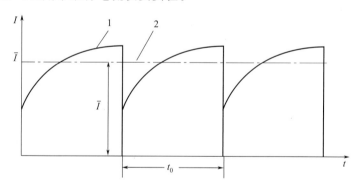

图 9-55　几个汞滴上的电流-时间曲线示意图
1—真实电流；2—平均电流

在极谱电流-电势曲线上常常会观察到一种反常的现象，在一定电势范围内扩散电流急剧增大，远远超过正常的极限电流。通常将极谱中的这种峰值电流称为"极谱极大"。极谱极大来源于汞滴周围的对流效应。对流包括两方面因素：汞滴上的电流密度分布不均引起表面张力不同；流动的汞引起表面萦流。

因为极谱极大对极谱测量的干扰很大，故常需加入能在较宽的电势范围内吸附于汞滴表面上的某些有机物（如明胶或三硝基甲苯）抑制它。在一般测量中，溶液不可能绝对纯净，总会含有痕量的表面活性物质，遂使实验测得的极谱曲线与式（9-79）比较一致，常常观察不到极谱极大。

与直流极谱法相比，现在更常用断续极谱法，它是控制电极电势按阶梯程序增长，电势的变化与汞滴的滴落保持同步，如图 9-56 所示，典型的滴落周期为 2～6s，电势变化值 $\Delta\varphi$ 为几毫伏。

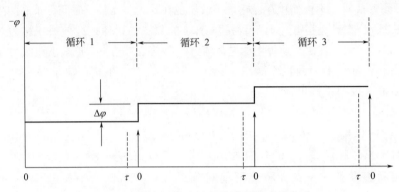

图 9-56　断续极谱法的电势波形和采样方式

如果连续记录电流，随汞滴的生长和下落，电流升升降降地表现为振荡形式，基于线性近似，一般只测量汞滴下落前的电流 $I_d(\tau)$。断续极谱和直流极谱公式推导原理相同，差别在于记录系统只测量汞滴下落前的电流 $I_d(\tau)$，故由式（9-79）可得：

$$I_d(\tau) = 708z D_O^{1/2} c_O^0 m^{2/3} \tau^{1/6} \tag{9-81}$$

在断续极谱法中，在汞滴即将下落之前对电流取样，故与直流极谱法相比，断续极谱法能很好地降低背景电流，进而提高分析灵敏度。

9.5.3　极谱波

经典极谱法中，使用足够慢的线性扫描（1～3mV/s）方法控制电极电势。对于还原反应过程，选择的初始电势以确保所研究的电化学反应不发生。随着电势向负方向扫描，测定产生的电流。在足够负的电势处，分析物开始还原，浓度梯度增加，电流迅速增加到它的极限扩散电流值。获得的极化曲线称为极谱波，如图 9-57 所示。电流的振荡反映了单个汞滴

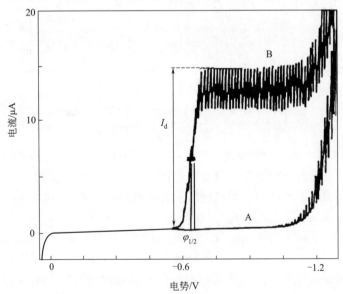

图 9-57　在 1mol/L 盐酸（A）及 4×10^{-4} mol/L Cd^{2+} 在 1mol/L 盐酸中（B）的极谱图

的生长和滴落。

假设电极反应为 $O + ze^- \rightleftharpoons R$，电极过程为扩散步骤控制，反应粒子 O 和产物粒子 R 均可溶，且 $c_R^0 = 0$，则可利用与 8.4 节中相同的方法，推导出与稳态扩散式（8-48）完全相似的公式，即

$$\varphi = \varphi_{1/2} - \frac{RT}{zF}\ln\left(\frac{\overline{I}_d}{\overline{I}} - 1\right) \tag{9-82}$$

作图可得到与稳态扩散浓度极化曲线图 8-12 完全一致的极化曲线，如图 9-58 所示。

值得注意的是，尽管极谱波与稳态浓度极化曲线具有相同的形式，但在这两种情况下扩散过程的性质是不同的。在稳态扩散中，扩散层中的反应粒子的浓度分布是稳定的，不随时间改变。而在滴汞电极上进行的扩散过程是非稳态的，仅仅由于汞滴不断滴落，使得非稳态扩散过程不会无限发展，从而使表面周期变化的浓度分布具有某种平均状态。这种在滴汞电极上把非稳态扩散性质平均化了的极化曲线，就是极谱波。

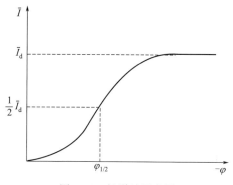

图 9-58　极谱波示意图

根据极谱波可以深入地进行电化学研究或者进行电化学分析。例如，通过测定极谱波，可以测得半波电势，将其与各种物质已知的半波电势比较，就可以判断参加反应的是何种物质，根据此原理可以进行定性的电化学分析并判断电极反应的进程。又如，测得极谱波以后，还可得到 $\overline{I}_d$ 的值，由式（9-80）可知，$\overline{I}_d \propto c_O^0$，于是可以进行电化学定量分析。此外，由式（9-80）可知，$\overline{I}_d \propto D^{1/2}$，因此还可求得扩散系数。

极谱法灵敏度很高，即使使用简单的实验装置，也能检测低至 $10^{-5}\,mol/L$ 的浓度，而现代电子技术可使浓度检测极限再降低几个数量级。

如果被检测物种的半波电势能适度地分开，极谱法在同一实验中能够同时检测多个物种。当溶液中同时存在有几种能在滴汞电极上还原的物质时，极谱曲线上就会出现相应的几个还原极谱波，根据各个极谱波的半波电势和 $\overline{I}_d$ 值（即极谱波的波高），可以判断每一个阶段发生的是什么反应，或者可以计算出几种物质的浓度和扩散系数。如图 9-59 所示，Tl^+、Cd^{2+}、Zn^{2+} 和 Mn^{2+} 可在同一电势扫描中测定（耗时约 10min）。

在进行分析时，要用测得的半波电势与各种已知半波电势相比较。应该注意，在溶液中的离子强度一定时，半波电势是个与反应粒子浓度无关的常数。但是，当局外电解质含量变化时，则将影响半波电势值的大小。因此，在查阅各种物质的半波电势时，应注意溶液组成和浓度是否与研究的溶液体系相同。

经典的滴汞电极的缺点是汞滴面积在不断变化，使扩散处理变得复杂，而且双层充电还产生不断变化的背景电流；另外测量时间尺度受限于汞滴的寿命。目前已经开发出了没有上述缺点的静态汞滴电极，即悬汞电极。悬汞电极是一种自动控制设备，用它生成汞滴时，打开一个电控阀门，在毛细管中注入汞形成汞滴，然后阀门关闭，汞滴保持稳定；不再需要汞滴时，一个新的电信号触发螺线管驱动的滴落敲击器将汞滴振落。悬汞电极能得到重现性不亚于滴汞电极的结果，且比滴汞电极灵敏十倍以上。

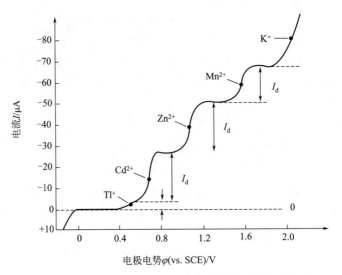

图 9-59　在含有数种离子的溶液中所测的平均极谱电流

复习题

1. 比较可逆、不可逆、准可逆电极过程的区别。

2. 平板电极恒电势极化时，暂态过程扩散层真实厚度大约是有效厚度的多少倍？

3. 进行电势阶跃实验，计算电流强度时如何确定电极面积？

4. 对于一个可用半无限边界条件的方程来描述的电化学体系，电解池壁必须离开电极五倍"扩散层厚度"以上。某物质的扩散系数 $D = 10^{-5} \, \text{cm}^2/\text{s}$，求对于 100s 的电势阶跃实验时间，工作电极和电解池壁之间的距离要求多大？

5. 什么是时间常数？如何减小时间常数？

6. 微电极研究电极过程有何优点？

7. 非稳态扩散与稳态扩散有何区别？在扩散流量的公式中怎样反映非稳态扩散的特点？

8. 为什么非稳态扩散终归要过渡到稳态扩散？

9. 以浓度分布曲线说明，恒电势和恒电流条件下的非稳态扩散中浓度极化是如何发展的。

10. 什么是过渡时间？实际实验中一定能测量出过渡时间吗？

11. "恒电流极化时，反应物粒子在电极表面的浓度随时间不断下降，当其降到零时，因无反应粒子，则反应将被迫停止。"这种说法对吗？为什么？

12. 测量动力学参数可采用经典法和暂态法，二者选用原则是什么？

13. 简述用电势阶跃法和电流阶跃法进行电化学动力学参数测量的实验步骤和数据处理方法。

14. 在循环伏安测试中，假设电势往负方向扫描并发生还原反应，则当电势扫描方向改变的一瞬间，电极反应立刻就会变成氧化反应，这种说法对吗？为什么？

15. 线性电势扫描法既可以测量稳态极化曲线，也可以测量循环伏安曲线，二者的区别是什么？

16. 可逆体系、准可逆体系和不可逆体系的 CV 曲线各有何特点？扫描速度对它们的峰值电流有何影响？

17. 双层充电电流和未补偿欧姆压降对 CV 曲线各有何影响？

18. 何谓阻抗谱的等效电路？电化学体系的等效电路包括哪些基本元件？分别阐述它们的物理意义。

19. 电化学阻抗谱在高频区和低频区的电极过程控制步骤有何不同？为什么？

20. 查找资料，了解如何通过锂离子电池的电化学阻抗谱获得电极材料中锂离子的固相扩散系数。

21. 查找资料，了解恒电流间歇滴定法与电流阶跃法的异同，并了解其在锂离子固相扩散系数测定中的应用。

22. 简述滴汞电极的优点与应用。

23. 在 R_u 分别为 1Ω、10Ω 或 100Ω 的条件下，对于一个电极面积为 $0.1cm^2$，$C_d=20\mu F/cm^2$ 的电极进行电势阶跃实验，在每种情况下的时间常数以及双电层充电完成 95% 所需的时间是多少？

24. 对于上一题中的电极，当以 $0.02V/s$、$1V/s$ 和 $20V/s$ 进行线性扫描时，流过的双电层充电电流是多少？（忽略任何的暂态值）

25. 对某可逆电化学反应进行 CV 测试，在 $5mV/s$ 的扫描速度下，初始浓度为 $0.2mol/L$ 时，峰电流密度为 $2.0mA/cm^2$，那么在 $50mV/s$ 扫描速度下，初始浓度为 $0.4mol/L$ 时，峰电流密度为多大？

26. 证明图 9-49 中圆弧与实轴相交的一段弧长正好等于电阻 R。

27. 查找资料，了解化学修饰电极及其在电化学测量中应用。

第 10 章　实际电极过程

在前几章中主要讨论由各类单元步骤控制的电化学过程的动力学特征，本章将转入具体电极反应和实用电极的讨论。

本章将简要概述电催化的基本原理，并阐述一些在实践中非常重要的电化学过程的反应机理，主要包括气体电极过程（氢电极过程、氧电极过程和 CO_2 的电化学还原过程）、金属电极过程（金属阴极过程和金属阳极过程）、典型的电合成电极过程，以及嵌入型电极过程。

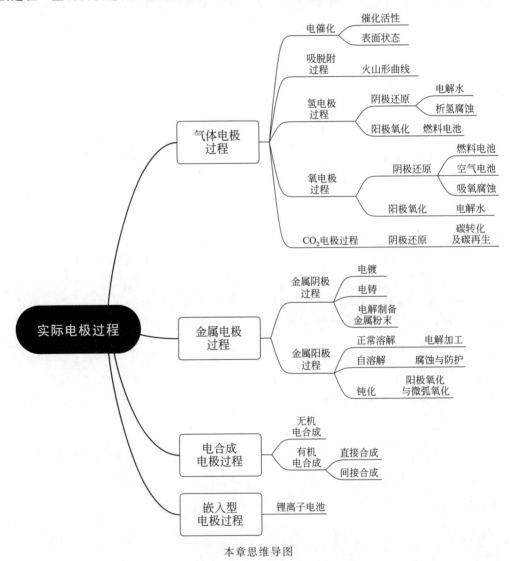

本章思维导图

10.1 电催化概述

实验中经常会观察到这样一种现象，某些电化学反应在某些电极材料上不能在其平衡电势附近发生，需要比较大的极化才能发生反应。但如果选用别的电极材料或对电极表面进行修饰，则反应速率可能大大提高。比如常见的氢电极反应 $2H^+ + 2e^- \Longrightarrow H_2$，由表 7-2 可见，在电解液均为硫酸时，在 Pt 电极上发生此反应的交换电流密度比 Ni 电极大 3 个数量级、比 Hg 电极大 10 个数量级，反应活性差别非常大。这其实也可以看作是一种催化作用，也就是说，Pt 对氢电极反应的催化活性非常强。电极反应中，电极或溶液中某些物质能显著地影响电极反应的速度，而其本身不发生任何净变化的作用，称为电催化。能够催化电极反应的物质叫作电催化剂。在上述例子中，Pt 对氢电极反应来说就是一种良好的电催化剂，因此，在氢-氧燃料电池中，以氢气作为活性物质的负极就常用分散在碳载体上的 Pt 基粉末作为电催化剂。图 10-1 给出了常见的质子交换膜燃料电池的结构示意图以及碳载铂催化剂的透射电镜图。

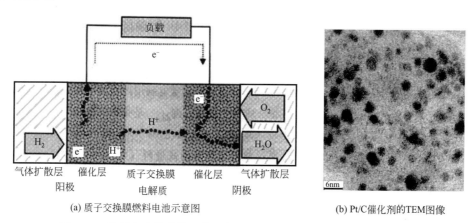

(a) 质子交换膜燃料电池示意图   (b) Pt/C催化剂的TEM图像

图 10-1   燃料电池的结构示意图与 Pt 纳米颗粒在碳载体上的分散图像

电催化剂的作用可能来自电极表面的结构修饰或化学修饰，也可能来自溶液中的添加剂。电极表面的结构修饰与表面电子状态的变化有关，如 d 轨道的占据程度的变化或几何性质的变化（晶面、原子簇、合金、表面缺陷等）。

电催化与异相化学催化不同之处，首先在于电催化与电极电势有关，其次是电极与溶液界面间存在的不参加电极反应的离子和溶剂分子常对电催化有明显的影响。

通常电化学中提到的电催化剂，主要是指电极材料（有时也要注意到溶剂和其他物质的催化活性），电极材料是实现电催化过程极为重要的支配因素。电化学反应一般是在电极/溶液界面的电极表面上发生的，因此，电极表面的性质是更为重要的因素。由于受电极材料种类的限制，如何改善现有电极材料的表面性能，赋予电极所期望的电催化性能，便成了电化学工作者的重要研究课题。

实践表明，影响电催化剂性能的因素有两类。一类是能量因素，它主要取决于电极反应中所涉及的各种粒子与催化剂间的相互作用，这关系到反应的本质。另一类是几何因素。涉及的电催化剂比表面和表面状态，主要由电催化剂的制备方法决定。比如同样是锌电极，在锌锰干电池中采用锌筒 [图 10-2(a)]，而在碱性锌锰电池中采用锌粉与 KOH 及添加剂和成的锌膏 [图 10-2(b)]，锌粉的比表面积大大高于锌筒，因而大大减小了工作时的真实电流密度，减小了极化，使得电极性能大幅提高，特别是对于锌电极这种具有钝化倾向的电极，

锌筒

锌膏

(a) 锌锰干电池　　　(b) 碱性锌锰电池

图 10-2　两种锌锰电池的结构

使用粉末电极还可以避免或推迟钝化，具有重要的意义。

现在，高能化学电源（如锂离子电池、氢镍电池等）大多采用粉末多孔电极以提高电催化活性，它是化学电源发展过程中的一个重要革新。粉末多孔电极是将高比表面积的粉状活性物质通过压制、烧结、涂膏、粘接等方法与集流体结合制成的电极，具有较大的孔隙率。粉末电极可以大大提高电极的真实表面积，减小真实电流密度，减小电化学极化；多孔电极可以改善扩散传质情况，减小浓差极化；因此，使得电池性能获得显著的提高。

电催化剂的选择，必须使催化剂的导电性、稳定性和催化活性均能得到兼顾，即电催化剂必须具备以下几方面的性能。

① 一定的电子导电性，至少与导电材料（例如石墨粉、银粉）充分混合后能为电子交换反应提供不引起严重电压降的电子通道，即电极材料的电阻不太大。

② 高的催化活性，包括实现催化反应、抑制有害的副反应，也包括能耐受杂质及中间产物的作用而不致较快地中毒失活。

③ 电化学稳定性，即在实现催化反应的电势范围内催化表面不至于因电化学反应而过早地失去催化活性。这一点对于许多实际应用的电化学过程至关重要。

由于电催化剂的导电性及稳定性比较容易测量，下面对影响电催化活性的主要因素进行简单介绍。

（1）催化剂的结构和组成。催化剂之所以能改变电极反应的速率，是由于催化剂和反应物之间存在的某种相互作用改变了反应进行的途径，降低了反应的过电势和活化能。在电催化过程中，催化反应是发生在催化电极/电解液的界面，即反应物分子必须与催化电极发生相互作用，而相互作用的强弱则主要决定于催化剂的结构和组成。

目前已知的电催化剂中有过渡金属及其合金、半导体化合物和过渡金属配合物（如过渡金属的卟啉和酞菁化合物）等，基本上都涉及过渡金属元素。由于过渡金属的原子结构中都含有空余的 d 轨道和未成对的 d 电子，含过渡金属的催化剂与反应物分子的电子接触时，这些电催化剂的空余 d 轨道上将形成各种特征的化学吸附键达到分子活化的目的，从而降低复杂反应的活化能，达到了电催化的目的，因此，过渡金属及其一些化合物是最常用的电催化剂。过渡金属催化剂的活性不仅依赖于电催化剂的电子因素（即 d 轨道的特征），还依赖于几何因素（即电催化剂的比表面和表面状态，反应粒子的吸附位置及类型）。比如为了提高燃料电池的 Pt 催化剂的催化活性，可以减小 Pt 颗粒的粒径、提高其分散度，以增加其比表面积；以及制备具有特定表面取向的纳米催化剂，以提高单位活性位点的内在活性。这都是通过改变几何因素来提高催化活性的例子。

（2）催化剂的氧化-还原电势。催化剂的活性与其氧化-还原电势密切相关。特别是对于媒介体催化，催化反应是在媒介体氧化-还原电势附近发生的。

（3）催化剂的载体。催化剂的载体对电催化活性亦有很大影响。电催化剂的载体通常可分为基底电极（常采用贵金属电极和碳电极）和将电催化剂固定在电极表面的载体（多用聚合物膜和一些无机物膜）。载体必须具备良好的导电性及抗电解液腐蚀性。

载体的作用分两种情况。一种情况是载体仅作为一种惰性支撑物，催化剂负载条件不同只引起活性组分分散度的变化。另一种情况是载体与活性组分存在某种相互作用，这种相互作用的存在修饰了催化剂的电子状态，其结果可能会显著地改变电催化剂的活性和选择性。

此外，电催化剂的表面微观结构和状态、溶液中的化学环境等也都是影响电催化活性的重要因素。

为了评价电催化剂的催化性能，一般可在平衡电势下来对比各种电极的催化活性。因为交换电流密度 j_0 代表着平衡电势下的反应速度，所以，只要是电极反应机理相同，通常均可以采用 j_0 对比不同电极对某一反应的电催化活性。也就是说，在双电层结构影响不太大的情况下，j_0 较大的电极，其电催化活性较高。

10.2 氢电极过程

氢电极过程与氧电极过程是人们最早接触的电极过程，因为这就是电解水的电极反应，许多重要的原理和方法都是在反复研究上述电极过程的基础上建立的，如 Tafel 公式就是在研究析氢反应规律时总结出来的，所以研究它们具有重要的意义。

氢电极过程是最常碰到的气体电极过程，在酸性水溶液中，氢电极反应的净化学计量式可以写为：

$$2H^+ + 2e^- \Longrightarrow H_2 \quad \varphi^\ominus = 0V \tag{10-1}$$

而在碱性溶液中为：

$$2H_2O + 2e^- \Longrightarrow H_2 + 2OH^- \quad \varphi^\ominus = -0.8279V \tag{10-2}$$

在中性溶液中，阳极反应以反应式(10-1)为主，因为反应式(10-2)需要具有一定浓度的 OH^- 才能进行；类似地，阴极反应以反应式（10-2）为主。

氢的阴极还原——析氢反应是电解水的负极反应，所以在生产实践中，经常遇见在电极上发生氢的还原过程，主要有以下几个方面。

（1）工业电解主反应，如电解水制取氢气或分离氢同位素，电解食盐水以制取氢气、氯气和烧碱，就是以氢电极反应为基础的重要的电解工艺。

（2）析氢反应常常是许多水溶液工业电解、电镀的阴极副反应，而这种副反应往往是有害的。例如，由于电镀时在阴极上有氢的析出，这不仅会使阴极电流效率降低，增加了电能的消耗，而且还可能会使镀层出现针孔、起泡等缺陷，影响镀层质量，如果氢渗入镀层和基体中，还会造成镀层和基体金属的氢脆。

（3）析氢反应是一些二次电池充电时的负极副反应，或过放电（反极充电）时的正极副反应，本质上还是电解水的负极反应。

（4）酸性条件下，它是金属腐蚀的共轭反应，这种腐蚀就称为析氢腐蚀。控制析氢反应的速度可以较好地减缓金属的析氢腐蚀速度。

氢的阳极氧化与实际工作的联系，远不如阴极还原多。不过随着以氢气作为负极活性物质的氢-氧燃料电池和以贮氢材料作为负极的氢镍电池的大力开发，人们对氢的阳极氧化的研究也在不断深化。

参考视频
电解水
演示实验

10.2.1 氢在电极上的吸附

H_2 分子是价饱和的，常温下它们在电极上吸附能力很弱，几乎可以略去不计。在很多的金属表面上，H_2 主要以原子态吸附，这属于化学吸附，打断 H—H 键所需的能量来自 H_2 的吸附熔。

在气相催化研究中人们已经得知，如果吸附熔太小，吸附过程将成为控制步骤，吸附能力弱将导致整体反应速率不高；但如果吸附焓太高，中间吸附物将稳定地吸附在表面，从而降低其后续反应的速率。因而最快的反应的中间吸附物应具有中等的吸附焓值。

在电化学反应中，吸附脱附步骤和电荷转移步骤通常是相互影响的，因此，如果将交换电流密度对一系列电极或电催化剂的吸附焓作图，则通常在中等的吸附焓值时交换电流密度达到最大值，这类曲线一般形象地称为"火山形"曲线。

图 10-3 中给出了析氢反应的交换电流密度和不同金属与氢原子之间的键能（该值对应于氢原子在金属上的吸附焓）之间的相互关系。从这个图中，可以看出火山形的曲线形状与上述模型非常吻合。

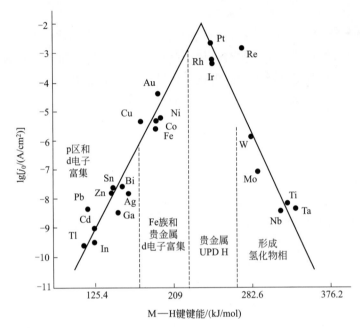

图 10-3　不同金属上析氢反应的交换电流密度与 M—H 键强度之间的火山形关系

由于原子氢的吸附键主要由氢原子中的电子与金属中不成对的 d 电子形成，因此只有过渡族金属才能显著地吸附氢。

然而也应该看到，M—H 键强度与氢析出反应中间态粒子的能级二者之间还是有一定差别的。首先，电极表面上吸附氢原子与电极之间的结合强度除它们之间的相互作用外还要受到来自溶液和双电层中微环境的影响。其次，研究表明，作为氢析出反应中间态粒子的吸附氢原子并不是在电极表面上大量存在的欠电势沉积（under potential deposition，UPD）吸附氢原子，而是在比氢电极电势更负的电势区间内生成的与表面结合更弱的少量过电势沉积（over potential deposition，OPD）吸附氢原子。因此，氢析出反应动力学参数与 M—H 键强度之间并不存在严格的定量关系，图 10-3 只是表明，M—H 键强度是决定氢析出反应动力学的重要因素之一。

研究表明，金属电极的晶面与晶型对析氢反应的速度有影响。例如在镍电极不同晶面上吸附氢原子的复合反应速度不同，最大的是（111）晶面，其次是（100），最小的是（110），而且氢在不同晶面上析出速度的差别可超过两个数量级。此外，在不同晶型的金属上析氢速度也会有明显差别。这些现象的出现，实质上也可能与氢在其上的吸附热和吸附速度有关系。

研究氢在电极上吸附的方法很多，循环伏安法即为其中之一。例如在 0.5mol/L 的 H_2SO_4 溶液中铂电极上实验测出的循环伏安曲线如图 10-4 所示，图中电流峰下的面积等于电量，它表示出吸附量的大小。

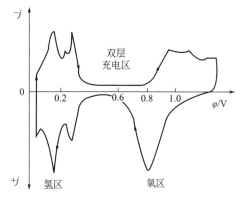

图 10-4 0.5mol/L 的 H_2SO_4 溶液中铂电极（多晶）的循环伏安曲线（电势扫描速度 0.1V/s，25℃）

从图 10-4 中可以看出，在氢区内（0～0.4V）溶液中的铂电极上大致出现了两个峰，这是由于不同晶面上吸附能力不同引起的。0.15V 左右的峰是氢在 Pt 的（110）面吸附，0.3V 左右的峰是氢在 Pt 的（100）面吸附。图中电势正向扫描时对应吸附氢的脱附，反向扫描时对应氢的吸附，可见氢在铂电极上的吸附与脱附曲线对称性很高，吸、脱附电量基本相等，这就是说，氢在铂电极上的吸、脱附过程接近于可逆。

10.2.2 氢的阴极还原

氢的阴极还原反应为（以酸性水溶液为例）：

$$2H^+ + 2e^- \rightleftharpoons H_2$$

在氢电极动力学研究中，Tafel 公式起了很大作用。我们知道，对于析氢反应，在发生电化学极化时，高过电势下，过电势和电流密度符合以下公式：

$$\eta_c = a + b\lg j \tag{10-3}$$

表 10-1 给出了氢气在不同金属及不同介质中析出时 Tafel 常数 a 和 b 的数值。本表只笼统地给出了酸性介质与碱性介质，并没有具体给出介质组成及浓度，而 a 值与金属本性、金属表面状态、溶液组成及温度等因素都有关系，故表中 a 值数据仅供参考。b 值为 Tafel 斜率，在反应机理不变的情况下，其值也不变。

表 10-1 氢气在不同金属上析出时 Tafel 常数 a 和 b 的数值

金属材料	酸性介质		碱性介质	
	a/V	b/V	a/V	b/V
Pb	1.56	0.11	1.36	0.25
Tl	1.55	0.14	—	—
Hg	1.41	0.114	1.54	0.11
Cd	1.4	0.12	1.05	0.16
Zn	1.24	0.12	1.20	0.12
Sn	1.2	0.13	1.28	0.23
Be	1.03	0.12	—	—
Al	1.00	0.10	0.64	0.14
Sb	1.00	0.11	—	—
Ge	0.97	0.12	—	—
Ag	0.95	0.10	0.73	0.12

金属材料	酸性介质		碱性介质	
	a/V	b/V	a/V	b/V
Cu	0.87	0.12	0.96	0.12
Bi	0.84	0.12	—	—
Ti	0.82	0.14	0.83	0.14
Mn	0.8	0.10	0.90	0.12
Nb	0.8	0.10	—	—
Fe	0.70	0.12	0.76	0.11
Mo	0.66	0.08	0.67	0.14
Ni	0.63	0.11	0.65	0.10
Co	0.62	0.14	0.60	0.14
W	0.43	0.10	—	—
Au	0.4	0.12	—	—
Pd	0.24	0.03	0.53	0.13
Pt	0.1	0.03	0.31	0.10

由表 10-1 可见，在大多数金属的纯净表面上，公式中常数 b 具有比较接近的数值（约 $100\sim140\mathrm{mV}$），表示表面电场对氢析出反应的活化效应大致相同。有时也观察到较高的 b 值（$>140\mathrm{mV}$），可能引起这种现象的原因之一是在所涉及的电势范围内电极表面状态发生了变化。在氧化了的金属表面上，也往往测得较大的 b 值。

公式中常数 a 的物理意义很重要，它是当电流密度为 $1\mathrm{A/m^2}$ 时的过电势数值。我们知道，在相同的电流密度下，过电势越大，反应活性越差。在用不同材料制成的电极上 a 的数值相差很大，表示不同电极表面对氢析出过程有着很不相同的"催化能力"。由此，按照 a 值的大小，可将常用电极材料大致分为三类：

（1）高析氢过电势金属（$a \approx 0.9 \sim 1.5\mathrm{V}$），主要有 Pb、Cd、Hg、Tl、Zn、Ga、Sn、Ag、Al、Ge、Sb 等；

（2）中析氢过电势金属（$a \approx 0.4 \sim 0.8\mathrm{V}$），主要有 Fe、Co、Ni、W、Mo、Au 等；

（3）低析氢过电势金属（$a \approx 0.1 \sim 0.3\mathrm{V}$），主要是 Pt、Pd、Ru 等铂族金属。

高过电势金属析氢反应可逆性差，交换电流密度小；低过电势金属析氢反应可逆性好，交换电流密度大。表 10-2 给出了在 H_2SO_4 溶液中某些金属上氢电极反应的 j_0，从中可见不同金属反应活性差别之大。需要注意的是，表 10-2 中 j_0 的大小顺序与表 10-1 中常数 a 的大小顺序并非完全对应，这是因为 a 值和 j_0 不仅与金属本身有关，还与测试时的金属表面状态以及溶液组成、浓度有关。

这种分类方法对电化学实践中选择电极材料有重要的参考价值。例如，高过电势金属在电解工业中常用作阴极材料，借以减低作为副反应的氢析出反应速度和提高电流效率；在化学电池中则常用这类材料构成负极或进行少量添加，以降低电极的自放电速度。

氢析出反应的最终产物是分子氢。然而，两个水化质子在电极表面的同一处同时放电的机会非常小，因此电化学反应的初始产物应该是氢原子而不是氢分子，考虑到氢原子具有高度的化学活泼性，可以认为在电化学步骤中应首先生成吸附在电极表面上的氢原子，然后再

表 10-2 H_2SO_4 溶液中某些金属上氢电极反应的交换电流密度（25℃）

分类	金属	H_2SO_4 浓度/(mol/L)	$j_0/(A/m^2)$
低过电势金属	Pt	0.25	10
	Pd	0.50	10
	Rh	0.25	6
	Ir	0.50	2
中过电势金属	Ni	0.25	6×10^{-2}
	Au	1.00	4×10^{-2}
	Nb	0.50	4×10^{-3}
	W	0.25	3×10^{-3}
	Ti	1.00	6×10^{-5}
高过电势金属	Cd	0.25	2×10^{-7}
	Pb	0.25	5×10^{-8}
	Hg	0.125	8×10^{-9}

按某种方式脱附而生成氢气分子。如此，在氢析出反应历程中可能出现的基元步骤主要有下列三种（以酸性条件为例）。

① 电子转移步骤 $H^+ + M + e^- \Longrightarrow MH_{ad}$

② 复合脱附步骤 $MH_{ad} + MH_{ad} \Longrightarrow H_2 + 2M$

③ 电化学脱附步骤 $H^+ + MH_{ad} + e^- \Longrightarrow H_2 + M$

这三种基元步骤可组合成两种最基本的反应历程：

$$2 \times (H^+ + M + e^- \Longrightarrow MH_{ad})$$
$$MH_{ad} + MH_{ad} \Longrightarrow H_2 + 2M$$

与

$$H^+ + M + e^- \Longrightarrow MH_{ad}$$
$$H^+ + MH_{ad} + e^- \Longrightarrow H_2 + M$$

再考虑到每一种步骤都有可能成为整个电极反应速率的控制步骤，则氢析出过程的反应机理可以有下面四种基本方案：

Ⅰ. ①（RDS）+②迟缓放电机理；

Ⅱ. ①（RDS）+③迟缓放电机理；

Ⅲ. ①+②（RDS）复合脱附机理；

Ⅳ. ①+③（RDS）电化学脱附机理。

这四种方案中，前两个方案均是电子转移步骤为控制步骤，故都称为"迟缓放电机理"；方案Ⅲ中复合脱附步骤为控制步骤，称为"复合脱附机理"；方案Ⅳ中电化学脱附步骤为控制步骤，称为"电化学脱附机理"。

三种机理的 Tafel 曲线斜率 b 不同，已知阴极极化的 Tafel 公式：

$$\eta_c = -\frac{2.3RT}{\overrightarrow{\alpha}F} \lg j_0 + \frac{2.3RT}{\overrightarrow{\alpha}F} \lg j = a + b \lg j$$

可见 $b = \dfrac{2.3RT}{\overrightarrow{\alpha}F}$，而传递系数可由公式（8-86） $\overrightarrow{\alpha} = \dfrac{z'}{\nu} + \beta r$ 计算得出。

（1）迟缓放电机理，此时步骤①为控制步骤，$z'=0$，$r=1$，故 $\vec{\alpha}=\beta$，假设 $\beta=0.5$，$T=298\mathrm{K}$，将其他常数代入后，得出 $b=0.118\mathrm{V}$。因为 β 值有所不同，故 b 会在 118mV 左右变化。

（2）复合脱附机理，此时步骤②为控制步骤，$z'=1$，$r=0$，$\nu=1/2$（或 $z'=2$，$r=0$，$\nu=1$），故 $\vec{\alpha}=2$，假设 $\beta=0.5$，$T=298\mathrm{K}$，可得 $b=0.0295\mathrm{V}$。

（3）电化学脱附机理，此时步骤③为控制步骤，$z'=1$，$r=1$，$\nu=1$，故 $\vec{\alpha}=1+\beta$，假设 $\beta=0.5$，$T=298\mathrm{K}$，可得 $b=0.039\mathrm{V}$。

需要注意的是，上述计算是在均匀光滑表面和吸附氢低表面覆盖度的情况下才适用的。事实上，大多数固体电极的表面显然是不均匀的，必然会影响动力学公式中的反应速率常数项，而且在电极表面上吸附氢原子的覆盖度可能达到比较大的数值。如果考虑到这些因素，则复合脱附机理和电化学脱附机理也可能出现斜率约为 118mV 的半对数极化曲线。所以在表 10-1 中，大多数金属的 b 值在 $100\sim140\mathrm{mV}$ 之间。

根据现有的一些实验结果看来，至少对于 Pb、Cd、Hg、Tl、Zn、Ga、Bi、Sn、Ag 等高过电势金属，电子转移步骤是整个电极反应速度的控制步骤。在这些金属表面上，吸附氢原子均不能达到较高的表面浓度，因此，放电反应中生成的吸附氢原子很可能主要也是通过电化学反应脱附，即符合迟缓放电机理中的方案Ⅱ。

氢在中过电势和低过电势金属电极表面上的析出机理比较复杂。当氢在这些金属电极上析出时，表面上吸附氢原子的覆盖度往往达到较高的数值，而且往往在不同的表面位置上吸附功各不相同。所以在那些吸附氢的能力较强的金属（如 Pt、Pd、Ni、Fe 等）电极上，机理是比较复杂的。

目前可以认为，氢在光滑的 Pt、Pd 等金属上还原时，极化不太大时，很可能是复合脱附步骤控制；极化较大或电极表面被毒化时，则可能是电化学脱附步骤控制。

在某些电极表面上电子转移步骤和脱附步骤的活化能可能相差不多，随着过电势的增加，三个步骤的反应速度增长快慢不同。复合脱附步骤增长得最快，而电子转移步骤增长最慢。因此在高过电势区是电子转移步骤控制的反应，在低过电势区就可能会变成复合脱附步骤控制。例如氢在 Fe、Ni、Co、W 等金属上还原时就属于上述情况，反应历程会随着电极表面性质和极化条件的不同而改变。

10.2.3　氢的阳极氧化

氢的阳极氧化反应为（以酸性水溶液为例）：

$$\mathrm{H_2 - 2e^- \rightleftharpoons 2H^+}$$

由于在氢电极发生阳极极化时，需将金属电极阳极极化，很容易发生金属的溶解，所以能用来研究氢阳极氧化的电极并不多，而且可以极化的电势范围也比较窄，故对氢气的氧化过程的研究远不如析氢还原过程充分。当溶液的 pH 不太高时，氢气的电离过程只可能在一些贵金属（Pt、Pd、Rh、Ir 等）电极表面上发生；在碱性溶液中，氢电极标准电势为 $-0.8279\mathrm{V}$，负移了 0.8V 左右，故在 Ni 电极上也可实现这一过程，但极化一般不能大于 50mV，否则电极会受到破坏。

氢在光滑电极表面上氧化，可分成以下几个步骤。

① 氢气分子的溶解及扩散到达电极表面。

② 溶解氢在电极上的离解吸附，包括化学离解吸附或电化学离解吸附。

化学离解吸附　　　　　　　　　　$\mathrm{H_2 + 2M \rightleftharpoons MH_{ad} + MH_{ad}}$

电化学离解吸附　　　　　　　$H_2 + M - e^- \rightleftharpoons H^+ + MH_{ad}$

③ 吸附氢的电化学氧化　　　　$MH_{ad} - e^- \rightleftharpoons H^+ + M$

在上述各单元步骤中，到底哪一个单元步骤是整个阳极氧化反应过程的控制步骤，与电极材料、电极的表面状态以及极化电流的大小等因素有关，可以根据阳极极化曲线的形状进行判断。下面以光滑铂电极在酸性溶液中的氢阳极氧化反应为例进行说明（图10-5）。

图10-5(a) 是用旋转圆盘电极在 0.5mol/L 的 H_2SO_4 溶液中测得当氢气在 Pt 电极上电离时的极化曲线。图10-5(b) 是氢电离反应极化曲线上极限电流随电极转速的变化。

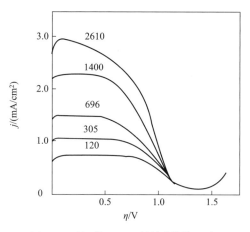

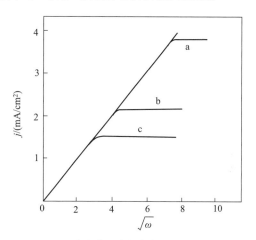

（a）0.5mol/L 的 H_2SO_4 溶液中旋转 Pt 盘
电极上氢气电离过程的极化曲线
曲线旁注明的数字为电极转速（r/min），
氢气压强为 0.1MPa

（b）氢电离反应极化曲线上极限
电流随电极转速的变化
过电势 45mV，ω 为电极转速（r/s）
溶液组成：a—0.5mol/L 的 H_2SO_4；
b—1mol/L 的 HCl；c—1mol/L 的 HBr

图10-5　用旋转 Pt 盘电极研究氢气的阳极极化过程

由图10-5(a) 可见，阳极极化开始后很快出现极限电流，但是随着电极电势继续变正，阳极电流开始下降。显然，因为 Pt 电极的交换电流密度很大，氢气分子的扩散成为控制步骤，故极化开始后很快出现极限扩散电流。

由图10-5(b) 可见，在低极化区，极限电流的数值与 $\omega^{1/2}$ 成正比，说明此时氢气分子的扩散为控制步骤。然而，若增大极化，极限电流的数值不随 ω 而变化，说明此时不再是扩散控制，很可能是分子氢的离解吸附速度也不很大，分子氢在电极上的离解吸附步骤就变成整个电极反应的控制步骤了。同时还可看到，当电极表面上有 Cl^- 和 Br^- 等表面活性阴离子吸附时，控制步骤的转化发生得更早些，这是由于活性阴离子减弱了氢吸附键的缘故。

图10-5(a) 中在高极化区（$\eta > 1.2V$）出现了数值很低且完全与搅拌速度无关的电流，表示此时电极反应速度完全受表面反应速度控制。在 1.0V 附近铂电极上开始形成氢的吸附层，故氢的吸附速度与吸附氢的平衡覆盖度都大大降低了，引起电流密度下降。但由于在 1.2～1.5V 电势范围内电极表面状态还在不断发生变化，很难肯定在这一段极化曲线上电极反应速度是否完全由分子氢的极限吸附速度所控制。

氢在碱性溶液中于镍电极上氧化时，由于电极反应的交换电流密度比较小，其电化学极化不容忽视。又因阳极极化时，镍电极本身很容易被氧化溶解，氢的氧化反应只能在平衡电势附近进行，Ni 的稳定区只能延伸到比氢的平衡电势正 60～80mV 处，而且曲线上的电流

密度低于 $20\mu A/cm^2$。在这种极化不大的条件下，电极过程不可能是由溶解氢的扩散步骤控制的，而电化学反应步骤可能是主要的控制因素。

由上述两个例子可见，在依附金属、溶液组成和极化条件等发生变化时，氢电极阳极氧化过程的机理会有变化，只有根据具体的实验结果进行分析，才能得到比较确切的结论。

10.3 氧电极过程

与氢电极过程类似，氧电极过程也是最常见的气体电极过程。在酸性溶液中，氧电极反应可以写为：

$$O_2+4H^++4e^- \Longleftrightarrow 2H_2O \quad \varphi^\ominus=1.229V \tag{10-4}$$

而在碱性溶液中为：

$$O_2+2H_2O+4e^- \Longleftrightarrow 4OH^- \quad \varphi^\ominus=0.401V \tag{10-5}$$

氧的阳极氧化——析氧反应是电解水的正极反应，所以在生产实践中，经常遇见在电极上发生氧的阳极氧化过程，主要有以下几个方面。

（1）工业电解主反应，如电解水制取氧气。

（2）析氧反应常常是许多水溶液工业电解、电镀的阳极副反应。

（3）析氧反应是一些二次电池充电时的正极副反应，或过放电（反极充电）时的负极副反应，本质上还是电解水的正极反应。

氧气的阴极还原主要有以下几方面应用。

（1）在各种类型的金属-空气电池和燃料电池中，正极（阴极）反应几乎总是氧的还原。

（2）在氯碱工业中用氧的还原反应代替传统的阴极析氢反应，可显著降低电能消耗。在采用膜电解时，若析氢作为阴极反应，则电解池理论分解电压为2.22V；若氧还原作为阴极反应，则为1.02V，减少了45%。然而，由于氧的还原要用高效氧气扩散电极，如喷淋床电极（直径为 $0.6\sim1mm$ 的石墨粒作阴极床），工业应用还存在不少问题。

（3）在碱性和中性介质中，氧的还原反应常是金属腐蚀过程的主要共轭反应——吸氧腐蚀，其进行速度对金属材料的腐蚀速度往往起决定作用。

氧电极过程主要有以下特点。

（1）氧电极过程是复杂的四电子反应，中间态粒子多，过程复杂，对反应机理的研究相当困难。

（2）氧电极反应的可逆性差，交换电流密度很小（见表10-3）。即使在 Pt、Pd、Ag、Ni

表 10-3 某些金属上氧电极反应的交换电流密度（25℃）

金属	j_0（在 0.1mol/L $HClO_4$ 中）/(A/m²)	j_0（在 0.1mol/L NaOH 中）/(A/m²)
Pt	1×10^{-6}	1×10^{-6}
Pd	4×10^{-7}	1×10^{-7}
Rh	2×10^{-8}	3×10^{-9}
Ir	4×10^{-9}	3×10^{-10}
Au	2×10^{-8}	4×10^{-11}
Ag	—	4×10^{-6}
Ru	—	1×10^{-4}
Ni	—	5×10^{-6}
Fe	—	6×10^{-7}
Re	—	4×10^{-6}

这样一些常用作氧电极"催化剂"的表面上，交换电流密度数值也低至 $10^{-6} \sim 10^{-5} A/m^2$，若用氢电极反应的标准来衡量，都只能算作是高过电势金属。因此，氧电极反应总是伴随着很高的过电势，而几乎无法在平衡电势附近研究这一反应的动力学，甚至至今氧的平衡电势仍难以建立。即使是在很小的电流密度下（大约 $1mA/cm^2$），观察到氧电极的阴极反应和阳极反应的过电势都超过 $0.4V$。该问题只能通过开发高活性的催化剂才能克服。

（3）极小的交换电流密度使测量稳定电势的重现性变得很差，因为需经过很长的时间才能达到稳定电势。在非常洁净的酸性溶液中，氧电极的稳定电势通常位于 $O_2 + 4H^+ + 4e^- \Longrightarrow 2H_2O$ 和 $O_2 + 2H^+ + 2e^- \Longrightarrow H_2O_2$ 的平衡电势之间，一般情况下接近 $1.1V$。

由于以上原因，对于氧电极反应这一重要的电极过程，人们的认识水平远不如对氢电极过程的认识。

10.3.1 氧的阴极还原机理

氧的阴极还原反应为（以酸性溶液为例）：

$$O_2 + 4H^+ + 4e^- \Longrightarrow 2H_2O \qquad \varphi^\ominus = 1.229V$$

由于氧还原反应的复杂性，可以写出十几种反应机理和历程。在这种情况下，要真正肯定任何一种反应历程显然不是能轻易做到的。所以在氧还原反应的机理研究中，主要着力于分析最基本的反应类型，主要分为"直接四电子途径"与"二电子途径"两种类型。

二电子途径是首先还原形成中间产物 H_2O_2（或 HO_2^-），然后进一步电化学还原或催化分解，即在酸性溶液中：

$$O_2 + 2H^+ + 2e^- \Longrightarrow H_2O_2 \qquad \varphi^\ominus = 0.628V$$
$$H_2O_2 + 2H^+ + 2e^- \Longrightarrow 2H_2O \text{（电化学还原）} \quad \varphi^\ominus = 1.77V$$

或

$$H_2O_2 \Longrightarrow \frac{1}{2}O_2 + H_2O \quad \text{（催化分解）}$$

或在碱性溶液中：

$$O_2 + H_2O + 2e^- \Longrightarrow HO_2^- + OH^- \qquad \varphi^\ominus = -0.076V$$
$$HO_2^- + H_2O + 2e^- \Longrightarrow 3OH^- \text{（电化学还原）} \quad \varphi^\ominus = 0.88V$$

或

$$HO_2^- \Longrightarrow \frac{1}{2}O_2 + OH^- \text{（催化分解）}$$

在此途径下，这些未完全还原的中间产物能在电解液中达到相当高的浓度。若能由实验检测出中间产物 H_2O_2（或 HO_2^-）的存在，则可肯定其反应历程属于二电子途径。

直接四电子途径则是不形成中间产物 H_2O_2，而是连续获得四个电子，经历形成吸附氧或表面氧化物等中间粒子的过程，最终还原为 H_2O 或 OH^-。在酸性溶液中：

$$O_2 + 2M \Longrightarrow 2M-O$$
$$M-O + 2H^+ + 2e^- \Longrightarrow H_2O + M$$

或在碱性溶液中：

$$O_2 + 2M \Longrightarrow 2M-O$$
$$M-O + H_2O + 2e^- \Longrightarrow 2OH^- + M$$

在某些电极表面上，氧还原为过氧化氢的反应与过氧化氢进一步还原的反应发生在截然不同的电势区域（实现后一反应的电势要比实现前一反应的电势更负得多），汞电极即属此类。在含氧的 KCl 溶液中测得的极谱曲线上（图10-6），可以看到高度相等的两个双电子波，说明反应分两段进行。两个波的半波电势相差约 $0.8V$，因此在汞电极上可以方便地对

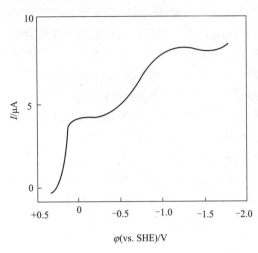

图 10-6　KCl溶液中汞电极上测得的氧还原极谱波

氧还原反应的两个阶段分别进行研究。

经研究，汞电极上氧还原反应的可能历程如下：$O_2 + e^- \Longrightarrow O_2^-$；$O_2^- + H^+ \Longrightarrow HO_2$；$HO_2 + e^- \Longrightarrow HO_2^-$；$HO_2^- + H^+ \Longrightarrow H_2O_2$；$H_2O_2 + e^- \Longrightarrow OH + OH^-$；$OH + e^- \Longrightarrow OH^-$；$2OH^- + 2H^+ \Longrightarrow 2H_2O$。

旋转环盘电极非常适合用于氧分子的还原反应研究，因为中间产物 H_2O_2 本身也是电活性的，可以在铂环电极上重新被氧化为 O_2。保持盘电极在某一电势，使之发生氧气还原为 H_2O 的反应。同时，在环电极上加上能使 H_2O_2 氧化但不至于使水分子氧化的正电势。如果测试中出现明显的环电流，说明在还原过程中，圆盘电极上形成的不稳定中间产物 H_2O_2 的一部分被甩到环电极上而被氧化，这就表明在反应中确有中间产物 H_2O_2 生成。

在大多数电极表面上，氧还原反应按二电子途径进行，或是二电子与直接四电子两种途径同时进行（称为"平行机理"）。换言之，出现二电子途径的可能性显著高于直接四电子途径，主要原因是氧分子中 O—O 键的离解能高达 494kJ/mol，而质子化生成 H_2O_2 后 O—O 键能降至 146kJ/mol，显然，通过中间产物 H_2O_2 的反应途径有利于降低氧还原反应的活化能。

在 Pt、Ag、Au 和碳电极上曾观察到氧还原反应的平行机理，尽管在这些电极上，二电子途径是主要的。在旋转环盘电极上，平行机理反应过程的分析可按照图 10-7 所给出的方案进行，这里也考虑了 H_2O_2 的脱附及其在电极表面的歧化。另外，最好能将 O_2 和 H_2O_2 在表面各自的流量分开考虑，这样可以将二电子和四电子反应过程分开。

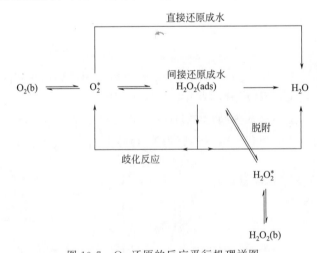

图 10-7　O_2 还原的反应平行机理详图

$O_2(b)$ 和 $H_2O_2(b)$ 位于体相溶液中，而 O_2^* 和 $H_2O_2^*$ 处于电极表面附近

10.3.2　氧在电极上的吸附

由图 10-4 可见，氧在铂电极上的吸附电势与脱附电势相差甚远，说明氧的吸、脱附是

个不可逆过程。此外，为建立氧的吸附层而进行的正向扫描所需要的电量，比反向扫描中为使氧脱附所需之电量大。即阳极极化时电极上建立起的吸附氧，在阴极极化时不可能全部脱附。这部分残存的吸附氧在电极上的存在，更进一步说明了氧吸附的不可逆性。这是因为在氧的还原或 OH^- 与 H_2O 的氧化过程中会形成各种类型的能吸附于电极上的含氧粒子，如氧原子（O）、超氧离子（O_2^-）、氧离子（O^{2-}）、氢氧基（OH）、氢氧根离子（OH^-）以及过氧化氢（H_2O_2）、过氧氢根离子（HO_2^-）、超氧化氢（HO_2）等。而且在氧的吸附发生后，还可能在电极表面进一步形成各种形式的氧化物和氢氧化物。因此，氧的吸附要比氢复杂得多。

氧气在电极表面的吸附作用方式对其经历的反应途径有直接的影响。分子轨道理论表明氧分子的 π 成键轨道与催化剂活性中心的空轨道重叠，从而削弱了氧分子的化学键，导致氧分子化学键长增大，达到活化的目的。同时催化剂活性中心的最高占据轨道可以反馈到氧分子的 $π^*$ 反键轨道，使氧分子吸附于活性中心表面。现已知道，氧分子在电极表面存在的吸附方式主要有以下三种。

（1）Griffiths 模式。O_2 用它的 π 轨道侧向地同过渡金属 M（离子或原子）的 d_{z^2} 轨道作用，同时 M 中部分充满的 d_{yz} 和 d_{rz} 轨道将电子反馈给 O_2 的 $π^*$ 轨道而形成反馈键。由于金属-氧的作用，O—O 键变弱，键长增大。如果这种作用非常强烈，将使 O_2 发生解离吸附，两个氧原子被活化，同时与质子发生加成，而 M 的价态增为 M^{z+}。此后，M^{z+} 还原并再生为催化剂的位置。这个过程如图 10-8(a) 所示。此模式有利于 O_2 的直接四电子还原，在清洁的铂表面上，氧的活化很可能是按这一模式进行的。

（2）Pauling 模式。O_2 的 π 轨道以端位和金属 M 的 d_{z^2} 轨道作用。在氧吸附之后发生部分电子转移，先后形成了超氧化物和过氧化物，如图 10-8(b) 所示。按这种方式吸附时氧分子中只有一个原子受到较强的活化，因此有利于实现二电子反应，在大多数电极材料上氧的还原可能是按这种模式进行的。

（3）桥式模式。此模式中，O_2 的侧向吸附需要 2 个具有部分充满 d 轨道的吸附位置，以便跟 O_2 的 $π^*$ 轨道成键。显然，桥式模型要求催化剂表面活性中心必须是间距合适的特殊位置。如图 10-8(c) 所示，桥式模型中催化剂位置的氧化还原转变类似于 Griffiths

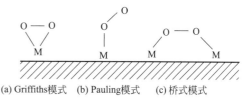

(a) Griffiths模式　(b) Pauling模式　(c) 桥式模式

图 10-8　氧分子在电极上的不同吸附模式

模式。这种吸附模式两个氧原子同时被活化，显然有利于实现四电子反应途径。碳电极上可能是按这种模式进行的。

从理论上讲，Griffiths 模式与 Pauling 模式均属"单址吸附"，而桥式模式属"双址吸附"。然而，对于在各种电极表面上氧的吸附方式迄今并无可靠的谱学证据。

10.3.3　氧阴极还原的电催化剂

如前所述，氧电极反应的可逆性差，交换电流很小，只能通过开发高活性的催化剂才能提高反应活性。目前，研究较多的阴极电催化剂是贵金属和过渡金属配合物催化剂。

适合作为氧气还原催化剂的贵金属有：Pt、Pd、Ru、Rh、Os、Ag、Ir 及 Au 等。其中 Pt 和 Pd 的电催化活性最好。可能原因是电催化剂的催化活性与电催化剂吸附氧的能力之间存在"火山形效应"（图 10-9），即适中的化学吸附能力对应的电催化活性最高。Rh 和 Ir 对氧的吸附能力过强，而 Au 对氧的吸附能力又很弱，只有 Pd 和 Pt 的吸附能力居中。在氢-

氧质子交换膜燃料电池（PEMFC）系统中常用的贵金属催化剂是 Pt，在空气电池中常用的金属催化剂是 Ag，它们多是通过碳载体材料做成的电极进行反应的。

从图 10-9 可以看出，Pt 也并非最完美的催化剂，如果一种催化剂的 O 吸附能在"火山顶"上（图中 * 点），那么其催化活性应该比 Pt 更好。研究表明，如果 Pt 与 Ni、Co、Fe 等金属形成二元合金，则可以有效降低 Pt 对原子 O 的吸附，使 O 吸附能朝"火山顶"方向移动，从而获得比 Pt 更高的催化活性。因此，铂基合金成为有望取代 Pt 的氧气还原催化剂的候选材料之一。

氧气还原反应的另一大类催化剂为过渡金属氧化物。已研究过的用作氧气还原电催化剂的金属氧化物主要是钙钛矿型、含钴尖晶石型及烧绿石型金属氧化物和复合氧化物，如 RuO_2、IrO_2、$Bi_2Ru_2O_7$、$NiCo_2O_4$、Co_3O_4、Ru 基烧绿石等。

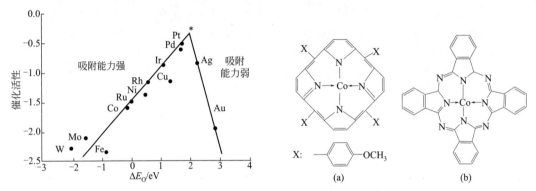

图 10-9　金属催化活性与原子 O 的吸附能的关系曲线　　图 10-10　卟啉钴（a）和酞菁钴（b）的结构式

过渡金属大环配合物（如卟啉、酞菁及其聚合物的过渡金属配合物，如图 10-10 为卟啉钴和酞菁钴的结构式）被认为是解决燃料电池阴极最有希望的催化剂。大环过渡金属配合物的结构、环上取代基的种类、中心金属离子的种类、催化剂的氧化还原电势以及电解质的种类等对氧气还原的电催化活性都有影响。

卟啉和酞菁的过渡金属配合物是由接近平面结构的大杂环配体与处于平面中心的过渡金属离子所组成。目前，已知有单核和双核两种形式，单核只有一个中心原子，双核有两个中心原子。大多数单核过渡金属催化剂是将 O_2 还原为 H_2O_2，而双核催化剂的电催化活性明显优于单核，可以实现直接四电子途径的催化氧还。双核催化剂的一个重要例子是吸附到碳表面的双核面对面型钴卟啉。卟啉是由四个吡咯通过亚甲基相连而形成的共轭大环化合物，面对面型钴卟啉为三维构型的卟啉超分子，当两个面对面的卟啉环之间的距离为 0.4nm，恰好使氧原子在 Co—Co 之间形成—O—O—桥时，可以使氧还原完全按四电子途径进行。

美国学者 Anson 等在研究连接在石墨表面的钌咪唑配合物对氧气的还原时发现，反应过程中并不能检测到 H_2O_2 中间体，但进一步研究发现该催化剂上虽然氧气还原为 H_2O_2 速率很慢，但 H_2O_2 还原为水的速率却很快。受此启发，于是设计出了双金属中心的催化剂：将铜和钌同时接在菲咯啉（phenanthroline）上组成的 Cu-Ru 双重配合物催化剂。该催化剂中 Cu^+/Cu^{2+} 配合物电对能很快地将氧气还原为 H_2O_2，而 Ru^{2+}/Ru^{3+} 配合物电对可以很快地催化 H_2O_2 生成 H_2O。由于 Cu^+/Cu^{2+} 和 Ru^{2+}/Ru^{3+} 配合物电对的反应电势很接近，起到了双重催化作用。

过渡金属配合物对氧气的还原显示了较好的电催化活性，但这类催化剂在长期工作时的稳定性还不够理想，还有待进一步研究。此外，受过渡金属大环配合物 M-N$_4$ 结构的启发，人们开始研究碳负载的含有"过渡金属-氮"结构的催化剂 M-N$_x$/C（M＝Co、Fe、Ni、Mn 等）材料。研究发现，通过简单的高温裂解含过渡金属、氮和碳的前驱体材料就能够产生 M-N$_x$/C 催化结构，这也成为氧气还原催化剂新的研究方向。

10.3.4　氧的阳极氧化机理

氧电极反应的阳极过程是氧析出反应，如在酸性水溶液中，反应为：

$$2H_2O-4e^- \Longrightarrow O_2+4H^+ \quad \varphi^\ominus=1.229V$$

水溶液中氧气的析出只能在很正的电势下进行，可供选择的电极材料只有贵金属（铂系元素和金）或处于钝态的金属（例如，碱性介质中可用 Fe、Co、Ni 等）。

事实上，在氧气的析出电势区，即使贵金属表面上也存在吸附氧层或氧化物层。因此，表面氧化物的电化学稳定性、厚度、形态、导电性等是影响氧气析出电催化活性的主要因素。例如铂与金之所以不能成为良好的析氧材料，重要原因之一很可能是因为它们表面上的氧化层导电性差。

氧气析出反应的总反应虽然是氧气还原反应的逆过程，但其动力学步骤与氧气还原反应的逆过程并不相同。主要原因在于氧气析出在较正的电势下进行，此时金属表面氧化形成了氧化物层，而氧化物层的氧原子直接参与了反应。由于当前对氧化物层的性质了解不够，有关反应机理尚无一致看法。通常认为，在酸性介质中氧气析出机理为：

$$M+H_2O-e^- \Longrightarrow M\!-\!OH+H^+ \text{（RDS）}$$
$$M\!-\!OH-e^- \Longrightarrow M\!-\!O+H^+$$
$$2M\!-\!O \Longrightarrow 2M+O_2$$

而在碱性介质中，氧气析出的机理为：

$$M+OH^- \Longrightarrow M\!-\!OH^-$$
$$M\!-\!OH^- - e^- \Longrightarrow M\!-\!OH$$
$$M\!-\!OH^- + M\!-\!OH - e^- \Longrightarrow M\!-\!O+M+H_2O$$
$$2M\!-\!O \Longrightarrow 2M+O_2$$

在低电流密度下，第三步为速控步，而在高电流密度下，第二步为速控步。

对于酸性介质中氧气的析出反应，考虑到电催化性能和稳定性，目前已知的最好的电催化剂有 Ru、Ir 的氧化物及含 Ru、Ir 的混合氧化物。碱性介质中最好的电极材料为覆盖了钙钛矿型和尖晶石型氧化物的镍电极和镍铁合金（原子比 1:1）。而对于贵金属电极，考虑其氧化物的导电性，氧气析出过电势的顺序为：Au＞Pt＞Ru＞Ir＞Os＞Pd＞Rh。

10.4　金属阴极过程

金属电极是指由金属与金属离子所组成的电极体系，在电镀工业、湿法冶金、化学电源、金属腐蚀防护、电解加工等领域中都涉及这类电极过程，所以它在生产实践中有着很重要的应用。

有关金属电化学的研究大多偏重在工艺方面，虽然其中有些也涉及电极反应历程，但由于实验方法本身的局限性以及实验技术不能保证数据的重现性，很难对这些过程的历程作出比较确定的结论。

研究金属电极过程需要注意三个方面。

（1）许多金属电极的界面步骤进行得很快，在用经典极化曲线方法研究电极过程时，电极反应速度往往是液相传质步骤控制的，不能揭示界面步骤的动力学规律。所以需要用暂态方法或交流电方法研究，以减少测量过程中电极表面附近液层中的浓度极化和表面状态的变化。

（2）在固态金属电极表面上同时进行着电子得失过程和电结晶过程，这两类步骤的动力学规律交叠作用，因而使极化曲线具有比较复杂的形式，增大了分析数据的困难。可以利用液态金属电极，特别是汞电极和汞齐电极来绕过结晶过程的影响而单独研究电化学步骤的动力学规律。

（3）固态金属表面是不均匀的，晶体的生长只能在晶面上某些特殊部位进行。因此，表面污染对电结晶过程的影响特别严重，需要十分仔细地处理及净化电极和溶液，才能获得重现性良好的结果。此外，在金属电极过程进行的同时，还不断发生着电极表面的生长或破坏，因此，如何在实验过程中控制电极表面状态的变化，以及如何计算真实电极面积和真实电流密度，都成为需要仔细考虑的问题。

目前对金属阴极过程的电子转移步骤研究得比较充分，而对电结晶步骤却研究得比较少。因为在研究电结晶步骤的动力学规律时，尚不能消除电子转移步骤的影响，而且电结晶步骤本身也比较复杂。

10.4.1　金属阴极过程基本特点

金属的阴极过程系指电极发生阴极极化，反应产物是金属的电极过程。本节主要介绍金属电沉积过程，它是金属离子或配离子在外电流的作用下在阴极还原并沉积为金属的过程，它在电极过程中有新相生成。在电冶金、电精炼、电镀和电铸过程中都会发生金属的电沉积过程。

金属的电沉积过程一般包括以下几个单元步骤：

① 金属离子向电极表面的液相传质步骤；

② 金属离子在电极表面去水化、吸附等表面转化步骤；

③ 金属离子在电极表面得到电子还原生成金属原子的电化学反应步骤；

④ 金属原子结晶形成金属晶体的新相生成步骤；

⑤ 金属原子向金属固体相内部扩散的固相扩散步骤；

⑥ 对于比较复杂的反应产物，在电极表面还可能进行分解、复合、歧化、脱附等后续表面转化步骤。

在阴极电沉积过程中会出现各种极化现象：浓度极化，电化学极化以及由表面转化和电结晶过程引起的极化。如何控制金属电沉积过程的极化，是一个有着重大意义的实际问题。在湿法冶金工业中，减少极化是降低生产成本的重要途径之一。但电镀工业中的情况刚好相反，由于极化较大时（浓度极化除外）得到的金属镀层结晶细小、附着力好，所以电镀中总是采取措施来增大极化。

金属离子在阴极还原为金属，既要考虑热力学条件，还要满足动力学条件。

从原则上说，只要电极电势足够负，任何金属离子都有可能在阴极还原为金属。但是，水溶液中还有析氢反应的影响，即使在高过电势金属表面上，当电势达到 $-2.0 \sim -1.8\text{V}$ 时，氢气也将剧烈析出。

金属离子在阴极电沉积次序还决定于金属离子的活度、溶液 pH 值，以及金属离子在溶液中存在的形态是简单离子还是配位离子、何种配位离子、析出金属的形态是纯金属形式析出还是合金形式析出、溶剂种类、溶液成分等多种因素。

元素周期表中根据金属活泼性顺序能大致说明金属离子还原过程的可能性，见表10-4。

表10-4 水溶液中金属离子还原可能性规律

周期	元 素																
第二	Li	Be									B	C	N	O	F	Ne
第三	Na	Mg									Al	Si	P	S	Cl	Ar
第四	K	Ca	Sc	Ti	V	Cr	Mn	Fe	Co	Ni	Cu	Zn	Ga	Ge	As	Se	Br	Kr
第五	Rb	Sr	Y	Zr	Nb	Mo	Tc	Ru	Rh	Pd	Ag	Cd	In	Sn	Sb	Te	I	Xe
第六	Cs	Ba	La	Hf	Ta	W	Re	Os	Ir	Pt	Au	Hg	Tl	Pb	Bi	Po	At	Rn
第七	Fr	Ra	Ac														
	区域 I					区域 II				区域 III					非金属		

一般说来在周期表中愈靠近左边的金属元素，在阴极还原及电沉积的可能性也愈小；反之，愈靠近周期表右边的金属元素愈容易被还原及电沉积。在水溶液中大致可以分为以下区域：区域 I 中金属元素的标准电势很负，虽然这些金属的 j_0 都很大，但也难以从水溶液中还原为金属，在电极上进行的是氢的析出反应。区域 II 和区域 III 中的金属元素的标准电极电势比较正，都能从水溶液中还原为金属。区域 II 中金属元素电极反应的 j_0 比较小，极化大，简单金属离子即可实现良好电沉积，但是其中钼、钨不能单独在水溶液中沉积，只能在有铁族金属存在下以合金形式沉积，称为诱导共沉积。处在区域 III 中的金属元素电极反应的 j_0 很大，从其简单盐溶液中沉积这些金属时，得到的镀层结晶粗大、结构不致密，只有与配位剂形成的配离子还原时才可能形成较大的电化学极化，实现良好电沉积。

近年来，从非水溶液中电沉积金属，开始引起了人们的注意。利用一些非水溶剂代替水，使得从水溶液中不能沉积出的金属，可以从其他溶剂的溶液中沉积出来，如 Al、Be、Mg 等金属可以从醚溶液中电沉积出来。表10-5 列出了部分非水溶剂中某些电极体系的标准电势。这些溶剂的分解电压比水高得多，比金属离子的还原电势负得多，故在金属沉积时不会发生溶剂分解。

表10-5 25℃下部分电极在水和有机溶剂中的标准电极电势 单位：V

电极	H_2O	CH_3OH	C_2H_5OH	N_2H_4	CH_3CN	$HCOOH$
Li^+/Li	-3.045	-3.095	-3.042	-2.20	-3.23	-3.48
K^+/K	-2.925	-2.921	—	-2.02	-3.16	-3.36
Na^+/Na	-2.714	-2.728	-2.657	-1.83	-2.87	-3.42
Ca^{2+}/Ca	-2.87	—	—	-1.91	-2.75	-3.20
Rb^+/Rb	-2.98	-2.912	—	-2.01	-3.17	-3.45

10.4.2 简单金属离子的阴极还原

水溶液中，简单金属离子周围一般都有水化膜，金属离子与水分子形成的配合物称为水合配合物，简称水合物，常见的配位数是 4 和 6。例如 Cu^{2+} 应当是 $[Cu(H_2O)_4]^{2+}$，Cr^{3+} 是 $[Cr(H_2O)_6]^{3+}$。故金属离子的还原反应可用下式表示：

$$[M(H_2O)_n]^{z+} + ze^- \rightleftharpoons M + nH_2O$$

参考视频
电镀演示实验

反应历程大致经历下列几个阶段:

① 电极表面层中金属离子周围水分子的重排和水化程度降低,部分失水的金属离子直接吸附在电极表面上;

② 电子不受水化层的阻碍而在电极与金属离子之间跃迁,形成仍然保留部分水化层的金属原子;

③ 金属原子失去剩余的水化层,并成为金属晶格上或液态金属中的金属原子。

研究表明,多价金属离子还原为金属的反应历程是单个电子转移步骤串联进行的,每步得一个电子,且往往是得到第一个电子较困难,为速度控制步骤。例如两价金属离子反应方程式为:

$$M^{2+} + e^- = M^+ \ (RDS)$$

$$M^+ + e^- = M$$

10.4.3　金属配离子的阴极还原

在电镀工艺生产中,为了获得结晶细致的镀层,必须使金属电沉积过程在较高的电化学极化下进行。对于交换电流密度大的金属,必须靠使用配合物电解液,或加入表面活性物质来提高阴极极化,以获得满意的金属镀层。

配合物是由配位体和金属离子通过形成配位键而组成的一类化合物。金属离子与配位体相作用时,配位体会逐个地取代水化离子内部的配位水分子而形成一系列具有不同配位数的配合物。兹以 Cd^{2+} 与配位体 CN^- 形成的以下四个品种为例。

$$[Cd(H_2O)_4]^{2+} + CN^- = [Cd(H_2O)_3CN]^+ + H_2O$$

$$[Cd(H_2O)_3CN]^+ + CN^- = [Cd(H_2O)_2(CN)_2] + H_2O$$

$$[Cd(H_2O)_2(CN)_2] + CN^- = [Cd(H_2O)(CN)_3]^- + H_2O$$

$$[Cd(H_2O)(CN)_3]^- + CN^- = [Cd(CN)_4]^{2-} + H_2O$$

一般情况下,金属从配离子体系中析出比从简单水溶液体系析出更困难,涉及更大的电化学极化,交换电流密度可降低几个数量级。

从热力学角度看,在含有配位剂的溶液中,金属离子能形成比简单水化离子稳定得多的配离子,其还原为金属的活化能显著增大,进行还原反应更加困难,因此体系的平衡电势比简单离子变得更负。例如在 $AgNO_3$ 溶液中加入 KCN 以后,Ag^+/Ag 的标准电极电势由 0.799V 移动到 $-0.487V$,负移了 1.286V。在金属电沉积的生产实践中,常利用此现象使不同金属的电极电势趋近而实现合金的沉积和避免金属置换反应的发生。

配离子的不稳定常数 K_a 是配离子在一定温度下的电离平衡常数,K_a 越小(即 pK_a 越大),配离子越稳定,平衡电势越负。然而,不能仅根据配离子的热力学稳定性来估计析出金属时的极化值,也就是不能认为配离子的不稳定常数越小对应的过电势就越大。因为平衡电极电势是金属电极体系的热力学性质,它与体系的动力学性质——过电势并没有直接关系。

简单盐电解液中的金属离子以水化金属离子的形式存在,当向溶液中加入配位剂后,金属离子将与配位剂发生配位反应,在金属离子与配位剂之间存在一系列的"配位-解离平衡"。这时溶液中不仅有水化金属离子,而且还存在着具有不同配位数的多种金属配离子,它们各自具有不同的浓度。每种配离子的浓度大小与相应的不稳定常数及溶液的组成有关,体系中浓度最大的配离子称为金属离子的"主要存在形式"。

随之而来的问题是,在这种复杂的溶液中究竟是哪一种或哪几种离子直接参加阴极还原反应。

有一种错误的看法，即认为配离子总是先离解为简单水合离子，然后再在电极上放电。但是简单计算表明，由于配离子很稳定，故简单水合离子的浓度极低，平衡电势极负，在新的平衡电势下简单离子引起的交换电流比在配合物体系中测得的交换电流小得多，简单离子的作用可以完全忽略不计。

另一种有问题的看法认为是金属配离子的主要存在形式直接在电极上放电。然而，"主要存在"的配离子大多具有较高或最高的配位数，因而中心离子在放电过程中涉及的配体层结构改组较大，故一般需要较高的活化能。此外，大多数金属配离子的电极反应是在荷负电的电极表面上进行的，而不少配体都带负电荷，因此配位数较高的配离子往往更强烈地受到双电层电荷的排斥作用。因而这种配离子直接在电极上还原的可能性是比较小的。

研究表明，那些具有适中浓度和适中反应能力的配位数较低的配离子往往更容易成为主要的、直接参加电子交换反应的"电极活性粒子"。表 10-6 是一些研究结果。从表中可以看出，在电极上参加还原反应的是一些具有较低配位数的配离子。它们与具有特征配位数的主要存在形式相比，反应所需的活化能小，而且在溶液中的浓度又不太低，因此可以以较大的反应速度直接在电极上还原。另外，因为是阴极反应，所以大多数这类电极反应是在荷负电的电极表面上进行的，而不少配位数较高的配离子带有负电，因而更强烈地受到电极表面剩余电荷的排斥作用。这也会导致配位数较高的配离子不易在电极表面上直接放电，而使配位数较低的配离子成为主要的反应粒子。

表 10-6 配离子的主要存在形式与直接在电极上放电的配离子

电极体系	配离子的主要存在形式	直接在电极上放电的配离子
$Zn(Hg)/Zn^{2+},C_2O_4^{2-}$	$C_2O_4^{2-}$ 浓度大，$Zn(C_2O_4)_3^{4-}$ $C_2O_4^{2-}$ 浓度小，$Zn(C_2O_4)_2^{2-}$	ZnC_2O_4
$Zn(Hg)/Zn^{2+},CN^-,OH^-$	$Zn(CN)_4^{2-}$	$Zn(OH)_2$
$Zn(Hg)/Zn^{2+},NH_3$	$Zn(NH_3)_3OH^+$	$Zn(NH_3)_2^{2+}$
$Ag/Ag^+,NH_3$	$Ag(NH_3)_2^+$	$Ag(NH_3)_2^+$
$Au/Au^+,CN^-$	$Au(CN)_2^-$	$AuCN$

在某些场合下，含有不止一种配位体的混合配体配合物可更有效地调节金属离子的析出过电势，即有时电镀液中同时加入两种配位剂可以得到更好的效果。事实上，具有低配位数的配离子也可以看成包含水分子的混合配体配合物。

还需要指出，除了考虑配位剂在溶液中的性质外，还必须考虑其界面性质。由于电极反应的本质是界面反应，因而配位剂只能通过影响界面上反应粒子的组成以及它们在界面上的排列方式，才可能改变金属离子的电极反应速度。一些实验事实表明，某些直接参加电子交换反应的配离子可能只在电极表面上存在。例如，在锌酸盐镀液中，加入了含量不低的三乙醇胺，它起了辅助配位剂的作用，可是在溶液中却检测不出这种配离子，只能看作是一种表面配合物。还有一些低氰镀液配方中 CN^- 的浓度显著低于金属离子的浓度，却能显著提高极化。这些事实只能解释为加入的配位剂按照某种界面方式影响了金属离子的电沉积过程，主要起着"表面活性配位剂"的作用。进一步研究电极表面、金属离子和配位剂三者之间的相互作用，将有助于提高对金属配离子电沉积过程的认识。

10.4.4 电结晶

在电极表面生成金属覆盖层的电化学过程称为电化学结晶。由于这类过程包括跨越双电层的电荷转移以及物质交换，其行为十分复杂。

通常金属电极是多晶的，其中一些小微晶以特定的晶面朝向溶液。多晶电极是长程无序的，晶间区可能出现一系列缺陷，如晶粒边界、晶格缺陷、嵌入分子、吸附分子甚至氧化物层等。

由于实际电极表面存在大量缺陷，所以电结晶过程主要有两种形式。

（1）金属离子在电极表面放电并生成吸附原子，该吸附原子尽管已经定域在表面，但是它继续保持部分的电荷和水化层。吸附原子比完全放完电的金属原子更容易移动，如图10-11（a）所示，它能够很快地扩散到表面的台阶缺陷位置并进入晶格，在原有金属的晶格上延续生长。表面将随着这些台阶缺陷位置的扩展而生长。

（2）金属离子优先在电极表面的台阶缺陷上放电，金属离子的扩散是在溶液中横向进行的，台阶通过还原金属离子而直接生长。如图10-11（b）所示。

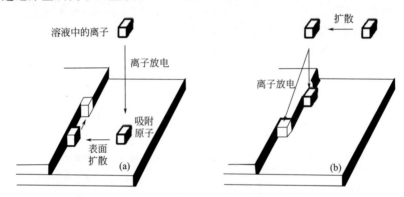

图 10-11　电结晶过程基本步骤示意图

（a）放电形成的吸附原子通过表面扩散至晶格台阶位置；（b）在溶液中扩散直接在晶格台阶位置放电

计算表明，在这两种情形中，电流密度都与台阶边缘的线密度成比例。

如上所述，在极化不大时，电结晶过程将是在原有基体金属的晶格上继续生长，只有当过电势较高时，才可能有新的晶核形成。在结晶过程的开始阶段，一些结晶物质分子相互靠近，按一定的取向关系聚集形成的亚微观聚集体称为晶核。

金属晶核的形成是一个形成新相的过程，它与盐类自溶液中结晶析出的过程有很多相似的地方。

一定温度下的某盐溶液，当它的浓度达饱和时，体系便处于平衡状态。通常所说的各种盐类的饱和溶液，都是针对粗粒晶体而言的。与粗粒晶体成平衡的饱和溶液，对细粒晶体则是不饱和的。或者说晶粒越细小，其溶解度越大。因此，细小的晶核只有在盐溶液的过饱和溶液中才能形成。而且过饱和度越大，晶核越容易形成，晶核的尺寸也越小。

电结晶过程中晶核的形成与一般盐类的结晶有相似之处。大的晶体与细小的晶粒有不同的化学势，后者有更大的比表面，因而就有着更大的表面能与总能量，由于这种能量差别，由细小晶粒组成的金属电极就具有较负的平衡电极电势。所以必须在比大晶体组成的电极的平衡电势负很多的过电势下才能形成晶核，而且过电势越高，晶核越容易形成。

在一个完全平整的电极表面上成核是十分困难的，但当形成的晶核中的原子数较少时，其表面自由能要大于金属体相的自由能，从而可以成核。因此，平整表面只能形成少量的晶核。在仔细制备的不含位错的银的单晶表面上电沉积银的实验表明，一旦形成了一个晶核，它将沿表面铺展成长，形成第二个晶核的概率较小。

实际上，一般表面远谈不上平滑，其上分布着各种缺陷。与平整表面相比，在这些表面缺陷位的某些地方将会优先成核，这些位置称为活性位，如果在活性位的成核占据主导地位并且伴随着聚集生长，那么，晶核生长的数目将与表面的活性位总数相关。

如果晶面的生长过程是按图10-11的理想晶面生长，那么当每一层晶面长满后，生长点和生长线就消失了。必须在晶面上重新生成具有一定尺寸的新的二维晶核，晶体才能继续生长。然而形成具有一定尺寸的新晶核时，需要较高的过电势，在晶面形成的新晶核上继续生长为晶体，过电势也随之下降。如果晶面生长按这种历程进行，就会观察到过电势周期性地波动。但是，在晶体成长过程中并没有观察到这种电势波动现象，因为实际晶体表面总是存在着大量的螺旋位错，如图10-12所示。这些螺旋位错提供了一种晶体的生长方式，它将沿着螺旋形缺陷一直向上生长而不消失。

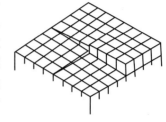

图 10-12　晶体表面的螺旋位错

如图10-13所示，当螺旋位错存在时，晶体表面可以在不成核条件下连续生长，并在表面上产生金字塔形状的结构。在实际中，大多数基底具有相当数量的这类位错，由于位错会导致生长点处金属沉积的过电势较低，因而使表面沉积层变得粗糙。特别是在低离子浓度或在极化率很低的溶剂中，这类效应尤其明显，将导致树枝状结晶。相反，在浓的高导电溶液中，特别是当存在防止位错蔓延的强吸附的抑制剂时，电沉积可产生比较平滑的表面。

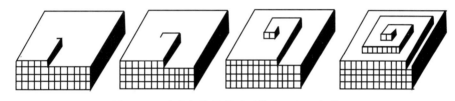

图 10-13　存在螺旋位错时晶体表面的生长模型

10.4.5　电解法制备金属粉末

前面讨论了金属的电结晶机理，当过电势很低时，由于反应速率很慢，可以生成具有较大晶面的大微晶，在实际生产条件下可生成粗大的晶体；如果提高过电势，电化学极化增大，成核速率也将随之升高，将产生更细小的晶体；当进一步提高过电势时，会发生严重的浓度极化，此时往往会电沉积生成一层细小的粉末薄膜，可容易地从基底表面刮下来。

以铜为例，该条件可通过升高过电势使电流密度刚好达到极限扩散电流密度而获得。实验证明，电沉积铜粉可在自然对流受到抑制而且未加搅拌的溶液中获得。例如，在 $10g/L$ 的 Cu^{2+} 溶液中，以 $15A/dm^2$ 的电流密度电解，此时 Cu^{2+} 浓度只有正常电镀液的约 $1/5$，而电流密度却达到了正常电镀液的约 3 倍，这样，低浓度和高电流密度会导致很大的浓度极化，达到极限扩散电流密度。

金属是否以粉末状态沉积的条件取决于结晶能、吸附原子的表面扩散系数以及电荷传递速率等因素。即使不生成金属粉末，也能通过提高过电势使氢析出反应同时发生，利用气泡的搅拌作用而获得海绵状的金属沉积物。

还可通过往溶液中添加抑制剂来抑制晶核的进一步生长，抑制剂主要是通过吸附在晶体表面高能量位置（譬如阶梯位）来达到目的。该方法的缺点是即使在很高的过电势下电流密度也很低。此法已用于制备 Cd 和 Zn 的粉末，所使用的抑制剂是各种胶体材料。

铜粉的制备已工业化，用电沉积也制备了 Fe、Zn、Sn、Cd、Sb、Ag、Ni、Mn、W、

Ti 和 Ta 的金属粉末。这些金属粉末具有枝状无规则的外表、细小的颗粒尺寸以及很高的纯度，非常适合于用来制造冶金工业用的模具或烧结物，如齿轮或自润滑的衬套等。因为这些金属粉末具有多重晶格缺陷以及高能吸附位，人们也在探索着将这类粉末用作催化剂。

10.4.6　电铸

电铸是在预制模板上通过金属电沉积来制备或复制金属构件的一种技术。把预先按所需形状制成的芯模作为阴极，用电铸材料作为阳极，放入与阳极材料相同的金属盐溶液中，通以直流电。在电解作用下，芯模表面逐渐沉积出金属电铸层，达到所需的厚度后从溶液中取出，将电铸层与芯模分离，便获得与芯模形状相对应的金属复制件。

芯模可由任何容易加工的材料制成，常见的材料有金属（如不锈钢、镍、铝合金等）和非金属（如石膏、蜡制剂及塑料等）。非金属芯模材料要进行表面金属化以提高导电性，如进行化学镀或涂覆导电粉末（常用石墨粉）。

电铸与电镀均属于金属电沉积范畴，它们工艺原理相同，所需设备和工艺流程也基本相同，但还是存在一定的差别。电镀层的厚度一般为 $10 \sim 20 \mu m$，超过 $50 \mu m$ 的镀层比较少见，而电铸层的厚度经常要达到几毫米。另外，电铸层的内应力必须较低而电镀层的内应力可以相对较高，所以，可以进行电镀的金属或合金不一定能电铸。目前，可以从水溶液中进行电铸的单金属只有铜、镍、铁三种，合金数量也只有十余种。

电铸技术可用于制造模具、金属箔、金属网。该技术尤其在制备中空的结构时非常有用，例如通过在石蜡/碳模板上沉积铜，随后通过熔化而去除石蜡。在历史上，小汽车的散热器就是通过这种方法制造的。

10.5　金属阳极过程

金属的阳极过程是指金属电极发生阳极极化的过程。包括金属在有电流通过时的正常阳极溶解过程和钝化过程，以及不通过外电流时因与周围介质的作用而发生的自溶解过程。在化学电源、电镀、电解、腐蚀过程中都会发生金属的阳极过程。

在化学电源中，负极活性物质多数是一些活泼或较活泼的金属，如 Zn、Pb、Cd、Li、Mg、Na 等，它们在放电过程中会发生金属阳极溶解过程。

在电镀、电解工业生产中广泛应用的金属阳极有两种，即可溶性阳极与不溶性阳极。可溶性阳极在阳极极化时自身金属会发生氧化溶解，成为金属离子进入电解液，提供阴极反应物粒子，如镀铜、镀镍、镀锌等镀槽中使用的金属阳极都属此类。不溶性阳极在电流作用下，本身基本不发生氧化溶解，只发生其他氧化反应，如氧气的析出等，它起的作用是形成回路和控制电流在阴极表面的分布，如镀铬槽中的铅合金阳极、电化学除油槽中的铁阳极等。

本节讨论的对象是可溶性阳极的电极过程。在电镀、电解工业生产中应用的可溶性阳极，必须根据工艺规范定量溶解，而且仅形成一种价态的水化离子（或配离子）。例如，酸性镀铜的铜阳极产物必须是 Cu^{2+}；而氰化物镀铜的铜阳极产物则是 Cu^{+}。又如在电解精炼金属时，阳极中常常含有多种金属组分，但是只能允许其中一种组分以一定的离子形式进入溶液，其余组分则以阳极泥的形式沉入槽底。所以很多金属阳极过程都是相当复杂的，由于金属本性、电解液组成、外加电压、pH 值、搅拌条件及温度等因素的作用，不仅使反应速度发生很大变化，而且常常出现一些新的反应。

10.5.1 正常的金属阳极溶解过程

正常的金属阳极溶解反应可用下式表示：

$$M + nH_2O - ze^- \rightleftharpoons [M(H_2O)_n]^{z+}$$

反应历程大致经历下列几个阶段：

① 金属晶格的瓦解破坏，金属原子部分水化（或配位）变成吸附态的金属原子；

② 吸附态的金属原子发生电子转移反应，失去电子变成吸附态的金属离子；

③ 从电极表面脱附，继续水化成为水化金属离子（或与配位剂形成金属配离子）。

如果产物通过液相传质进入溶液深处的阻力不大，则阳极极化主要来自金属晶格的破坏及金属离子的水化。

金属的阳极溶解首先从晶面缺陷处开始。如图 10-14 所示，处在台阶、拐角处的金属原子的相邻原子数目少，而与其接近的水分子数目较多，故这些位置上的金属原子与晶格结合较弱而与水分子有较强的相互作用，因此比较容易溶解。因此晶体结构中存在一些缺陷或位错，对金属的阳极溶解是有利的。另外，不同晶面的阳极溶解速度也有差别，一般低指数晶面上原子间距较小，结合较强，因而溶解较慢。

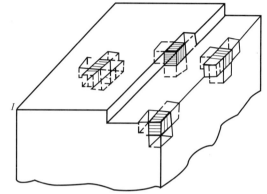

图 10-14 金属阳极溶解晶面模型

金属中的少量杂质对金属的阳极溶解也往往产生很大的影响。如电镀镍中使用含硫 0.02% 的镍阳极时，阳极极化比采用纯镍阳极降低了 400 多毫伏；而酸性镀铜中使用含磷 0.05% 的铜阳极，阳极极化比采用纯铜阳极增大了许多。

研究表明，在极化不太大时，阳极反应的历程是阴极反应历程的逆过程。我们已经知道，多价金属离子还原为金属的反应历程是单个电子转移步骤串联进行的，每步得一个电子，且往往是得到第一个电子较困难，为速度控制步骤。那么，其逆过程阳极过程，也必定是分成若干个单电子步骤，而且通常是以失去最后一个电子的步骤为控制步骤。例如金属溶解为两价金属离子反应方程式为：

$$M - e^- \rightleftharpoons M^+$$

$$M^+ - e^- \rightleftharpoons M^{2+} \text{（RDS）}$$

根据此机理，阳极极化增大时，中间态粒子的浓度应显著增大，目前已经得到的一些实验结果证实了上述结论。

影响金属阳极溶解的因素很多，如温度、溶液组成及浓度、pH 值等。一般地，升高电解液的温度对金属的阳极溶解是有利的。而溶液组成及浓度的影响，有的起活化作用，有的则起阻化作用。水分子对正常阳极溶解有活化作用，但在高浓溶液中（水的活度显著降低）阳极溶解速度往往会下降，所以在强酸及强碱溶液中，不少金属的溶解速度在某一较高的浓度附近具有极大值。能使金属离子还原时极化增大的配位剂和表面活性剂一般也能使金属阳极溶解加快，并使表面溶解比较均匀，但也可能出现钝化。

10.5.2 金属的钝化

金属的阳极溶解速率超过一定的临界值后，电极表面附近的金属离子的局部浓度可能会超过金属氢氧化物或金属氧化物的溶解度而在电极表面沉积单层或多层的不溶物，从而大大地降低阳极的电流密度，该过程称为钝化。Cr、Mo、Al、Ni、Fe、Ti、Ta、Nb、Zn 等金属最容易钝化。以铁为例，当发生钝化时，仅有很小的氧化电流流过，该电流来自铁电极表面溶解生成的 Fe^{3+}，它穿越主要由水合的 γ-Fe_2O_3 组成的钝化层再达到氧化物/电解液界面，可能参与钝化膜的缓慢生长过程或直接溶解到溶液中去。

图 10-15 给出了金属的钝化曲线。钝化曲线可以分成四个电势区间。其中 AB 段是金属的正常阳极溶解阶段，这个电势区间叫作阳极的活性溶解区。当电势达 B 点后，电流密度急剧下降，B 点电势称为临界钝化电势（φ_p），其对应的电流密度称为临界钝化电流密度（j_p），BC 段区间是不稳定状态，称为活化-钝化过渡区。在 CD 段，金属钝态到达稳定，金属的溶解速度降到最低值（j'_p，称为维钝电流密度）且基本不随电势变化，CD 段近似一水平直线，称为稳定钝化区。到 DE 段阳极电流又重新增大，称为过钝化区。

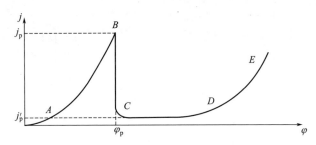

图 10-15 金属的阳极溶解及钝化曲线

过钝化区的出现，对于不同的金属有两种情况。①在很正的电势下，电流密度的增加通常来自在钝态氧化物表面发生水的氧化反应而导致的氧析出。该过程要求钝化过程所形成的氧化膜至少有一定的电子导电性，在铁、镍、钴、锌上的情形如此，但铝、钛、钽的氧化膜导电性非常小，因此没观察到过钝化区，必须外加很大的过电势（几十甚至几百伏特）才能使这些金属出现可测量的过钝化电流。②在很正的电势下，阳极金属以高价离子形式溶解，发生超钝化现象（如铬阳极在钝化区以二价铬离子溶解，而在超钝化区则以六价铬离子溶解生成铬酸盐离子）。

关于钝化机理目前主要有三种理论：成相膜理论、吸附理论和吸附薄膜理论。

成相膜理论认为，钝化是因为在表面生成了一层紧密、完整、有一定厚度的（一般为 1～5nm）钝化膜。这层膜是一个独立的相，将金属与溶液机械地隔离开，致使金属的溶解速度大大降低。大多数钝化膜系由氧化物组成，磷酸盐、铬酸盐、硅酸盐、硫酸盐及氯化物等也可以在一定条件下构成钝化膜。钝化膜的生成与金属的类型以及电解液的性质和浓度紧密相关。例如在中性溶液中，铝生成不导电的 Al_2O_3 钝化层，但在碱性溶液中则可自发溶解。

吸附理论认为，金属表面上形成的较厚的钝化膜不是钝化的原因，而是钝化的结果。当电极电势足够正时，金属电极表面上形成了 O^{2-} 或 OH^- 的吸附层，该吸附层增加了金属氧化为金属离子反应所需的活化能，降低了反应的交换电流密度，使电极进入钝态。利用吸附理论可以解释一些活性阴离子对钝态金属的活化作用。例如，在一些已钝化金属的电解液中加入 Cl^- 以后，Cl^- 与 O^{2-} 在电极表面发生竞争吸附，因为 Cl^- 的特性吸附占绝对优势，故金属的阳极溶解速度又增大了，钝态被破坏。

上述两种说法其实并不冲突，所以综合两种说法出现了第三种理论——吸附薄膜理论。

吸附薄膜理论认为，在阳极电势增加时，最初形成的是化学吸附层。随着电势继续增加，由纯吸附层向屏障层过渡，屏障层是连续无孔层，具有无定形结构（或不明显结晶），非化学计量、组分变化范围很宽，其结构取向与基体金属结构取向一致，与致密氧化物结构明显不同。在许多情况下，钝化状态取决于屏障层的形成（如 Al、Ti、Ta、Nb 等金属的钝化）。当电势继续增加时，屏障层变厚，其连续性遭破坏，结构发生变化（再结晶），出现较厚的钝化层。但外层钝化层通常会破裂、侵蚀或局部穿孔，故钝化作用通常取决于紧接金属的化学吸附层或屏障层。

下面例子给出了钝化膜形成的反应步骤。据研究，一个钝化的镍氧化物膜可以通过在金属表面的几步反应形成。可能的机理如下：

$$Ni + H_2O - e^- \longrightarrow NiOH_{ad} + H^+ \quad （难溶单分子层）$$

$$NiOH_{ad} + H^+ - e^- \longrightarrow Ni^{2+} + H_2O \quad （质子化）$$

$$NiOH_{ad} - e^- \longrightarrow NiO_{film} + H^+ \quad （脱质子化）$$

其中下标"ad"代表吸附，这表明在金属表面生成 $NiOH_{ad}$ 且吸附于表面；NiO_{film} 是金属表面形成的一组很薄而连续的膜。

钝化膜的结构、组成和厚度可用仪器分析技术测定出来，如俄歇电子能谱（AES）、离子质谱（IMS）、X 射线衍射（XRD）、X 射线光电子能谱（XPS）等。表 10-7 给出了一些文献中测定的金属钝化膜成分。

表 10-7 一些金属表面的钝化膜组成

金属	Fe	Ni	AISI304 不锈钢（0Cr18Ni9 钢）
钝化膜成分	γ-Fe_2O_3 或 FeOOH	NiO 或 $Ni(OH)_2$ 或 NiOOH	$CrO_x(OH)_{3-2x} \cdot nH_2O$

将电势控制在钝化区以外，可观察到钝化膜的缓慢溶解而去除钝化膜，该过程称为再活化。该过程也可通过恒电流模式进行，这时可观察到电势首先逐渐降低到临界钝化电势，然后很快地降低到金属的溶解电势。再活化过程也可通过加入活性阴离子如 Cl^- 而实现。

参考视频
钝化曲线
测量实验

10.5.3 金属的自溶解

金属与电解质溶液相接触时发生的与外电流无关的溶解过程，叫作金属的自溶解或电化学腐蚀。其特征就是在金属表面同时发生两个不同的电极反应，分别产生阳极和阴极电流，两个半反应均遵循电极过程动力学规律。

在 7.7 节中已经讨论了平衡电势和稳定电势的区别，在此来进行更深入的分析。将金属 M（例如 Fe）浸入含有 M^{2+}（例如 Fe^{2+}）的酸性溶液中，假设电极表面只发生 $Fe^{2+} + 2e^- \rightleftharpoons Fe$ 的交换反应，则在两相界面上会发生物质和电荷的转移 [见图 10-16(a)]，最后建立了电荷平衡和物质平衡，其电极电势即为平衡电势。但实际上界面上还有另一对交换反应在进行，即 $2H^+ + 2e^- \rightleftharpoons H_2$ [见图 10-16(b)]。此时电势处于两个反应的平衡电势之间，即为稳定电势。此电势偏离了各自的平衡，故发生金属的净溶解和氢气的净析出，因为外电流为 0，故金属的净溶解速度与 H^+ 的净还原速度相等，即电荷的转移平衡，而物质转移并不平衡。

这种在同一电极上同时进行的、有着相同反应速度且相互独立的一对反应称为共轭反应，其中一个是净氧化反应，另一个是净还原反应。在水溶液中，金属溶解反应的共轭反应主要是氢的析出（$2H^+ + 2e^- \rightleftharpoons H_2$）或溶解氧的还原（$O_2 + 4H^+ + 4e^- \rightleftharpoons 2H_2O$，许多情况下仅部分还原为 H_2O_2）。

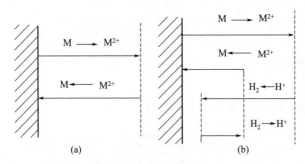

图 10-16 建立平衡电势（a）与稳定电势（b）的示意图

既然两对交换反应在同一个电极上发生，可以在同一张图上将四个反应的电化学极化曲线都画出来，然后综合分析其相互影响形成的表观动力学特点。仍以酸性溶液中 Fe 的自溶解为例，如图 10-17 所示。在铁电极表面进行的一对共轭反应如下。

反应①：$\qquad Fe^{2+}+2e^{-}\underset{\overleftarrow{j_1}}{\overset{\overrightarrow{j_1}}{\rightleftharpoons}}Fe \quad \varphi^{\ominus}=-0.447V$

反应②：$\qquad 2H^{+}+2e^{-}\underset{\overleftarrow{j_2}}{\overset{\overrightarrow{j_2}}{\rightleftharpoons}}H_2 \quad \varphi^{\ominus}=0V$

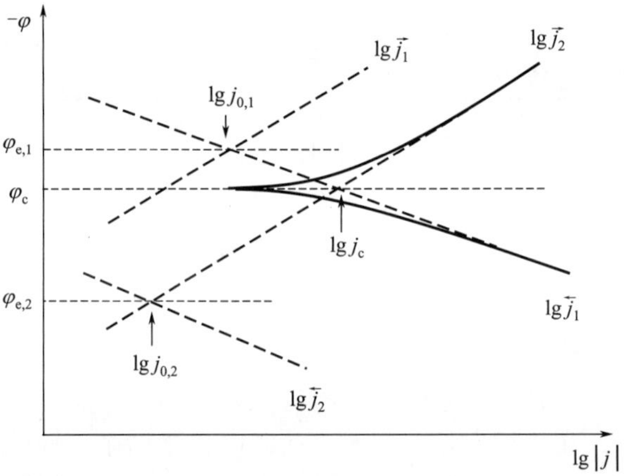

图 10-17 金属自溶解过程中两对交换反应的极化曲线

这两个反应有各自的平衡电势 $\varphi_{e,1}$、$\varphi_{e,2}$ 和交换电流密度 $j_{0,1}$、$j_{0,2}$，但由于同时在一个电极上发生，故实际都处于稳定电势 φ_c 下。由图 10-17 可见，此时两个反应都偏离了各自的平衡电势，即都发生了极化。对于反应②，其稳定电势负于平衡电势，$\overleftarrow{j_2}>\overrightarrow{j_2}$，按净还原反应的方向进行；对于反应①，其稳定电势正于平衡电势，$\overleftarrow{j_1}<\overrightarrow{j_1}$，按净氧化反应的方向进行。

此时金属的自溶解速度和氢气析出速度相等，即 $\overrightarrow{j_1}-\overleftarrow{j_1}=\overleftarrow{j_2}-\overrightarrow{j_2}=j_c$，此处 j_c 称为腐蚀电流密度。一般情况下，在稳定电势下两个反应已经发生了较大的极化，金属离子的还原速度和氢气分子的氧化速度都很小，可忽略不计，即 $\overleftarrow{j_1}\ll\overrightarrow{j_1}$，$\overleftarrow{j_2}\gg\overrightarrow{j_2}$，故此时 $\overrightarrow{j_1}\approx\overleftarrow{j_2}\approx j_c$。也就是说，对于此电极，测其稳态极化曲线，在强极化区，阳极极化电流密度与金属氧化溶解的电流密度 $\overrightarrow{j_1}$ 相重合，而阴极极化电流密度与氢还原的电流密度 $\overleftarrow{j_2}$ 重合。

两条 Tafel 区直线延长线的交点（或单条 Tafel 直线延长线与 φ_c 水平线的交点）对应的电流密度就是腐蚀电流密度 j_c，如图 10-17 所示。于是可通过测稳态极化曲线的方法来测量金属腐蚀速度。

一般来说，只有在腐蚀速度不大的情况下，才较容易测得阳极极化的 Tafel 直线。在不容易得到阳极极化 Tafel 直线的情况下，可以单独让阴极极化的 Tafel 直线与 φ_c 水平线相交，交点即为腐蚀电流密度。另外，如果反应①和反应②的平衡电势可用 Nernst 方程计算得出，则将单条 Tafel 直线延长线与 $\varphi_{e,1}$ 或 $\varphi_{e,2}$ 水平线相交，交点对应的电流密度即为各自的交换电流密度。

极化曲线外延法有它的局限性，当腐蚀的阴极或阳极过程由电化学步骤控制时才适用。它常用于测定酸性溶液中金属的腐蚀速度，因为在此情况下容易测得极化曲线的 Tafel 直线段。本法的主要缺点是极化较强，导致测定阳极极化曲线时可能发生钝化；测定阴极极化曲线时可能使金属表面的氧化膜还原。另外，由于电流密度大能引起浓度极化及电极表面状态显著变化，从而会出现偏离线性关系的情况。再者由于腐蚀电势会随时间而变，到一定时间才稳定下来。因此，测定阴、阳极极化曲线时 φ_c 稍有差别，结果所得的 j_c 会略有差异。此外，金属腐蚀速度的测定方法还有线性极化法、动电势极化法、交流阻抗法（电化学阻抗谱）等，还可以通过失重法（化学浸泡法、盐雾试验法）来评定金属的平均腐蚀速度 [g/($\text{m}^2 \cdot \text{h}$)]。

实际上，如果单纯考虑金属电极反应，则其极化曲线应为 $\vec{j_1}$ 与 $\overleftarrow{j_1}$ 合成的 Tafel 曲线，单纯考虑氢电极反应，则其极化曲线应为 $\vec{j_2}$ 与 $\overleftarrow{j_2}$ 合成的 Tafel 曲线，如图 10-18 所示。为方便起见，可以把表征腐蚀特征的析氢阴极极化曲线和金属溶解阳极极化曲线提取出来，而且忽略电势随电流密度变化的细节，将极化曲线画成直线，这样得到的图叫伊文思图，也叫腐蚀极化图，如图 10-19 所示。一般情况下，腐蚀电池的阴极和阳极面积是不相等的，故横轴使用电流强度而不用电流密度。图 10-19 中阴、阳极极化曲线的起始电势是阴极反应和阳极反应的平衡电势，两条极化曲线的交点对应的电势为稳定电势，对应的电流即为腐蚀电流。

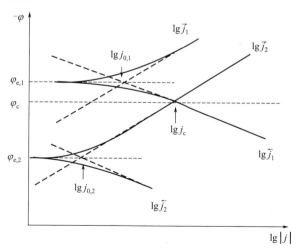

图 10-18 金属电极反应和氢电极反应的极化曲线

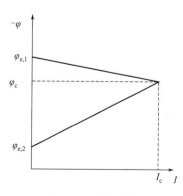

图 10-19 伊文思图

从伊文思图可以看出腐蚀速度的控制因素。如果阴极过程的过电势比阳极过程的过电势大，φ_c 就离阳极的平衡电势 $\varphi_{e,1}$ 近些，在这种情况下，腐蚀速度由阴极反应速度决定，称为阴极控制。反之，如果 φ_c 离 $\varphi_{e,2}$ 近些，则腐蚀速度是受阳极反应速度控制。如果两个过电势相差不大，则为混合控制。知道了腐蚀速度的控制因素，就可以有针对性地采取相应措施来降低腐蚀速度。

10.5.4　金属腐蚀与防护

金属与外围介质相接触，并与其发生电化学作用、化学作用或生物化学作用，从而使金属结构遭受破坏的过程叫作腐蚀。按照腐蚀过程进行的机理，金属腐蚀可分为三类：电化学腐蚀、化学腐蚀及微生物腐蚀。

如前所述，金属与电解质溶液相接触时发生的自溶解过程就是电化学腐蚀。电化学腐蚀主要包括析氢腐蚀和吸氧腐蚀。

在酸性溶液中，金属腐蚀的共轭反应主要是析氢反应。腐蚀反应如下。

$$\text{阳极} \qquad M - ze^- \Longrightarrow M^{z+}$$
$$\text{阴极} \qquad 2H^+ + 2e^- \Longrightarrow H_2$$

在弱酸性溶液中，吸氧反应也是主要的共轭反应，也会造成比较大的腐蚀：

$$\text{阴极} \qquad O_2 + 4H^+ + 4e^- \Longrightarrow 2H_2O$$

在中性或碱性溶液中，金属腐蚀的共轭反应主要是吸氧反应。腐蚀反应如下。

$$\text{阳极} \qquad M - ze^- \Longrightarrow M^{z+}$$
$$\text{阴极} \qquad O_2 + 2H_2O + 4e^- \Longrightarrow 4OH^-$$

在碱性溶液中，如果处于密闭体系，氧气的来源很少，吸氧腐蚀无法进行，则金属腐蚀的共轭反应会以析氢反应为主（如碱锰电池中 Zn 电极的自放电）：

$$\text{阴极} \qquad 2H_2O + 2e^- \Longrightarrow H_2 + 2OH^-$$

电化学腐蚀现象非常普遍，在大气中、水中、土壤中都会发生，造成的危害也最严重。例如在常温下的中性溶液中，钢铁的腐蚀一般是以氧的还原为共轭反应进行的。

$$\text{阳极净反应：} \qquad Fe - 2e^- \longrightarrow Fe^{2+}$$
$$\text{阴极净反应：} \qquad O_2 + 2H_2O + 4e^- \longrightarrow 4OH^-$$
$$\text{进一步反应：} \qquad Fe^{2+} + 2OH^- \longrightarrow Fe(OH)_2$$
$$\text{总反应：} \qquad 2Fe + O_2 + 2H_2O \longrightarrow 2Fe(OH)_2$$

如果氧供应充分的话，$Fe(OH)_2$ 还会逐步被氧化成含水的四氧化三铁和含水的三氧化二铁。钢铁在大气中生锈，也是因为大气中的水汽凝聚在金属表面所致。

化学腐蚀是氧化剂直接与金属表面的原子相碰撞形成腐蚀产物的过程。例如金属在高温干燥的含氧气氛中或非电解质溶液中发生的腐蚀。在化学腐蚀中，电子在金属与氧化组分间直接传递，是不可分割的过程。而在电化学腐蚀中，电子传递是间接的，在一定程度上可看作是分开进行的过程，半反应遵循电极过程动力学规律。

微生物腐蚀是指在微生物生命活动参与下所发生的腐蚀过程。这些微生物以金属作培养基，或者以生成的产物侵蚀金属。凡是同水、土壤或湿润空气相接触的金属设施，都可能遭到微生物腐蚀。微生物腐蚀并非是微生物直接食取金属，而是微生物生命活动的结果直接或间接地对金属腐蚀的电化学过程产生影响。与腐蚀有关的微生物主要是细菌类，因而往往也称为细菌腐蚀。其中最主要的是直接参与自然界硫、铁循环的微生物，即硫氧化细菌、硫酸盐还原菌、铁细菌等。此外某些霉菌也能引起腐蚀。

前面讨论的电化学腐蚀现象，是指性质完全均一的金属与介质间发生的过程，阳极和阴极反应是在金属表面相同的位置发生的，这样引起的金属腐蚀是均匀的，称为均匀腐蚀。

实际上，金属中总是或多或少含有杂质，是不均匀的。有些金属中有目的地加入其他成分以改善其性能，也因此引进了一定程度的不均匀性。有的金属构件在加工过程中产生了内应力，同样造成不均匀性。另外，腐蚀介质也可能因浓度差等原因产生局部的不均一性。这种金属/溶液界面的不均一性会导致局部腐蚀发生。

局部腐蚀的危害要比均匀腐蚀严重得多。由于金属/溶液界面的不均一性，金属腐蚀的阳极反应和共轭阴极反应产生了空间分离，阳极溶解反应往往在极小的局部范围内发生，而共轭阴极反应的范围却很大，此时总的阳极溶解速率虽然仍旧等于总的共轭阴极反应速率，但是阳极电流密度却大大增加了，即局部的腐蚀强度大大加剧了。例如一根均匀腐蚀的铁管可以连续使用很长时间而无大碍，但如局部腐蚀则很快穿孔报废。典型的局部腐蚀有孔蚀、晶间腐蚀、脱成分腐蚀、冲蚀和应力腐蚀破裂等。

金属腐蚀危害巨大，造成的浪费惊人，因此必须采取防护措施。下面介绍一些常用的防腐方法。

（1）金属镀层。可用电镀法在金属的表面覆盖一层别的金属或合金作为保护层。例如自行车上镀铜锡合金当底层，然后镀铬；铁制自来水管镀锌；以及某些机电产品镀铜等。

易腐蚀的金属通常可以通过在其表面沉积一层不易腐蚀的金属薄层而得以保护，例如在铁表面镀铜或镍等金属。对于惰性金属防护层如铜，一旦其表面被破坏，基底铁将暴露于溶液中，且其电势将与其上所镀的铜膜相同。其电势将大大超过 Fe 的溶解电势，因此铁的溶解反应将在铜膜破损的地方迅速地进行，发生局部腐蚀。非常具有破坏性的是，铁的腐蚀将从铜膜破损的地方开始，并不断扩展直至大面积的表面剥落，这种现象在镀铜或镀镍的铁表面经常发生。

当使用更为活泼的金属作为镀层来进行腐蚀保护时，其情形则完全不同。因为镀层的稳定电势比铁的溶解电势更负，例如在铁基上镀锌。在这样的条件下，一旦镀层被破坏，阴极反应将是在暴露的小面积铁上的氧气还原，与其共轭的阳极反应是在更大面积的镀层上金属锌的溶解。

（2）表面保护膜。抑制腐蚀最简单的方法是在金属基底上涂一层有机或无机膜，通过防止水接近金属表面而达到防腐的目的。包括涂料、蜡、清漆、油膜、树脂或高分子涂层。比如在金属的电泳涂装中，金属可作为阳极或阴极从溶液中镀上一层高分子膜。

还可通过将金属浸入合适的溶液中而形成保护层。如铁表面的磷化处理：将铁浸入 $Zn(H_2PO_4)_2$ 溶液中时，在铁表面会生成难溶的 $Zn_3(PO_4)_2$ 并覆盖在铁表面，从而强烈地抑制了铁的进一步腐蚀。再如铝表面可通过阳极氧化形成一层氧化铝保护层。

目前已经有许多新型防腐膜层出现。如达克罗涂层，它是一种鳞片状锌铝铬盐防护涂层，呈亚银光灰色，具有许多优异特点，防腐性能极强，为同等涂层厚度电镀锌抗蚀能力的 10 倍，目前已经推广应用。再如光催化 TiO_2 涂层、表面化学修饰防腐膜、自组装防腐膜、导电高分子防腐膜等，这些多数还处在研究阶段。

（3）阳极保护。金属发生腐蚀的时候，它的电极电势处于正常阳极活性溶解区，对那些可生成钝化膜的金属，可用阳极极化的方法使它的电极电势进一步正移，使金属进入钝化电势区，这样阳极电流就能大幅度下降，处于极小的维钝电流状态，从而保护金属。具体实施时，可把被保护的金属器件作阳极，以石墨或碳钢等为阴极，连接外电源，施以足够大的极化使阳极进入钝化区，这样金属器件就得到了保护。化学工业中利用金属或各种合金制作的反应器和储罐主要使用阳极保护法进行防腐。

（4）阴极保护。金属发生腐蚀的前提条件是它所处的电极电势比平衡电势更正，于是就会发生阳极溶解反应，如果电极电势低于平衡电势，就不可能发生阳极溶解，这就是阴极保护的基本原理。阴极保护是将被保护的金属或设备进行阴极极化，使电极电势移动到比该金属的平衡电势还负时，便进入了热力学稳定区，完全消除了由于电化学不均一性所引起的腐蚀微电池的作用，从而防止金属遭受腐蚀。阴极保护可以用外加电流或牺牲阳极的方法来实现。

外加电流法是在电解质中加入辅助电极，连接外电源正极，而将需要保护的金属基体连接外电源负极，然后调节所施加的电流，使金属体达到保护所需的阴极电势。该法常用于海洋或潮湿环境中工程管道的保护。

牺牲阳极法是在被保护的金属上，连接一种电势更负的金属。在腐蚀介质中，电势较负的金属进行失电子的氧化反应，并不断被氧化或溶解掉，被保护的金属则作为阴极不会溶解。常用的牺牲阳极材料有含少量铝或镉的锌合金，或者是含少量锌和铟的铝合金等。例如为了防止船身的腐蚀，除了涂油漆外，还在船底每隔 10m 左右焊一块锌合金作为牺牲阳极。船身淹在海水里，形成了以锌为负极（阳极）、铁为正极（阴极），海水为电解质的局部电池，此电池受腐蚀时溶解的是锌而不是铁。在这样的腐蚀过程中，锌是作为阳极牺牲了，但却保护了船体。

受牺牲阳极法的启发，人们发明了环氧富锌底漆作为防腐涂料，主要应用于重防腐场合，可为强腐蚀环境中的钢结构提供长效保护。环氧富锌底漆是以环氧树脂为基料，超细锌粉为主要防锈颜料的涂料，其中锌粉含量最高可达 85% 以上。环氧富锌底漆的防腐机理是基于在腐蚀环境中，锌粉作为牺牲阳极对钢材基底的阴极保护作用。在腐蚀前期，锌粉和钢材底材组成原电池，锌为阳极，钢材底材为阴极，钢材底材得到了阴极保护。在腐蚀后期，牺牲的锌生成的二价锌离子与周围环境中的水和二氧化碳反应，生成碱式碳酸锌，俗称"白锈"，其结构致密，相当于一层保护层，能够阻挡和屏蔽腐蚀介质的侵蚀，从而对钢底材进行保护。

参考图文
港珠澳大桥
防腐技术

港珠澳大桥是目前已建成的举世瞩目的超级交通工程，其长达 120 年的耐久性设计寿命，就是得益于金属的阴极保护技术。此工程采用了多重防腐相结合的技术措施，例如混凝土内的钢筋采用了高性能环氧涂层钢筋，并且采用硅烷浸渍法处理混凝土使其表面形成一层保护层；对于钢管复合桩，采用了牺牲阳极保护与防护涂层联合防腐技术，其中牺牲阳极使用的是高效铝合金牺牲阳极。

（5）缓蚀剂保护。加入到一定介质中能明显抑制金属腐蚀的少量物质称为缓蚀剂。例如在酸中加入千分之几的磺化蓖麻油、乌洛托品、硫脲等可阻滞钢铁的腐蚀和渗氢。由于缓蚀剂的用量少，既方便又经济，故是一种最常用的方法。缓蚀剂的防蚀机理可分为促进钝化、形成沉淀膜、形成吸附膜等。

（6）微生物腐蚀的控制。原则上，凡是能够抑制细菌繁殖或电化学腐蚀的措施，都有助于防止或减慢细菌腐蚀。如可将杀菌剂和抑菌剂用于密闭或半密闭的系统中或掺于涂料和防护层中。采用非金属覆盖层或金属镀层，使金属表面光滑而不易被细菌附着，也可以减少形成微生物污垢和腐蚀的机会，但在使用有机涂层时要加入适量的灭菌剂，因为霉菌这类微生物可以破坏涂层。采用电化学阴极保护，可使阴极附近的电介质处于碱性条件，使大多数细菌的活动受到抑制。阴极保护方法对地下管道和港湾设施的微生物腐蚀控制效果显著。

10.5.5 金属电解加工与抛光

电解加工是利用阳极溶解的原理，把加工件变成规定的形状或尺寸的金属加工方法。电解加工时把加工件作为阳极，而阴极是工具，电流集中在加工部位。加工表面的金属按工具阴极的形状迅速溶解并立即被电解液带走，阴极工具不断向加工件进给，直至加工尺寸或形状符合要求为止。

如果紧挨着放置两个金属电极，其间距为 $0.1\sim0.5mm$，并用泵抽吸使浓电解液（如 KNO_3 或 KCl）不断地流过该间隙，那么在一定的电势差下，可达到很高的金属溶解电流密度。例如当电势差为 $5\sim30V$ 时可达 $500A/cm^2$ 的阳极电流密度。

电解液的流速必须足够快，以移去在阳极附近产生的金属阳离子以及在阴极附近产生的氢气，同时可以将过剩的热量带走。通常使用的流速是 $5\sim50m/s$。对于钝化的金属，如果氧析出不是主要的过程，也可以在过钝化区电势工作，或者先在适当的电解液中除去钝化层后再进行电解加工。

金属从电极表面的溶解速度 v 与电流密度 j 相关：

$$j = \frac{zFv\rho}{M}$$

式中，ρ 是金属密度；M 是原子量。例如对铁来说，当 $j=90A/cm^2$ 时，其溶解速度 $v=2mm/min$；当 $j=540A/cm^2$ 时，其溶解速度 $v=12mm/min$。但是必须连续地调整阴极的位置以保持很小的电极间距，才能维持该反应速度，图 10-20 给出其基本原理。在阳极和阴极间距最小的部位金属溶解速度最快，所以被加工的阳极的形状是以阴极的形状为母板的翻模形式。

电解加工的电解液不但要带走电极间的电解产物，而且要导电和带走加工过程产生的热量，故要具有下列特征：不使加工表面钝化；阳离子不发生电沉积；腐蚀性小；电解液的比热容大、传热系数高、沸点高、电导率高。通常以 $NaCl$、$NaNO_3$、$NaClO_3$、KNO_3、KCl 等中性盐溶液较理想。

电解加工法应用很广，例如加工复杂的曲面、深小孔、喷气发动机的叶片以及锻模型腔等。该方法的优点是可在很小的材料张力下制备许多复杂形状的材料；如由硬质工具钢锤锻汽车机轴，由锆合金制核反应器的燃料棒配件，以及涡轮转子等。

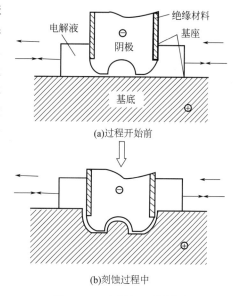

(a)过程开始前

(b)刻蚀过程中

图 10-20 电解加工的原理

电解加工时，阳极表面的任何突起，由于它们与阴极的距离最近，从而具有最小的溶液电阻，所以首先溶解掉。于是该方法也可用来抛光表面：通常使用较小的电流密度（$0.01\sim0.5A/cm^2$），电极间距离至少为 $1cm$，以取得最好的效果。用于电抛光的电解液通常是浓酸。

10.5.6 电池中锌电极的阳极过程

在化学电源中，负极活性物质常用 Zn、Pb、Cd、Li、Mg、Na 等金属，它们在放电过程中作为阳极发生金属阳极过程。

金属锌的电极电势比较负，电化当量较小，在碱性溶液中的交换电流密度很大，j_0 大约等于 $200mA/cm^2$，电极过程的可逆性好，极化小，具有很好的放电性能。同时，锌来源丰富、价格便宜，故许多电池系列都采用锌作为负极材料，如碱性 Zn-MnO$_2$ 电池、Zn-HgO 电池、Zn-空气（O$_2$）电池等。这些电池都采用 KOH 作为电解液。

锌负极在放电时发生阳极的氧化反应，其反应方程式为：

$$Zn-2e^- \longrightarrow Zn^{2+}$$

在 KOH 电解液中，进入溶液的 Zn^{2+} 将进一步与 OH$^-$ 发生反应。锌在碱性溶液中的反应产物与电解液的组成和用量有关，在大量电解液中，生成可溶性锌酸盐；

$$Zn^{2+} +4OH^- \longrightarrow Zn(OH)_4^{2-}$$

在碱液被锌酸盐所饱和及 OH$^-$ 很少时，锌电极反应按下式进行：

$$Zn^{2+} +2OH^- \longrightarrow Zn(OH)_2$$

或

$$Zn^{2+} +2OH^- \longrightarrow ZnO + H_2O$$

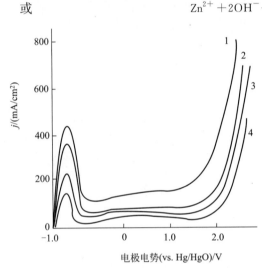

图 10-21 锌在 6mol/L 的 KOH 溶液中的阳极极化曲线
1—搅拌；2—不搅拌；3—ZnO 饱和，搅拌；
4—ZnO 饱和，不搅拌

当放电电流密度增大到一定程度时，锌电极会发生钝化。电极表面附近溶液中锌酸盐的过饱和是导致锌电极钝化的关键，其直接结果是生成固态产物 ZnO 或 Zn(OH)$_2$。图 10-21 是锌于 6mol/L 的 KOH 溶液中，在不同的条件下的阳极极化曲线，可见其是典型的钝化曲线。从图中可以看到，当电解液被 ZnO 饱和及不搅拌电解液的情况下，锌电极会加速钝化。

一般认为，在锌电极发生阳极溶解时，首先生成锌酸盐。随着锌酸盐的浓度增加达到饱和，开始在锌电极表面生成 ZnO 和 Zn(OH)$_2$，但它们是漂浮地、疏松地黏附在电极表面上，不影响锌的正常溶解，不是导致钝化的直接原因。但是它们减少了电极的有效面积，增大了真实电流密度，同时使电极表面的传质过程变得困难，增大了极化，使得电极电势正移。当电势正移到吸附 ZnO 的生成电势时，锌电极表面就会生成紧密的 ZnO 吸附层，使锌的阳极溶解受到阻滞而导致钝化。

为了防止钝化的产生，就必须减小真实电流密度，加速物质传递速率。而在电池中，改变物质传递条件是不可能的。因此，改变电极结构，减小锌电极表面的真实电流密度，就成为一项重要任务。粉末多孔电极的出现，为解决锌电极的钝化做出了很大的贡献，使得电池的比功率、比能量大大提高。粉末多孔电极是用高比表面积的粉状活性物质与具有导电性的惰性固体微粒混合，然后通过压制、烧结等方法制成。多孔电极使电极孔率和比表面有很大提高，因而电极的真实电流密度大大降低，电化学极化也会明显减小，也明显减小了电极钝化的可能性。

电池在一定条件下（如温度和湿度）贮存时，电池容量会逐渐下降，此现象称为自放电。锌负极的自放电实质上是金属锌在电解液中的自溶解，即锌的腐蚀问题，它是无数腐蚀微电池作用的结果。

电池中锌的腐蚀主要是析氢腐蚀。在稳定电势下，由于共轭反应的存在，金属锌不断地溶解，氢气不断地析出，造成金属锌的腐蚀。由于氢在锌上析出的过电势较高，所以整个反应受氢析出控制，凡是能提高氢析出过电势的因素，均可降低锌电极的自放电。现在采用的降低锌电极自放电的主要方法，一是在锌中加入高析氢过电势金属，二是同时在电解液中加入缓蚀剂。如可将高析氢过电势金属（如 Pb、Cd、In、Ga 等）作为合金组分加入锌中做成合金锌粉，同时在电液中加入一些无机或有机缓蚀剂，以降低锌的腐蚀速度。

另外，如果电解液中存在电极电势比锌大的金属离子，它们会通过置换反应在锌上沉积，若它们的析氢过电势比锌低，则有利于氢的析出，就会加速锌的腐蚀。因此必须对电池材料及电解液中的有害杂质加以控制或作必要的处理，以减小自放电。

10.5.7　铝合金的阳极氧化

将金属或合金的制件作为阳极，采用电解的方法使其表面形成氧化膜的方法叫阳极氧化。目前主要应用是铝及其合金的阳极氧化。

铝在大气中形成一层极薄的氧化膜，其防护作用有限。防护作用一般随氧化膜厚度的增加而提高，室内使用时，$5 \sim 10 \mu m$ 就足够，而户外使用时要达到 $15 \mu m$ 以上。因此对铝及其合金进行阳极氧化处理使之生成一定厚度的氧化膜，是铝加工工业的一个重要部分。通常可用硫酸、铬酸和草酸三种不同的电解液进行阳极氧化。从硫酸电解液得到的膜层厚、吸附性好、抗腐蚀性好、成本较低，因而用得最广。

铝和铝合金在阳极氧化之前都要作表面预处理，而在阳极氧化之后都要进行封孔处理。阳极氧化通常在 H_2SO_4 中进行，阴极为铅或不锈钢。

在 H_2SO_4 中，铝阳极发生以下反应：

$$H_2O - 2e^- = [O] + 2H^+$$
$$2Al + 3[O] = Al_2O_3$$
$$Al_2O_3 + 3H_2SO_4 = Al_2(SO_4)_3 + 3H_2O$$

前两个反应是成膜反应，后一个反应是膜的溶解反应。电化学成膜和化学溶解过程同时存在，氧化膜的形成和变厚是成膜速度大于溶解速度的结果。

阳极氧化膜分为内外两层，如图 10-22 所示。内层称为密膜层（或阻挡层），由无水 Al_2O_3 构成，厚度一般在 $0.01 \sim 0.1 \mu m$ 之间。外层称孔膜层（或多孔层），由 Al_2O_3 及其水合物组成，膜孔与基体垂直，厚度可达 $100 \mu m$。内层是在通电初期生成的，首先 Al^{3+} 在电场作用下脱离金属晶格，然后 Al^{3+} 沿电场方向穿透 Al_2O_3 层，最后在固液界面上与氧结合而长出新的表面令内层增厚。外层的形成是由于内层电阻大引起电压升高，以致外层被击穿。击穿处电解液温度较高把内层溶解出膜孔来，电解液深入膜孔直至与基底金属接触。随

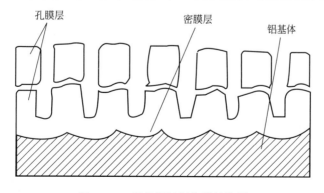

图 10-22　铝的阳极氧化膜结构图

着电流从孔内通过，结果在孔底又重新形成氧化膜以致内层连成一片。随着电解的进行，带孔的一层不断得到加厚而形成孔膜层。

铝合金阳极氧化时间取决于电解液的浓度、工作条件及所需膜厚。当阳极电流密度恒定时，氧化膜的成长速度与时间成正比。但时间过长，由于膜的表面溶解，孔径渐大，膜的结晶变粗，硬度会降低。通常氧化时间为 $30\sim60\text{min}$。

经过氧化处理的铝材，在单一金属盐或多种金属盐水溶液中，用交流电进行二次电解，在电场作用下，金属阳离子渗入氧化膜的孔隙中被还原为金属原子，并沉积在孔底阻挡层上，从而使氧化膜产生青铜色系、棕色系、灰色系以及红、青、蓝等色调，称为电解着色。这是由于各种电解着色液中所含的金属离子种类不同，在氧化膜孔底阻挡层上沉积的金属种类不同，粒子大小和分布的均匀度也不同，因此氧化膜对各种不同波长的光发生选择性的吸收和反射，从而显出不同的颜色。由于铝及其合金的阳极氧化膜具有较高的孔隙率和吸附性能，很容易被污染和受腐蚀介质的侵蚀。因此，在工业生产中，经阳极氧化后的铝及其合金制品，不论着色与否，都要进行封闭处理。封闭处理的目的是提高膜的耐蚀性、抗污染能力和色彩的牢固性及耐晒性。

近年来，在阳极氧化的基础上发展出了微弧氧化技术。所谓微弧氧化就是将 Al、Mg、Ti 等有色金属或合金置于电解液中，施加极高的电压（可高达 $400\sim600\text{V}$），利用等离子体化学和电化学原理，使材料表面微孔中产生火花放电斑点，在热力学、电化学和等离子体的共同作用下阳极氧化，原位生长优质强化陶瓷膜层的新技术。又称阳极火花沉积、微等离子体氧化或等离子体增强电化学表面化。

微弧氧化工艺将工作区域由普通阳极氧化的法拉第区域引入到高压放电区域，克服了硬质阳极氧化的缺陷，极大地提高了膜层的综合性能。其装置包括专用高压电源、电解液槽、冷却系统和搅拌系统。电解液大多采用弱碱性溶液。微弧氧化过程中，首先是放电通道内生成的氧气泡被击穿，产生氧的等离子体，进而引发孔底氧化膜的雪崩击穿。在击穿通道中有氧活性粒子，它会与金属基体产生的熔融乃至蒸发的金属原子和离子反应生成氧化物陶瓷层，于是氧化膜迅速生长。

铝合金微弧氧化膜厚度可达 $200\sim300\mu\text{m}$，主要由 $\alpha\text{-Al}_2\text{O}_3$ 和 $\gamma\text{-Al}_2\text{O}_3$ 相组成，从膜表层到里层，$\gamma\text{-Al}_2\text{O}_3$ 含量逐渐减少，$\alpha\text{-Al}_2\text{O}_3$ 含量相对逐渐增加。膜层和基体直接在离子键的作用下结合在一起，等离子体弧光放电的高密度能量使基体表面微区内形成熔融区，使膜层与基体之间形成微区冶金结合，提高了膜层与基体之间的结合力。

微弧氧化膜层与基体结合牢固，结构致密，韧性高，除具有一般结构陶瓷涂层的耐磨、耐蚀、耐高温等优点外，还可以根据不同的性能要求，制备出具有装饰、磁电屏蔽、电绝缘等功能性膜层。该技术具有操作简单和易于实现膜层功能调节的特点，在航空航天、机械、电子、生物医用材料等领域具有广阔的应用前景。

10.6　电合成电极过程

电合成是指用电化学方法来合成化学物质。比如最大的电解工业——氯碱工业，就是通过电解食盐水来合成 NaOH，同时制取 Cl_2 和 H_2。根据合成物质的不同，电合成可以分为无机电合成（例如电解法合成 MnO_2）和有机电合成（例如电解丙烯腈合成己二腈）。

在大多数电合成过程中，电极本身不发生净变化，参与电化学反应的活性物质是存在于电解液中的物质，这一点和气体电极过程相同，电极的作用一是传导电流，二是起催化作用，电极材料对电极反应速度有着很大的影响，电催化起着很重要的作用。

与化学合成相比，电合成通过调节电压即可调节反应速率，因此可在常温常压下进行，而且产物纯度较高，反应过程容易控制。但缺点就是要消耗大量电能，电极催化活性不易长期维持。下面介绍两个典型的电合成电极过程示例。

10.6.1 电解合成二氧化锰

无机电合成可以用来合成金属氧化物粉体。如果电解液中的金属离子在阳极上得到的氧化产物不溶于电解液，则可得到氧化物沉淀，进而制备氧化物粉体。其中典型的例子就是电解二氧化锰的制备。

电解二氧化锰是碱锰电池的关键正极材料，也是锂离子电池锰酸锂正极的关键原料。常见的二氧化锰可以分为天然二氧化锰（NMD）、化学二氧化锰（CMD）和电解二氧化锰（EMD）三种，它们的主要区别在于晶型和 MnO_2 的含量。二氧化锰有 α、β 和 γ 等多种晶型结构，电解得到的 MnO_2 属于 γ-MnO_2，具有纯度高、晶型好、杂质含量低、电化学活性高等优点，因此比其他两种 MnO_2 更适合作为电池原料。

电解法制备 MnO_2 的主要原料是 $MnSO_4$ 溶液，将净化后的 $MnSO_4$ 溶液送入电解槽进行电解。电解采用的阳极为 Ti 或 Ti 合金极板，阴极为碳棒或紫铜管，电解液是 H_2SO_4 ＋ $MnSO_4$ 溶液，MnO_2 是通过阳极氧化形成的。电解可采用低温法和高温法。低温法电解液温度 $20\sim25℃$，电解生成的 MnO_2 呈浆状悬浮于电解液中。高温法电解液温度 $95\sim100℃$，电解生成的 MnO_2 沉积在阳极上。高温法与低温法相比具有阳极电流密度低、电解槽材质要求低、操作简单及生产连续化等优点，是目前的主要生产方法。高温法沉积在阳极上的 MnO_2 经过剥离、粉碎、漂洗、中和、干燥等处理后即成为电解 MnO_2 产品。

高温法一般的电解工艺参数为：H_2SO_4 浓度 $35\sim50g/L$，$MnSO_4$ 浓度 $80\sim120g/L$，温度 $95\sim100℃$，电流密度 $50\sim100A/m^2$，槽压 $2.5\sim4.0V$，每吨产品的电能消耗约 $2000\sim2500kW\cdot h$。具体电极反应如下。

阴极反应：
$$2H^+ +2e^- \longrightarrow H_2$$

阳极反应：
$$Mn^{2+} +2H_2O-2e^- \longrightarrow MnO_2 +4H^+$$

同时阳极上还会发生氧析出的副反应：$O_2 +4H^+ +4e^- \longrightarrow 2H_2O$

电解 MnO_2 阳极电化学过程的机理比较复杂，至今尚无定论。一种看法认为硫酸锰溶液中阳极沉积主要经历了以下历程：

$$Mn^{2+} -e^- = Mn^{3+}$$
$$Mn^{3+} -e^- = Mn^{4+}$$
$$Mn^{4+} +2H_2O = MnO_2 +4H^+$$

其中部分有：

$$Mn^{3+} +2H_2O = MnOOH +3H^+$$
$$MnOOH -e^- = MnO_2 +H^+$$

在 $18℃$ 时，$Mn^{2+} \rightarrow Mn^{3+}$ 的标准电极电势为 $1.511V$，而 $Mn^{3+} \rightarrow Mn^{4+}$ 为 $1.642V$，二者比较接近，Mn^{3+} 在阳极上也比较容易生成。

另一种看法则认为 MnO_2 的沉积主要得益于在电解过程中生成的中间产物 Mn^{3+} 互相氧化还原生成，反应历程如下：

$$2(Mn^{2+} -e^- = Mn^{3+})$$
$$2Mn^{3+} +2H_2O = MnO_2 + Mn^{2+} +4H^+$$

其中 Mn^{3+} 伴随整个电解过程而存在，影响其存在的主要因素为温度、硫酸浓度及电流密度。

产品后处理包括剥离、粉碎、洗涤、中和与干燥等工艺过程，后处理对于电解 MnO_2 的性能有着很重要的影响。

（1）剥离。控制阳极电流密度和电解时间，使阳极上析出的 MnO_2 沉积物达到所需的厚度。一般当厚度达到 $20\sim30mm$ 时，将 MnO_2 沉积物连同阳极一起从电解槽中取出，用水冲洗或热水浸泡，除去沉积物表层的电解液等杂物，再把 MnO_2 沉积物从电极上剥离下来，得到块状 MnO_2 半成品。

（2）粉碎。块状 MnO_2 半成品先经破碎机粗碎，然后用其他粉碎设备进行粉碎，制成符合用户粒度要求的 MnO_2 粉。

（3）洗涤与中和。粉碎后的 MnO_2 粉中还含有一定量的电解液和电解液蒸发抑制剂等杂质，因此必须进行洗涤和中和，以除去 Mn^{2+} 和 SO_4^{2-} 等杂质，并用碱水溶液（NaOH 水溶液、氨水溶液等）中和游离酸，调整 pH 值，使之达到规定的要求。

（4）干燥。洗涤后需采用板框压滤机或网盘真空过滤机进行脱水，以减少 MnO_2 湿料中的含水量，从而加快干燥速度。MnO_2 湿料的毛细管水和孔隙之间的水分，统称为吸附水。吸附水被除去后，在潮湿的环境中，可重新被吸附在 MnO_2 粉料中。MnO_2 中还有另一种水，这种水存在于 MnO_2 晶格中，成为 MnO_2 晶格的组成部分，称为结晶水。结晶水的存在有利于质子在 MnO_2 晶格内的扩散，对二氧化锰的电化学活性有利。电解 MnO_2 的结晶水含量一般为 $3\%\sim5\%$，结晶水一旦失去，就不能再恢复。因此，必须严格控制干燥温度不超过 $110℃$。若超过 $110℃$，MnO_2 会部分失去结晶水，降低其电化学活性。

电解法生产的 MnO_2 品位为 $90\%\sim94\%$，含水量为 $3\%\sim5\%$。用于碱锰电池的一般电解 MnO_2 粉颗粒粒度大小为 $10\sim20\mu m$，另外还有粒度更小的超微粒电解 MnO_2 粉，平均粒度在 $3\sim5\mu m$，其比表面积是一般电解 MnO_2 粉的 1.6 倍，放电容量可提高 30%。

10.6.2　电解合成己二腈

有机物的数目比无机物多得多，通过对有机物进行电化学氧化或还原，开创出了有机电合成这一领域。

有机电合成可以分为直接合成和间接合成两种类型。直接合成就是有机合成反应直接在电极表面得失电子完成，如图 10-23（a）；而间接合成则是利用中间介质来传递电子，如图 10-23（b）。间接有机电化学合成所用的中间介质在电极和反应物之间起着运输电子的作用，被称为电子载体，也叫作媒质，电解过程所得的产品是反应物与电极之间通过媒质间接电解合成的。媒质的种类很多，既有金属和非金属的氧化还原电对，如 Cr^{3+}/Cr^{6+}、Ce^{3+}/Ce^{4+}、Mn^{2+}/Mn^{3+}、I^+/I_2、Br^+/Br^- 等，也有 Fe、Co、Ni、Pb 的配合物，还有一些有机媒质如叔胺、硫醚以及某些金属有机化合物等。

己二腈（ADN）别名 1,4-二氰基丁烷，分子式为 $NC(CH_2)_4CN$，是制造尼龙 66 的原料。己二腈与氢气加成可以生成己二胺，己二胺与己二酸在严格的物料配比下反应可生成尼龙 66 盐（六亚甲基二胺己二酸盐），进而可聚合成尼龙 66（聚己二酰己二胺纤维），这是一种重要的合成纤维。

传统的己二腈的生产是由乙炔和甲醛开始的，合成路线繁杂、副产物多。相对于传统合成，电解合成己二腈工艺简单、副产物少、环境污染小，因而获得了广泛的应用。电解合成己二腈使用的主要原料是丙烯腈（AN），该合成属于直接有机电合成。电解采用的阳极为 Pb-Ag 合金、碳钢、镀 PbO_2 的石墨等，阴极为 Cd、Pb、镀镉碳钢、石墨等。电解液是

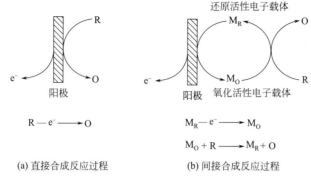

图 10-23　有机电化学合成反应过程（以阳极为例）

由反应物丙烯腈（＜7%）、提供离子导电性的 Na_2HPO_4（10%～15%）、络合剂 EDTA（0.5%）、表面活性剂季铵盐（0.4%）、缓蚀剂硼砂（2%）等配成的水溶液。己二腈是在阴极上产生的。具体电极反应如下。

阴极反应：　　　　　$2CH_2{=}CHCN + 2H^+ + 2e^- \longrightarrow NC(CH_2)_4CN$

阳极反应：　　　　　$2H_2O - 4e^- \longrightarrow O_2 + 4H^+$

阴极过程的反应机理如下。首先，丙烯腈获得一个电子，生成氰化乙烯自由基阴离子，该阴离子再与丙烯腈发生二聚反应，最后获得两个质子和一个电子，生成己二腈。具体反应式如下：

$$CH_2{=}CHCN + e^- \longrightarrow (CH_2{=}\dot{C}HCN)^-$$

$$\text{二聚} \Big\downarrow CH_2{=}CHCN$$

$$\begin{pmatrix} CH_2{-}CHCN^- \\ | \\ CH_2{-}\dot{C}HCN \end{pmatrix} \xrightarrow{+2H^+ + e^-} NC(CH_2)_4CN$$

电解槽的槽电压为 3.84V 左右。由于丙烯腈还原电势很负（−1.9V），阴极上会发生氢析出的副反应，因此阴极采用 Cd 或 Pb 这样的高过电势金属，以减少析氢副反应造成的能耗损失。同时采用季铵盐作为表面活性剂，其阳离子可在阴极表面发生特性吸附，形成缺水层，可避免氰化乙烯自由基阴离子直接质子化生成丙腈的副反应。该副反应具体反应式如下：

$$CH_2{=}CHCN + e^- \longrightarrow (CH_2{=}\dot{C}HCN)^-$$

$$\Big\downarrow +H^+$$

$$\dot{C}H_2{-}CH_2CN \xrightarrow{+H^+ + e^-} \overset{\text{丙腈}}{CH_3{-}CH_2CN}$$

如果阴极析氢副反应产生氢的量比较多，则会产生更多的副产物丙腈，对反应不利，且耗能。除了主要的副产物丙腈外，如果阴极丙烯腈的浓度过高，还会导致三聚物和低聚物等杂质的生成。

己二腈电合成使用的是无隔膜双极性电解槽（如图 10-24）。每台电解槽内装有 50～200 块长方形碳钢板作为双极性电极，碳钢板一面作为阳极，另一面镀 0.1mm 厚的镉镀层作为阴极，相邻两块板的间距约为 2mm，电流密度 $2000A/m^2$。电解液以 1.0～1.5m/s 的线速度从下往上流过电解槽。电解时向电解液中持续加入丙烯腈，从电解槽流出的部分电解液分流到油

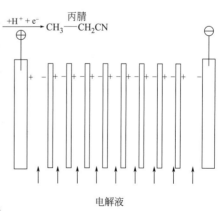

图 10-24　己二腈电合成使用的
无隔膜电解槽简图

水分层器中连续分离出有机相，水相返回电解槽。分离出的有机相中含 $55\%\sim60\%$ 的己二腈和 $25\%\sim30\%$ 的未反应的丙烯腈。有机相在丙烯腈抽提器中脱除丙烯腈和丙腈等成分，得到粗品己二腈，粗己二腈送去蒸馏塔，经减压蒸馏后得到产品己二腈，产率为 90% 左右。

在无隔膜电解槽中，从阳极上溶解的铁离子将在阴极沉积，从而降低阴极过电势，因此在电解液中加入硼砂防止不锈钢的阳极溶解腐蚀。为了防止任何痕量的铁离子到达阴极，电解液中还加入 EDTA 作为络合剂来络合铁离子。

10.7 CO_2 的电化学还原过程

为了应对气候变化、推动绿色发展，如何减少大气中的 CO_2 含量成为一个重大科学问题。针对这一问题，人们已经发展了多种技术途径，其中回收 CO_2 并转化为可利用资源是一个很好的解决方案。但由于 CO_2 是碳的最高氧化产物，其化学性质稳定，这也给它的转化带来很大困难。面对这一挑战，研究人员目前已经探索出了一些有效转化技术，主要包括催化加氢、催化重整以及电化学还原等方式。催化加氢和催化重整需要在高温和高压下才能进行，相较而言，电化学还原常温常压下就可实现，而且通过电极材料的选择可以有效实现 CO_2 向不同目标产物的转化，具有独特的优势。当然，如果 CO_2 电化学还原中的电能来自化石燃料的燃烧发电，那么整个过程还是造成了能量浪费和过多 CO_2 排放。因此，只有电能来自非化石能源（例如太阳能发电）时，电化学还原 CO_2 才能实现有效的碳捕获及碳再生。

10.7.1 CO_2 电催化还原机理

CO_2 的电化学还原同样属于气体电极过程，电催化剂的选择与结构优化设计对于反应的催化活性影响很大，同时，催化剂组分对电解液环境十分敏感，不同电解液条件下，催化剂的催化效果有很大的差异。

在水溶液体系中，CO_2 的电化学还原产物有多种可能性，表 10-8 给出了水溶液中 CO_2 还原至代表性产物的标准电极电势。观察表 10-8 中的反应式，会发现 CO_2 的电化学还原反应涉及多步质子耦合电子转移（proton-coupled electron transfer，PCET）过程，其中电极提供电子，质子则来自电解液。其反应通式如下：

$$aCO_2 + b(H^+ + e^-) =\!=\!= 产物 + cH_2O$$

表 10-8 中列出了不同还原产物对应的 a、b、c 之间的关系。

表 10-8 CO_2 电化学还原的典型反应（$25℃$，$101.325kPa$，水溶液体系）

电极反应	标准电极电势 （vs. SHE）/ V	产物	a	b	c
$CO_2(g) + 2H^+ + 2e^- =\!=\!= HCOOH(l)$	-0.199	甲酸	1	2	0
$CO_2(g) + 2H^+ + 2e^- =\!=\!= CO(g) + H_2O(l)$	-0.106	CO	1	2	1
$2CO_2(g) + 2H^+ + 2e^- =\!=\!= H_2C_2O_4(aq)$	-0.481	草酸	2	2	0
$CO_2(g) + 4H^+ + 4e^- =\!=\!= CH_2O(l) + H_2O(l)$	-0.07	甲醛	1	4	1
$CO_2(g) + 6H^+ + 6e^- =\!=\!= CH_3OH(g) + H_2O(l)$	0.016	甲醇	1	6	1
$CO_2(g) + 8H^+ + 8e^- =\!=\!= CH_4(g) + 2H_2O(l)$	0.169	甲烷	1	8	2
$2CO_2(g) + 12H^+ + 12e^- =\!=\!= CH_2CH_2(g) + 4H_2O(l)$	0.477	乙烯	2	12	4
$2CO_2(g) + 12H^+ + 12e^- =\!=\!= CH_3CH_2OH(g) + 3H_2O(l)$	0.497	乙醇	2	12	3

从热力学角度看，CO_2 电化学还原的标准电极电势并不是很负，但从动力学角度看，

在绝大多数电极上反应可逆性差，交换电流密度小，因此 CO_2 的电化学还原并不容易发生，需要施加比较大的过电势，在比较负的电势下实现。另外，从动力学角度看，CO_2 得到四个以上的电子的难度要远远大于得到两个电子，因此，CO_2 电还原研究中绝大多数产物是二电子还原产物——甲酸（HCOOH）或 CO。其中 CO 作为合成气的关键组分，是制备甲醇等增值产品的资源。在目前已知的金属中，仅有 Cu 具有四电子以上反应的催化活性，可以催化 CO_2 生成甲烷（CH_4）、甲醇（CH_3OH）等多种高级产物。

CO_2 在电极表面上还原的主要反应途径，包括 CO_2 分子的溶解、吸附，以及多步骤的质子-电子转移。下面以二电子还原为例进行说明。

（1）CO_2 分子的溶解。来自气相的 CO_2 首先溶解在水溶液中，部分与水反应生成碳酸（H_2CO_3），然而，其浓度仅为溶解 CO_2 浓度的 1/1000 左右，可以忽略不计。CO_2 饱和水溶液的浓度约为 0.034mol/L（25℃，1 atm），但是，电解液中 CO_2 的溶解量与压力、温度和溶液总盐浓度有关，随着总盐浓度的增加，CO_2 溶解量会减少。

在 pH＞5 时，CO_2 会离解产生碳酸氢根离子（HCO_3^-）和碳酸根离子（CO_3^{2-}）。其解离反应如下：

$$CO_2(aq) + H_2O \Longleftrightarrow H^+ + HCO_3^- \qquad pK_1 = 6.37$$
$$HCO_3^- \Longleftrightarrow H^+ + CO_3^{2-} \qquad pK_2 = 10.25$$

从上述反应式可见，CO_2 水溶液中存在 CO_2、HCO_3^-、CO_3^{2-} 等不同的碳质物质，这导致人们对 CO_2 还原过程中真正的活性物质产生争论。实验表明，在类似的 pH 值和电极电势下，碳酸氢盐电解质的反应活性高于其他水溶液。Marco Dunwell 等人通过原位光谱、同位素标记和质谱研究得出结论：碳酸氢盐通过水溶液中 CO_2 和 HCO_3^- 之间的快速平衡交换，提高了电极附近溶解 CO_2 的有效浓度，从而提高了 CO_2 的反应效率。也就是说，参与电极反应的 CO_2 主要来源于溶解 CO_2 与碳酸氢盐的平衡，从这个角度出发，研究者们认为 $KHCO_3$ 溶液是较为合适的电解液。另有研究表明，为了有利于 CO_2 电化学还原并且尽量减少析氢副反应，电解液的 pH 应该接近中性。当被 CO_2 饱和后，0.1mol/L 的 $KHCO_3$ 溶液的 pH 值由 9 下降到略小于 7，正好接近中性，因此，目前广泛使用的电解液是 0.1mol/L 的 $KHCO_3$ 溶液。

（2）溶解 CO_2 分子在电极表面的化学吸附以及质子-电子转移。在 CO_2 溶解和平衡之后，CO_2 分子首先会吸附在电极表面，为进一步反应做好准备。吸附后，首先进行的是第一个质子-电子转移步骤。

在电催化研究中，电子和质子（H^+）都是所谓的能量载体，质子-电子转移有两种方式：分步机理和协同机理。分步质子-电子转移是指质子与电子分别进行转移，而协同质子-电子转移（concerted proton-electron transfer，CPET）指质子和电子同时发生转移。

① 分步质子-电子转移过程中，吸附的 CO_2 分子首先得到一个电子还原为 $CO_2^{\cdot-}$ 自由基，然后 $CO_2^{\cdot-}$ 自由基得到一个质子生成中间体，根据质子进攻 $CO_2^{\cdot-}$ 自由基的位置不同，可生成 $HCOO^{\cdot}$ 或 $^{\cdot}COOH$ 两种中间体，然后进行第二个质子-电子转移步骤，即另一个质子和电子攻击中间体生成甲酸或 CO。具体反应历程如下：

$$CO_2 + e^- \Longrightarrow CO_2^{\cdot-}$$
$$CO_2^{\cdot-} + H^+ \Longrightarrow HCOO^{\cdot}$$
$$HCOO^{\cdot} + H^+ + e^- \Longrightarrow HCOOH$$

或

$$CO_2 + e^- \Longrightarrow CO_2^{\cdot-}$$

$$CO_2^{\cdot-} + H^+ \longrightarrow {}^{\cdot}COOH$$
$$^{\cdot}COOH + H^+ + e^- \longrightarrow CO + H_2O$$

研究者们通过理论计算推测 $CO_2^{\cdot-}$ 呈弯曲的分子构型，键角为 135.3°，最高占据轨道的未成对电子密度主要集中在碳原子端，说明 $CO_2^{\cdot-}$ 倾向于通过碳原子端发生亲核反应。由于 $CO_2^{\cdot-}$ 自由基非常活泼，在水溶液中极易与 H^+ 发生反应生成后续产物，因此 $CO_2^{\cdot-}$ 自由基的检测十分困难。

之所以不同金属的产物选择性不同，与 $CO_2^{\cdot-}$ 自由基在电极上的吸附模式有直接关系。电极与 $CO_2^{\cdot-}$ 自由基之间的作用力决定了后续 CO 或甲酸的选择性。例如，$CO_2^{\cdot-}$ 自由基在铅、汞、铟、锡、镉这类电极上的吸附能力较弱，因此质子容易进攻游离 $CO_2^{\cdot-}$ 自由基的碳端，有利于向甲酸的转化。而在铜、金、银、锌、镍、钯等金属表面上，$CO_2^{\cdot-}$ 自由基的吸附作用较强，由于 $CO_2^{\cdot-}$ 自由基通过碳端吸附在金属电极上，而悬空的氧端易于与质子结合，随后脱去一个氧而生成 CO，最后 CO 从电极表面脱附，得到 CO 气体产物。图 10-25 给出了上述反应机理的示意图。

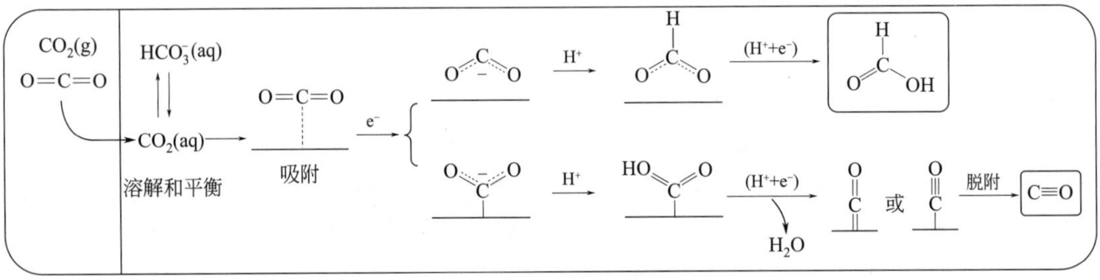

图 10-25　电催化 CO_2 还原为甲酸和 CO 的可能反应途径

② 如果是协同质子-电子转移过程，则没有 $CO_2^{\cdot-}$ 自由基的生成，而是吸附的 CO_2 分子同时得到一个电子和一个质子，直接生成 $HCOO^{\cdot}$ 或 ${}^{\cdot}COOH$ 两种中间体，然后再生成甲酸或 CO，具体反应历程如下：

$$CO_2 + H^+ + e^- \longrightarrow HCOO^{\cdot}$$
$$HCOO^{\cdot} + H^+ + e^- \longrightarrow HCOOH$$

或

$$CO_2 + H^+ + e^- \longrightarrow {}^{\cdot}COOH$$
$$^{\cdot}COOH + H^+ + e^- \longrightarrow CO + H_2O$$

虽然上面的几种机理被认为是 CO_2 向甲酸和 CO 转化的主要模式，但还有其他可能的不同路径，比如有吸附 H 参与其中，这些路径之间也可以发生交叉反应，总之，CO_2 电催化还原的活性和选择性本质上取决于反应路径上各反应步骤中的中间体结合能，反应途径多样复杂，其反应机理仍在进一步研究中。如果能发展有力的原位电化学检测方法，给出 CO_2 还原中间物种的证据，将有助于正确解析 CO_2 还原机理，深入理解产物的形成过程。

为了提升反应速率，CO_2 电化学还原可以使用类似于燃料电池结构的装置，阴极是 CO_2 还原催化电极，阳极是析氧催化电极（阳极发生的是析氧反应），中间用质子交换膜隔离，电解液采用 0.1mol/L $KHCO_3$ 溶液，如图 10-26（a）所示。电极采用气体扩散电极，可以增大 CO_2 气体在电极上的接触面积，从而加快还原速率，如图 10-26（b）所示。

10.7.2　CO_2 电催化还原的主要影响因素

影响 CO_2 电催化还原效率及产物分布的因素很多，主要包括以下两个方面：电极材料

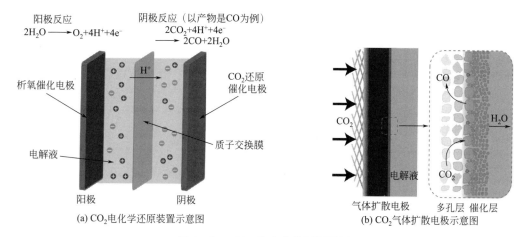

图 10-26 CO$_2$ 的电化学还原装置

和电解液。

(1) 电极材料。电极材料直接影响着 CO$_2$ 还原产物的分布，大部分金属电极催化 CO$_2$ 还原的产物为二电子还原产物：甲酸或 CO。考虑到实际电解液（例如广泛使用的碳酸氢盐溶液）的 pH 值接近中性，而甲酸的 pK_a（酸解离常数的负对数）为 3.7，所以在广泛使用的碳酸氢盐电解液中实际得到的产物是甲酸盐。

铅、汞、铟、锡、镉、铋这一类金属具有较高的析氢过电势及微弱的 CO 吸附强度，主要产物为甲酸盐。

金、银、锌、镓、钯这类金属具有适当的析氢过电势及 CO 吸附强度，可以催化 CO$_2$ 中 C—O 键的断裂而生成吸附态的 CO，同时 CO 的脱附也比较顺利，所以产物以 CO 为主。

铁、钴、镍、铂、铑这类金属由于析氢过电势较低以及 CO 的吸附强度较大，导致常压下电极表面发生的都是析氢反应，而 CO$_2$ 难以被催化还原。但在高压下，这些电极材料却表现出一定的催化活性，产物为甲酸盐或 CO。

在众多的金属中，铜的催化性质非常特殊，除甲酸盐和 CO 之外，CO$_2$ 还可以被还原成烃类（如甲烷和乙烯）以及醇类（如甲醇和乙醇）产物，目前已经报道的使用 Cu 基催化剂可以产生的不同还原产物高达 16 种。正因为如此，基于铜材料的 CO$_2$ 催化还原过程也一直是此领域的研究热点和难点。

(2) 电解液。电解质的阴离子会影响 CO$_2$ 在金属电极上的还原。例如：在 KHCO$_3$、KCl、KClO$_4$、K$_2$SO$_4$ 及 K$_2$HPO$_4$ 溶液中，铜电极催化 CO$_2$ 还原至甲烷的法拉第效率有着明显的差别，在这些溶液中，KHCO$_3$ 溶液中的法拉第效率最高，研究者认为其选择性差异可归因于阴离子缓冲能力和电极表面附近相关的局部 pH。HCO$_3^-$ 在水溶液中以多种电离平衡的形式存在，具有基本的 pH 缓冲作用。另外，改变碳酸氢盐的浓度可以调节界面的 pH 缓冲能力，对质子转移相关的产物选择性也有重要作用。

阳离子同样也会影响产物的分布。例如在含有 Na$^+$、K$^+$、Rb$^+$ 和 Cs$^+$ 等碱金属阳离子的电解质溶液中，离子半径较大的 Rb$^+$ 和 Cs$^+$ 有利于 CO$_2$ 在银电极上还原为 CO，其原因是 Rb$^+$ 和 Cs$^+$ 更易于在电极表面吸附而抑制析氢反应，同时吸附的阳离子还有利于稳定 CO$_2^{\cdot-}$ 自由基，促进 CO 产物的生成。

另外需要注意的是电解液中极其微量的杂质离子也会影响电极的催化效果，已有部分研究表明铜电极在电解过程中会出现法拉第效率衰减的现象，失活原因主要是电解液的杂质

（铁离子和锌离子）在铜电极上还原沉积所致。所以在 CO_2 还原前需要预处理电解液，通常可以采用小电流电解去除溶液中的杂质金属离子。

由于电极/电解液界面微环境以及界面处各组分的化学相互作用可以显著影响 CO_2 电化学还原的性能，所以，向电解液中引入少量有机物配体或添加剂分子也可以调控反应的选择性和活性。常见的表面配体/添加剂包括表面活性剂、疏水性聚合物、含 N 有机物和离子聚合物等。

10.7.3 非水溶液体系中的 CO_2 电催化还原

相比于水溶液体系的 CO_2 还原，非水溶液（有机溶剂）可有效抑制析氢副反应，从而获得较高的法拉第效率。同时 CO_2 在有机溶剂中的溶解度要比水中大很多，比如常温下 CO_2 在乙腈中的溶解度是水中的 8 倍，在甲醇中的溶解度是水中的 5 倍，溶解度的增加可有效提高反应效率。此外，由于有机溶剂一般比水更不容易被氧化或还原，因此可以提高溶剂的使用电位窗口。对于一些在水性电解质中不稳定的催化剂也可以考虑在有机溶剂中使用。

在质子活性溶剂（例如甲醇）中 CO_2 的还原途径及产物与水溶液类似，只不过甲醇充当了质子供体。

在质子惰性溶剂（例如乙腈）中，由于没有质子参与反应，还原的主要产物是 CO 和 CO_3^{2-}（金属-CO_2 相互作用强）或草酸盐（金属-CO_2 相互作用弱）。CO_2 还原的第一步依然是单电子还原至 $CO_2^{\cdot-}$ 自由基，接下来的主要的反应途径如下：

$$CO_2^{\cdot-} + CO_2 \Longrightarrow (CO_2)_2^{\cdot-}$$
$$(CO_2)_2^{\cdot-} + e^- \Longrightarrow {}^-OOC-COO^- \quad （草酸盐）$$

或

$$CO_2^{\cdot-} + CO_2^{\cdot-} \Longrightarrow CO_3^{2-} + CO \quad （CO 和 CO_3^{2-}）$$

需要注意的是，如果在非质子溶剂中添加少量的水（质子供体），将会对反应的选择性和机理造成重要影响。此外，向有机溶剂电解质中添加阳离子，也会影响产物的选择性。

尽管非水体系中 CO_2 还原的法拉第效率较高，但是也存在一些潜在的问题。例如，阳极反应是整个电解体系的重要部分，阳极反应如果不能顺利进行将会制约总体电解的反应速率。而在非水体系中阳极反应如何发生，究竟哪个物质充当被氧化的反应物，这都是需要考虑的问题。而在水相体系中，析氧反应较容易发生，不需要额外提供反应物确保氧化过程的进行。另外，水作为溶剂具有价格低廉、使用范围广、绿色环保等明显优势，而在使用有机溶剂时，必须严格评估其价格、毒性和安全危害。

10.8 嵌入型电极过程

10.8.1 嵌入型电极的结构特征

电化学嵌入反应是指电解质中的离子在电极电势的作用下嵌入电极材料主体晶格（或从晶格中脱嵌）的过程。

为了实现上述过程，嵌入反应体系必须具备一定的特殊结构。首先，主体晶格的结构骨架应当稳定，在嵌入和脱嵌反应过程中基本不发生变化；其次，嵌入体系中的主体晶格内应存在一定数量的离子通道，使嵌入粒子能够在这些通道中自由移动，即能可逆地嵌入与脱嵌。将嵌入化合物作为电极活性材料最重要的应用就是采用嵌锂化合物构成锂离子电池。

离子通道就是由晶格中的间隙空位相互连接形成的连续空间。在同一晶体的晶格骨架中可能同时存在若干不同类型的间隙。常见的晶格间隙有八面体间隙和四面体间隙。一般来说，嵌入的金属离子倾向于占据四周均匀分布着负离子的间隙，金属离子之间则尽可能地保持较远的距离。

晶格间隙互相连通的方式决定了嵌入离子通道的空间形式。如果间隙只在一个方向上相互连通，即只允许嵌入离子在一个方向上移动，则称为一维离子通道；若间隙在一个平面内相互连通，则称为二维离子通道；若间隙在上下、左右和前后三个方向上均相互连通，则称为三维离子通道。目前常用的锂离子正极材料如 $LiCoO_2$、$LiNiO_2$ 等都属于二维离子通道的层状结构化合物（如图10-27），橄榄石型 $LiFePO_4$ 存在一维离子通道，尖晶石型 $LiMn_2O_4$ 则存在三维离子通道。

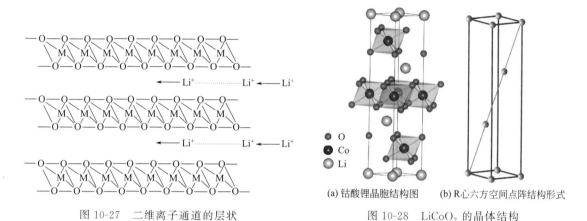

图 10-27　二维离子通道的层状
结构化合物中锂离子的嵌入

图 10-28　$LiCoO_2$ 的晶体结构
(a) 钴酸锂晶胞结构图　(b) R心六方空间点阵结构形式

$LiCoO_2$ 是研究最成熟且最早商品化的锂离子电池的正极材料，它属于 α-$NaFeO_2$ 结构，R 心六方晶系（见图10-28）。Li^+ 和 Co^{3+} 交替填充在 O^{2-} 构成的八面体空隙中。O—Co—O 层内以化学键结合形成原子密实层，而两密实层间则靠范德华力维持，由于范德华力较弱，Li^+ 的存在恰好可以通过静电作用来维持层状结构的稳定。这种结构非常有利于 Li^+ 在密实层间的嵌入和脱嵌：一方面，Li^+ 嵌入不引起密实层的结构改变，还有利于层状结构的稳定；另一方面，在这种以弱相互作用维系的密实层之间，Li^+ 具有良好的移动性。此外，这种结构中的层间距具有较大的伸缩性，可以允许不同大小的离子嵌入。

锂离子电池充电时，Li^+ 从正极 $LiCoO_2$ 中脱嵌，在外电压的驱使下经由电解液向负极迁移，并嵌入到负极碳材料中，充电的结果是使负极处于富锂态、正极处于贫锂态的高能量状态。放电时则相反，Li^+ 从负极脱嵌，经由电解液向正极迁移，嵌入 $LiCoO_2$ 的晶格中。其电极反应如下。

充电时：$\quad\quad\quad\quad\quad\quad LiCoO_2 - xe^- \longrightarrow xLi^+ + Li_{1-x}CoO_2$

放电时：$\quad\quad\quad Li_{1-x}CoO_2 + yLi^+ + xe^- \longrightarrow Li_{1-x+y}CoO_2 \quad (y \leqslant x)$

在一定嵌入/脱嵌量范围内，嵌入化合物的晶格结构在嵌入和脱嵌反应过程中基本保持不变。因此，人们有时将嵌入电极反应等同于固溶体电极反应。与常见的固溶体的性质相似，一旦嵌入/脱嵌量超出某一范围，嵌入化合物结构就可能发生重大变化或崩溃。例如，对于 $LiCoO_2$ 和 $LiNiO_2$，充电时如果超过 50% 的锂离子脱嵌，Co 离子和 Ni 离子就会位移到间隙层中引起层状结构的破坏。对于 $LiMn_2O_4$，当锂离子脱嵌量超过 50% 后，尖晶石结构也会发生较严重的不可逆畸变。

10.8.2　嵌入型电极的动力学特征

嵌入型电极过程与普通电极过程的区别，就在于包含一个固相扩散过程。嵌入离子在离子通道中的固相扩散是通过空位跃迁或离子的填隙跳迁的方式进行的，但是其情况较一般固态离子导体中的扩散现象更为复杂。首先，嵌入离子只能占据主体晶格中的某些空位或空隙位，而不能与主体离子相互取代；其次，在离子嵌入过程中，固态化合物同时与外界进行电子交换反应，以保持电中性。换言之，在嵌入离子迁移的同时，固态化合物的主体晶格不断发生化学组成和电性质的变化。因此，嵌入化合物中离子扩散的机理比较复杂。

以放电过程为例，锂离子从负极脱嵌至电解液中，经由电解液向正极迁移，此时，锂离子电池的正极电极过程大致包括下列基本单元步骤：

①　液相传质步骤：电解液中的锂离子在正极表面附近的液层中迁移至正极材料表面；

②　电荷传递步骤：正极材料得到电子，锂离子越过电极/溶液界面进入正极材料晶格；

③　固相扩散步骤：锂离子自电极材料表面向内部扩散，嵌入到内部晶格密实层间。

电荷传递步骤是核心反应步骤，由此造成的极化是电化学极化。液相传质步骤和固相扩散步骤也很重要，因为液相中的锂离子需要通过液相传质向电极表面不断地输送，而锂离子又需通过固相扩散离开电极表面进入内部晶格，由此造成的极化是浓度极化。

通常，锂离子在液相中浓度（约 $1mol/L$）和扩散系数（约 $10^{-5}cm^2/s$）均比正极材料中的相应数值（浓度约 $0.01mol/L$，扩散系数 $< 10^{-10}cm^2/s$）大得多，因此，在讨论电极反应的动力学时一般可以忽略液相中传质过程的影响，即浓度极化主要由固相扩散步骤导致。

从电极过程的角度来分析，锂离子电池的正极材料应有良好的电子导电性和离子导电性，这样可以减小电化学极化和浓度极化，同时还可以减小由电极的欧姆电阻引起的电势降（也称为电阻极化），从而有较好的高倍率放电性能。

测定锂离子固相扩散系数常用暂态电化学方法，如电化学阻抗谱法、恒电流间歇滴定法（galvanostatic intermittent titration technique，GITT）等。这些方法一般以 Fick 第一定律和 Fick 第二定律为依据，通过施加小幅度的电压或电流信号，实现对扩散方程的线性化处理，从而推导出固相扩散系数的计算公式。

在分析嵌入型电极反应的动力学时，一般都回避了锂离子从电极表面附近溶液中转移到电极表面固相层中的过程，而将固相扩散作为唯一的反应速度控制步骤来处理，实际上在嵌入型电极的电化学阻抗谱的中频区，往往呈现出明显的表面反应特征。决定界面步骤的热力学及动力学性质的主要因素应当是电极电势、电极附近液相中锂离子的浓度和固体表面空位的占据率，由于这种过程与电极表面的特性吸附过程之间存在一定的类似，故有些研究者建议采用研究吸附的手段来处理嵌入型电极的界面离子转移问题。

10.8.3　嵌入型电极的电化学机理模型

随着新能源动力电池的发展，为了确保锂离子电池在安全、可控的条件下使用，机理建模对电池设计与应用管理具有重要意义。

针对锂离子电池的建模方法主要分为等效电路模型、数据驱动模型和电化学机理模型三类。其中等效电路模型利用电路元件的串并联来模拟电池的外特性，具有模型简单、计算量小的优点，广泛应用于各类电池管理系统中；数据驱动模型利用机器学习方法构建各外部量之间的映射函数，灵活性好，可方便拟合电池的外特性曲线；区别于这两类侧重于电池外部特性的模型，电化学机理模型通过一系列偏微分方程描述电池充放电过程中的电化学行为，可精确表征电池的内部微观量和外部宏观量，与其他两种模型相比具有更高的精度。

经典的电化学机理模型是由美国学者 M. Doyle 等人基于多孔电极理论建立的锂离子电池准二维数学模型（pseudo-two-dimensions），简称 P2D 模型。P2D 模型将正、负极活性物质颗粒均等效为球形固相颗粒（图 10-29），锂离子存在于这些固相颗粒晶格中间的空隙内，正、负电极材料中的锂离子嵌入量决定了两个电极的电极电势，从而决定了电池的端电压；同时正、负电极材料中的锂离子嵌入量也决定了电池的荷电状态。该模型建立在以下假设性条件的基础上：

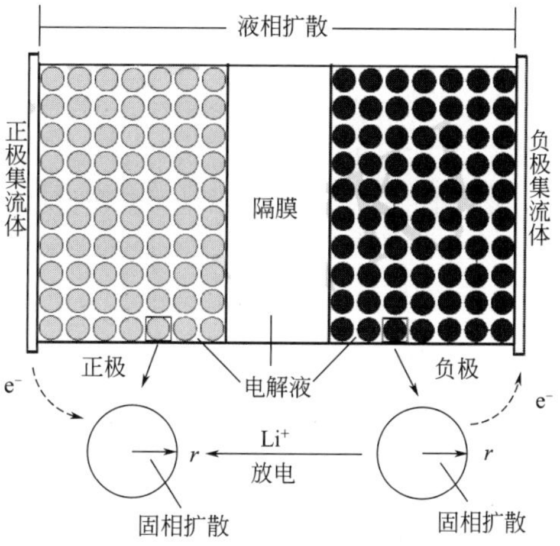

① 在电池反应过程中不产生任何气体，电池内仅存在固相和液相过程；

图 10-29　锂离子电池的电化学机理模型

② 电池反应过程中无副反应发生；

③ 充放电过程中电池体积没有发生变化，孔隙率为恒值；

④ 活性物质为均匀的球形颗粒；

⑤ 电池充放电过程中产生的热量忽略不计；

⑥ 粒子内的固相扩散系数与电池的荷电状态无关。

依据上述假设条件，给出的描述锂离子电池中电极过程的方程有：

① Butler-Volmer 方程：描述正、负极区域内球形固体颗粒表面与电解液界面处的电化学反应过程；

② 固相扩散过程：描述正、负极活性物质颗粒内部的锂离子扩散过程（采用球形扩散场的 Fick 第二定律公式）；

③ 液相扩散过程：描述电解液中的锂离子扩散过程（采用平面扩散场的 Fick 第二定律公式）；

④ 固相欧姆定律：描述正、负极区域内固相电势的变化与固相离子导电电流密度的关系；

⑤ 液相欧姆定律：描述电池内部液相电势的变化与液相离子导电电流密度的关系；

⑥ 电荷守恒方程：电池内部任意位置处的液相电流密度与固相电流密度之和等于电池的充放电电流密度。

这样，就可以得到预测电池充放电行为的控制方程，寻找初始条件以及边界条件进行求解，就能进行模型仿真，从而预测两个电极中的固相锂离子浓度、液相锂离子浓度、固相电势和液相电势分布。通过以上电池内部微观量的预测，可以计算并预测电池端电压和输出电流随时间的变化关系。

P2D 电化学模型作为锂离子电池机理仿真的经典模型，具有很高的计算精度，但其涉及大量相互耦合的偏微分方程和材料参数，模型求解和参数辨识均具有相当大的难度，为了提高模型仿真的速度，研究者们也在不断提出各种简化近似模型。

复习题

1. 什么叫电催化？它与一般化学催化有何不同？怎样鉴别电催化剂的优劣？影响电催化剂活性的主要因素有哪些？

2. 用相同的负载放电，碱锰电池的粉末锌电极和干电池的锌片电极哪个极化更小？为什么？

3. 为什么 H^+ 在不同金属上还原时，过电势的数值有很大差别？

4. 在不同金属上发生氢离子还原时，为什么可根据 Tafel 公式中的 a 值将它们分成高、中、低过电势金属？三种金属的 j_0 之间的大小关系如何？在化学电源中高过电势金属有何应用？

5. 试述在酸性溶液中 H^+ 还原为 H_2 的几种可能机理，并写出反应式。

6. 分析氢电极反应在不同金属上的反应活性与吸附强度之间的关系。

7. 与 H^+ 的阴极还原过程相比，H_2 的阳极氧化过程有何特点？

8. 与氢电极过程相比，氧电极过程研究比较困难的原因是什么？

9. 氧气阴极还原的反应途径有哪些？

10. 为何氢与氧的电极过程都是还原反应比氧化反应研究得更充分些？

11. 金属配离子的阴极还原与简单金属离子还原相比，有何不同之处？

12. 金属阴极还原过程中，配位剂对电极体系的热力学性质及动力学性质各有何影响？

13. 金属电结晶过程是否一定要先形成晶核？晶核形成的条件是什么？

14. 有机表面活性物质对金属电沉积过程有哪些影响？意义何在？

15. 分析在金属电镀过程中阴、阳极上发生反应的特点（包括副反应）。

16. 电铸与电镀有何不同？

17. 金属电镀过程中，提高电化学极化和浓度极化对电沉积分别有何影响？

18. 什么叫金属的钝化？金属钝化后，还有没有电流通过？

19. 金属钝化成相膜理论、吸附理论和吸附薄膜理论有什么区别和联系？

20. "当电极极化增大时，电极反应速度一定会增大。"这个说法对吗？为什么？

21. 金属的阳极溶解与金属的自溶解有什么不同？影响金属自溶解的因素有哪些？

22. 金属 Fe 在某一浓度的碱性溶液中以一定自溶速度发生腐蚀，如使 Fe 阳极极化，金属溶解的速度和其自溶速度有何变化？为什么？

23. 简述金属腐蚀类型及常用防腐方法。

24. 查阅资料，了解测量金属腐蚀速率有哪些方法。

25. 在钢铁表面镀锌和镀镍对钢铁防腐有何不同？

26. 稳定电势是否一定会明显偏离电极上存在的电对的平衡电势？为什么？

27. 简述铝合金普通阳极氧化与微弧氧化的区别。

28. 电解下列电解液时可得到什么产物？写出阴极和阳极的电极反应。

(1) $Pb(NO_3)_2$ 溶液，用碳做电极；

（2）$Pb(NO_3)_2$ 溶液，用碳做阳极，铅做阴极；

（3）$Pb(NO_3)_2$ 溶液，用铅做阳极，碳做阴极。

29. 电合成与常规化学合成相比，有哪些优缺点？

30. CO_2 电催化还原的产物有哪些？最常见的产物是什么？

31. 锂离子电池的浓度极化主要由固相扩散导致还是液相扩散导致？为什么？

32. 查阅资料，了解 P2D 电化学机理模型在锂离子电池仿真模拟中的应用。

33. 已知镍阳极溶解反应是电化学极化过程，其 25℃ 下的塔菲尔斜率 $b=0.052V$，交换电流密度 $j_0=2\times10^{-5}A/m^2$。求在 Ni 离子活度为 0.5 的溶液中，电极电势为 0.02V 时镍的阳极溶解速度（已知该反应的标准电极电势是 $-0.257V$）。当电极电势为 0.4V 时，镍阳极溶解的电流密度为 $0.01A/m^2$，将它与上面计算出的溶解速度相比，说明镍阳极发生了什么变化。

34. 已知在 25℃ 下、Fe^{2+} 活度为 0.1 的溶液（pH＝3）中，Fe 氧化为 Fe^{2+} 的交换电流密度为 $1\times10^{-4}A/m^2$，H_2 在该溶液中析出的交换电流密度为 $1.6\times10^{-3}A/m^2$，Fe 氧化过程和 H^+ 还原过程的塔菲尔斜率 b 值分别为 0.06V 和 0.112V。试求 Fe 在该溶液中的自然腐蚀电势和腐蚀电流密度。

35. 将一块锌板作为牺牲阳极安装在钢质船体上，该体系在海水中发生腐蚀时锌溶解。若 25℃ 时，反应 $Zn^{2+}+2e^-\!=\!\!=\!\!=Zn$ 的交换电流密度为 $2\times10^{-5}A/cm^2$，传递系数 $\overleftarrow{\alpha}=0.9$，试求阳极过电势为 0.05V 时锌阳极的溶解速度。

1. 酸性溶液中

电极反应	$\varphi^{\ominus}/V$	电极反应	$\varphi^{\ominus}/V$
$Ag^+ + e^- \Longrightarrow Ag$	0.7996	$HCrO_4^- + 7H^+ + 3e^- \Longrightarrow Cr^{3+} + 4H_2O$	1.350
$Ag^{2+} + e^- \Longrightarrow Ag^+$	1.980	$Cu^+ + e^- \Longrightarrow Cu$	0.521
$AgBr + e^- \Longrightarrow Ag + Br^-$	0.07133	$Cu^{2+} + e^- \Longrightarrow Cu^+$	0.153
$AgCl + e^- \Longrightarrow Ag + Cl^-$	0.22233	$Cu^{2+} + 2e^- \Longrightarrow Cu$	0.3419
$AgF + e^- \Longrightarrow Ag + F^-$	0.779	$F_2 + 2H^+ + 2e^- \Longrightarrow 2HF$	3.053
$AgI + e^- \Longrightarrow Ag + I^-$	−0.15224	$F_2 + 2e^- \Longrightarrow 2F^-$	2.866
$Al^{3+} + 3e^- \Longrightarrow Al$	−1.662	$Fe^{2+} + 2e^- \Longrightarrow Fe$	−0.447
$Au^+ + e^- \Longrightarrow Au$	1.692	$Fe^{3+} + 3e^- \Longrightarrow Fe$	−0.037
$Au^{3+} + 3e^- \Longrightarrow Au$	1.498	$Fe^{3+} + e^- \Longrightarrow Fe^{2+}$	0.771
$H_3BO_3 + 3H^+ + 3e^- \Longrightarrow B + 3H_2O$	−0.8698	$[Fe(CN)_6]^{3-} + e^- \Longrightarrow [Fe(CN)_6]^{4-}$	0.358
$Ba^{2+} + 2e^- \Longrightarrow Ba$	−2.912	$Fe_2O_3 + 4H^+ + 2e^- \Longrightarrow 2FeOH^+ + H_2O$	0.16
$Be^{2+} + 2e^- \Longrightarrow Be$	−1.847	$FeO_4^{2-} + 8H^+ + 3e^- \Longrightarrow Fe^{3+} + 4H_2O$	2.20
$Br_2(溶液) + 2e^- \Longrightarrow 2Br^-$	1.0873	$Ga^{3+} + 3e^- \Longrightarrow Ga$	−0.549
$Br_2(液体) + 2e^- \Longrightarrow 2Br^-$	1.066	$2H^+ + 2e^- \Longrightarrow H_2$	0.00000
$Ca^{2+} + 2e^- \Longrightarrow Ca$	−2.868	$H_2(g) + 2e^- \Longrightarrow 2H^-$	−2.23
$Cd^{2+} + 2e^- \Longrightarrow Cd$	−0.4030	$HO_2 + H^+ + e^- \Longrightarrow H_2O_2$	1.495
$CdSO_4 + 2e^- \Longrightarrow Cd + SO_4^{2-}$	−0.246	$H_2O_2 + 2H^+ + 2e^- \Longrightarrow 2H_2O$	1.776
$Cd^{2+} + 2e^- \Longrightarrow Cd(Hg)$	−0.3521	$Hg^{2+} + 2e^- \Longrightarrow Hg$	0.851
$Ce^{3+} + 3e^- \Longrightarrow Ce$	−2.336	$Hg_2Br_2 + 2e^- \Longrightarrow 2Hg + 2Br^-$	0.13923
$Cl_2(g) + 2e^- \Longrightarrow 2Cl^-$	1.35827	$Hg_2Cl_2 + 2e^- \Longrightarrow 2Hg + 2Cl^-$	0.26808
$ClO_4^- + 8H^+ + 7e^- \Longrightarrow 1/2Cl_2 + 4H_2O$	1.39	$Hg_2I_2 + 2e^- \Longrightarrow 2Hg + 2I^-$	−0.0405
$ClO_4^- + 8H^+ + 8e^- \Longrightarrow Cl^- + 4H_2O$	1.389	$Hg_2SO_4 + 2e^- \Longrightarrow 2Hg + SO_4^{2-}$	0.6125
$Co^{2+} + 2e^- \Longrightarrow Co$	−0.28	$I_2 + 2e^- \Longrightarrow 2I^-$	0.5355
$Co^{3+} + e^- \Longrightarrow Co^{2+}$	1.92	$In^{3+} + 3e^- \Longrightarrow In$	−0.3382
$CO_2 + 2H^+ + 2e^- \Longrightarrow HCOOH$	−0.199	$Ir^{3+} + 3e^- \Longrightarrow Ir$	1.156
$Cr^{2+} + 2e^- \Longrightarrow Cr$	−0.913	$K^+ + e^- \Longrightarrow K$	−2.931
$Cr^{3+} + e^- \Longrightarrow Cr^{2+}$	−0.407	$La^{3+} + 3e^- \Longrightarrow La$	−2.379
$Cr^{3+} + 3e^- \Longrightarrow Cr$	−0.744	$Li^+ + e^- \Longrightarrow Li$	−3.0401
$Cr_2O_7^{2-} + 14H^+ + 6e^- \Longrightarrow 2Cr^{3+} + 7H_2O$	1.232	$Mg^{2+} + 2e^- \Longrightarrow Mg$	−2.372

续表

电极反应	$\varphi^\ominus/V$	电极反应	$\varphi^\ominus/V$
$Mn^{2+}+2e^- \Longrightarrow Mn$	-1.185	$PbSO_4+2e^- \Longrightarrow Pb+SO_4^{2-}$	-0.3588
$Mn^{3+}+e^- \Longrightarrow Mn^{2+}$	1.5415	$Pd^{2+}+2e^- \Longrightarrow Pd$	0.951
$MnO_2+4H^++2e^- \Longrightarrow Mn^{2+}+2H_2O$	1.224	$Pt^{2+}+2e^- \Longrightarrow Pt$	1.18
$MnO_4^-+e^- \Longrightarrow MnO_4^{2-}$	0.558	$Rb^++e^- \Longrightarrow Rb$	-2.98
$MnO_4^-+4H^++3e^- \Longrightarrow MnO_2+2H_2O$	1.679	$SiO_2(石英)+4H^++4e^- \Longrightarrow Si+2H_2O$	0.857
$MnO_4^-+8H^++5e^- \Longrightarrow Mn^{2+}+4H_2O$	1.507	$Sn^{2+}+2e^- \Longrightarrow Sn$	-0.1375
$N_2+2H_2O+6H^++6e^- \Longrightarrow 2NH_4OH$	0.092	$Sn^{4+}+2e^- \Longrightarrow Sn^{2+}$	0.151
$2NO+2H^++2e^- \Longrightarrow N_2O+H_2O$	1.591	$Sr^++e^- \Longrightarrow Sr$	-4.10
$Na^++e^- \Longrightarrow Na$	-2.71	$Ti^{2+}+2e^- \Longrightarrow Ti$	-1.630
$Ni^{2+}+2e^- \Longrightarrow Ni$	-0.257	$Ti^{3+}+e^- \Longrightarrow Ti^{2+}$	-0.368
$NiO_2+4H^++2e^- \Longrightarrow Ni^{2+}+2H_2O$	1.678	$TiO^{2+}+2H^++e^- \Longrightarrow Ti^{3+}+H_2O$	-0.10
$O_2+2H^++2e^- \Longrightarrow H_2O_2$	0.695	$TiO_2+4H^++2e^- \Longrightarrow Ti^{2+}+2H_2O$	-0.502
$O_2+4H^++4e^- \Longrightarrow 2H_2O$	1.229	$V^{2+}+2e^- \Longrightarrow V$	-1.175
$O(g)+2H^++2e^- \Longrightarrow H_2O$	2.421	$V^{3+}+e^- \Longrightarrow V^{2+}$	-0.255
$H_3PO_3+2H^++2e^- \Longrightarrow H_3PO_2+H_2O$	-0.499	$VO^{2+}+2H^++e^- \Longrightarrow V^{3+}+H_2O$	0.337
$H_3PO_4+2H^++2e^- \Longrightarrow H_3PO_3+H_2O$	-0.276	$VO_2^++2H^++e^- \Longrightarrow VO^{2+}+H_2O$	0.991
$Pb^{2+}+2e^- \Longrightarrow Pb$	-0.1262	$V_2O_5+6H^++2e^- \Longrightarrow 2VO^{2+}+3H_2O$	0.957
$PbBr_2+2e^- \Longrightarrow Pb+2Br^-$	-0.284	$V_2O_5+10H^++10e^- \Longrightarrow 2V+5H_2O$	-0.242
$PbCl_2+2e^- \Longrightarrow Pb+2Cl^-$	-0.2675	$WO_2+4H^++4e^- \Longrightarrow W+2H_2O$	-0.119
$PbF_2+2e^- \Longrightarrow Pb+2F^-$	-0.3444	$WO_3+6H^++6e^- \Longrightarrow W+3H_2O$	-0.090
$PbI_2+2e^- \Longrightarrow Pb+2I^-$	-0.365	$Y^{3+}+3e^- \Longrightarrow Y$	-2.37
$PbO_2+4H^++2e^- \Longrightarrow Pb^{2+}+2H_2O$	1.455	$Zn^{2+}+2e^- \Longrightarrow Zn$	-0.7618
$PbO_2+SO_4^{2-}+4H^++2e^- \Longrightarrow PbSO_4+2H_2O$	1.6913	$ZnOH^++H^++2e^- \Longrightarrow Zn+H_2O$	-0.497

2. 碱性溶液中

电极反应	$\varphi^\ominus/V$	电极反应	$\varphi^\ominus/V$
$AgCN+e^- \Longrightarrow Ag+CN^-$	-0.017	$Cd(OH)_2+2e^- \Longrightarrow Cd(Hg)+2OH^-$	-0.809
$[Ag(CN)_2]^-+e^- \Longrightarrow Ag+2CN^-$	-0.31	$CdO+H_2O+2e^- \Longrightarrow Cd+2OH^-$	-0.783
$Al(OH)_3+3e^- \Longrightarrow Al+3OH^-$	-2.31	$ClO^-+H_2O+2e^- \Longrightarrow Cl^-+2OH^-$	0.81
$Ag_2O+H_2O+2e^- \Longrightarrow 2Ag+2OH^-$	0.342	$CrO_2^-+2H_2O+3e^- \Longrightarrow Cr+4OH^-$	-1.2
$2AgO+H_2O+2e^- \Longrightarrow Ag_2O+2OH^-$	0.607	$CrO_4^{2-}+4H_2O+3e^- \Longrightarrow Cr(OH)_3+5OH^-$	-0.13
$Ag_2S+2e^- \Longrightarrow 2Ag+S^{2-}$	-0.691	$Cr(OH)_3+3e^- \Longrightarrow Cr+3OH^-$	-1.48
$H_2AlO_3^-+H_2O+3e^- \Longrightarrow Al+4OH^-$	-2.33	$Cu^{2+}+2CN^-+e^- \Longrightarrow [Cu(CN)_2]^-$	1.103
$H_2BO_3^-+5H_2O+8e^- \Longrightarrow BH_4^-+8OH^-$	-1.24	$[Cu(CN)_2]^-+e^- \Longrightarrow Cu+2CN^-$	-0.429
$H_2BO_3^-+H_2O+3e^- \Longrightarrow B+4OH^-$	-1.79	$Cu_2O+H_2O+2e^- \Longrightarrow 2Cu+2OH^-$	-0.360
$Ba(OH)_2+2e^- \Longrightarrow Ba+2OH^-$	-2.99	$Cu(OH)_2+2e^- \Longrightarrow Cu+2OH^-$	-0.222
$Ca(OH)_2+2e^- \Longrightarrow Ca+2OH^-$	-3.02	$2Cu(OH)_2+2e^- \Longrightarrow Cu_2O+2OH^-+H_2O$	-0.080

续表

电极反应	$\varphi^{\ominus}/V$	电极反应	$\varphi^{\ominus}/V$
$Co(OH)_2+2e^-\rightleftharpoons Co+2OH^-$	-0.73	$O_3+H_2O+2e^-\rightleftharpoons O_2+2OH^-$	1.24
$Co(OH)_3+e^-\rightleftharpoons Co(OH)_2+OH^-$	0.17	$HO_2^-+H_2O+2e^-\rightleftharpoons 3OH^-$	0.878
$Fe(OH)_3+e^-\rightleftharpoons Fe(OH)_2+OH^-$	-0.56	$OH+e^-\rightleftharpoons OH^-$	2.02
$2H_2O+2e^-\rightleftharpoons H_2+2OH^-$	-0.8277	$HPO_3^{2-}+2H_2O+2e^-\rightleftharpoons H_2PO_2^-+3OH^-$	-1.65
$Hg_2O+H_2O+2e^-\rightleftharpoons 2Hg+2OH^-$	0.123	$PO_4^{3-}+2H_2O+2e^-\rightleftharpoons HPO_3^{2-}+3OH^-$	-1.05
$HgO+H_2O+2e^-\rightleftharpoons Hg+2OH^-$	0.0977	$PbO+H_2O+2e^-\rightleftharpoons Pb+2OH^-$	-0.580
$La(OH)_3+3e^-\rightleftharpoons La+3OH^-$	-2.90	$HPbO_2^-+H_2O+2e^-\rightleftharpoons Pb+3OH^-$	-0.537
$Mg(OH)_2+2e^-\rightleftharpoons Mg+2OH^-$	-2.690	$PbO_2+H_2O+2e^-\rightleftharpoons PbO+2OH^-$	0.247
$MnO_4^-+2H_2O+3e^-\rightleftharpoons MnO_2+4OH^-$	0.595	$Pd(OH)_2+2e^-\rightleftharpoons Pd+2OH^-$	0.07
$MnO_4^{2-}+2H_2O+2e^-\rightleftharpoons MnO_2+4OH^-$	0.60	$Pt(OH)_2+2e^-\rightleftharpoons Pt+2OH^-$	0.14
$Mn(OH)_2+2e^-\rightleftharpoons Mn+2OH^-$	-1.56	$S+2e^-\rightleftharpoons S^{2-}$	-0.47627
$Mn(OH)_3+e^-\rightleftharpoons Mn(OH)_2+OH^-$	0.15	$S+H_2O+2e^-\rightleftharpoons HS^-+OH^-$	-0.478
$Ni(OH)_2+2e^-\rightleftharpoons Ni+2OH^-$	-0.72	$2S+2e^-\rightleftharpoons S_2^{2-}$	-0.42836
$NiO_2+2H_2O+2e^-\rightleftharpoons Ni(OH)_2+2OH^-$	-0.490	$SiO_3^{2-}+3H_2O+4e^-\rightleftharpoons Si+6OH^-$	-1.697
$2NO+H_2O+2e^-\rightleftharpoons N_2O+2OH^-$	0.76	$Sn(OH)_6^{2-}+2e^-\rightleftharpoons HSnO_2^-+H_2O+3OH^-$	-0.93
$NO_2^-+H_2O+e^-\rightleftharpoons NO+2OH^-$	-0.46	$ZnO_2^{2-}+2H_2O+2e^-\rightleftharpoons Zn+4OH^-$	-1.215
$O_2+H_2O+2e^-\rightleftharpoons HO_2^-+OH^-$	-0.076	$Zn(OH)_2+2e^-\rightleftharpoons Zn+2OH^-$	-1.249
$O_2+2H_2O+2e^-\rightleftharpoons H_2O_2+2OH^-$	-0.146	$Zn(OH)_4^{2-}+2e^-\rightleftharpoons Zn+4OH^-$	-1.199
$O_2+2H_2O+4e^-\rightleftharpoons 4OH^-$	0.401	$ZnO+H_2O+2e^-\rightleftharpoons Zn+2OH^-$	-1.260

注：摘自 D. R. Lide. Handbook of Chemistry and Physics，82nd ed. 2001-2002。

部分习题解答

扫描下方二维码获取

◆ 参考文献 ◆

[1] 高鹏，朱永明，于元春．电化学基础教程．2版．北京：化学工业出版社，2019.

[2] [美] 阿伦 J 巴హ，拉里 R 福克纳．电化学方法 原理和应用．2版．邵元华，朱果逸，董献堆，等译．北京：化学工业出版社，2005.

[3] 郭鹤桐，覃奇贤．电化学教程．天津：天津大学出版社，2000.

[4] [德] 哈曼，[英] 哈姆内特．电化学．2版．陈艳霞，夏兴华，蔡俊，译．北京：化学工业出版社，2010.

[5] 查全性．电极过程动力学导论．3版．北京：科学出版社，2002.

[6] 胡会利，李宁．电化学测量．北京：国防工业出版社，2007.

[7] 贾铮，戴长松，陈玲．电化学测量方法．北京：化学工业出版社，2006.

[8] 郭鹤桐，姚素薇．基础电化学及其测量．北京：化学工业出版社，2009.

[9] [美] 约瑟夫·王．分析电化学．3版．朱永春，张玲，译．北京：化学工业出版社，2009.

[10] 李荻．电化学原理．3版．北京：北京航空航天大学出版社，2008.

[11] 杨辉，卢文庆．应用电化学．北京：科学出版社，2001.

[12] 杨绮琴，等．应用电化学．广州：中山大学出版社，2001.

[13] 吴浩青，李永舫．电化学动力学．北京：高等教育出版社，1998.

[14] [日] 小久见善八．电化学．郭成言，译．北京：科学出版社，2002.

[15] 吴辉煌．电化学．北京：化学工业出版社，2004.

[16] 龚竹青，王志兴．现代电化学．长沙：中南大学出版社，2010.

[17] 范康年．物理化学．2版．北京：高等教育出版社，2005.

[18] 李以圭，陆九芳．电解质溶液理论．北京：清华大学出版社，2004.

[19] 王正烈，周亚平．物理化学．北京：高等教育出版社，2001.

[20] 曹楚南．腐蚀电化学原理．3版．北京：化学工业出版社，2008.

[21] [日] 小泽昭弥．现代电化学．吴继勋，卢燕平，译．北京：化学工业出版社，1995.

[22] 安茂忠．电镀理论与技术．哈尔滨：哈尔滨工业大学出版社，2004.

[23] 史鹏飞．化学电源工艺学．哈尔滨：哈尔滨工业大学出版社，2006.

[24] 高鸿．分析化学前沿．北京：科学出版社，1991.

[25] [美] 哈里德，瑞斯尼克，沃克．哈里德大学物理学．张三慧，李椿，滕小瑛，等译．北京：机械工业出版社，2009.

[26] 黄英才．电磁学教程．贵阳：贵州科技出版社，2004.

[27] 陈光，崔崇．新材料概论．北京：科学出版社，2003.

[28] [德] 乔治·史塔古夫．纳米电化学．李建玲，王新东，译．北京：化学工业出版社，2010.

[29] [斯洛伐克] 丹耐克 V．熔融电解质的物理化学分析．高炳亮，等译．北京：冶金工业出版社，2014.

[30] 曹婉真，夏又新．电解质．西安：西安交通大学出版社，1991.

[31] 邓友全．离子液体——性质、制备与应用．北京：中国石化出版社，2006.

[32] [日] 泉美治，小川雅弥，加藤俊二，等．仪器分析导论（第三册）．2版．刘振海，李春鸿，译．北京：化学工业出版社，2005.

[33] [英] 普莱彻 D．电极过程简明教程．2版．肖利芬，杨汉西，译．北京：化学工业出版社，2013.

[34] 曹楚南，张鉴清．电化学阻抗谱导论．北京：科学出版社，2002.

[35] [美] 欧瑞姆，[法] 特瑞博勒特．电化学阻抗谱．雍兴跃，张学元，译．北京：化学工业出版社，2014.

[36] 徐艳辉，耿海龙．电极过程动力学：基础、技术与应用．北京：化学工业出版社，2015.

[37] 王运正，王吉坤，谢红艳．现代锰冶金．北京：冶金工业出版社，2015.

[38] 马淳安，等．绿色电化学合成．北京：化学工业出版社，2016.

[39] 王利霞，闫继，贾晓东．现代电化学工程．北京：化学工业出版社，2019.

[40] 孙世刚．电催化纳米材料．北京：化学工业出版社，2018.

[41] 朱永明，高鹏，王桢．锂离子电池正极材料合成表征及操作实例．哈尔滨：哈尔滨工业大学出版社，2021.

电化学名词术语中英文对照表

半导体	semiconductor
饱和甘汞电极	saturated calomel electrode (SCE)
本体浓度	bulk concentration
比能量（能量密度）	specific energy (energy density)
比容量	specific capacity
边界层	boundary layer
标准电势	standard potential
标准氢电极	standard / normal hydrogen electrode (SHE / NHE)
标准速率常数	standard rate constant
表面处理	surface treatment
表面活性剂	surfactant
表面精饰	surface finishing
表面转化反应	surface conversion reaction
并联元件	parallel element
不溶性阳极	insoluble anode
参比电极	reference electrode (RE)
常相位角元件	constant phase element (CPE)
超微电极	ultramicroelectrode
超载吸附	superequivalent adsorption
充电/放电	charge / discharge
传递系数	transfer coefficient
串联元件	series element
单电子过程	one-electron process
等效电路	equivalent circuit
滴汞电极	dropping mercury electrode (DME)
电沉积	electrodeposition
电池	battery，cell
电催化	electrocatalysis
电导率	conductivity
电动汽车	electric vehicle (EV)
电动势	electromotive force
电镀	electroplating
电合成	electrosynthesis
电荷传递	charge transfer
电荷传递电阻	charge-transfer resistance (R_{ct})
电化学	electrochemistry
电化学腐蚀	electrochemical corrosion
电化学极化	electrochemical polarization
电化学势	electrochemical potential
电化学阻抗谱	electrochemical impedance spectroscopy (EIS)
电极	electrode

电极过程	electrode process
电结晶	electrocrystallization
电解	electrolysis
电解池	electrolytic cell
电解加工	electrolytic machining
电解精炼	electrolytic refining，electrorefining
电解着色	electrolytic coloring
电解质	electrolyte
电流阶跃法/恒电流计时电势法	constant-current chronopotentiometry
电流密度	current density
电毛细曲线	electrocapillary curve
电迁移	electromigration
电势	potential
电势差	potential difference
电势阶跃法	potential step method
电压	voltage
电铸	electroforming，electrocasting
电子导体	electronic conductor
电子转移	electron transfer
动力电池	power battery
动力学	kinetics
动力学参数	kinetic parameter
动力学控制	kinetic control
动态平衡	dynamic equilibrium
镀层	plating layer
对流	convection
对流扩散	convective diffusion
钝化	passivation
钝化膜	passive film
多电子反应	multi-electron process
多孔电极	porous electrode
法拉第定律	Faraday's law
法拉第阻抗	Faradaic impedance
反应机理	reaction mechanism
反应级数	order of reaction
防腐	corrosion prevention，corrosion protection
放电深度	depth of discharge（DOD）
非稳态	non-steady state
费米能级	Fermi level，Fermi energy
分散层	diffuse layer
峰电流比	the ratio of peak currents
峰电势差	the separation of peak potentials
辅助电极/对电极	auxiliary electrode，counter electrode（CE）
腐蚀电势	corrosion potential
负极	negative electrode

复平面图	complex plane
共轭反应	coupled reaction
固态电解质	solid state electrolyte（SSE）
固体电解质	solid electrolyte
固相扩散	solid-phase diffusion
过电势	overpotential
过渡时间	transition time
还原反应	reduction reaction
荷电状态	state of charge（SOC）
恒电流仪	galvanostat
恒电势仪	potentiostat
化成	formation
化学电源	chemical power source
缓冲溶液	buffer solution
缓蚀剂	corrosion inhibitor
换向电势	switching potential
活度	activity
活性物质	active material
极化电阻	polarization resistance
极化曲线	polarization curve
极谱波	polarographic wave
极谱法	polarography
极限电流密度	limiting current density
极限扩散电流	diffusion-limited current
集流体	current collector
计时电流法	chronoamperometry
计时电势法	chronopotentiometry
简单盐溶液	simple salt solution
交换电流密度	exchange current density
交流阻抗法	AC impedance method
界面	interface
金属腐蚀	metal corrosion
紧密层	compact layer
晶格缺陷	lattice defect
聚合物电解质	polymer electrolyte
开路电势	open circuit potential
开路电压	open-circuit voltage（OCV）
可逆电极	reversible electrode
可逆体系（能斯特体系）	reversible system，Nernstian system
可溶性阳极	soluble anode
扩散	spread
扩散层	diffusion layer
扩散控制	diffusion control
扩散流量	diffusion flux
扩散系数	diffusion coefficient

离子导体	ionic conductor
离子氛	ion-atmosphere
离子迁移数	ion transference number
离子选择性电极	ion selective electrode
离子液体	ionic liquid
理论分解电压	theoretical decomposition voltage
理想不极化电极	ideal nonpolarized electrode
理想极化电极	ideal polarization electrode
锂离子电池	lithium ion battery
锂枝晶	lithium dendrite
临界钝化电势	critical passivation potential
零电荷电势	potential of zero charge（PZC）
络合物溶液	complex solution
耐蚀性	corrosion resistance
浓度分布曲线	concentration profile
浓度极化	concentration polarization
浓度梯度	concentration gradient
欧姆压降	Ohmic potential drop
平衡电势	equilibrium potential
气体扩散电极	gas diffusion electrode
欠电势沉积	underpotential deposition
嵌入/脱嵌	intercalation / de-intercalation
氢电极过程	hydrogen electrode process
燃料电池	fuel cell（FC）
热力学	thermodynamics
热失控	thermal runaway
容量衰减/保持	capacity fade / retention
溶液电阻	solution resistance
熔融电解质	molten electrolyte
三电极体系	three-electrode system
剩余电荷	excess charge
时间常数	time constant
实部	real part
双层电容	double layer capacitance
双电层	electrical double layer
水化层	hydration layer
水溶液	aqueous solution
速率控制步骤	rate-determining step（RDS）
淌度	mobility
特性吸附	specific adsorption
添加剂	additive agent
完全不可逆体系	totally irreversible system
微分电容	differential capacitance
微弧氧化	micro-arc oxidation
维钝电流密度	maintaining passivity current density

稳定电势	steady potential
稳态	steady state
吸附/脱附	adsorption / desorption
吸氧腐蚀	oxygen reduction corrosion
析氢腐蚀	hydrogen evolution corrosion
析氢过电势	hydrogen evolution overpotential
牺牲阳极	sacrificial anode
线性电势扫描法/线性扫描伏安法	linear sweep voltammetry (LSV)
形式电势	formal potential
修饰电极	modified electrode
虚部	imaginary part
蓄电池（二次电池）	accumulator (secondary battery)
旋转圆盘电极	rotating disk electrode (RDE)
循环伏安法	cyclic voltammetry (CV)
循环寿命	cycle life
研究电极/工作电极	working electrode (WE)
阳极	anode
阳极保护	anodic protection
阳极极化	anodic polarization
阳极溶解	anodic dissolution
阳极氧化	anodic oxidation, anodizing, anodization
阳离子	cation
氧电极过程	oxygen electrode process
氧化反应	oxidation reaction
氧化还原电对	redox couple
液接电势	liquid junction potential
液相传质	liquid-phase mass transfer
伊文思图	Evans diagram
阴极	cathode
阴极保护	cathodic protection
阴极极化	cathodic polarization
阴离子	anion
原电池（一次电池）	primary battery
暂态	transient state
正极	positive electrode
支持电解质	supporting electrolyte
终止电压	cutoff voltage
准可逆体系	quasi-reversible system
自溶解	spontaneous dissolution
阻抗图/Nyquist 图	Nyquist plot
Tafel 公式	Tafel equation
Tafel 曲线	Tafel plot
Warburg 阻抗	Warburg impedance

符　号　表

A　面积
　　速率常数表达式中的频率因子
　　标准体系 $A+ze^- \rightleftharpoons Z$ 中的氧化态
a_i　物质 i 的活度
C　电容
C_d　双层微分电容
c　浓度
c_N　电解质当量电荷浓度
c^0　本体浓度
c^s　表面浓度
D　扩散系数
e　电子的电量
E　电场场强
　　电池电动势
$E^\ominus$　电池标准电动势
E_a　活化能
E_f　溶液中电场强度
E_F　Fermi 能级
E_M　膜电势
f_i、γ_i、y_i　物质 i 在不同浓度标度下的活度系数
F　Faraday 常数，1mol 电子的电量
F_e　电场力
G　Gibbs 自由能
$\Delta_r G_{m,\neq}^\ominus$　标准摩尔活化吉布斯自由能
$\Delta G^{\neq}$　$\Delta_r G_{m,\neq}^\ominus$ 简记为 $\Delta G^{\neq}$
H　焓
I　电流强度
　　离子强度
I_d　极限扩散电流强度
j　电流密度
j_0　交换电流密度
j_c　腐蚀电流密度
j_p　临界钝化电流密度
$\vec{j}$　绝对还原电流密度
$\overleftarrow{j}$　绝对氧化电流密度
j_d　极限扩散电流密度
k　反应速率常数
　　标准速率常数
k_B　玻尔兹曼常数
K　平衡常数

$K^\ominus$　标准平衡常数
K_a　络离子的不稳定常数
O　标准体系 $O+ze^- \rightleftharpoons R$ 中的氧化态
q　电荷的电量
　　液相传质流量
R　电阻
　　气体常数，8.314J/(mol·K)
R　标准体系 $O+ze^- \rightleftharpoons R$ 中的还原态
R_{ct}　电荷传递电阻
R_{mt}　物质传递电阻
R_L　参比电极和研究电极间的溶液欧姆电阻
R_r　电化学反应电阻，与 R_{ct} 等效
R_s　辅助电极和研究电极间的溶液欧姆电阻
R_u　未补偿电阻
t　时间
t_+　阳离子迁移数
t_-　阴离子迁移数
T　热力学温度
u　离子常用淌度
$\bar{u}$　离子绝对淌度
u_0　液体恒定流速
U　电压
　　内能
U_0　晶格能
V　体积
　　电场中某一点的电势
v　反应速率
　　液体流速
W　功
x　与电极表面的距离
z　电极反应中涉及的电子数
z_i　物质 i 的电荷数
$\vec{\alpha}$、$\overleftarrow{\alpha}$　多电子反应传递系数
β　单电子反应传递系数
ε　介质的介电常数
ε_0　真空介电常数
ε_r　介质的相对介电常数
κ　电导率
μ　黏度
μ_i　物质 i 的化学势

$\bar{\mu}_i$　物质 i 的电化学势

φ　电极电势

φ_e　平衡电极电势

φ_c　稳定电极电势

φ_p　临界钝化电势

φ_z　零电荷电势

$\varphi^{\ominus}$　标准电极电势

$\varphi^{\ominus\prime}$　形式电势

$\varphi_{1/2}$　半波电势

φ_j　液接电势

$\Delta\varphi$　过电势，$\Delta\varphi = \varphi - \varphi_e$

η　过电势，$\eta = |\varphi - \varphi_e|$

λ_+　阳离子的当量电导率

λ_-　阴离子的当量电导率

Λ　当量电导率

Λ_0　极限当量电导率

Λ_m　摩尔电导率

θ　表面覆盖度

ρ　密度

　　电阻率

　　粗糙度

σ　剩余电荷密度

γ　界面张力

Γ_i　离子 i 的表面剩余量

δ　扩散层厚度

δ_B　边界层的厚度

τ　过渡时间

τ_C　时间常数

ϕ　内电势

ϕ_a　双电层电势差

ψ　外电势

χ　表面电势差

ψ_1　分散层电势

ω　角速度

ν　计量数

　　液体运动黏度

CTP　电荷传递步骤

IHP　内紧密层平面

NHE　常规氢电极（＝SHE）

NCE　标准甘汞电极

OHP　外紧密层平面

PZC　零电荷电势

RDS　速率控制步骤

SHE　标准氢电极（＝NHE）

SCE　饱和甘汞电极

UPD　欠电势沉积